Klaus Friedrich

Altern
in räumlicher
Umwelt

Sozialräumliche
Interaktionsmuster
älterer Menschen
in Deutschland
und in den USA

Dr. Klaus Friedrich
Technische Hochschule Darmstadt
Geographisches Institut
Schnittspahnstraße 9
64287 Darmstadt

Die Deutsche Bibliothek – CIP-Einheitsaufnahme

Friedrich, Klaus:
Altern in räumlicher Umwelt: sozialräumliche
Interaktionsmuster älterer Menschen in Deutschland und in
den USA / Klaus Friedrich. – Darmstadt: Steinkopff, 1995
  ISBN 3-7985-0933-6

© 1995 by Dr. Dietrich Steinkopff Verlag GmbH & Co. KG, Darmstadt
Verlagsredaktion: Sabine Ibkendanz – Herstellung: Heinz J. Schäfer
Umschlaggestaltung: Erich Kirchner, Heidelberg

Printed in Germany

Druck: Weihert-Druck, Darmstadt
Gedruckt auf säurefreiem Papier

VORWORT

Die Dynamik des Alterns moderner Gesellschaften erfährt inzwischen als demographisches Phänomen und sozialpolitische Herausforderung breite Aufmerksamkeit. Vor diesem Hintergrund überrascht es, daß die räumlichen Bezüge jenes Prozesses bislang selbst aus Sicht der Raumwissenschaften nur am Rande aufgegriffen wurden. Das Erkenntnisinteresse dieser sozial- und bevölkerungsgeographischen Arbeit ist deshalb vorrangig auf die Wechselwirkungen der Bezüge zwischen Personen und deren Umwelten im höheren Erwachsenenalter in ihrer Vielschichtigkeit, Komplexität und Konkretheit gerichtet. Angesichts der Mehrdimensionalität des Alternsprozesses und des frühen Stadiums raumbezogener Alternsforschung werden neben gegebenen Antworten auch viele Fragen aufgeworfen. Dies sollte Anlaß sein, künftig das interdisziplinäre wissenschaftliche Bemühen zur Erklärung raumgebundener Alternsprozesse in den konkreten Alltagsumwelten zu intensivieren.

Die Untersuchung wurde 1991 unter dem Titel "Raumbezogene Bedingungen und Perspektiven des demographischen Alternsprozesses in postindustriellen Gesellschaften" vom Fachbereich Geowissenschaften und Geographie der TH Darmstadt als Habilitationsschrift angenommen. Ihre Durchführung wäre ohne die Mithilfe Vieler nicht möglich gewesen. Hier können nicht alle im damaligen Vorwort genannten Forscher, Planer, Interviewer und Betroffenen erneut namentlich angeführt werden, die das Vorhaben durch Information, Datenbeschaffung, Auswertung und Diskussion unterstützten. Deshalb sei nochmals stellvertretend für alle den kalifornischen und südhessischen Befragten ebenso herzlich gedankt wie Christiane Hückelheim und Ulrike Simons für ihr außergewöhnliches Engagement bei der Datenverarbeitung und kartographischen Ausführung.

Wertvolle Impulse für die hiermit vorgelegte aktualisierte und völlig neubearbeitete Fassung erhielt ich vor allem in den Arbeitskreisen "U.S.A.", "Regionalbewußtsein" und "Bevölkerungsgeographie" des geographischen Zentralverbands sowie in der "Gesellschaft für soziale und verhaltenswissenschaftliche Gerontologie". Dies gilt ebenso für den engen Gedankenaustausch mit den Professoren unterschiedlicher Disziplinen wie Frances Carp, Gordon Streib, Bill Serow, James Vance, Powell Lawton und Patricia Gober aus den U.S.A. sowie Ursula Lehr, Robert Geipel, Anthony Warnes und Dick Vergoossen in Europa. Forschungsprojekte zur Wohnsituation und den Migrationsmustern der Älteren im vereinten Deutschland für das Bundesseniorenministerium sowie die Enquete Kommission "Demographischer Wandel" des Deutschen Bundestags ermöglichten die Vertiefung beider Themenfelder für diese Arbeit. Die Zuwendungen zahlreicher Unternehmen der Region erleichterten die Finanzierung eines Teils der Sach- und Druckkosten. Dem Verlag und dem Herausgeber danke ich für die Aufnahme der Publikation in ihr Programm.

Nicht nur weil es eine liebgewordene Tradition ist, danke ich für die Geduld meiner "sozialen Umwelt" der Kollegen und Freunde. Vor allem meine Familie hat mich in jeder Weise unterstützt und andere Belastungen weitgehend von mir ferngehalten. In der ruhigen Art ihrer Alltagsbewältigung hat meine Mutter ihren Beitrag zu meiner Sicht des Alterns gegeben. Das Verständnis meiner lieben Kinder Insa und Anne sowie die Geduld meiner lieben Frau Mary-Louise haben mich zum Abschluß der Arbeit motiviert.

Darmstadt, im September 1995   Klaus Friedrich

INHALTSVERZEICHNIS

EINLEITUNG

Ein gemeinsames Kennzeichen moderner Gegenwartsgesellschaften ist deren permanenter Wandel. Neue Informationstechnologien und Kommunikationsformen prägen ihren Übergang in die postindustrielle Phase und beeinflussen dabei u.a. die ökonomischen, administrativen, politischen und sozialen Subsysteme. Parallel zu dieser durchgängig innovativen Dynamik, und im vermeintlichen Widerspruch dazu, beschleunigt sich aber auch der Prozeß des demographischen Alterns. Mit zunehmender Zahl älterer Menschen sind Folgen sowohl für diese, als auch für Gesellschaft insgesamt verbunden. Während wir inzwischen über die physiologischen sowie psychologischen Bedingungen und Auswirkungen des Alterns recht gut informiert sind, wissen wir derzeit noch wenig über die Teilhabeformen und -möglichkeiten im räumlichen Kontext während dieser Phase des Lebenszyklus.

Die hier vorgelegt Untersuchung stellt die raumbezogenen Muster und Prinzipien des Alterns in den räumlichen Umwelten zweier moderner Gesellschaften in den Mittelpunkt des Forschungsinteresses. Sie fragt danach, wie sich die vollziehenden Umbrüche auf das Alltagsleben älterer Menschen auswirken, welche Erfahrungen sie daraus ziehen, wie sie mit diesen umgehen und schließlich, ob sich daraus Konsequenzen für ihr künftiges Verhalten ableiten lassen. Angesichts einer zunehmend veränderten Sichtweise des Alters stellt sich ebenso die Frage, ob Altern in dieser Welt der Übergänge auch mit anderen Werten, Ansprüchen und Lebensstilen verbunden ist. Derzeit wird in der Öffentlichkeit viel über die "neuen Alten" gesprochen, die eine moderne Lebensführung aufweisen und das "aktive Alter" repräsentieren sollen. Gesicherte Informationen über dieses Phänomen fehlen jedoch fast völlig. In diesem Sinne will die Analyse der Person-Umwelt-Interaktionen im höheren Erwachsenenalter einen Beitrag zur Standortbestimmung und Abschätzung künftiger Herausforderungen leisten.

Nach den Prämissen dieser Studie finden die primären Austauschbezüge älterer Menschen mit ihrer räumlichen Umwelt in Form von Organisations-, Nutzungs- und Interpretationsprozessen innerhalb konkreter regionaler Lebenswelten statt. Deren Analyse ist in hohem Maße empirisch geprägt, gleichzeitig jedoch wird den theoretischen Bezügen ein wichtiger Stellenwert zugewiesen. Der interkulturelle Vergleich der Umwelt-Interaktionen selbständig lebender älterer Menschen eines nordamerikanischen und eines bundesdeutschen Untersuchungsgebiets dient zum einen der Überprüfung, inwieweit die bisher nahezu ausschließlich in den Vereinigten Staaten erarbeiteten gerontoökologischen Forschungserträge auf Deutschland und Europa übertragbar sind. Zum anderen werden von der komparativen Analyse in Gesellschaften, die innerhalb ihrer postindustriellen Transformation unterschiedliche soziale und kulturelle Stadien repräsentieren, Hinweise auf zukünftige Entwicklungstrends hierzulande erwartet.

Die Untersuchung repräsentiert eine frühe Phase der Erforschung derartiger Zusammenhänge und unterliegt damit selbst dem eingangs apostrophierten Wandel. So erfolgte während der Überarbeitung aufgrund inhaltlicher und methodischer Akzentuierungen eine permanente Überprüfung und z.T. auch Korrektur des eigenen Standortes. Der Einigungsprozeß hat die ursprüngliche Abgrenzung des deutschen Erhebungsraumes überholt. Soweit wie möglich wird diesen aktuellen Rahmenbedingungen Rechnung getragen. In ähnlicher Weise wird das Zusammenwachsen Europas voraussichtlich die räumlichen Perspektiven des Alternsprozesses erweitern.

1

Theoretischer und methodologischer Bezugsrahmen

1. ALTERN IN RÄUMLICHER UMWELT - PROBLEMSTELLUNG, ANSÄTZE, ZIELFORMULIERUNG

1.1 Die räumliche Dimension des Alterns

Altern vollzieht sich als natürlicher Prozeß menschlichen Daseins in räumlicher Umwelt. Diese Raumgebundenheit menschlicher Existenz allein wäre indes noch keine Begründung dafür, die Person-Umwelt-Bezüge im höheren Erwachsenenalter zu einem Thema *geographischer* Alternsforschung zu machen: Alle sozialen Prozesse auf der Erde haben nämlich diese Rahmenbedingung, ohne daß daraus die Notwendigkeit ihrer Untersuchung abgeleitet würde. Aber für das Älterwerden scheinen die Umweltbezüge einen besonderen Stellenwert zu haben. Er konstituiert sich aus dem wechselseitigen Verhältnis von Eingebundensein und Einflußnahme: Zum einen wirkt sich die permanent verändernde Umwelt auf die alltägliche Lebensführung und auf den Alternsprozeß aus, zum anderen nimmt der ältere Mensch in wachsendem Maße Einfluß auf seine Umwelt. Zentrales *Anliegen dieser Arbeit* ist die Untersuchung der Muster und Prinzipien jener Wechselwirkungen am Beispiel der beiden postindustriellen Gesellschaften Deutschlands und der Vereinigten Staaten von Amerika. Derartige Interaktionen äußern sich nach den hier zugrundegelegten Prämissen vor allem im Rahmen raumbezogener Organisation, Nutzung und Interpretation.

Offenkundig sind diejenigen Umweltbezüge, die sich unmittelbar aus den räumlichen *Organisationsformen* älterer Menschen auf den globalen, nationalen, regionalen und lokalen Maßstabsebenen ergeben. Die Weltversammlung der Vereinten Nationen über Probleme des Alterns und des Alters 1982 in Wien sowie ihre in regelmäßigen Abständen herausgegebenen Bevölkerungsberichte und Prognosen weisen darauf hin, daß wir uns in einer alternden Welt befinden (United Nations 1988, 29ff.): 1985 wurden 427 Mio. Menschen oder 8,8% der Weltbevölkerung im Alter von 60 und mehr Jahren registriert. Nach zuverlässigen Prognosen wird sich ihre Zahl bis zum Jahr 2025 auf 1,17 Mrd. fast verdreifachen, ihr Anteil auf 14,3% erhöhen. Während die jährlichen Zuwachsraten bis 1980 relativ stabil bei etwa 2,1% lagen, haben sie sich seitdem dramatisch beschleunigt und werden nach dem Eintritt in das 21. Jahrhundert mit mehr als 2,7% die Vergleichswerte der übrigen Bevölkerung um das Doppelte übertreffen. Jedoch sind nicht alle Regionen im gleichen Ausmaß davon betroffen: Überdurchschnittlich hohe Altenanteile weisen die prosperierenden Staaten der nördlichen Hemisphäre auf (OECD 1988), während die Länder der "Dritten Welt" noch untere Ränge einnehmen (vgl. Abb. 3.11). Allein in der Europäischen Gemeinschaft lebten zu Anfang der 90er Jahre 68 Mio. Menschen, die 60 und mehr Jahre alt sind (Statistisches Bundesamt 1994, 82). Künftig werden diese Verteilungsmuster jedoch einem tiefgreifenden Wandel unterliegen. Analog dem Modell des "Demographischen Übergangs" ist bereits heute eine deutliche Zunahme des Anteils älterer Menschen in den sogenannten "Schwellenländern" zu beobachten, für die "Dritte Welt" wird sie - aufgrund steigender Lebenserwartung - ebenfalls prognostiziert (vgl. Abb. 3.12). Diese Umschichtungsprozesse setzen sich auf allen Maßstabsebenen fort. Aus den räumlichen Disparitäten der Zielgruppe - vor allem ihrer Konzentration, Segregation und Dispersion - ergeben sich für die jeweils betroffenen Gebietseinheiten auf dem Sektor der Daseinsfürsorge weitreichende sozialpolitische sowie raumplanerische Konsequenzen und Herausforderungen.

Auch die raumbezogenen *Nutzungsmuster* älterer Menschen differieren im inter- und intrakulturellen Vergleich je nach verfügbaren Ressourcen, sozioökonomischen Erfordernissen und individuellen Anspruchsniveaus. Das Umzugsverhalten von Senioren beispielsweise nimmt in den U.S.A. solche Ausmaße an, daß hiervon ganze Regionen vor allem im sogenannten "sunbelt" Wachstumsimpulse erfahren und grundlegend in ihrer demographischen Struktur beeinflußt werden: Rentnerstädte in Größenordnungen von 60 000 Einwohnern sind ein sichtbarer Ausdruck dieser Umwälzungen. Jedoch kann auch die Immobilität der Zielgruppe die davon betroffenen Lebensumwelten prägen. So läßt beispielsweise das "Altern am Ort" in Verbindung mit der Abwanderung jüngerer Bewohner Teile des Französischen Zentralmassivs oder Süditaliens zu beinahe ausgestorbenen und überalterten "Residualzonen" werden.

Die Raumbezüge des demographischen Alternsprozesses konstituieren sich aber nicht zuletzt in dessen *Interpretation* durch die Gesellschaft und die Betroffenen. Fremdbild und Selbstbild können normative Prägekraft für die Struktur der Lebensumwelt erlangen. Besteht beispielsweise Konsens über die Notwendigkeit der gesellschaftlichen Integration älterer Menschen, hat dies die Förderung altersgemischter Wohnformen und Infrastrukturangebote zur Folge; wird dagegen das Prinzip der Alterstrennung präferiert, dominieren Segregation und entsprechende altenspezifische Einrichtungen. Das internalisierte Altersbild kann indes auch in der Form wirksam werden, daß die älteren Generationen mit unterschiedlichem Nachdruck Forderungen auf räumliche Teilhabe an die Gesellschaft richten. Es werden bereits Szenarien diskutiert, in denen sich die Zurückweisung derartiger Ansprüche z.B. auf bessere Wohnstandorte, Wohnumfeldgestaltung oder altenspezifische Infrastruktur als Generationskonflikte äußern.

Angesichts der Brisanz, die sich in den skizzierten räumlichen Bezügen des Alterns andeutet, überrascht es, daß bislang weder die kultur- und gesellschaftsgebundenen noch jene persönlichkeitsbezogenen Umweltaspekte ihre gebührende Berücksichtigung erfuhren: Die Raumwissenschaften haben weitgehend das ältere Bevölkerungssegment, die Alternsforschung dagegen dessen Raumbezüge ausgeblendet. In der Gerontologie besitzen traditionell Bedingungen des physiologischen, psychologischen und sozialen Alterns einen hohen Stellenwert. Die "Entdeckung" (Lawton 1985, 450), daß Altern auch eine wichtige räumliche Dimension hat, ist damit eher neuerer Art.

Zusammenhänge zwischen ökologischen Bedingungen und individueller Lebenssituation bestätigten sich empirisch im Rahmen der einzigen deutschen - und international anerkannten - Bonner Längsschnittstudie des Alterns (BOLSA; vgl. dazu Lehr & Thomae 1987). Nach der Einschätzung von Lehr (1984b, 310ff.) wurden bislang sowohl die objektiven Umweltgegebenheiten zu wenig erforscht, als auch die Art und Weise, wie der einzelne sie erlebt und was sie für ihn bedeuten. In Anbetracht der Mehrdimensionalität des Alternsprozesses plädiert sie dafür, Alternsforschung als Querschnittsaufgabe verschiedener Disziplinen zu verstehen. *"Internationale Forschungen belegen, daß nicht nur die soziale Umgebung, nicht nur Verhaltenserwartungen anderer Menschen, den Älterwerdenden dazu bringen, daß er sich als 'älter' erlebt und seine Verhaltensweisen ändert, sondern daß eine Vielzahl ökologischer Bedingungen verhaltensbestimmend werden kann. Altern wird dann mehr und mehr zu einem ökologischen Problem. Mannigfache Umweltbedingungen - wie bestimmte Wohn- und Siedlungsformen, Spazier- und Transportmöglichkeiten (...) die Entfernung der Wohnung von Einkaufs-, Verkehrs- und Kulturzentren, deren 'Stimulationsgrad' und dergleichen*

4

mehr - beeinflussen Erleben und Verhalten des älteren Menschen. Sie sind dazu angetan, entweder seine aktive Verhaltensweisen in erheblichem Maße zu hemmen und damit zur Passivität und Restriktion, zum 'Älterwerden', beizutragen und sogar dieses Älterwerden weitgehend zu bedingen. Somit ist Altern - d.h. die Veränderung des Erlebens und Verhaltens - als biologisch, sozialpsychologisch und ökologisch bedingter Prozeß zu sehen, wobei die gegenseitige Durchdringung und Wechselwirkung derartiger Prozesse der Alternsveränderung mit Nachdruck zu betonen sind" (Lehr 1988b, 28).

Die Gliederung dieses Kapitels folgt der Zielsetzung, diejenigen wissenschaftlichen Zugänge darzustellen und zu ordnen, welche auf die Person-Umwelt-Bezüge im höheren Erwachsenenalter fokussieren. Da angesichts ihrer Vielschichtigkeit die Konturen einer konsistenten Gesamtstruktur noch nicht erkennbar sind, dient dies auch der konzeptionellen Standortbestimmung der vorliegenden Arbeit. So wird zunächst in Abschnitt 1.2 aus der am Umweltbegriff orientierten Diskussion relevanter Handlungskontexte das eigene, sozialgeographische Raumkonzept abgeleitet. Danach erfolgt die Vorstellung der Ansätze, die sich mit den handlungsleitenden Prinzipien interaktiver Umweltbezüge älterer Menschen befassen. Auf diese Fundierung stützt sich die abschließende Einordnung der Fragestellungen, Postulate, Zielsetzungen und Methoden der Arbeit in den Gesamtrahmen des Forschungsfeldes.

1.2 Umwelttaxonomien

Eine Untersuchung, welche die Person-Umwelt-Bezüge in einer spezifischen Phase des Lebenszyklus akzentuiert, hat zunächst die zentralen Elemente zu erörtern, mit denen sie arbeitet. Dies erscheint nach Durchsicht der vorliegenden Beiträge vor allem für den Umweltbegriff erforderlich: Obwohl räumlichen Sachverhalten neuerdings auch außerhalb der Geographie ein wachsender Stellenwert eingeräumt wird, ist damit keineswegs eine Vereinheitlichung der Auffassungen vom Gegenstand verbunden. Soweit erkennbar, liegen überdies bislang keine Entwürfe über altersspezifische Handlungskontexte vor. Die nachfolgende zweistufige Annäherung an sozial- und humanwissenschaftliche Sichtweisen von Umwelt sowie an das dieser Arbeit zugrundeliegende sozialgeographische Raumkonzept dient auch dazu, diese Vorstellungen stärker zueinander in Beziehung zu setzen.

1.2.1 Sozial- und humanwissenschaftliche Sichtweisen von Umwelt

Bis weit in die Nachkriegszeit hinein spielten räumliche Bezüge sozialer oder personaler Systeme innerhalb der Sozialwissenschaften eine eher nachgeordnete Rolle, soweit sie nicht ganz ausgeblendet wurden. Diese *"Umweltvergessenheit"* wird auch auf die weitreichende Meinungsführerschaft Parsons (1937, 45) und dessen Aussage zurückgeführt *"while the phenomena of action are inherently temporal (...) they are not in the same sense spatial"*. Werlen (1987a, 203ff.) weist demgegenüber überzeugend nach, daß Parsons zwar dem "Raum" auf den jeweiligen Entwicklungsstufen seiner Handlungstheorie unterschiedliche Bedeutungsgehalte zuweist, dessen Relevanz für soziales Handeln aber - entgegen vorherrschender Interpretation - durchaus anerkennt.

Auf diese essentielle funktionale Bedeutung der räumlichen Dimension im Rahmen der sozialwissenschaftlichen Theoriebildung verweist der namhafte britische Soziologe Giddens (1988, 161) im Rahmen seiner "Theorie der Strukturierung": *"Die meisten Sozialwissenschaften behandeln Raum und Zeit als bloße Randbedingungen des Handelns (...). Mit Ausnahme neuerer Arbeiten von Geographen (...) haben es die Sozialwissenschaften versäumt, sich mit jenen Weisen auseinanderzusetzen, die für die Konstitution sozialer Systeme über Raum und Zeit hinweg verantwortlich sind."* Zu einer ähnlichen Auffassung gelangen u.a. auch Albrecht (1982) und Herlyn (1990, 8). Letzterer sieht im Rahmen der Lebenslaufforschung *"die verschiedenen lokalen bzw. regionalen sozial-kulturellen Milieudifferenzierungen"* als vernachlässigte Komponenten gegenüber beispielsweise familiären und beruflichen Ereignissen. In der Zusammenfassung einer Sektionstagung der Deutschen Gesellschaft für Soziologie zum Thema "Raumbezogenheit sozialer Probleme" formuliert Vaskovics (1982, 14): *"Wenn davon ausgegangen werden muß, daß Raum für soziale Probleme dann konstitutiv ist, wenn Räume in ihrer sachlich dinghaften, sozialstrukturellen und kulturellen Ausprägung eine Bedingungskonstellation für Entstehung, Entwicklung, Daseinsformen und Folgen sozialer Probleme darstellen, so erweist sich zunächst die Frage nach der räumlichen Beschaffenheit dieser Bedingungskonstellation als eine der zentralen zu analysierenden Fragen"*.

Soweit erkennbar, bestimmt derzeit vor allem die Auseinandersetzung mit den *metatheoretischen Konzepten* des Kritischen Rationalismus Poppers und der Phänomenologie von Schütz den erkenntnistheoretischen Diskurs. Während Poppers (1973, 174) Methodologie im Rahmen seines "Drei-Welten-Modells" zur Erklärung von Handlungen und Handlungsfolgen auf die objektive Situation in der physischen und sozialen Welt Bezug nimmt, geht es Schütz primär darum, den intersubjektiv konstituierten Sinn von Handlungen zu erfassen. Er betont als natürliche Einstellung des Menschen, daß dieser *"vor allem an jenem Sektor seiner alltäglichen Lebenswelt interessiert (ist), der in seiner Reichweite liegt und der sich räumlich und zeitlich um ihn als Mittelpunkt anordnet. Der Ort, an dem ich mich befinde, mein aktuelles 'Hier', ist der Ausgangspunkt für meine Orientierung im Raum, er ist der Nullpunkt des Koordinatensystems, innerhalb dessen die Orientierungsdimensionen, die Distanzen und Perspektiven der Gegenstände in dem mich umgebenden Feld bestimmt werden. Relativ zu meinem Leib gruppiere ich die Elemente meiner Umgebung"* (Schütz & Luckmann 1988, 63).

Während die mit sozialen Systemen befaßten Disziplinen vor allem die funktionale Relevanz der Umweltgegebenheiten für die gesellschaftliche Entwicklung fokussieren, steht bei der Betrachtung personaler Systeme naturgemäß der im vorigen Absatz angesprochene Bedeutungsgehalt für die Lebensgestaltung im Vordergrund. Nach dem Urteil der Umweltpsychologin Kruse (1974, 6) erfolgte die Beschäftigung der Humanwissenschaften mit menschlichem Handeln und Bewußtsein im räumlichen Kontext bis in die 70er Jahre weitgehend theorielos und mit begrifflichen Anleihen bei verschiedenen Disziplinen. Den primär phänomenologisch geprägten Umweltbegriff der Ökologischen Psychologie (Kruse & Graumann 1987; Kruse 1990) definiert Graumann (1990, 98) als die *"intentionale Umwelt (...) d.h. die Welt der Dinge, Personen und Ereignisse, so wie und rein in den Grenzen, in denen sie erfahren werden."* Das Subjekt in seiner Leiblichkeit ist danach immer als Korrelat konkreter räumlich-dinglicher Umwelten zu verstehen. Dieselben "Weltausschnitte" erschließen sich demzufolge unterschiedlichen Personen als unterschiedliche Umwelten.

6

Möglicherweise ist diese interindividuelle Vielschichtigkeit - neben der Heterogenität der theoretischen Ansätze - mitverantwortlich für die *Pluralität der verwendeten Umweltbegriffe.* "Raum, Umwelt, Ökologie, Environment, Milieu" werden - je nach Disziplin und wissenschaftstheoretischer Position - unterschiedlich oder synonym, häufig unter Betonung ihrer sozialen, psychologischen, politischen, kulturellen und physischen Komponenten definiert. So bezieht sich Flade (1984) beispielsweise in ihrer differenzierten Zusammenstellung relevanter Raumabstraktionen u.a. auf die Unterscheidung von Hellpach (1924) in die natürliche, soziale und kulturelle Umwelt, auf diejenige von Ittelson u.a. (1977) in die natürliche und bauliche Umwelt, auf die von Chombart de Lauwe (1977) in räumliches und soziales Milieu sowie die maßstabsbestimmte Dreiteilung in den Mikro-, Meso- und Makrobereich. Michelson (1970) sieht die räumliche Umwelt in ihren sozialen, kulturellen, psychologischen, verhaltens- und umweltbezogenen Zugängen eher als Medium für soziale Beziehungsgefüge denn als wirkliche Einflußgröße auf menschliches Verhalten. Auch im Rahmen seiner sozialökologischen Bestandsaufnahme konstatiert Musil (1988, 24) die recht widersprüchliche Verwendung des Raumbegriffs in der Bedeutung von Territorium, Fläche, Distanz, Setting, Umwelt und ebenso in der Koppelung mit den Begriffen Position, Standort, Situation oder in der Interpretation als Ressource, Restriktion und Voraussetzung von Aktivitäten. In der Tradition von Haeckel habe man Umwelt lange Zeit als äußere Realität verstanden, an die sich Individuen und Gruppen anzupassen hätten. Dieser "ökologischen Valenz" stehe das modernere Umweltverständnis der "ökologischen Potenz" im Sinne Uexkülls gegenüber, nach dem der Mensch seine Umwelt gemäß endogenen Bedürfnissen selektiert, adaptiert und plant.

Ohne die Vielfalt der verwendeten Taxonomien weiter zu vertiefen, bleibt festzuhalten, daß Saup (1989, 76ff.; vgl. ebenso Wiseman 1978 und Lawton 1982) auch innerhalb der nachhaltig durch die umweltpsychologische Perspektive geprägten ökologischen Gerontologie auf ein breites Spektrum z.T. uneinheitlich verwendeter Umweltbegriffe stößt. Er konstatiert durchaus konfligierende Vorstellungen beispielsweise über deren Größenordnung und Attribute. Neben Merkmalen von Gemeinden oder Nachbarschaftsgebieten werden darunter z.B. die Reiseerfahrungen älterer Menschen ebenso subsumiert wie stimulierende Aktivitätsangebote, die Ausstattung der Zimmer oder halböffentlichen Übergangszonen und öffentlichen Bereiche in Alten- und Pflegeheimen sowie das dort wahrgenommene soziale Klima.

1.2.2 Zum sozialgeographischen Raumkonzept dieser Arbeit

In der Disziplingeschichte der Geographie kommt dem Diskurs über das jeweilige Raumkonzept - das gleichzeitig immer die Mensch-Umwelt-Bezüge einschließt - ein zentraler Stellenwert zu. Mit der Neuorientierung der fachlichen Paradigmen seit dem Kieler Geographentag 1969 aber wurde es zu einer Schlüsselfrage des fachlichen Selbstverständnisses. Während bis dahin im Sinne der Geofaktorenlehre der physisch-materielle Raumbezug im Vordergrund stand, wurden seitdem sozialgeographische Raumabstraktionen vornehmlich auf der Basis standorttheoretischer, behavioristischer und handlungsorientierter Partialansätze konzipiert (vgl. z.B. Arnold 1988; Bahrenberg 1987b; Weichhart 1993). Nachfolgend skizziere ich jene Entwicklungslinien, die - neben dem allgemeinen sozialwissenschaftlichen Diskurs - das Raumkonzept der vorliegenden Arbeit nachhaltig prägen.

Eine frühe innerdisziplinäre Wirkung entfaltete der sozialgeographische Raumbegriff der *"Münchener Schule"*. Aus der Adaptation vor allem sozialökologischer Forschungs-richtungen (vgl. hierzu Thomale 1972), definierte Hartke (1959) "Landschaft" als Re-gistrierplatte sozialgeographischer Vorgänge. Schaffer (1968, 12ff.) griff diesen Ansatz auf. In seinem Verständnis von Sozialgeographie als *"Wissenschaft von den räumlichen Organisationsformen und raumbildenden Organisationsprozessen der Grunddaseins-funktionen menschlicher Gruppen und Gesellschaften"* ist der sozialgeographische Raum *"eine Abstraktion, seine Grenzen werden durch spezifische Reaktionsreichweiten und Reaktionspotentiale der sozialen Gruppen bestimmt"*.

In der Tradition des "spatial approach" und im Zuge der einsetzenden "quantitativen Revolution" formulierte Bartels (1970, 33) die Aufgabe der Wirtschafts- und Sozial-geographie als *"Erfassung und Erklärung erdoberflächlicher Verbreitungs- und Ver-knüpfungsmuster im Bereich menschlicher Handlungen und ihrer Motivationskreise"*. Sein choristisch-chorologischer Ansatz betont als wesentliches fachliches Spezifikum die erdräumlichen Anordnungsmuster der Standorte von Aktivitäten, Gruppen, Interak-tionen u.ä. und die Beschreibung ihrer Verteilung mit Hilfe von Arealen, Feldern und verwandten Begriffen. Diese Perspektive *raumwissenschaftlicher* Regionalforschung be-einflußt bis heute vor allem die szientistisch orientierte Geographie.

Seit den sechziger Jahren etablierten sich behavioristische Partialansätze mit dem Ziel, zum besseren Verständnis der Beziehung zwischen Individuum und Raum beizu-tragen. Gemeinsam ist diesen *verhaltens- und wahrnehmungszentrierten* Konzepten, daß sie Raumstrukturen als Ergebnis individueller Entscheidungs- und Verhaltensakte sehen. In Anlehnung an Klingbeil (1979) charakterisiert Tzschaschel (1986, 156) sie entspre-chend ihrem Aggregatniveau als "Mikrogeographie": *"Kognitive, affektive und unmittel-bare Verhaltens-Beziehungen zwischen Individuen, Aggregaten oder Kulturgruppen und Raumausschnitten oder Raumelementen sind die Themen dieser Partialansätze"*. Die Vielfalt des Forschungsfeldes, der zugrundeliegenden wissenschaftstheoretischen Strö-mungen und der jeweiligen Raumkonzepte erschließt sich aus ihrer Zusammenstellung in Abbildung 1.1.

Stützt sich die *Kritik* an der "Münchener Schule" vor allem auf den Vorwurf ihres mangelnden Bezugs zur sozialwissenschaftlichen Theoriebildung (Wirth 1977), so er-fahren die beiden vorgenannten raumwissenschaftlichen und verhaltenszentrierten Kon-zepte Ablehnung aus unterschiedlichen Positionen (vgl. hierzu Weichhart 1993). Dabei besteht Übereinstimmung in der Auffassung, menschliches Tun im Raum keineswegs als "Verhalten" - also einer Konditionierung im Rahmen von Reiz-Reaktionsmodellen - zu beschreiben, sondern als "Handeln" in seiner Intentionalität und Reflexivität zu erfassen. So rückt z.B. die "humanistic geography" (Buttimer 1984) das subjektive Verstehen der Handlungen "konkreter Menschen" im erdräumlichen Kontext in den Vordergrund. Aus gesellschaftskritischer Sicht stoßen die mikroanalytischen Ansätze auf Ablehnung, da sie von der Existenz individueller Entscheidungsspielräume ausgingen und die Determi-niertheit des einzelnen durch politische und ökonomische Machtverhältnisse unberück-sichtigt ließen (vgl. z.B. Beck 1981, 160f. oder die Argumentation der "welfare geogra-phy" Harvey 1973; Cox 1981).

FACHDISZIPLIN	BIS 1950	1950 - 1960	1960 - 1970	1970 - 1980	Forschungsfelder der Mikrogeographie
SOZIOLOGIE	Tierökologie, Ethologie - DARWIN 1868 Großstadtsoziologie OSWALD, SIMMEL, WEBER Social Ecology, Urbanism - L. WIRTH Human Ecology - PARK, BURGESS, McKENZIE	Milieu-Studien - WHITE, WARNER + LUNT, LYNDT Social Area Analysis SHEVKY + BELL Segregation DUNCAN + DUNCAN	Stadtsoziologie - BAHRDT, HERLYN, KORTE, BERNDT, LENZ-ROMEISS, JACOBS Empirische Stadtsoziologie SCHWONKE, ZAPF, PFEIL MITSCHERLICH	Faktorialökologie TIMMS, REES Stadtanalyse - FRIEDRICHS, SAS Umwelttaxonomie, Soziotope - BARGEL Symbolische Orts-bezogenheit TREINEN	Sozialraum räumliches Verhalten Ortsbezug
UMWELT-PSYCHOLOGIE	Behaviorismus WATSON 1912 Kognitive Dissonanz FESTINGER 1947	Neo-Behaviorismus, Verstärkungstheorie SKINNER, HULL Cognitive Maps TOLMAN	Proxemics HALL Räumliche Umwelt, gelebter Raum BOLLNOW, KRUSE Lerntheorie PIAGET	Environmentalism LEE ESSER, ALTMAN, SOMMER Sozialisationsstudien RESTLE, GRÜNEISL Environmental Psych. ITTELSON, KAMINSKI, PROSHANSKY, CRAIK	Territorialität Topophilia, Raumerleben Sozialisationsraum
PSYCHOLOGISCHE ÖKOLOGIE	Psychologie der Umwelt, Geopsyche HELLPACH 1902 Tektopsychologie, Lebensraumkonzept UEXKÜLL 1909	Feldforschung LEWIN Behavior Settings BARKER + WRIGHT Bezugsgruppentheorie HYMAN, MERTON	psychologischer Naturalismus GUTMAN Sozialpsychologie GRAUMANN	Psych. Ökologie WILLIAMS + RAUSCH Soziale Wahrn. IRLE Freiraumforschung NOHL	Verhaltensräume Aktionsräume und Zeitbudget
ARCHITEKTUR	Gestaltpsychologie KOFFKA 1935	Informationsästhetik Das Image BOULDING (Ökon.)	Gebaute Umwelt APPLEYARD "The Image of the City" LYNCH	Urban Design Architectural Design CANTER	Mikroraum Erlebnisraum
KULTUR-ÖKOLOGIE	"Land and Life" SAUER "genres de vie" VIDAL DE LA BLACHE 1899	Cultural Ecology STEWARD Lebensformgruppen	Kulturvergleich ECKENSBERGER Kulturräume WIEGELMANN	kulturgeographische Kräftelehre E. WIRTH	Regionalismus Raumwahrnehmung
GEOGRAPHIE	"Imagenary Maps" TROWBRIDGE 1913 "Geography as Human Ecology" BARROWS 1923 TVA - National Flood Control 1933 Geosophy - WRIGHT 1947 Wirtschaftsgeist - RÜHL 1927	Behavioral Environment - KIRK Sozialgeographie HARTKE, BOBEK Natural Hazard Forschung WHITE	"Mental Maps" GOULD + WHITE Hazard-Forschung BURTON, KATES Normative Entscheidungsmodelle WOLPERT, HÄGERSTRAND	Umweltwahrnehmung Man Made Hazards GEIPEL Sozialgeog. Ver-haltensgruppen RUPPERT, MAIER, SCHAFFER	Distanzwahrnehmung Imageforschung Hazardforschung Entscheidungsverhalten

Abb. 1.1. Traditionen mikrogeographischer Konzepte - Darstellung im Überblick (nach Tzschaschel 1986, 12f.)

Die *handlungstheoretisch* begründeten Vorbehalte schließlich faßt Werlen (1987b, 19f.) in seiner Kritik an der individuumszentrierten und psychologisch orientierten Verhaltenstheorie zusammen *"weil sie die Sinnstrukturen der gesellschaftlichen Tätigkeiten auf individuelles Reaktionsverhalten reduziert und so den sozialen Kontext ausblendet. Pro-*

blemsituationen erscheinen bestenfalls im Lichte individueller kognitiver Dissonanzen, mit deren Behebung für den sozialen Kontext noch wenig gewonnen ist. Die Sinnzu- sammenhänge der sozialen Welt kommen erst dann ins Blickfeld, wenn wir die Tätigkei- ten der Gesellschaftsmitglieder als zielorientiert und nicht als bloßes Reagieren begrei- fen." Von Wirth (1981) und Sedlacek (1982) innerdisziplinär angeregt, stellt der hand- lungstheoretische Ansatz in seiner derzeit vielbeachteten Ausformulierung und Weiter- entwicklung durch Werlen (1986; 1987a) ein Plädoyer für eine Neuorientierung der So- zialgeographie als Gesellschaftswissenschaft dar. Sie betrachtet das soziale System nicht mehr als black box, sondern rückt es in den Mittelpunkt.

Jene vermeintlich gegensätzlichen, nach meiner Überzeugung indes komplementären Positionen szientistischer Rationalität und verstehender Sinnzuordnung - deren Konturen im vorigen Abschnitt skizziert wurden - prägen die *Raumkonzeption dieser Arbeit* (vgl. Abb. 1.4). Sie ist nachhaltig beeinflußt durch die Mitarbeit im Arbeitskreis "Regional- bewußtsein". Dessen Anliegen bestand von Anfang an auch darin, den verwendeten Raumbegriff zu präzisieren (vgl. dazu Blotevogel, Heinritz & Popp 1989, 68ff.). Daran anknüpfend steht "Raum" im hier verstandenen Sinn auf zwei Ebenen in einem doppel- ten Beziehungsverhältnis zur sozialen Welt:

1. Einerseits bildet er im Sinne der Popperschen Situationsanalyse eine Rahmenbedin- gung für menschliches Handeln. Gleichzeitig wird er von Menschen nach ihren Vor- stellungen und Zwecken gestaltet. Damit besitzen deren Handlungsfolgen (Artefakte) eine physisch-materielle Existenz und gehören ebenso zur sozialen wie zur mentalen Welt.

2. Eine weitere Dualität bestimmt das handlungs- *und* systemtheoretisch konstituierte sozialgeographische Raumkonzept. Es greift die Unterscheidung von Habermas (1981, Bd. 2, 171ff.) auf, der zwischen *System* und *Lebenswelt*, also zwischen formal organisierten und verständigungsorientierten Handlungsbereichen differenziert. Beide stehen in enger Interdependenz, wobei der Systemebene eine weitgehende Steue- rungsfunktion zukommt. Danach ist der Raum Rahmenbedingung, Ziel, Mittel und Folge des Handelns von regelnden Institutionen. Administrationen, Verbände und Unternehmen beispielsweise nutzen und gestalten ihn für ihre jeweiligen Zwecke (Raummanagement). Gleichzeitig wird Raum auf der Ebene der Lebenswelt als eine der Grundstrukturen der Alltagswirklichkeit bedeutsam. Aus der Perspektive der han- delnden Subjekte trifft dies vor allem für die "Welt in aktueller Reichweite" im oben dargestellten Sinne von Schütz zu. In sie sind die Akteure am stärksten eingebunden, weil sie deren unmittelbarer Erfahrung zugänglich ist.

Angesichts der aufgezeigten Pluralität und partiellen Unschärfe der allgemeinen sowie der innerfachlichen Raumkonzepte stellt sich dem vorliegenden Beitrag weniger die Frage nach dem ontologischen "Wesen" als die nach der *Bedeutung* von Raum im le- bensweltlichen Kontext. *Erkenntnisobjekt* sind nicht Räume und Standorte, sondern das als sinnhaft postulierte Alltagshandeln und -erleben älterer Akteure im Bezug auf ihre sozial und räumlich bestimmte Umgebung. Dementsprechend ist hier bewußt anstelle der stärker generalisierenden "Mensch-Umwelt-Bezüge" von "Person-Umwelt-Bezügen" die Rede. Im Hinblick auf diese Schwerpunktsetzung einer sozialgeographisch ausge- richteten Konzeptualisierung von Person-Umwelt-Interaktionen erscheinen mir vor al- lem drei Gesichtspunkte von zentraler Bedeutung:

1. *Die Relevanz von Raum für die Konstitution sozialer Systeme*
   Giddens (1988, 161ff.) weist in seiner "Theorie der Strukturierung" auf die grundsätz-liche Bedeutung der räumlichen und zeitlichen Organisation des sozialen Lebens für die Konstitution von Interaktionskontexten hin. In der Dualität von Handlung und Struktur erfolgt die Gestaltung der Umwelt innerhalb moderner Gegenwartsgesell-schaften. Im Rahmen dieser Kontextualität betont er die Wichtigkeit von Regionali-sierungen (vorder- und rückseitige Regionen als Bezugsrahmen von Interaktionen) für die Sozialtheorie und den routinisierten Charakter des Alltagshandelns. Auch für Bourdieu (1991) besteht eine enge Verbindung von subjektiven Orientierungen und objektiven Strukturen. In der distributionellen Anordnung von Akteuren und deren Eigenschaften (Habitus, der sich auch im physischen Raum ausdrückt) realisiert sich Raum als Methaper des sozialen Raums.

2. *Die Angemessenheit räumlicher Codes zur Stabilisierung sozialer/personaler Systeme*
   Im Rahmen seiner Systemtheorie unterstreicht Luhmann (1989) die Notwendigkeit generalisierender Medien als Mechanismen zur Reduktion gesellschaftlicher Kom-plexität. Diese Codes bewahren vor Orientierungslosigkeit in einer komplizierter wer-denden Welt und dienen damit als Instrumente der Systemstabilisierung. Aus geogra-phischer Sicht haben sich unlängst Pohl (1993) und Weichhart (1990) fundiert mit der Bedeutung raumbezogener Teilhabe personaler Systeme auseinandergesetzt. Im Zu-sammenhang mit der Analyse von Regionalbewußtsein sehen sie die Aneignung von Raum (bzw. von Raumabstraktionen oder deren symbolischer Transformation in räumliche Codes) als wichtige Voraussetzung zur Aufrechterhaltung von Seinsge-wißheit sowie zur Bewahrung kollektiver bzw. individueller Identität. Damit kommt diesem Aspekt gleichzeitig system- und lebensweltbezogene Relevanz zu.

3. *Der interaktionistische bzw. transaktionale Charakter von Person-Umwelt-Bezügen*
   Aus Sicht der Ökologischen Psychologie konstituieren sich Umwelt-Eigenschaften aus den untrennbar verflochtenen Beziehungen zwischen Orten und Personen (Kruse, Graumann & Lantermann 1990). Sie lassen sich damit nicht auf personale *oder* situa-tive Determinanten zurückführen, können also nie unabhängig von den in ihr agieren-den Personen gedacht werden.

Ohne den Befunden der nachfolgenden Kapitel vorzugreifen, erweist sich danach der Standortbezug als essentielle Differenzierungsvoraussetzung der räumlichen und zeitli-chen Organisation menschlicher Tätigkeiten. Regionen und Wohnstandorte dienen gleichsam als Träger gemeinsamer Merkmale bzw. als "Behavior Settings". In diesem lebensweltlichen Kontext realisieren sich Erfahrungs- und Bedeutungshorizonte ebenso wie normative Systemvorgaben. Als Bedingungskonstellation alltäglicher Umweltin-teraktionen bestimmen beispielsweise regionale Ausstattungsqualitäten richtungswei-send die Handlungsspielräume der dort lebenden Akteure.

In der sozialgeographischen Perspektive der vorliegenden - primär empirisch konzi-pierten - Arbeit bleibt der private Mikrobereich des "personal space" und der Wohnung weitgehend ausgeklammert, während die im Meso- und Makrobereich des öffentlichen Raums angesiedelten Maßstabsebenen des Wohnquartiers und der Region in den Vor-dergrund rücken. Innerhalb dieser außerhäuslichen Funktionsbereiche spielen sich für mehr als neun von zehn selbständig wohnenden Senioren die wichtigsten Lebensvollzü-ge ab. Umwelt im derart verstandenen Sinn geht vom Individuum als ihrem Mittelpunkt aus und bezieht sich auf die alltäglich erfahrenen und genutzten Straßen, Plätze, Wohngebiete, Siedlungen und Landschaften.

1.3 Bestimmungsfaktoren interaktiver Umweltbezüge im höheren Erwachsenenalter

Derjenige Zweig der Alternsforschung, der sich mit dem Erleben und Handeln von Individuen und Gruppen in ihrer jeweiligen sozialen, kulturellen und physisch-materiellen Umwelt befaßt, wird als Öko-Gerontologie (Thomae 1976), Ökologische Gerontologie (Saup 1993), Ökologische Altersforschung (Franz & Ueltzen 1984) oder Geography of Aging (Rowles 1986) bezeichnet. Ich gebe dem Terminus *Gerontoökologie* den Vorzug. Er betont die enge Wechselbeziehung zwischen Alter und Umwelt. Folgen wir der Definition von Canter & Craik (1981, 2; zit. nach Carp 1987, 331) im Hinblick auf die Zielgruppe der älteren Menschen, handelt es sich um ein Forschungsfeld *"which brings into conjunction and analyzes the transactions and interrelationships of human experiences and actions with pertinent aspects of socio-physical surroundings"*.

Damit rücken Qualität, Ausmaß und Sinnhaftigkeit der angesprochenen Austauschbeziehungen in den Vordergrund der Betrachtung. Entsprechend dem hier vertretenen Ansatz werden die räumlichen Komponenten menschlichen Agierens thematisiert als ein Komplex von Gestaltung (Organisation), Handeln (Nutzung) und Bewertung (Interpretation) der jeweiligen konkreten Umwelten. Nach dem derzeitigen Erkenntnisstand sind keine eindimensionalen Antworten auf die Frage zu erwarten, welche Umwelt-Interaktionen ältere Menschen mit welcher Intensität zu welchem Zweck durchführen. Gleichwohl dient die nachfolgende Darstellung der wichtigsten konzeptionellen Leitlinien raumbezogener Alternsforschung der Rekonstruktion relevanter Bestimmungsfaktoren interaktiver Bezüge zwischen älteren Individuen bzw. Gruppen und ihren jeweiligen Umwelten.

1.3.1 Altenspezifische Umweltrelationen als wissenschaftliches Erkenntnisobjekt

Implikationen der bereits erwähnten "jungen" Tradition gerontoökologischer Forschung werden - neben anderen - in folgenden Tatbeständen sichtbar:
1. Es existieren eine wachsende Fülle empirischer Ergebnisse zur Thematik ökologischer Bedingungen des Alterns, aber - parallel zur vorgehend skizzierten Entwicklung in den Human- und Sozialwissenschaften - nur wenige relevante theoretische Ansätze, welche die Wechselbeziehungen älterer Menschen mit ihrer Lebensumwelt konzeptualisieren.
2. An der Erforschung der vielschichtigen Person-Umwelt-Bezüge im Alter sind unterschiedliche Disziplinen beteiligt wie beispielsweise die Umweltpsychologie, Soziologie, Anthropologie, Medizin, Architektur, Wirtschaftswissenschaften und Geographie. Aber dem Interesse am gemeinsamen Untersuchungsgegenstand wird nicht gleichzeitig durch Diffusion der Ergebnisse oder Methoden in die jeweils anderen Fachgebiete Rechnung getragen. Disziplinübergreifende Zusammenarbeit ist noch die Ausnahme, nicht die Regel.

3. Vor allem die U.S.A. und Großbritannien haben sich als regionale Schwerpunkte der Alternsforschung herausgebildet. Nachhaltige Impulse erfuhr die wissenschaftliche Arbeit dort durch staatliche Förderungsprogramme, die das Ziel verfolgten, schwerwiegende Wohnungs- und Versorgungsprobleme benachteiligter Gruppen zu untersuchen (Carp 1987, 331). Als eine Konsequenz daraus schließt unsere derzeitige Kenntnis einen Großteil der Alltagswelten der älteren Menschen aus, die nicht in Institutionen leben. Darüber hinaus ist die Alternsforschung in weiten Teilen Europas (besonders den ehemals sozialistischen Staaten) und der Mehrzahl der Länder der Dritten Welt empirisch und theoretisch unterrepräsentiert.

Angesichts dieser Ausgangslage bereitet es Schwierigkeiten, die Austauschbeziehungen älterer Menschen mit ihrem räumlichen Umfeld auf der Grundlage in *Deutschland* gewonnener Forschungserträge darzustellen. Dies überrascht insofern, als neuere Betrachtungen zum Themenschwerpunkt Alter und Umwelt (Saup 1993; Wahl & Saup 1994) für den Zeitraum seit den 60er Jahren eine Erweiterung des Spektrums der wissenschaftlichen Beiträge hierzulande registrieren: Zunächst war die empirische Wohnforschung auf die Belange älterer Heimbewohner gerichtet, später folgten Untersuchungen zum Verkehrs- und Migrationsverhalten. Mir erscheint jedoch als gemeinsames Merkmal und damit plausible Ursache für die geringe Erklärungsreichweite der bisherigen raumbezogenen Alternsforschung, daß sie eher das Lebenslagenkonzept als die Bezüge zur jeweiligen konkreten lokalen und regionalen Alltagswelt konzeptualisiert: Dies gilt sowohl für die phänomenologische Annäherung an den Mikrobereich der Wohnung (Rosenmayr 1988), für die hermeneutischen Zugänge der Kulturanthropologie (Haindl 1988), als auch für die dem Makromaßstab des Stadt-Land-Gegensatzes verpflichtete Soziologie des Alterns (Tews 1989; Tokarski 1989a). Aus architektonisch/sozialplanerischer Sicht schließlich übertrifft das Interesse an Nutzungsaspekten bzw. -barrieren die wissenschaftliche Neugier an deren Bedeutungsgehalt bei weitem (Wischer & Klimke 1988). So bleibt zu hoffen, daß die umweltbezogene Alternsforschung in Deutschland durch die zu Beginn der 90er Jahre etablierten praxisorientierten Forschungsprogramme der Bundesministerien (Familien- und Seniorenministerium, Bauministerium und Forschungsministerium) notwendige Impulse erhält.

In der Kulturgeographie sind alternsbezogene Studien hierzulande noch die Ausnahme: Die bislang einzige Übersicht zur *deutschen geographischen Alternsforschung* (Romsa 1986) listet nicht einmal zehn Geographen als Autoren auf. Deren Untersuchungsschwerpunkte liegen auf dem Gebiet der empirischen Analyse von Altenwanderung (Koch 1976; Kemper & Kuls 1986), von innerstädtischem Umzugsverhalten (Nipper 1978; Thomi 1985), von aktionsräumlichem Verhalten (Wohlfahrt 1983) sowie dem Freizeitverhalten älterer Menschen (unveröff. Diplom-/Magisterarbeiten). Hinzu kommen verstreute Informationen über die Zielgruppe, die gleichsam "nebenher" dadurch gewonnen werden, daß die Ergebnisse einiger Studien auch nach Altersmerkmalen aufgeschlüsselt vorliegen. In den letzten Jahren läßt sich insofern ein gestiegenes Interesse an geographischer Alternsforschung erkennen, als ihr bereits zwei Fachzeitschriften eigene Themenhefte widmeten (Geographische Zeitschrift 4/94; Kieler Arbeitspapiere zur Landeskunde und Raumordnung 28/93).

Wie erwähnt, hat demgegenüber die Beschäftigung mit den räumlichen Komponenten des Alterns in den *angelsächsischen Ländern* einen festen Platz im gerontologischen Forschungsfeld. Dies läßt sich u.a. ablesen an der Zahl der beteiligten Wissenschaftler, ihrer Einbindung in renommierte Forschungsinstitutionen und Forschungsprogramme, Bibliographien, Veröffentlichungen und Kongresse. Der geographische Beitrag zur Erforschung interaktiver Raumbezüge älterer Menschen vor allem bei Wohnsitzwechseln gilt dort als wegweisend (Lawton 1985, 452). Er besteht primär in der empirischen Überprüfung "klassischer" handlungszentrierter Fragestellungen in bezug auf Wohnstandortentscheidungen und aktionsräumlichem Verhalten (z.B. Golant 1972; Wiseman 1978; Rudzitis 1982; Gober 1985) sowie der Interpretation des räumlichen Umfeldes durch die Betroffenen auf allen Maßstabsebenen (Golant 1984a; Rowles 1983b und 1987). Die verhaltensbestimmende Relevanz der letztgenannten, subjektiv geprägten Person-Umwelt-Bezüge betont Rowles (1978), wenn er in seiner Arbeit "Prisoners of Space?" die Austauschbeziehungen älterer Menschen mit ihrer physischen Umwelt als Aktion, Orientierung, Erfahrung und Phantasie beschreibt. Je nach Interaktionsform werden dabei unterschiedliche Umwelträume genutzt.

Vor diesem Hintergrund bezieht sich der nachfolgende Abriß über bisherige *wissenschaftliche Schwerpunkte* auf dem Feld der Umweltbezüge des Alterns weitgehend auf Arbeiten aus den U.S.A. Dabei ist jedoch zu berücksichtigen, daß die Übertragbarkeit der dort gewonnenen Ergebnisse auf europäische Verhältnisse keineswegs geklärt ist. Nach den vorliegenden Forschungsstandsberichten (Carp 1987; Wiseman 1978; Golant 1984b; Rowles 1986; Lawton 1985; Warnes 1990) lassen sich sechs Arbeitsschwerpunkte identifizieren:

1. *Umweltrelevante Charakteristika der älteren Bevölkerung:*
   Lebenszyklusdifferenzierungen, Handlungsgruppen, Lebensstile unabhängig und institutionalisiert lebender älterer Menschen, Kompetenzprofile, soziale Netze.
2. *Taxonomie der relevanten Umweltdimensionen:*
   Mikro-, Meso- und Makroebenen der Wohnsituation; Anforderungsstrukturen räumlicher Umwelt.
3. *Räumliche Organisationsformen und -prozesse:*
   Verteilungsmuster, Konzentration, Segregation; demographische Modellbildung; geplante Wohnformen (Rentnersiedlungen, Wohnalternativen); Wohnungspolitik.
4. *Nutzungsmuster und -erfahrungen:*
   Wohnstandortentscheidungen; Migrationen, Behavior Settings, aktionsräumliches Verhalten, Freizeitverhalten.
5. *Räumliche Allokation altenbezogener Infrastruktur:*
   Erreichbarkeit und Organisation haushalts- und quartiersnaher Angebote; Öffentlicher Nahverkehr; institutionalisierte Wohnformen; Interventionsstrategien.
6. *Wahrnehmung und Bewertung des Wohnumfeldes:*
   Standortpräferenzen und -abneigungen, Wohnzufriedenheit; Wirkung baulicher Gestaltungselemente; Bewältigungsverhalten (coping), Wahrnehmung von Belastungen in der Wohnumwelt (z.B. Kriminalität); künftig auch Konfliktszenarien.

Die Synopse der gegenwärtigen Schwerpunkte raumbezogener Altersforschung dokumentiert die enge Verzahnung von grundlagen- und anwendungsorientierter Vorgehensweise. Dies deckt sich mit den Aussagen der allgemeinen gerontologischen Forschungsstandsberichte hierzulande (Horn 1981; Baltes 1989; Mittelstraß u.a. 1992). Wegen der engen Orientierung an Praxisproblemen wird es möglicherweise noch vertiefter Bemühungen bedürfen, die Interdependenzen zwischen den bestehenden und bisher ermittelten Umweltbeziehungen theoretisch zu verknüpfen.

14

1.3.2 Ansätze zum Verstehen interaktiver Raumbezüge der Zielgruppe

1.3.2.1 Grundpositionen

Es ist im Rahmen des bisherigen wissenschaftlichen Diskurses nicht gelungen, die verschiedenen konzeptionellen, ideologischen und philosophischen Grundpositionen, die als theoretische Wurzeln für den Gegenstandsbereich der Person-Umwelt-Bezüge im Alter gelten können, zu einem schlüssigen Gesamtkonzept zusammenzuführen. Angesichts der Vielschichtigkeit der Umweltperspektiven innerhalb der einzelnen Disziplinen sowie der von der differentiellen Gerontologie belegten interindividuellen Variabilität älterer Menschen stellt sich die Frage, ob ein solches Gesamtkonzept überhaupt anzustreben ist, weil es möglicherweise eine unzulässige Homogenisierung darstellen würde (vgl. dazu auch Passuth & Bengtson 1988, 346ff.). So soll hier den bisherigen *Basiskonzepten* der raumbezogenen Alternsforschung nachgegangen werden.

Greifen wir nochmals die Polarität auf, die bereits bei der Diskussion der Raumkonzepte in Abschnitt 1.2 zutage trat: Es ließen sich einerseits solche Ansätze ausmachen, deren metatheoretische Perspektiven von einer weitgehend individuellen Verhaltens- und Entscheidungsfreiheit ausgehen, und andererseits solche, die den engen situativen und gesellschaftlichen Bezug der Handlungsträger betonen. Ordnen wir - stark generalisierend - diese beiden Richtungen den eher analytischen bzw. gesellschaftstheoretischen Wissenschaftsorientierungen zu, so überwiegen sowohl in der allgemeinen Gerontologie als auch in der raumbezogenen Alternsforschung die analytisch ausgerichteten bei weitem. Meines Wissens hat sich beispielsweise die marxistische Forschung im deutschen Sprachraum nicht in originären Ansätzen mit den Umwelt-Bezügen älterer Menschen befaßt (dies bestätigt die Durchsicht der in der ehemaligen DDR erschienenen "Zeitschrift für Alternsforschung"; vgl. ebenfalls Pickenhain & Ries 1988). Dies gilt auch für die in den angelsächsischen Ländern traditionell politökonomisch orientierte "welfare gerontology". Sie betont zwar - übrigens ähnlich wie die "welfare geography" - eher die Unterordnung älterer Menschen unter ökonomische und politische Machtpositionen; eine systematische Übertragung dieser Konzeptualisierung auf die räumlichen Bezüge der Zielgruppe ist jedoch nicht zu erkennen (vgl. z.B. Phillipson 1982; Walker 1981; Estes, Swan & Gerard 1982; Olson 1982; Myles 1984; Guillemard 1977 u. 1983 sowie zahlreiche Beiträge in der Zeitschrift "Ageing and Society"). Gerade diese wichtigen systemweltlichen Aspekte des Alterns sucht die Perspektive des soziokulturellen Wandels innerhalb von Gesellschaften zu integrieren (vgl. hierzu die Übersicht von Streib & Binstock 1990, 4ff.; Streib 1987 u. 1989).

Inzwischen scheint sich innerhalb der Sozialwissenschaften der im "Positivismusstreit" der 60er Jahre hervorgetretene Antagonismus zwischen analytischer und gesellschaftskritischer Forschungstradition auf eine andere Ebene verlagert zu haben: derzeit gewinnt eher das Ringen zwischen szientistischen und hermeneutischen Positionen an Konturen. Erstere manifestiert sich als sog. normatives Paradigma durch eine - an den Naturwissenschaften und dem Kritischen Rationalismus orientierte - analytische Denktradition. Sie wird oft gleichgesetzt mit verhaltenswissenschaftlichen Konzepten, affirmativem Charakter sowie quantitativer Methodologie, welche die Phänomene durch wissenschaftliche Erklärung zu erfassen sucht. Die Gegenposition steht als interpretatives Paradigma eher humanistischen, handlungstheoretischen, hermeneutischen oder phänomenologischen Konzepten nahe, die mit qualitativen Verfahren die holistische Bedeutung ihres Forschungsgegenstandes erschließen, verstehen und oft unter emanzipatorischen Gesichtspunkten zugunsten der Betroffenen verändern wollen. Es ist noch zu früh für eine Prognose darüber, welches Basiskonzept im vorliegenden Forschungsfeld künftig das größere Gewicht erlangen wird. Aus meiner Sicht wäre es denkbar und wünschenswert, daß ihre wechselseitige Durchdringung zu einem tieferen Verständnis der Dualität von Mensch und Raum auch in der Alternsforschung beiträgt.

1.3.2.2 Interaktive Elemente in sozialgerontologischen Ansätzen

Soziologische und sozialpsychologische Alternstheorien haben das gemeinsame Anliegen, die Voraussetzungen eines erfolgreichen und optimalen Alterns zu identifizieren (Keuchel 1984; Tews 1979; Passuth & Bengtson 1988). Im Rahmen dreier Konzepte von großer wissenschaftlicher Reichweite avancieren Ausmaß und Art der Aktivitäten und Interaktionen älterer Menschen zum wesentlichen Bestimmungsgrund ihrer gesellschaftlichen und individuellen Integration. Deshalb werden diese Konzepte für die hier fokussierten Person-Umwelt-Bezüge relevant: Sowohl die "Disengagementtheorie" als auch die "Aktivitätstheorie" beziehen sich - zumindest partiell - auf gesellschaftliche Rahmenbedingungen. Ihre wissenschaftstheoretischen Wurzeln liegen in den soziologischen Ansätzen des Strukturellen Funktionalismus (Parsons 1976) bzw. des Symbolischen Interaktionismus (Mead 1934). Umwelteffekte werden weitgehend als normative Erwartungen seitens der sozialen Umwelt definiert. Demgegenüber stützt sich die "kognitive Theorie des Alterns" auf die handlungsleitende Repräsentation lebensweltlicher Situationen im Rahmen der Persönlichkeitstheorie Lewins (1935).

Die *Disengagementtheorie* (Cumming & Henry 1961) geht von der Beobachtung aus, daß ältere Menschen häufig eingeschränktere Kontakte pflegen und weniger aktiv sind als Personen jüngeren und mittleren Alters. Daraus wird im Rahmen dieser ersten genuin sozialgerontologischen Theorie die Schlußfolgerung gezogen, das Sich-Zurückziehen aus sozialen Rollen und Kontakten stehe nicht nur im Einklang mit gesellschaftlichen Erwartungen, sondern werde auch vom Individuum gewünscht. Dieser unvermeidbare Rückzugsprozeß beginne mit dem Zeitpunkt, an dem das Individuum sich der Abnahme seiner Fähigkeiten bewußt sei und ende letztlich mit dem Tod. Vor allem aufgrund der zentralen funktionalistischen These, daß Lebenszufriedenheit im Alter immer mit einer Verringerung der sozialen Aktivität gekoppelt sei, hat die Disengagementtheorie nachhaltig die Diskussion bis zur Mitte der 70er Jahre bestimmt (vgl. die ausführliche Darstellung z.B. bei Tews 1979, 107ff.).

Als Gegenposition hierzu formuliert die *Aktivitätstheorie* (z.B. Cavan u.a. 1949; Havinghurst & Albrecht 1953; Lemon, Bengtson & Peterson 1972) als wesentliche Voraussetzung erfolgreichen Alterns die Aufrechterhaltung befriedigender Rollen und Sozialkontakte der mittleren Jahre. Dieses Kontinuitätsbestreben werde jedoch mit zunehmendem Alter durch gesellschaftliche Normen (z.B. Pensionierung), gesundheitlichen Abbau oder den Tod nahestehender Kontaktpersonen immer schwieriger. Der Rollen- und Funktionsverlust gehe meist mit einer Krise der Selbstbewertung einher und schränke den Verhaltensradius älterer Menschen oft bis zu deren Inaktivität ein. Um hieraus erwachsende Unzufriedenheiten zu vermeiden, schlagen die Autoren vor, derartige Rollen- und Kontaktverluste z.B. durch neue Hobbys oder Bekanntenkreise auszugleichen. Die Aktivitätstheorie hat sich als äußerst fruchtbar für die empirische Alternsforschung und die praktische Altenarbeit erwiesen.

Auf die Gefahr einer zu undifferenzierten Übernahme entweder des Disengagement- oder des Aktivitätskonzepts weist eine neuere Auswertung der über einen Zeitraum von 15 Jahren erfaßten BOLSA-Daten durch Lehr & Minnemann (1987) hin. Danach bestimmen die Vielgestaltigkeit der Persönlichkeitsstrukturen sowie der speziellen Lebens- und Rollensituationen älterer Menschen die Quantität und Ausrichtung ihrer sozialen Kontakte sowie deren Bewertung im Altersverlauf:

➤ *Familiäre Rollenbezüge* gewinnen im Falle von Kompetenzeinbußen entsprechend der Aktivitätstheorie an Bedeutung, während kompetente Senioren eher im Sinne des Disengagements mit abnehmenden Kontakten in der Eltern-, Großeltern- und Verwandten-Rolle zufrieden sind.

➤ Für *außerfamiliäre Rollenbezüge* (z.B. Freundschaften, Vereinsmitgliedschaften) weisen die Befunde auf eine gegenläufige Tendenz: Hierbei entspricht das Verhalten kompetenter älterer Menschen stärker den Kriterien der Aktivitätstheorie, während die in ihrer Kompetenz eingeschränkten Senioren in ihrer häuslichen Zentriertheit eher dem Konzept des Disengagement gerecht werden.

Die von Thomae (1970 u. 1971) formulierte *Kognitive Theorie des Alterns* reflektiert die Inkongruenz von objektiver und erlebter Situation im Rahmen der ständigen Interaktionen zwischen Personen und ihren sozial geprägten Umwelten. Danach ist die kognitive Repräsentation beispielsweise von sozialer Integration oder Isolation, von Gesundheitszustand und der Endlichkeit des eigenen Daseins von grundlegender Bedeutung, weil das Verhalten älterer Menschen primär durch die Art und Weise bestimmt sei, wie sie die Gegebenheiten ihrer Umwelt subjektiv erleben und interpretieren. In drei Postulaten setzt Thomae (1984, 172) den Rahmen seiner Theorie: Gemäß Postulat I *"ist die entscheidende Verhaltensdeterminante nicht die objektive Situation, sondern die kognitive Repräsentation dieser Situation"*. Gegen eine allzu zweckrationale Interpretation menschlichen Verhaltens wird in Postulat II Stellung bezogen, *"derzufolge die kognitive Repräsentation der Situation durch die dominanten Bedürfnisse und Anliegen einer Person bestimmt wird"*. Postulat III besagt schließlich, *"daß das Individuum ständig bestrebt sei, einen Gleichgewichtszustand zwischen seinen motivationalen und kognitiven Systemen zu halten"*. Die Anwendbarkeit seines Ansatzes belegt Thomae (1987) empirisch in der Auswertung der Verlaufsformen von Alltagsbelastungen (z.B. der Wohnsituation) und ihrer Bewältigung durch die Probanden der Bonner Längsschnittstudie.

Im Hinblick auf die hier im Mittelpunkt stehenden interaktiven Umweltbezüge älterer Menschen ergibt sich aus allen drei Ansätzen als entscheidendes Kriterium die Beziehung zwischen sozialer bzw. kognitiver Partizipation und Lebenszufriedenheit. Soziale Partizipation ist aber immer - selbst im eingeschränkten Fall - auch verbunden mit räumlicher Interaktion, Perzeption oder Evaluation. Damit berühren die vorgestellten Ansätze zentrale Aspekte raumorientierter Forschungsperspektiven.

1.3.2.3 Gerontoökologische Ansätze

Die Erweiterung der gerontologischen Perspektive um die "räumliche Dimension" etwa seit den 70er Jahren bedeutete den entscheidenden Schritt zur Ausbildung einer ökologischen Gerontologie. Damit verbunden war das Bemühen, die Erklärungsreichweite dieses potentiellen Einflußfaktors für den Alternsprozeß empirisch zu überprüfen und theoretisch zu fundieren. So existieren inzwischen zahlreiche konzeptionelle Entwürfe, welche die Person-Umwelt-Bezüge älterer Menschen in den Mittelpunkt ihrer Betrachtung stellen (in den U.S.A. z.B. Gubrium 1973; Kiyak 1978; Nehrke u.a. 1981; Moos & Lemke 1980; Windley & Scheidt 1982; Schooler 1982 sowie in Deutschland Lantermann 1976; Saup 1984 u. 1993; Wahl & Saup 1994). Gemeinsam ist ihnen das Bestreben, die Beeinflußbarkeit des menschlichen Verhaltens und Erlebens durch Umgebungsmerkmale im Alternsprozeß aufzuhellen. Umwelt im so verstandenen Sinne besitzt eine mehrstufige Begrifflichkeit, nämlich als soziales Beziehungsgefüge, als situativer Kontext physisch-materieller Gegebenheiten sowie als subjektiver Erlebnis- und Bedeutungshorizont. Als weitere bemerkenswerte Gemeinsamkeit dieser Ansätze bleibt festzuhalten, daß sie ältere Individuen vornehmlich im Spannungsfeld zwischen Abhängigkeit von und Anpassungsfähigkeit an ihre Umweltbedingungen betrachten. Der Diskurs über deren Gestaltungs- und Partizipationspotentiale findet demgegenüber kaum statt.

Angemessene theoretische Zugänge für die von Thomae (1976, 407) geforderte systematische Entwicklung von Konzepten zur Ökologie des Alternsvorgangs finden sich in den Ansätzen, die Saup (1993, 58f.) gemäß ihrer Akzentuierung der zugrundeliegenden Mensch-Umwelt-Beziehungen in Kompetenz-, Kongruenz- und Streßverarbeitungsmodelle einteilt. Folgen wir der Begründung seiner Klassifikation: *"Kompetenzmodelle (...) betonen vor allem die Wichtigkeit von Fähigkeiten und Fähigkeitseinbußen der Person für eine Adaptation an herausfordernde Umweltbedingungen im Alter. Bei Kongruenzmodellen (...) steht die Annahme im Vordergrund, daß die subjektive Zufriedenheit alter Menschen und eine gute Adaptation an die Anforderungen des Alters dann wahrscheinlicher sind, wenn Umwelt- und Personmerkmale kongruent sind, d.h. in einem komplementären Verhältnis zueinander stehen, einander ähnlich sind oder sich in einer Beziehung von optimaler Diskrepanz befinden. Streßverarbeitungsmodelle (...) legen das Schwergewicht auf eine prozessuale Sichtweise der Person-Umwelt-Interaktion im Alter. Insbesondere wird durch sie herausgestellt, daß ein älterer Mensch Umweltgegebenheiten aktiv wahrnimmt und bewertet und auf die Anforderungen oder die Belastungen der Umwelt mit kognitiven, behavioralen oder emotionalen Bewältigungsanstrengungen reagiert. Zufriedenheit mit Umweltbedingungen ist - nach diesem Ansatz - dann wahrscheinlich, wenn das Bewältigungsrepertoire des älteren Menschen ausreicht, um den Anforderungen oder den Belastungen der Umwelt begegnen zu können".* Nachfolgend wird - unter enger Anlehnung an die abgewogene Analyse von Saup (1993, 31ff.) - auf drei Modellansätze näher eingegangen, die wegen ihrer Wirkung auf die "scientific society" und durch ihre Reichweite als zentrale Theorien anerkannt sind. Sie wurden von Lawton, Kahana, Carp und deren Mitarbeitern vorgelegt.

Frühe und derzeit am häufigsten rezipierte kompetenzbezogene Zugänge stellen die als "Umweltkonditionierungs-Hypothese" (environmental docility) formulierten (Lawton & Simon 1968) und zum *"Ökologischen Modell des Alterns"* (ecological model of aging bzw. press-competence model) weiterentwickelten Ansätze Lawtons dar (Lawton

& Nahemow 1973). Während die Umweltkonditionierungs-Hypothese vor allem die mit dem Alter wachsende Abhängigkeit von Umweltgegebenheiten in den Vordergrund stellt, sieht das Ökologische Modell des Alterns das aktuelle Erleben und Verhalten älterer Menschen als eine Funktion von Person und Umwelt. Die Person wird dabei durch ihre Kompetenzen, die Umwelt durch deren Anforderungscharakter bestimmt. Der erkenntnistheoretische Wert liegt m.E. vor allem im situativen Ansatz, der nicht von einem Menschenbild mit "stabilen" Dispositionen ausgeht, sondern ältere Akteure aus ihrer dynamischen Auseinandersetzung mit den jeweils konkreten Umweltgegebenheiten und den individuell verfügbaren Ressourcen erklärt (vgl. Abb. 1.2).

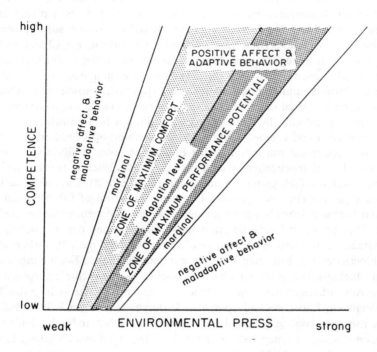

Abb. 1.2. Ökologisches Modell des Alterns (aus Lawton 1982, 44)

Nach seiner Interpretation (Lawton 1982; 1986, 10ff.), die hier nur in ihren Grundzügen dargestellt werden kann, beeinflussen alltagsweltliche Anforderungen (press) den einzelnen in unterschiedlicher Intensität. Dieser Einfluß manifestiert sich entweder faktisch in Form von Druck bzw. Wirkung oder wird als solcher antizipiert und empfunden. Das Individuum ist bestrebt, seinen unterschiedlich ausgeprägten Kompetenzgrad, d.h. sein Set individuell verfügbarer Ressourcen (Gesundheit, sensomotorische und kognitive Fähigkeiten) einzusetzen, um zu einer Anpassung an die jeweiligen Anforderungsstrukturen zu gelangen. Wird dieses Adaptationsniveau (adaptation level) erreicht, verliert die Umwelt ihre stimulierende Wirkung: Emotionale Ausgeglichenheit ist die Folge. Moderate Abweichungen von diesem Niveau bewirken im Falle leichter Unterforderung stärker hedonistische (zone of maximum comfort), im Falle leichter Überforderung das Leistungspotential stimulierende (zone of maximum performance potential) Effekte.

Mißlingt jedoch die angestrebte Passung beispielsweise wegen abnehmender persönlicher Ressourcen oder in Konfliktsituationen, kommt es zur unerwünschten Überforderung. Im Falle derartiger Streßsituationen können Ausweichvorgänge, wie z.B. die Nutzung ambulanter Hilfen oder der Einzug in ein Altenheim wieder für einen Ausgleich sorgen. Jedoch wirken sich auch schwache oder fehlende Umweltreize negativ aus, da sie zur Unterforderung und zum Sich-Gehenlassen verleiten. Die Balance zwischen beiden Zustandsformen, ist Lawtons & Nahemows Konzept für erfolgreiches Altern im jeweiligen lebensweltlichen Kontext.

Nachhaltig von Lawton und von Murray (1938) beeinflußt, befaßt sich auch Kahana (1975; 1982) in ihrem *"Kongruenzmodell der Person-Umwelt-Beziehung"* (congruence model of person-environment interaction) mit den Auswirkungen von Umweltvariablen auf die Aktivitäten und das Wohlbefinden älterer Menschen. Sieben aus Personen- und Umweltmerkmalen abgeleitete Dimensionen dienen der Autorin zur Charakterisierung der relevanten Umwelt-Bezüge: Die ausgeprägte Individualität der Bedürfnisse und Präferenzen älterer Menschen äußert sich im jeweils bevorzugten Ausmaß von Umweltstrukturierung, Umweltstimulierung, emotionaler Expressivität sowie Impulskontrolle. Die entscheidenden Kriterien innerhalb der spezifischen Umwelt von Institutionen sind soziale Homogenität, individuelle Autonomie und institutionelle Kontrolle.

Aktuelles Verhalten und Erleben sind im Modell definiert als Funktion der Übereinstimmung bzw. Diskrepanz von individuellen Präferenzen oder Bedürfnissen einerseits und konkreten Umweltgegebenheiten andererseits. Beide Ebenen werden auf direkt vergleichbaren Skalen erfaßt, gemessen und empirisch überprüft. Die individuelle Auseinandersetzung gilt bei einer weitgehenden Passung (goodness of fit) zwischen individuellen Präferenzen und Umgebungsmerkmalen dann als gelungen, wenn beispielsweise im Falle der Dimension "individuelle Autonomie" das Ausmaß der möglichen Privatsphäre im Altenheim mit den Wünschen des Heimbewohners nach Privatheit übereinstimmt. Wohlbefinden als abhängige Variable tritt unter ähnlichen Bedingungen ein, die bereits beim Ökologischen Alternsmodell beschrieben wurden. Ihre Interpretationszugänge für die Auswirkungen der vorgefundenen Passung orientieren sich an den Modellen der kumulativen, kritischen und optimalen Differenz: Im ersten Fall sind die Auswirkungen umso negativer, je größer die Diskrepanz zwischen individuellen und Umweltmerkmalen sind; im zweiten Fall schlagen Abweichungen erst ab einem kritischen Schwellenwert negativ zu Buche; im dritten Fall schließlich wird postuliert, daß eine moderate Abweichung sich wegen der dadurch initiierten Verhaltenseffekte positiver für das Wohlbefinden auswirke als völlige Kongruenz, die indifferente und sogar negative Verhaltensfolgen nach sich ziehen könne. Obwohl dieser Ansatz bisher ausschließlich in Heimsituationen und dort nur partiell empirisch überprüft werden konnte, beruht seine Wirkung für Städtebau und Sozialplanung vor allem in dessen Nachvollziehbarkeit und praktischer Umsetzbarkeit.

Das *"Komplementaritäts-/Kongruenzmodell"* (complementary/congruence model) von Carp & Carp (1984) orientiert sich an älteren Menschen, die selbständig im eigenen Haushalt leben. Grundannahme ist auch hier, daß deren Verhalten und Erleben eine Funktion der Kongruenz von Person und Umwelt sind. Lawtons (1982) Ökologisches Modell und Maslows (1954) Postulat der hierarchischen Organisation menschlicher Bedürfnisse beeinflussen die weiteren Ausgangspositionen. Entsprechend der Unterscheidung in Basisbedürfnisse und höherrangige Bedürfnisse setzt sich das Konzept aus zwei

Partialmodellen zusammen (vgl. Abb. 1.3). Für die Verrichtungen der alltäglichen Lebensführung (Basisbedürfnisse, dargestellt in Partialmodell 1) werden Kompetenzen wie Gesundheit, sensomotorische und kognitive Funktionen als wichtig angesehen. Umweltmerkmale treten in Form von Ressourcen oder Barrieren auf. Kongruenz als Voraussetzung einer eigenständigen Lebensführung realisiert sich dabei in Komplementarität (complementarity) von Person und Umwelt. Im Prozeß dieser wechselseitigen Ergänzung ist im Falle individueller Kompetenzeinbußen eine ressourcenreiche und damit unterstützende Umwelt notwendig, während bei ausgeprägter Kompetenz auch in einer Umwelt mit Nutzungsbarrieren ein hohes Maß an Lebenszufriedenheit erreicht werden kann. Im Partialmodell 2 sind demgegenüber die Umwelt-Interaktionen auf die Erfüllung höherrangiger Bedürfnisse gerichtet, die sich z.B. aus Persönlichkeitszügen oder dem Wunsch nach Privatheit ergeben. Soweit diese Ansprüche erfüllt werden, also eine Ähnlichkeit (similarity) zwischen Person- und Umweltmerkmalen existiert, erwachsen daraus Lebenszufriedenheit und die Chance zur unabhängigen Lebensführung. Als modifizierende Variablen beeinflussen Statusbedingungen, Kompetenzerleben, Gesundheitszustand, soziale Netzwerke, Bewältigungsstile und Lebensereignisse das Verhalten und Erleben älterer Menschen.

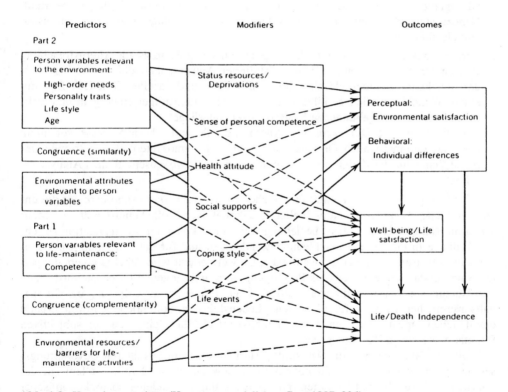

Abb. 1.3. Komplementaritäts-/Kongruenzmodell (aus Carp 1987, 336)

1.4 Fragestellungen, Erkenntnisinteresse und Konzeptualisierung dieser Untersuchung

Wie eingangs dieses Kapitels umrissen wurde, verfolgt die Arbeit die *Zielsetzung*, Muster und Prinzipien des Alterns in den räumlichen Umwelten zweier moderner Gegenwartsgesellschaften zu untersuchen. Im Spannungsfeld zwischen der analytischen Notwendigkeit eines selektiven Vorgehens und dem Wunsch nach ganzheitlichem Verständnis dieser Lebenswelten unterliegt auch sie des "scholars dilemma" (Golant 1984a), aus der forschungsrelevanten Bandbreite nur ein begrenztes Spektrum bearbeiten zu können. Im Rückblick auf den zuvor dargelegten theoretischen Bezugsrahmen und die vorliegenden Befunde wurde eine weiterführende Klärung vor allem für zwei zentrale Schwerpunktbereiche der raumorientierten Alternsforschung bislang noch nicht systematisch in Angriff genommen:

➢ Umwelt gilt weithin als gesellschaftliches, soziales oder kognitives Konstrukt, ohne daß die einzelnen Komponenten hinreichend aufeinander bezogen und in die räumliche Dimension integriert werden.

➢ Person-Umwelt-Interaktionen werden bislang vornehmlich nach dem Grad ihrer Abhängigkeit von und Anpassungsfähigkeit an die Umgebungsbedingungen beurteilt. Nahezu ausgeklammert bleibt die Evaluation der Gestaltungs- und Partizipationspotentiale älterer Menschen.

Im Sinne der Argumentationslinie dieses geographischen Beitrags zur Alternsforschung leiten sich daraus die beiden als *Thesen* postulierten Annahmen ab, daß

1. der anhaltende demographische Alternsprozeß postindustrieller Gesellschaften mit einem Wandel räumlicher Teilhabemuster der Handlungsträger einhergeht und weitreichenden standortgebundenen Konsequenzen unterliegt;

2. sich die räumliche Dimension der Alternszustände und Alternsprozesse vor allem über die raumprägenden Organisations-, Nutzungs- und Interpretationsformen des Alltagshandelns der Zielgruppe konstituiert und so der wissenschaftlichen Analyse erschließt.

Mit der Überprüfung der Validität dieser Thesen ist das *Erkenntnisinteresse* auf die unterschiedliche Ausprägung individueller und kollektiver Teilhabemuster älterer Menschen im Rahmen der Austauschbeziehungen mit ihrer konkreten Raumsituation gerichtet. Teilhabe in einem sich beschleunigt wandelnden und für das Individuum mit steigendem Lebensalter schwieriger werdenden Umweltkontext wird dabei in einem doppelten Sinn verstanden: einerseits als Beteiligung an raumbezogenen Organisationsformen und Nutzungsprozessen und andererseits als kognitiv/mentale Erschließung des Sinngehalts räumlicher Umwelt für die eigene Lebensführung. Räumliche Umwelt erlangt damit neben einem instrumentellen Nutzungswert ebenfalls einen an der subjektiven Realität gemessenen Bedeutungswert.

Einige Erläuterungen dazu: Das künftig stärkere Gewicht des älteren Bevölkerungssegments beruht nicht allein auf quantitativen Zuwächsen, sondern vor allem auf der Tatsache, daß zunehmend Kohorten mit der Erfahrung gewandelter sozioökonomischer Rahmenbedingungen, differenzierter Lebensstile und einer ausgeprägteren Erwartungshaltung die Altersgrenze erreichen (Klages 1988). Falls der hiermit angesprochene Wertewandel das Älterwerden überdauert, ist es denkbar, daß Wünsche und Ansprüche auf Teilhabe an räumlicher Umwelt künftig nachhaltiger formuliert werden und die ältere Generation damit zunehmend von einer anpassungsbereiten Randgruppe zu einer kompetenten, raumgestaltenden Gruppe wird. Die Vielschichtigkeit und denkbare Spannweite von "räumlicher Teilhabe" macht es notwendig, eine vorläufige Begriffsbestimmung zu treffen. In sie geht die Fähigkeit älterer Menschen zur Akzeptanz, Einflußnahme auf oder aktiven Mitgestaltung der Bedingungen ihres Lebensraumes ein. Kriterium dafür, ob sie die gewachsenen Möglichkeiten persönlicher Selbstverwirklichung tatsächlich wahrnehmen, ist ihr Selbstverständnis als Teil oder als Objekt ihrer Lebenswelt.

Die Thematisierung von Umweltbezügen des Alterns wirft weitere *Forschungsfragen* auf, deren Bearbeitung im Rahmen der vorgenannten Zielsetzung als vordringlich angesehen wird:

1. Sind die bislang vornehmlich in den U.S.A. gewonnenen Forschungserträge auf die Situation hierzulande übertragbar?
2. Treffen die meist in bezug auf Heimbewohner generierten und überprüften Ergebnisse und Modellansätze auch für die überwiegende Mehrheit der im eigenen Haushalt lebenden Älteren zu?
3. Lassen die vornehmlich aus Querschnittstudien gewonnenen Befunde über die Person-Umwelt-Interaktionen im Alter auch Aussagen über den prozessualen und zukünftigen Charakter dieser Austauschbeziehungen zu?
4. Ist neben der vielfach vermuteten Wirkung von Umweltgegebenheiten auf Alternszustände und -prozesse auch umgekehrt von einer potentiellen oder tatsächlichen Einflußnahme älterer Menschen auf die konkrete Umwelt auszugehen?
5. Bestehen Zusammenhänge zwischen den unterschiedlichen Umwelt-Interaktionsformen im Alter?

Im Bemühen um ein tieferes Verständnis der Dualität von Mensch und Raum im höheren Erwachsenenalter sind die beiden zentralen Ebenen der Handlungsträger und der Handlungskontexte so weit wie möglich zusammenzuführen. Dies geschieht auf der Grundlage der *konzeptionellen Perspektiven* dieser Arbeit. Deren Grundzüge sollen hier nochmals in Erinnerung gerufen werden, um den methodologischen Konsequenzen besser Rechnung tragen zu können. Die sozialgeographische Forschungsperspektive postuliert bekanntlich eine enge Wechselbeziehung zwischen räumlicher Struktur, ihrer Perzeption und Interpretation sowie dem Alltagshandeln von Individuen (vgl. dazu Abschn. 1.2). Danach werden die regionalen Bezüge menschlichen Handelns und Erlebens einerseits durch Einbindung in gesellschaftliche Systemzusammenhänge, andererseits durch individuelle Wirklichkeitsinterpretationen erklärt. Dieses wechselseitige Bedingungsgefüge exogener und endogener Komponenten ist im Hinblick auf das Zustandekommen räumlicher Teilhabe älterer Menschen in Abbildung 1.4. skizziert.

Wenn in dieser primär empirisch angelegten Studie die lebensweltliche Perspektive - also die des Individuums in seiner Welt - analytisch im Vordergrund steht, schmälert dies keineswegs die große Bedeutung, die den systemgeprägten Komponenten des Alternsprozesses nach moderner sozialwissenschaftlicher Theoriebildung zukommt. Soweit diese Bezüge, beispielsweise im Rahmen sozialplanerischer Daseinsfürsorge und -vorsorge, als raumbezogene Zugangschancen oder -barrieren auftreten, wird ihnen ebenso wie den dabei erkennbaren Friktionen Rechnung getragen.

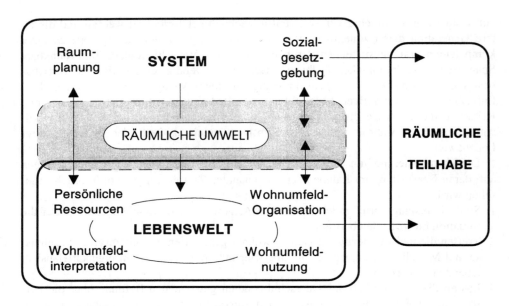

Abb. 1.4. Kontextualität von Person-Umwelt-Interaktionen im Alter

Um "ökologischen Fehlschlüssen" vorzubeugen sei ausdrücklich betont, daß sich das hier zugrundeliegende *Raumkonzept* mit sozialen Phänomenen (hier des individuellen und gesellschaftlichen Alterns) *i m* Raum befaßt und deren erdräumliche Differenzierungen und Ausprägungsformen zu erklären sucht. Raum oder Umwelt in ihren jeweils vom Forschungsinteresse her zu formulierenden Attributen können deshalb nicht als unabhängige, gar determinierende Variablen aufgefaßt werden. Im situativen Kontext der unterschiedlichen "Umwelten" der Handlungsträger jedoch vermögen nach dieser Perspektive sowohl die natürlichen als auch die vom Menschen gestalteten Umweltkomponenten ihre spezifische, vermittelte, aber analytisch nicht in personale oder kontextuelle Effekte isolierbare "Wirkung" zu entfalten.

Die der Zielsetzung und den theoretischen Ansätzen impliziten *methodologischen Konsequenzen* beeinflussen die Auswahl der Erhebungsmethodik, der Forschungsinstrumente, der Probanden sowie der Untersuchungsgebiete:

➢ Die *prognostischen und prozessualen Komponenten* der forschungsleitenden Thesen (Wandel der Teilhabemuster der Zielgruppe) scheinen auf den ersten Blick nur im Vergleich älterer mit jüngeren Personengruppen oder im Rahmen einer Längsschnittstudie erfaßbar zu sein. Aufgrund der zeitlichen und finanziellen Möglichkeiten kam jedoch nur eine Querschnittsanalyse in Frage. In deren Rahmen schied die Variante des alt/jung-Vergleichs aus, weil nach den vorliegenden Befunden Grund für die Annahme besteht, daß sich der postulierte Wandel der Einstellungen und Handlungsweisen weniger auf individuelle Alterseffekte als auf Kohorteneffekte zurückführen läßt. Eine Querschnittsanalyse berücksichtigt bekanntermaßen diesen Wandel nur unzureichend. Deshalb soll unter *konvergenztheoretischer Prämisse* eine kultur- und intraregionalvergleichende Betrachtung dem angestrebten Längsschnittcharakter nahekommen: Danach beeinflussen Modernitätsgefälle die Entwicklung gesellschaftlicher Prozesse. Somit ermöglicht der Vergleich unterschiedlich vom Wandel betroffener Gebietseinheiten Einsichten in Zustandsformen, Übergänge und Veränderungen des Alterns. Sie können sich in Form von Konvergenzen (mit Zeitverzögerungen) oder Divergenzen (kulturspezifische Besonderheiten) äußern und ermöglichen Annahmen über postulierte Entwicklungsverläufe. Damit lassen sie sich gleichsam als raumzeitlich versetzte Stadien des Wandels moderner Gesellschaften auffassen (vgl. Abschn. 2.2).

➢ Die dreistufige Auswahl des *räumlichen Bezugssystems* trägt diesen Gesichtspunkten Rechnung: Die Bundesrepublik Deutschland und die U.S.A. repräsentieren solche unterschiedliche gesellschaftliche Entwicklungsstadien. Sowohl das kalifornische "Silicon Valley" als auch das südhessische "Rhein-Main-Gebiet" entsprechen - als hochrangige Zentren technologischer Entwicklung - dem prototypischen Bild postindustrieller Regionen. Die Untersuchungsschwerpunkte schließlich bilden innerhalb dieser Lebenswelten eine nochmals abgestufte kontextuelle Ebene der lokalen Alltagserfahrung.

➢ Der hier fokussierte *ökologische Kontext* der Alternsforschung legt nahe, die Untersuchung nicht in gut kontrollierbaren Experimentsituationen altersdominierter Umwelten (z.B. Heimen) durchzuführen, sondern in der gewohnten Umgebung. Deshalb wurden die älteren Menschen im eigenen Haushalt aufgesucht. Die empirischen Ergebnisse werden im Verlauf der Arbeit nach dem räumlichen Bezugssystem aufbereitet, also vor allem nach Untersuchungsgebieten und -schwerpunkten, und weniger nach Gruppen- oder Persönlichkeitsvariablen, die bislang in der gerontologischen Forschung bevorzugt berücksichtigt worden sind.

➢ Das Forschungsanliegen, länder- und regionsvergleichend standortbezogene Muster und Prinzipien des Alterns zu analysieren, stellt zunächst nicht die Individuen in ihrer Einmaligkeit in den Vordergrund, sondern sucht ihre Gemeinsamkeiten zu erkennen. Dies erforderte die Anwendung quantifizierender Verfahren und die Erhebung solcher Daten, die der statistischen Auswertung zugänglich sind. Deshalb fiel die Entscheidung für das *Erhebungsinstrument* der weitgehend vorstrukturierten Befragung mittels persönlicher Interviews (vgl. dazu auch Abschn. 8.2). Die Einbindung offener Fragen und die systematische Registrierung charakteristischer Aussagen der Probanden sowie deren gezielte Berücksichtigung im Auswertungsverfahren, weiterführende Dialoge mit älteren Menschen und der Einsatz unterschiedlicher Formen der teilnehmenden Beobachtung in den Untersuchungsgebieten ergänzen das Methodenspektrum. Diese Verknüpfung der analytischen mit der eher interpretativen Ebene berücksichtigt die idiographischen Komponenten der Fragestellung.

Die Tragfähigkeit des formulierten Hypothesensystems wird vor allem in bezug auf die Alltags-Interaktionen älterer Menschen mit und in ihrer räumlichen Umwelt empirisch überprüft. Wie oben ausgeführt, wird für sie das Wohnumfeld zum Mittelpunkt alltäglicher Lebenserfahrung und damit zum zentralen Untersuchungsgegenstand. Hier realisieren sich die raumbezogenen Teilhabeprozesse entsprechend den vorgenannten Prämissen. Diese bilden die thematischen Schwerpunkte und gliedern den Aufbau der vorliegenden Arbeit:

> Nach Darlegung des theoretischen/methodologischen Bezugsrahmens (Kapitel 1 und 2) folgen:
> die Darstellung und Evaluation der raumbezogenen Organisationsformen in den Kapiteln 3 und 4 (Rahmenbedingungen des Alterns, Wohn- und Lebenssituation),
> die Analyse der existenten Raumnutzungsmuster in den Kapiteln 5 und 6 (Migrationsbeteiligung, aktionsräumliche Umwelterschließung),
> die Untersuchung der Interpretations- und Bedeutungsdimension räumlicher Lebensumwelt in den Kapiteln 7 und 8 (Einstellungs- und Orientierungsmuster, raumbezogene Identifikation) und schließlich
> die Herausarbeitung von Interdependenzen und die Ableitung wissenschaftlicher sowie planerischer Konsequenzen des Mensch-Umwelt-Handelns im Alter (Kapitel 9 u. 10).

2. FORSCHUNGSDESIGN

2.1 Untersuchungsgang und Erhebungsinstrumente

Ein 1979 eher zufällig zustandegekommener Besuch der kalifornischen Erwachsenengemeinde "Villages" in San Jose weckte mein Interesse für die räumlichen Bezüge des
Alterns (Friedrich 1981). Dies trug zur Entscheidung bei, die Thematik zum Gegenstand
der Habilitationsarbeit zu machen. Die Erfahrungen mit raumbezogenen Phänomenen
des Alterns in den U.S.A. beeinflußten damit wesentlich die Problemformulierung und
Bildung von Arbeitshypothesen während der explorativen Phase.

Angesichts des noch frühen Stadiums raumbezogener Alternsforschung sowie des
länder- und regionsvergleichenden Arbeitsanliegens erfolgte die Entscheidung hinsichtlich der Erhebungsinstrumente zugunsten einer weitgehend vorstrukturierten Befragung
mittels persönlicher Interviews. Auf dieses - für die Untersuchung zentrale - sozialempi-
rische Verfahren gehe ich nachfolgend näher ein, während die Vorgehensweise bei der
Beobachtung und Zählung in den Kapiteln erläutert wird, die sich mit entsprechenden
räumlichen Austauschbeziehungen befassen.

Die hypothesengeleitete Definition, Isolierung sowie Operationalisierung der relevanten Variablen erfolgte in einem iterativen Optimierungsverfahren: Frühzeitig bestand
die Gelegenheit, Entwürfe des Fragenkatalogs mit Experten der universitären (z.B. Psy-
chologen und Gerontologen) und außeruniversitären Alternsforschung (beispielsweise
im Deutschen Zentrum für Altersfragen oder im Kuratorium Deutsche Altershilfe), der
Planung und Praxis der Altenhilfe (z.B. Hessisches Sozialministerium) sowie mit Senioren und deren Vertretern (Seniorenrat Darmstadt) zu diskutieren. Großer Wert wurde bei
diesem Dialog mit älteren Menschen darauf gelegt, ob die angesprochene Thematik
verständlich sowie für deren eigenes Dasein relevant war. Schließlich wurden mehrfach
Pretests mit dem zunächst deutschen Entwurf und - nach dessen wiederholter Modifika-
tion - der entsprechenden englischen Version mit zahlreichen, darunter auch amerikanischen, Senioren durchgeführt.

Der Fragebogen gliedert sich in folgende Bereiche:
➤ Wohnbiographie und Wohnumfeldkontext (Wanderungen, Wohnungs- und Wohnum-
  feldausstattung, Bewertung von Alterswohnkonzepten)
➤ Aktionsräumliches Handeln (Wohnumfeldnutzung, Freizeitverhalten, Reisen)
➤ Befindlichkeit (gesellschaftliche Stellung, persönliches und gesundheitliches Profil,
  Engagement)
➤ Interpretativer Raumbezug (Einstellungsmuster, räumliche Verbundenheit, mental
  maps)
➤ Soziodemographische Kenndaten.

2.2 Bestimmung der Erhebungsgebiete

Die komparativen und konvergenztheoretischen Prämissen dieser Arbeit bestimmten
maßgeblich die Auswahlsystematik der räumlichen Bezugssysteme. Sie erfordern eine
Schichtung der Kontextdimensionen auf der Grundlage der für den Alternsprozeß relevanten Maßstabsbereiche. Danach realisieren sich die systemweltlichen Bezüge vor al-

lem auf nationaler, die lebensweltlichen dagegen eher auf regionaler bzw. lokaler Ebene. Daraus leitete sich ein dreistufiges Auswahlverfahren für Untersuchungsräume, Untersuchungsgebiete und Untersuchungsschwerpunkte ab.

Beide *Untersuchungsräume*, die Bundesrepublik Deutschland (alte Länder) und die Vereinigten Staaten von Amerika, entsprechen auf *n a t i o n a l e r* Ebene erkennbar unterschiedlichen Entwicklungsstadien postindustrieller Gesellschaften. Daraus resultiert ihre potentielle Eignung für den Vergleich solcher gesellschaftlicher Prozesse, die derzeit in den U.S.A. ablaufen und Europa möglicherweise mit Zeitverzögerung erreichen werden. Darüber hinaus sprach für die Auswahl von Deutschland das naheliegende Interesse an der "eigenen" Situation, für die U.S.A. das dort relativ fortgeschrittene Stadium der ökologisch orientierten Altersforschung.

Die Auswahl der *r e g i o n a l e n* Untersuchungsgebiete war von dem Ziel bestimmt, die raumbezogenen Organisations-, Nutzungs- und Interpretationsmuster älterer Menschen in ihrer Einbettung in moderne Umweltkontexte in Erfahrung zu bringen. Damit schieden extrem periphere oder altersdominierte Regionen aus, wohingegen solche in Frage kamen, in denen ältere und jüngere Personengruppen leben und Innovationsprozesse die siedlungs- und wirtschaftsräumlichen Gegebenheiten steuern. Das südliche Rhein-Main-Gebiet und das kalifornische Santa Clara County (nachfolgend abgekürzt als SCC) repräsentieren derartige regionale Lebenswelten.

Im letzten Schritt wurden innerhalb der Vergleichsregionen *l o k a l e* Untersuchungsschwerpunkte festgelegt. Sie repräsentieren die typischen und voneinander unterscheidbaren Alltagswelten für die raumbezogenen Interaktionen älterer Menschen. In Deutschland sind dies die städtischen, suburbanen und ländlichen Gebietskategorien. Nach den Kriterien Gemeindetyp, Distanz zum Oberzentrum und Alterszusammensetzung der Bewohnerschaft wurden die Stadt Darmstadt sowie Gemeinden und Ortsteile aus den Landkreisen Darmstadt-Dieburg, Bergstraße und Odenwald ausgewählt (vgl. Abschn. 3.2.4 sowie Tab. 2.1). Im kalifornischen Silicon Valley war die Ausweisung kontingenter Raumeinheiten nicht in der gleichen Trennschärfe möglich. Angesichts seines ungewöhnlichen Siedlungswachstums (urban sprawl) dominieren dort "städtische" und "suburbane" Lebensumwelten. Willow Glen, die Villages, die Eastside und das übrige SCC werden exemplarisch für derartige Wohngebiete erfaßt. Dagegen repräsentiert das "ländliche" Gilroy eher die residualen Siedlungskategorien (vgl. Abschn. 3.3.4).

2.3 Auswahl der Probanden

Die Auswahl der unabhängig - also nicht in Heimen - lebenden Zielpersonen erfolgte im *südhessischen Untersuchungsgebiet* als regional geschichtete systematische Stichprobe mit Zufallsstart. Ihre Ziehung wurde vom Kommunalen Gebietsrechenzentrum Starkenburg jeweils gemeindeweise auf der Basis aller Deutschen im Alter von 60 und mehr Jahren mit Hauptwohnsitz am Befragungsort durchgeführt. Die Adressen lagen sortiert nach Ortsteilen (in Darmstadt nach Statistischen Bezirken) und Straßen vor. Diese Bruttostichprobe wurde anschließend um Heimbewohner und erforderlichenfalls um Probanden in nicht berücksichtigten Ortsteilen bereinigt (Nettostichprobe).

Tab. 2.1. Stichprobenausschöpfung in den südhessischen Erhebungsgemeinden

Gemeinde	Senioren im eig.Haushalt 1***	Brutto-stichprobe 2	Netto-stichprobe 3	Inter-views 4	Interviews v. Spalte 1 in % 5	Interviews v. Spalte 3 in % 6
Darmstadt**	30 105	614	563	362	1,2	64,3
Umland:						
Seeheim/Jugenheim*	2 656	302	143	60	2,3	42,0
Alsbach*	801	86	42	25	3,1	59,5
Zwingenberg*	872	97	46	20	2,3	43,5
Eppertshausen	772	82	41	13	1,7	31,7
Messel	530	56	28	12	2,3	42,9
Roßdorf	1 993	209	101	46	2,3	45,5
Weiterstadt*	1 259	126	63	24	1,9	38,1
Odenwald:						
Lindenfels	1 038	126	70	29	2,8	41,4
Grasellenbach	772	81	44	20	2,6	45,5
Wald-Michelbach	2 076	232	110	57	2,7	51,8
Beerfelden	1 495	160	86	43	2,9	50,0
Michelstadt*	662	70	38	20	3,0	52,6
Mossautal	483	51	35	12	2,9	34,3
Sensbachtal	224	22	16	7	3,1	43,8
insgesamt	45 738	2 314	1 426	750	1,6	52,6

* hier wurde nicht in der Gesamtgemeinde befragt; Werte beziehen sich nur auf berücksichtigte Ortsteile
** die Werte der Spalten 2-6 beziehen sich auf beide Durchgänge
*** Datenstand: VZ 1987, bereinigt um die ≥ 60jährigen in Heimen

In Darmstadt erfolgte die Stichprobenziehung in zwei Schritten. So wurden die ersten 240 Fälle Anfang 1986 im Rahmen einer Untersuchung gezogen, die der Verfasser im Auftrag der Stadt Darmstadt durchführte (Magistrat der Stadt Darmstadt 1987). Ein erneutes Auswahlverfahren im Frühjahr 1987 berücksichtigte jeden 91. der Zielgruppe. Nach Bereinigung der Heimadressen blieben 323 potentielle Befragungspersonen übrig. Für die übrigen Gemeinden des südlichen Rhein-Main-Gebiets fand das gleiche Stichprobenverfahren, jedoch mit anderer Auswahlquote und auf einen Zeitpunkt beschränkt, im Juni 1987 Anwendung. Die 10%-Stichprobe wurde für Ortsteile mit bis zu zehn ausgewiesenen Fällen beibehalten, für größere Gemeinden jedoch systematisch um die Hälfte reduziert. Dies gewährleistet, daß auch die Einwohner kleinerer Ortsteile ausreichend in der Erhebung repräsentiert sind. Die Stichprobenausschöpfung kann der Tabelle 2.1. entnommen werden.

Auch bei systematischen Stichprobenerhebungen tritt erfahrungsgemäß das Problem auf, daß sich eher diejenigen zu Interviews bereit erklären, die dem aufgeschlosseneren Segment der Zielgruppe angehören. Im Falle älterer Menschen ist darüber hinaus bei der Interpretation der Ergebnisse zu berücksichtigen, daß sie oder ihre Angehörigen oft ihre körperliche bzw. geistige Rüstigkeit als zu gering einschätzen, um den Anforderungen einer Befragung gewachsen zu sein. In der Auflistung der berichteten Ausfallgründe in Tabelle 2.2. wird dieser Sachverhalt unter der Rubrik "krank" für 11,5% aufgeführt. Etwa ein Drittel verweigerte explizit das Interview, mit allerdings abnehmender Tendenz vom städtischen zum ländlichen Untersuchungsschwerpunkt. Häufiger dagegen sind im Odenwald die Ausfälle wegen Nichtantreffens der Zielperson oder aus "sonstigen" Grün-

Tab. 2.2. Gründe für nicht zustandegekommene Interviews im südhessischen Untersuchungsgebiet*

Ursache	Darmstadt	Umland	Odenwald	insgesamt
verweigert	52,3	34,5	28,9	38,1
krank	14,9	9,8	10,4	11,5
verstorben	1,5	0,4	0,5	0,7
verreist	3,5	10,6	6,6	7,2
verzogen	1,5	0,4	1,9	1,2
Heimübersiedlung	1,0	0,0	1,9	0,9
nicht angetroffen	11,4	21,2	18,5	17,5
Sonstiges	13,9	23,1	31,3	22,9
Fallzahl	201	264	211	676

* Angaben in Prozent, nach Rückmeldungen der Interviewer

den. Mit einer Ausschöpfungsquote von 52,6% bezogen auf die Nettostichprobe entspricht der Rücklauf im vorliegenden Fall jedoch durchaus den Erwartungen und den Werten vergleichbarer Untersuchungen.

Weitaus schwieriger gestaltete sich das Auswahlverfahren im *kalifornischen Untersuchungsgebiet*. Es zeichnete sich ab, daß eine regionalisierte Zufallsstichprobe im klassischen Sinne dort nicht durchführbar ist:

➢ da in den U.S.A. keine Meldepflicht besteht, konnte nicht auf Einwohnerregister zurückgegriffen werden, in denen die Zielgruppe ausgewiesen sind;

➢ der durch das Department of Aging beim State of California in Sacramento in Aussicht gestellte Zugriff auf eine interne Seniorendatei des "Council on Aging" im Santa Clara County ließ sich nicht realisieren;

➢ die Generierung einer eigenen Stichprobengesamtheit hätte nur durch ein allzu zeit- und kostenaufwendiges "random digit dialing" erfolgen können. Dieses Telefonauswahlverfahren ist ein geläufiges Instrument der Marktforschung.

Nach Rücksprache mit dem Geographischen Institut sowie dem Survey Research Center der University of California, Berkeley sowie dem Zentrum für Umfrageforschung (ZUMA) in Mannheim fiel schließlich die Entscheidung für ein mehrstufiges Auswahlverfahren. Da auch dieses mehr als die hierzulande üblichen Schwierigkeiten bereitete, wird zu Informationszwecken näher darauf eingegangen. Auf der Basis eines räumlichen Auswahlverfahrens wurde für die Untersuchungsschwerpunkte Gilroy, Willow Glen, Eastside und Villages eine Einprozent-, für das übrige Santa Clara County dagegen eine Einpromille-Stichprobe angestrebt. Insgesamt fünf unterschiedliche Vorgehensweisen waren hierzu erforderlich. Jede für sich allein angewandt hätte die Grundgesamtheit nicht angemessen repräsentieren können. In der Summe jedoch gleichen sich die Verzerrungen aus:

1. *Räumliche Zufallsstichprobe:* Auf der Basis des sog. "Criss-Cross Directory" des Santa Clara County, also einem nach Straßen geordneten Adreß-/Telefonbuch, ist nach einer Untersuchung des U.S. Census Bureau mit hoher Wahrscheinlichkeit bestimmbar, welche Bewohner "Senioren" sind. Als wichtiges Merkmal jeder Adresse ist nämlich jeweils die Dauer des unveränderten Anschlusses angegeben. Innerhalb der Untersuchungsschwerpunkte wurden in systematisch ausgewählten Straßen all diejenigen telefonisch angewählt, für die dieses Kriterium seit mindestens 9 Jahren

zutraf. Nach einer kurzen Vorstellung des Projekts wurde um ein Interview nachgesucht. Im Durchschnitt war etwa jeder zehnte Anruf erfolgreich. Aus der Liste der bereitwilligen Senioren wurde jeder zweite ausgewählt und später ein Termin vereinbart. Insgesamt kamen hierdurch 103 Interviews zustande.

2. *Ausschöpfung der Kirchenlisten:* In den Untersuchungsschwerpunkten wurden systematisch alle relevanten Kirchengemeinden angesprochen und um Unterstützung gebeten. Die meisten zeigten sich kooperativ und überließen mir die Mitgliederlisten der 60jährigen und älteren. Aus ihnen konnten die Interviewpartner nach dem Zufallsprinzip ausgewählt werden. In etwa 20 Fällen wurden sie von den Geistlichen "empfohlen". Im Falle der Erwachsenengemeinde "Villages" ermöglichte dies den andernfalls sehr schwierigen ersten Zugang. Insgesamt wurden durch Ausschöpfung der Kirchenlisten 84 Interviews realisiert.

3. *Medienaufruf:* Mit Hilfe des Council on Aging of Santa Clara County (COA) wurde eine Pressekampagne vorbereitet, um freiwillige Interviewpartner zu gewinnen. Alle relevanten Tageszeitungen wie der "San Jose Mercury", "The Peninsula" für die Nordbay sowie die "Gilroy News" brachten ausführliche Interviews mit dem Autor, in denen die Untersuchungsziele angesprochen und um Mitarbeit gebeten wurde. Die mit über 20 000 Exemplaren verbreitete Seniorenzeitung des COA und das Mitteilungsblatt der Erwachsenengemeinde "The Villager" druckten ebenfalls den Aufruf zur Mitarbeit ab. Darüber hinaus hatte ich im Rahmen einer sog. "public message" - die insgesamt 15 mal von den regional am stärksten verbreiteten Rundfunksendern KBAY und KEEN ausgestrahlt wurde - die Gelegenheit, persönlich für den gleichen Zweck zu werben. Referenzadresse war jeweils das COA, das die eingehenden telefonischen und schriftlichen Einwilligungen sammelte und an mich weiterleitete. Damit konnten nach obigem Auswahlverfahren wiederum 164 Interviews durchgeführt werden.

4. *Besucher von Seniorenzentren:* Die Leiter nahezu aller Seniorenzentren der Untersuchungsschwerpunkte waren über das Anliegen der Erhebung informiert und vom COA um Unterstützung des Vorhabens ersucht worden. Dies erleichterte den Zugang zu diesen Treffpunkten unabhängig lebender älterer Menschen. Hier wurden 67 Interviews, teilweise in kleinen Gruppen, durchgeführt.

5. *Informelle Empfehlungen, Treffen:* Weiterempfehlungen durch bereits interviewte Senioren sowie die Einladung zu speziellen Meetings beispielsweise einer Gewerkschaftsgruppe, des Lions Club San Jose, der Grauen Panther oder des Senior Advisory Council eröffneten die Möglichkeit, auf das Untersuchungsvorhaben hinzuweisen und um Mithilfe zu bitten. Allein hierdurch kamen 41 Interviews zustande.

Tab. 2.3. Verteilung der Interviews im U.S.-Erhebungsgebiet nach Gemeinden bzw. Untersuchungsschwerpunkten

Gemeinde/Untersuchungsschwerpunkt	Interviews	in %
San Jose-Willow Glen	78	17,0
San Jose-Villages	50	10,9
San Jose-Eastside	56	12,2
San Jose-Übriges	96	20,9
Gilroy	67	14,6
Santa Clara	22	4,8
Cupertino	13	2,8
Sunnyvale	18	3,9
Mountain View	14	3,1
Palo Alto	6	1,3
Los Altos	11	2,4
Saratoga	11	2,4
Los Gatos	8	1,7
Milpitas	4	0,9
Campbell	5	1,1
insgesamt	459	100,0

Quelle: Eigene Erhebung

Angesichts der erwähnten Verzerrungen und Einschränkungen, denen selbst systematische Auswahlverfahren bei Senioren unterliegen, stellt sich im vorliegenden Fall die Frage nach der *Stichprobengüte*. Hinweise darauf ergeben sich aus einem Vergleich zweier verfügbarer demographischer Kennwerte der Grundgesamtheit und der Befragten in Tabelle 2.4.

Die erkennbar ähnlichen Strukturmerkmale in den Stichproben und Grundgesamtheiten weisen - verbunden mit dem relativ großen Stichprobenumfang - darauf hin, daß die Befragten im vorliegenden Fall weitgehend die Grundgesamtheit älterer Menschen in den Erhebungsgebieten repräsentieren. Im kalifornischen Untersuchungsgebiet haben sich die Frauen ebenso wie die Hochbetagten stärker als erwartet - und als es ihrem Anteil an der Grundgesamtheit entspricht - an den Interviews beteiligt.

Tab. 2.4. Merkmalsvergleich Grundgesamtheit und Befragte in den Untersuchungsgebieten

Merkmal	Grundgesamtheit		Befragte	
	Deutsches Untersuchungsgebiet	US Untersuchungsgebiet	Deutsches Untersuchungsgebiet	US Untersuchungsgebiet
Geschlechterrelation (M:F)	1:1,6	1:1,4	1:1,3	1:1,7
Anteil Hochbetagter (≥ 75 Jahre)	34,5	26,9	32,1	30,1

Quelle: Hessisches Stat. Landesamt (1988); U.S. Department of Commerce 1980 Census

2.4 Datenerhebung

Im kalifornischen Untersuchungsgebiet fanden die Feldarbeiten im Sommer 1985 statt. Dem Einsatz dreier in der empirischen Sozialforschung erfahrener Studenten der Stanford University ging eine eingehende Schulung am Fragebogen und über das Untersuchungsanliegen voraus, die zugleich auf die Erfassung situativer Elemente der Erhebungssituation ausgerichtet war. Diese Interviewer und der Verfasser führten den Hauptteil der Befragungen durch. Knapp 30 Interviews kamen mit Unterstützung freiwilliger Helfer zustande, die sich im Verlauf der Feldarbeiten für das Vorhaben interessierten und ihre Mithilfe anboten. 17 Fragebögen wurden von den Probanden auf deren ausdrücklichen Wunsch hin selbst ausgefüllt und zurückgeschickt.

Die Interviews im südhessischen Untersuchungsgebiet wurden mit Hilfe von insgesamt 15 Darmstädter Geographiestudentinnen und -studenten durchgeführt. Auch sie hatten im Verlauf ihrer Ausbildung Erfahrung mit sozialempirischen Methoden gewinnen können und wurden speziell im Hinblick auf das Untersuchungsanliegen geschult. Besonderer Wert wurde darauf gelegt, daß die älteren Menschen im Winter nur dann aufgesucht wurden, wenn kein Schnee ihre außerhäuslichen Aktivitäten behindern konnte. Die verschiedenen Phasen der Haupterhebung wurden jeweils nach dem gleichen Muster vorbereitet: Kurz vor der Befragung erschienen redaktionelle Beiträge in den wichtigsten Tageszeitungen im Untersuchungsgebiet ("Darmstädter Echo" mit Regionalausgaben, "Odenwälder Heimatzeitung", "Südhessenpost", "Odenwälder Zeitung", "Bergsträßer Anzeiger") sowie Hinweise in den Mitteilungsblättern der Erhebungsgemeinden. Jede Zielperson wurde etwa eine Woche vorher in einem Brief über das Besuchsanliegen informiert und um Mithilfe bei der Befragung gebeten. Außerdem erfolgte in den überwiegenden Fällen eine telefonische Terminabsprache. Nach Abschluß des ersten Interviewdurchgangs wurden gezielt nochmals diejenigen aufgesucht, die beim ersten Besuch nicht erreichbar waren. Diese intensive Vorbereitung wird mit als ein Grund für die relativ hohe Ausschöpfung der Stichprobe angesehen.

Der erste Befragungsdurchgang in Darmstadt fand zwischen Mitte Februar und Ende April 1986 statt. Wie bereits erwähnt bestand hier die Möglichkeit, im Rahmen einer kommunalen Erhebung über die Lebensverhältnisse der älteren Einwohner bei einem Teil der Probanden zusätzliche Interviews für die vorliegende Arbeit durchzuführen. Da diese Aktion vom Magistrat der Stadt Darmstadt initiiert und durch eine intensive Öffentlichkeitsarbeit unterstützt wurde, bestand auf Seiten der Zielgruppe eine hohe Motivation zur Mitarbeit. Der zweite Befragungsdurchgang zwischen Januar und Mai 1987 fiel in die Zeit der Vorbereitung der umstrittenen Volkszählung des Jahres 1987. Dennoch stießen wir auf eine hohe Kooperationsbereitschaft der älteren Menschen. Die Interviewdauer betrug durchschnittlich zwischen einer dreiviertel und einer Stunde. Sehr oft allerdings entwickelten sich weitaus längere Gespräche.

Die Haupterhebung in den übrigen Gemeinden des südlichen Rhein-Main-Gebiets fand im Juli 1987 während der Semesterferien statt. Zeitlich gestaffelt wurden die Zielpersonen in den einzelnen Ortschaften informiert und besucht. Auch hier waren die vorgenannten Ankündigungen hilfreich, u.a. ein Bericht in der Nachrichtensendung des Dritten Hessischen Fernsehens.

2.5 Auswertung und Interpretation

Nach Abschluß der Befragungen in den U.S.A. und in der Bundesrepublik erfolgten jeweils die Codierung der Antworten und die Erfassung der Rohdaten auf Datenträger. Aufwendig war die Datenaufbereitung wegen der zahlreichen offenen Fragen und der angestrebten differenzierten zeitlichen und räumlichen Zuordnung bestimmter Aussagenbereiche. Hinzu kamen umfangreiche Plausibilitätskontrollen. Sie dienten der Prüfung der Konsistenz und Minimierung von Fehlern, die bei der Erhebung, der Codierung und der Übertragung auf Datenspeicher auftreten.

Die rechnergestützte mathematisch-statistische und graphische Datenauswertung erfolgte mit den am Hochschulrechenzentrum der THD installierten Programmpaketen SPSSX und DISSPLA sowie den Programmsystemen LISREL und PRELIS für PCs. Die nachfolgend skizzierte sukzessive Vorgehensweise zielt auf eine angemessene Interpretation der zunehmend komplexeren Inhaltsstrukturen:

➤ Zunächst erfolgt die Charakterisierung der empirischen Verteilung mit Verfahren der deskriptiven Statistik: Hierzu zählen die Erstellung von Häufigkeits- und Kreuztabellen, die Ermittlung von Lage- und Dispersionsparametern sowie die Durchführung von Signifikanztests.

➤ Deren vorläufige Interpretation im nächsten Schritt stützt sich vor allem auf die räumliche Differenzierung der Merkmalsausprägungen nach Untersuchungsgebieten und -schwerpunkten. In den einzelnen Kapiteln werden ausgewählte Ergebnisse vornehmlich in ihren Variationen über die definierten Raumeinheiten tabellarisch dargestellt.

➤ Die theoriegeleitete Analyse der Zusammenhangsstrukturen zwischen den Variablen erfolgt primär unter Anwendung multivariater statistischer Verfahren. Besonderer Wert wird auf solche Operationen gelegt, die dem Skalenniveau angemessen sind. Sie werden in den entsprechenden Kapiteln jeweils näher behandelt.

➤ Schließlich werden für die weiterführende Interpretation der Ergebnisse zusätzlich die protokollierten Anmerkungen der Befragten, eigene Beobachtungen oder die Aufzeichnungen der Interviewer über ihre Eindrücke während der Erhebungssituation mitberücksichtigt.

3. RAHMENBEDINGUNGEN DES ALTERNS IN DEN UNTERSUCHUNGS-GEBIETEN

3.1 Altern als gemeinsames Merkmal postmoderner Transformation

Den tiefgreifenden demographischen Alternsprozeß nimmt die Öffentlichkeit hierzulande ebenso wie in den U.S.A. vor allem durch die anhaltenden *Zuwächse der Anzahl und Anteile älterer Menschen* zur Kenntnis (vgl. Abb. 3.1). Sie haben sich nach dem Zweiten Weltkrieg ungleich stärker beschleunigt als das durchschnittliche Bevölkerungswachstum. Derzeit ist jeder fünfte Deutsche und jeder sechste Amerikaner 60 und mehr Jahre alt.

Modellrechnungen gehen für beide Länder nach dem Eintritt ins einundzwanzigste Jahrhundert von einem steilen absoluten und relativen Anstieg des alten Bevölkerungssegments aus, weil dann die "Baby-Boom-Kohorten" der 60er Jahre die Altersgrenze überschritten haben. Folgen wir der mittleren Prognosevariante der Vereinten Nationen, trifft dies im Jahr 2025 für jeden dritten Deutschen und jeden vierten Amerikaner zu (United Nations 1989, 562). Wie erwähnt, stimmt dieser Trend mit der voraussichtlichen demographischen Entwicklung aller postindustriellen Gesellschaften (vgl. Abb. 3.12) überein.

Dieses Kapitel befaßt sich einerseits mit den systemgeprägten Rahmenbedingungen des Alterns auf den verschiedenen räumlichen Bezugsebenen und stellt andererseits die

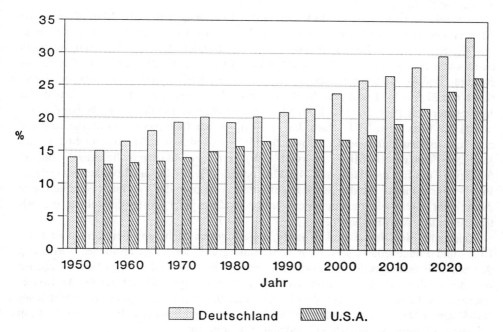

Abb. 3.1. Entwicklung der prozentualen Anteile der 60jährigen und älteren in der früheren Bundesrepublik Deutschland und in den U.S.A. zwischen 1950 und 2025
nach: United Nations 1989, 378 u. 562; mittlere Prognosevariante

regionalen und lokalen Alltagswelten der Betroffenen vor. Zunächst werden - jeweils getrennt für das deutsche und amerikanische Untersuchungsgebiet - die Bestimmungsgründe der skizzierten "demographischen Zeitenwende" (Birg 1989) und ihre Konsequenzen für die räumliche Konfiguration der Zielgruppe aufgezeigt. Dazu gehört die Betrachtung der Bedingungen und Anforderungen der täglichen Lebensführung in den Erhebungsgebieten. Die vergleichende Evaluierung der raumbezogenen Altenhilfeplanung beider Länder, unter besonderer Berücksichtigung des Wohnsektors, beschließt das Kapitel.

3.2 Die Situation im deutschen Untersuchungsgebiet

3.2.1 Bundesweite Fakten und Trends in einer Zeit des Umbruchs

Die Bundesrepublik Deutschland zählt international zu den meistbeachteten Untersuchungsgebieten der Bevölkerungsforschung. Zum einen ist hier die Geburtenrate erstmalig und seit längerer Zeit unter das Bestandserhaltungsniveau gesunken, und zum anderen der Prozeß des demographischen Alterns so weit fortgeschritten wie nur in wenigen anderen Ländern der Welt. Seit der Vereinigung wächst zudem das Informationsbedürfnis hinsichtlich der Situation älterer Menschen im größer gewordenen Deutschland. Soweit es die Datenlage erlaubt, beziehen sich die nachfolgenden Sekundäranalysen auf die jetzige Bundesrepublik.

Im Gebiet des vereinten Deutschlands lebten 1990 insgesamt 16,08 Mio. Personen im Alter von 60 und mehr Jahren, davon etwa 13 Mio. (81,3%) in den alten und ca. 3 Mio. (18,7%) in den neuen Bundesländern. Damit repräsentiert dieses Bevölkerungssegment bundesweit 20,3% der Einwohner (20,9% im Westen und 18,3% im Osten). Die Seniorenquote der Ausländer liegt derzeit mit 5% noch deutlich unter derjenigen der Deutschen mit 21,5%. Während sich die Bevölkerung des früheren Bundesgebiets in den vier Jahrzehnten seit 1950 um 11,7 Mio. oder 23% erhöhte, betrug der Zuwachs bei den Senioren 5,9 Mio. bzw. 83%. Nach der 7. koordinierten Bevölkerungsvorausberechnung des Statistischen Bundesamtes (Sommer 1992) wird sich die Einwohnerzahl bis zum Jahr 2030 um ca. 10 Mio. (um rund 12%) verringern, dagegen die Anzahl der ab 60jährigen um fast die Hälfte auf 24,3 Mio. oder 34,9% der Gesamtbevölkerung steigen. In Übereinstimmung mit den zuvor angeführten Prognosen der Vereinten Nationen wird dann nicht mehr wie derzeit jeder fünfte, sondern jeder dritte Einwohner die Altersgrenze überschritten haben.

Angesichts der Notwendigkeit einer längerfristigen Sicherung der Renten und des Hilfs- und Pflegebedarfs sowie vor dem Hintergrund der fortgeschrittenen Auflösung des generationsübergreifenden Familienverbandes birgt der aufgezeigte Wandel ebenso wie die in der Bevölkerungsstruktur angelegte Eigendynamik weitreichende Konsequenzen. Da hierzu inzwischen detaillierte Untersuchungen vorliegen (z.B. Statistisches Bundesamt 1991 u.1994; Bundesminister für Familie und Senioren 1993a u. 1994), kann ich mich auf einige wesentliche Grundzüge beschränken:

➢ Als Folge der zunehmenden Verschiebungen im Altersaufbau wird die ursprüngliche Bevölkerungspyramide künftig "auf die Spitze" gestellt (vgl. Abb. 3.2). Das Phänomen der *Hochaltrigkeit* gewinnt noch an Bedeutung, da bis zum Jahr 2030 vor allem die Gruppen der betagten 70-75jährigen und der über 90jährigen die höchsten Wachstumsraten aufweisen werden. Bedenklich stimmt in diesem Kontext die tendenzielle Entwicklung des Altenquotienten: Während 1990 noch 352 Personen im Alter von 60 und mehr Jahren auf eintausend 20- bis 59jährige entfallen, werden es vier Jahrzehnte später mit 721 mehr als doppelt so viele sein (Kuratorium Deutsche Altershilfe 1992).

➢ Die zur weiblichen Seite hin verschobene Geschlechterrelation dokumentiert für das höhere Erwachsenenalter einen deutlichen *Frauenüberschuß* (auch als Feminisierung oder Verweiblichung des Alters bezeichnet): Zwei Drittel der Zielgruppe sind Frauen. Dies läßt sich zum einen auf die Gefallenen der Weltkriege zurückführen und zum anderen darauf, daß Frauen von der in den letzten hundert Jahren mehr als verdoppelten Lebenserwartung besonders profitierten: Sie beträgt 1991 für ein neugeborenes Mädchen durchschnittlich 78,7 Jahre, für einen Jungen 72,1 Jahre (Statistisches Bundesamt 1994, 37); 60jährige Frauen haben noch eine mittlere Lebenserwartung von 21,9 Jahren, gleichaltrige Männer lediglich von 17,6 Jahren. Nach der erwähnten aktuellen Bevölkerungsberechnung wird sich allerdings künftig die Geschlechterrelation deutlich einander annähern.

➢ Im ursächlichen Zusammenhang mit diesen demographischen Komponenten steht die *Singularisierung* als Kennzeichen der Seniorenpopulation. Im früheren Bundesgebiet finden sich unter den Altenhaushalten 4,6 Mio. bzw. 50,0% Einpersonenhaushalte (vgl. Abschn. 4.3), unter der übrigen Bevölkerung lediglich 28,1%. Diese Alleinlebenden sind indes zu 85% weiblich, während noch 82% der älteren Männer gemeinsam mit ihrer Ehefrau wohnen.

Diese simultan ablaufenden und einander überlagernden Prozesse steuern ihrerseits wieder das *räumliche Verteilungsbild* der Zielgruppe (vgl. Abb. 3.3. u. 3.13. sowie Tab. 3.1). Es weist neben Disparitäten zwischen den Regionen und Gebietstypen ebenfalls Regelhaftigkeiten auf. Sie spiegeln sowohl die gemeinsame Geschichte als auch die in der Nachkriegszeit unterschiedlich verlaufende Bevölkerungs- und Gesellschaftsentwicklung im geteilten Deutschland wider:

1. Im Gefüge der *früheren Bundesrepublik* verzeichnen das ehemalige Zonenrandgebiet, die altindustrialisierten Montanreviere im Westen sowie das Alpenvorland die höchsten Seniorenanteile. Nach absoluten Werten allerdings führen deutlich die prosperierenden Verdichtungsräume mit großen Kernstädten (Berlin, Hamburg, München, Frankfurt, Köln, Stuttgart). Steuerungsprinzipien derartiger Verteilungsmuster sind vor allem Wohnsitzverlagerungen jüngerer Personengruppen und das Altern am Ort, in geringerem Umfang auch die Umzüge älterer Menschen:

   ➢ So sind die hohen Seniorenquoten der Kernstädte eine Folge der Abwanderung junger Familien während ihrer Gründungsphase, die seit den 70er Jahren dem Wohnungsangebot ins Umland folgten (Suburbanisierung).

   ➢ Auch die strukturschwachen ländlich-peripheren Regionen hatten wegen der Sogwirkung der Ausbildungs- und Arbeitsplätze in den Verdichtungsräumen permanent den Verlust junger Menschen zu beklagen.

   ➢ Dagegen gelten landschaftlich attraktive Gebiete wie z.B. das Alpenvorland oder verdichtungsraumnahe Mittelgebirgsregionen als Zuzugsräume älterer Menschen.

2. In den *neuen Bundesländern* folgt die räumliche Verteilung dem Prinzip eines deutlichen Süd-Nord Gefälles: So weisen hier die ländlich strukturierten Kreise im Norden (z.B. in Mecklenburg-Vorpommern) unterdurchschnittliche, die im altindustrialisier-

Tab. 3.1. Zahl und Anteile der 60jährigen und älteren in Deutschland 1987 bezogen auf die Bevölkerung am Ort der Hauptwohnung nach Kreisen und kreisfreien Städten

	≥60 abs.	≥60 %	60–<75 %	≥75 %		≥60 abs.	≥60 %	60–<75 %	≥75 %		≥60 abs.	≥60 %	60–<75 %	≥75 %		≥60 abs.	≥60 %	60–<75 %	≥75 %
F.u.Hansest. Hamburg	382636	24,0	14,8	9,2	Kfs. Nürnberg	111181	23,6	15,2	8,4	Ennepe-Ruhr-Kreis	74873	22,1	14,4	7,7	Lkr. Alb-Donau-Kr.	28437	17,7	11,8	5,9

Quelle: Eigene Auswertung nach Diskette Volkszählung 1987. Kreisergebnisse. Statistisches Bundesamt 1989

ten Süden (vor allem Sachsen) dagegen überdurchschnittlich hohe Anteile älterer Menschen auf. Dies ist u.a. darauf zurückzuführen, daß während der 60er und 70er Jahre Programme zur Industrieansiedlung in den nördlichen Regionen junge Familien anzogen. Einen ähnlichen Effekt hatte die staatliche Wohnraumbewirtschaftung, indem neben Ostberlin vor allem die größeren Bezirksstädte als wirtschaftliche Investitionsschwerpunkte zu bevorzugten Standorten des Massenwohnungsbaus avancierten. Anders als in den Klein- und Mittelstädten fehlt hier das Phänomen der Überalterung (Gaube 1991).

Die stärkere Zusammenfassung der *regionalisierten* Daten aus Tabelle 3.2. nach der Abfolge ihres Zentralitätsgrades in Ballungsgebiete (Kernstädte und hochverdichtete Kreise), weiteres Umland (verdichtete und ländliche Kreise der Regionen I und II) sowie ländliche Regionen (Typ III) ergibt:

➤ in den *alten Bundesländern* eine Konzentration älterer Menschen in den Ballungsgebieten: 34,4% leben in Kernstädten und 17,1% in Gemeinden ihres engeren Umlandes. Ein Drittel der Zielgruppe (32,7%) wohnt im weiteren Umland und nur 15,8% in ländlichen Regionen.

➤ in den *neuen Bundesländern* eine nahezu umgekehrte Situation: Zwei Drittel der Senioren wohnen außerhalb der Ballungsgebiete. Dementsprechend übertreffen hier die Vergleichswerte für das weitere Umland (48,5%) und die ländlichen Regionen (19,0%) deutlich diejenigen der Kernstädte (25,5%) und ihres engeren Umlandes (7,0%).

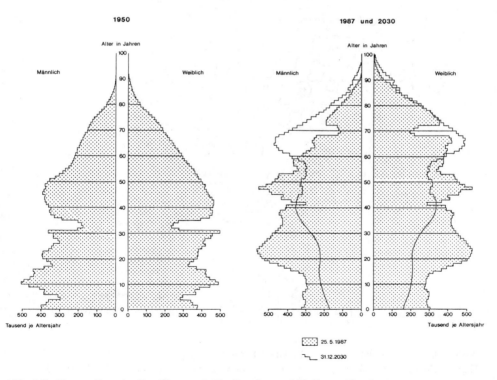

Abb. 3.2. Altersaufbau der Bevölkerung in der Bundesrepublik Deutschland

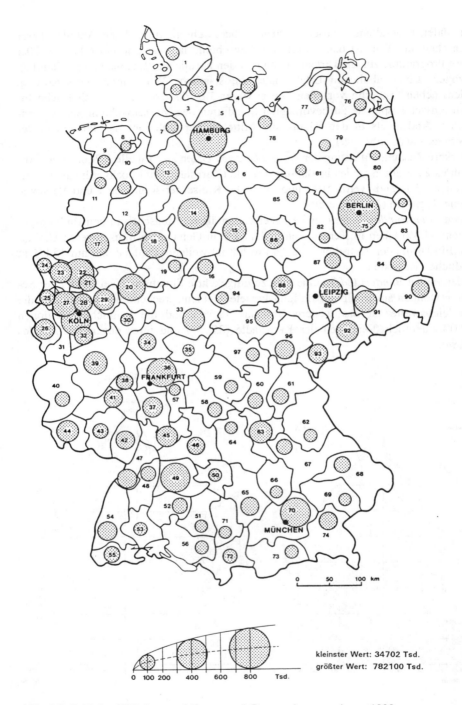

Abb. 3.3. Zahl der 60jährigen und älteren nach Raumordnungsregionen 1990
Eigener Entwurf nach: Sonderauswertung Laufende Raumbeobachtung der BFLR 10/1991;
Kartographie: U. Simons

Tab. 3.2. Bevölkerung im Alter von 60 und mehr Jahren nach siedlungsstrukturellen Kreis-/ Regionstypen in Deutschland am 1.1.1990

	Alte Bundesländer		Neue Bundesländer	
	insgesamt	% der Bev.	insgesamt	% der Bev.
I. Regionen mit großen Verdichtungsräumen				
Kernstädte	3 746 227	22,2	573 673	17,6
Hochverdichtete Kreise	2 230 517	19,3	209 597	23,2
Verdichtete Kreise	953 819	20,2	341 298	21,1
Ländliche Kreise	350 308	20,0	293 295	18,6
II. Regionen mit Verdichtungsansätzen				
Kernstädte	751 389	22,6	193 021	15,7
Verdichtete Kreise	2 065 963	20,0	479 468	19,3
Ländliche Kreise	903 780	21,2	344 972	18,3
III.Ländlich geprägte Regionen				
Verdichtete Kreise	1 074 706	20,6	199 713	15,1
Ländliche Kreise	998 050	21,4	372 685	17,3
Zusammen	13 074 759	20,9	3 007 722	18,3

Quelle: Sonderauswertung Laufende Raumbeobachtung 10/1991 der BFLR

Auf der *kommunalen Maßstabsebene* konzentrieren sich die Wohnstandorte älterer Menschen derzeit am stärksten in den zentrumsnahen - meist gründerzeitlichen - Quartieren sowie in den alten Kernen der ehemals selbständigen Vororte (Böhm u.a. 1975; Thomi 1985; Jurczek & Schymik 1978). Dieser Tatbestand veranlaßten Vaskovics u.a. (1983), in 12 deutschen Großstädten der Frage nachzugehen, inwieweit Senioren vom Prozeß intraurbaner Segregation betroffen sind. Einige der Ergebnisse: Es vollzieht sich im zeitlichen Verlauf ein Trend geringer räumlicher Aussonderung nach Altersgruppen sowie eine Konzentration älterer Menschen in benachbarten Baublöcken. Dennoch liegt ihr Segregationsgrad beispielsweise unter demjenigen von Gastarbeitern. Die räumliche Distanz zu anderen Altersgruppen läßt sich noch nicht als Ghettobildung deuten. So konnte letztlich weder die Verdrängungsthese aufrechterhalten werden, wonach eine Benachteiligung alter - und damit gesellschaftlich an den Rand gestellter - Menschen erfolgt, noch die Residualthese ihrer Aussortierung durch Verbleib nach dem Wegzug jüngerer und bessergestellter Personen (Vaskovics 1990). Auch Schütz (1985) registrierte in seiner vergleichenden Studie über Hamburg und Wien eine leicht steigende Tendenz zur altersspezifischen Segregation. Besonders betroffen ist hiervon der innere Bereich Hamburgs, die sogenannte "abgebende Zone" (wegen des Fortzugs jüngerer Familien). Der Zusammenhang zwischen dem Lebenszyklus der Bewohner, ihrer als wellenförmig beschriebenen Nachfrage nach phasenspezifisch adäquaten Wohnungen und der unterschiedlichen Ausstattung der untersuchten Ortsteile mit einem derartigen Angebot führt seiner Ansicht nach dazu, daß künftig jeweils unterschiedliche Zonen der Stadtregion vom Prozeß der Alterskonzentration erfaßt werden.

Diese Momentaufnahmen des räumlichen Altersgefüges erfahren künftig auf allen Ebenen einen *tiefgreifenden Wandel*. Er tendiert in seiner Konsequenz auf den Abbau der derzeitigen Ungleichgewichte. So wird das erwartete Auseinanderdriften der regionalen Zuwachsraten zu einer Angleichung der räumlichen Altersstrukturen und einer Verringerung des bestehenden Konzentrationsgefälles führen (Bucher & Kocks 1991;

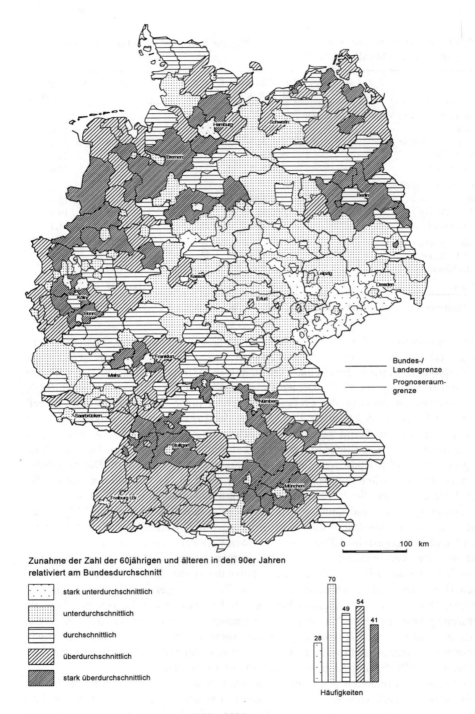

Bundes-/
Landesgrenze

Prognoseraum-
grenze

0   100 km

Zunahme der Zahl der 60jährigen und älteren in den 90er Jahren
relativiert am Bundesdurchschnitt

⬚	stark unterdurchschnittlich
⬚	unterdurchschnittlich
⬚	durchschnittlich
⬚	überdurchschnittlich
⬚	stark überdurchschnittlich

Häufigkeiten

Abb. 3.4. Dynamik der Alterung 1989 - 2000
Quelle: Bevölkerungsprognose 1989-2000; nach: Bundesforschungsanstalt für Landeskunde und
Raumordnung 1992a; Kartographie: B.Meier, U.Simons

Veith & Bucher 1994; Bundesforschungsanstalt für Landeskunde und Raumordnung 1992a und 1994, nachfolgend BFLR). Diese Veränderungen haben Konsequenzen für die Bundes-, Regional- und Kommunalebene:

➤ Die regionalisierte Prognose bis zum Jahr 2010 unterstreicht die unterschiedliche Dynamik der künftigen Alterung im vereinten *Deutschland*: Während die westlichen Bundesländer deutliche Zuwächse verzeichnen werden, trifft dies im Osten insbesondere für die Nordregion (Mecklenburg-Vorpommern, Brandenburg) zu, wohingegen die Südregion (Sachsen-Anhalt, Thüringen und Sachsen) nur unterdurchschnittliche Wachstumsraten älterer Menschen erwartet.

➤ Die *regionalen* Zuwächse an Senioren konzentrieren sich im Westen innerhalb der hochverdichteten Regionen künftig auf die Umlandzonen der Kernstädte (vgl. Abb. 3.4. sowie Abschn. 5.6.2). Nach der Jahrtausendwende beschleunigt sich dieser Prozeß: Die "älteren" urbanen Zentren altern dann langsamer, die "jüngeren" Umlandgemeinden schneller. Im Osten profitieren alle Gebietstypen - insbesondere jedoch die Kernstädte - vom allgemeinen prozentualen Anstieg der Seniorenbevölkerung.

➤ Auf *innerstädtischer* Ebene lassen die Ergebnisse der Volkszählung 1987 (nachfolgend VZ 87) bereits die Tendenz zum beschleunigten Generationenwechsel in den Quartieren erkennen. So sind die meist gemeinnützigen Wohnsiedlungen der Wiederaufbauphase im Begriff, die gründerzeitlichen Viertel als typische Seniorenquartiere abzulösen (Friedrich u.a. 1987; Köster 1994). Demographische Aussiebungsprozesse tragen hierzu bei: Die heute alten Bewohner sind ehemals als junge Familien eingezogen und dort geblieben, während ihre Kinder die gemeinsame Wohnung verlassen haben. Später werden die Großwohngebiete und Einfamilienhausviertel am Stadtrand folgen. Die demographische Sukzession wird anschließend durch den erneuten Zuzug vor allem jüngerer Familien fortgesetzt.

3.2.2 Siedlungs- und sozialräumliche Skizze des südlichen Rhein-Main-Gebiets

Das hessische Untersuchungsgebiet bildet den südlichen Abschluß des polyzentrischen Verdichtungsraumes Rhein-Main. Mit ca. 2,8 Mio. Menschen nimmt er bundesweit den dritten Rang ein (Bundesminister für Raumordnung, Bauwesen und Städtebau 1994, 232). Nach dem Zweiten Weltkrieg entwickelte sich der hochgradig verstädterte Wirtschaftsraum nach nationalen Kriterien und im europäischen Maßstab hinsichtlich seines Entwicklungsstandes und seiner Wettbewerbsfähigkeit zu einer der führenden Teilregionen. Trotz der internationalen Bedeutung der Mainmetropole Frankfurt als Finanz-, Wirtschafts- und Verkehrszentrum (Interkontinentalflughafen Rhein-Main) haben es die übrigen Kernstädte - wie auch Darmstadt - im wechselvollen Verlauf ihrer Geschichte verstanden, ein eigenständiges funktionales und urbanes Profil zu entwickeln (vgl. dazu Geipel 1961; Krenzlin 1961; Wolf 1981).

Die *engere Untersuchungsregion* umfaßt die Stadt Darmstadt sowie ausgewählte Gemeinden der Landkreise Darmstadt-Dieburg, Bergstraße und Odenwald (vgl. Abb. 3.5). Die in Tabelle 3.3. zusammengestellten Daten der "Laufenden Raumbeobachtung" der BFLR sowie der jüngsten Volkszählung unterstreichen die dynamische Entwicklung und die im hessischen Maßstab bevorzugte Position der Region. In ihrem Gefüge nimmt Darmstadt wiederum eine Schlüsselstellung ein: Die Bewohner des Landkreises Darm-

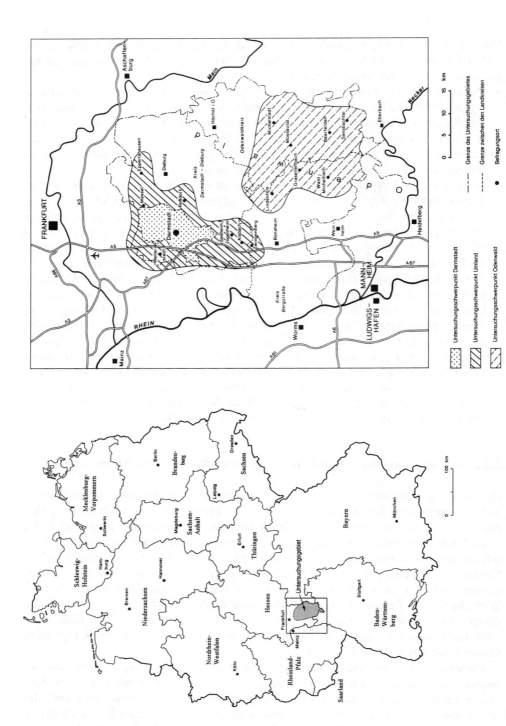

Abb. 3.5. Lage und Gliederung des südhessischen Untersuchungsgebiets
Eigener Entwurf; Kartographie: U. Simons

Tab. 3.3. Sozialräumliche Indikatoren des südlichen Rhein-Main-Gebiets

	Stadt Darmstadt	Kreis DA-DI	Kreis Bergstr.	Oden-waldkreis	Gesamt*	Hessen
Fläche in qkm 1987	122	658	719	624	2123	21113
Bevölkerung 1987	134272	248983	240111	85670	709036	5507777
Einwohner/qkm 1987	1096	378	334	137	334	261
Bevölkerungsentwicklung 1970-87	- 9022	+ 34573	+ 16377	+ 6781	+ 48709	+ 126072
Ausländerquote 1987 in %	10,9	7,4	6,1	7,1	7,6	8,6
Natürlicher Saldo/1000 Einw. 1983-85	- 10,9	- 0,9	- 3,7	- 7,0	- 3,3	- 7,0
Wanderungssaldo 83-85 d. 30-50jähr./1000	- 28,3	7,6	8,8	25,3	1,1	- 2,4
Wanderungssaldo 83-85 d. ≥ 50jähr./1000	- 12,5	3,7	4,9	21,9	0,8	- 2,0
Sozialhilfeempfänger/1000 Einw. 1985	52	30	33	30	34	44
Bruttowertschöpfung/Einw. in DM 1982	47367	14685	16249	18080	23925	27508
Steueraufkommen/Einw. in DM 1985	1564	776	781	773	944	1102
Hochqualif. Beschäft./1000 Besch. 1986	115	30	33	32	62	63
Monatsverdienst Industriebesch. in DM 85	3861	3054	3169	3238	3504	3766
Wohnungsfertigstell./1000 Bestand 1984	15,8	15,7	17,0	14,2	15,0	12,5
Einw./Facharzt 1984	405	1835	1376	1649	1087	819
KFZ-Dichte/1000 Einw. 1984	430	456	450	438	451	441
Einw. mit Bahnanschluß in % 1985	100,0	60,3	84,7	56,3	80,3	82,0
Freiflächen qm/Einw. 1984	648	2238	2628	6626	2369	3342

* Die Werte dieser Spalte beziehen sich ab dem 6. Indikator auf die ehemalige Raumordnungsregion
  Starkenburg (zusätzlich Lkr. Groß-Gerau)
Quellen: Statist. Bundesamt (1989,46); Hess. Statist. Landesamt (1988); BFLR (1987a)

stadt-Dieburg sind nahezu ausschließlich, diejenigen des Kreises Bergstraße und des Odenwaldkreises teilweise auf dieses Oberzentrum orientiert. Lediglich die südlichen Odenwaldgemeinden der beiden letztgenannten Gebietseinheiten verbinden Pendler- und Versorgungsbeziehungen mit den Großstädten im Rhein-Neckar-Raum. Der jüngste Bundesraumordnungsbericht weist Darmstadt als "Kernstadt", Darmstadt-Dieburg und Bergstraße als "hochverdichtete Kreise" und den Odenwaldkreis als "ländlichen Kreis" innerhalb einer "Region mit großen Verdichtungsräumen" aus (Bundesminister für Raumordnung, Bauwesen und Städtebau 1994, 224).

3.2.3 Charakteristika der Zielbevölkerung im Untersuchungsgebiet

Das südhessische Untersuchungsgebiet entspricht ebensowenig wie das Rhein-Main-Gebiet als Ganzes dem Bild eines traditionellen Lebensraums älterer Menschen. Während 1987 im Bundesland Hessen 21,1% der Bevölkerung 60 Jahre und älter waren, sind es im Regierungsbezirk Darmstadt 20,5% und im Untersuchungsgebiet nur 20,0%. Mit einer Steigerung von lediglich 3,4 Prozentpunkten seit der VZ 1961 (vgl. Tab. 3.4) bleibt die Entwicklung auch unter den bundesweiten Vergleichswerten.

Die Aufschlüsselung der 60jährigen und älteren nach soziodemographischen Merkmalen verdeutlicht ihre unterschiedliche Lebenslage in den städtischen und nichtstädtischen Gebietseinheiten (Tab. 3.5): Danach liegen in Darmstadt die Anteile der Zielgruppe insgesamt sowie die der Frauen, der alleinstehenden Frauen, der Hochbetagten und der älteren Ausländerhaushalte über denjenigen der Landkreise.

Tab. 3.4. Entwicklung der Altenquote* im Untersuchungsgebiet

	1961	1970	1987	2000**
Stadt Darmstadt	17,9	21,4	23,5	23,6
Lkr. Da.-Dieburg	16,2	17,2	17,8	21,3
Lkr. Bergstraße	15,4	17,4	19,6	24,5
Odenwaldkreis	18,3	20,7	22,1	24,3
insgesamt	16,6	18,6	20,0	23,2

* prozentualer Anteil der ≥ 60jährigen an der Bevölkerung
** Prognosedaten berechnet nach BFLR-Angaben 11/89
Quelle: Hessisches Stat. Landesamt 1987

Noch deutlicher treten die Unterschiede und Regelhaftigkeiten bei der *räumlichen Verteilung* der Zielgruppe hervor. Dies unterstreicht die *gemeindebezogene* Darstellung der Situation von 1987 im Rhein-Main-Gebiet (Regierungsbezirk Darmstadt bzw. Planungsregion Südhessen) in Abbildung 3.14:

➢ die Kernstädte verzeichnen starke Konzentrationen älterer Menschen;
➢ die suburbanen Umlandzonen prägen dagegen relativ geringe Seniorenraten, die hier durch gelbe Signaturen dargestellt sind;
➢ die Randzonen im Taunus, Odenwald und der Wetterau weisen mittlere Altenanteile auf, wobei deren Intensität mit der Entfernung von den Kernstädten in den ländlichen Regionen wieder zunimmt.

Diese U-förmige Abhängigkeitsfunktion der Altenquoten von der Distanz zum Verdichtungskern läßt sich für das südliche Rhein-Main-Gebiet auch auf der differenzierteren Maßstabsebene der *Ortsteile* belegen: Abbildung 3.15. bestätigt die nahezu konzentrische Abnahme der Seniorenanteile von der Kernstadt Darmstadt aus und die erneute Umkehr dieses Musters mit Erreichen des peripheren Odenwaldes.

Diese Verteilungsmuster haben sich über einen längeren Zeitraum herausgebildet; ihre *Entwicklung* dokumentiert Abbildung 3.16. für die 17 Jahre seit der VZ 1970: Drei von vier Gemeinden innerhalb der Planungsregion Südhessen verzeichnen in Gelb- und Rottönen dargestellte Zuwächse. Darüber hinaus läßt sich der Einfluß siedlungsräumlicher Prozesse auf die kommunalen Altersstrukturen erkennen: Intensität und Reichweite der von der Mainmetropole ausgehenden Suburbanisierungseffekte übertreffen diejenigen in der Darmstädter Region. Dadurch haben im Einflußbereich Frankfurts selbst weiter entfernt liegende Gemeinden Rückgänge ihrer Altenquoten vor allem durch den

Tab. 3.5. Soziodemographisches Profil der ≥ 60jährigen im Untersuchungsgebiet

	Insge-samt	in % der Bevölkerung	Frauen in %	Frauen verh. in %	≥ 75J. in %	Haushalte Zahl	Ausländ. in %
Stadt Darmstadt	31 588	23,5	64,9	36,9	37,2	20 047	1,6
Lkr. Da.-Dieburg	44 223	17,8	61,1	41,8	33,3	25 141	1,3
Lkr. Bergstraße	47 100	19,6	62,0	40,8	32,9	27 461	1,5
Odenwaldkreis	18 936	22,1	61,8	41,2	35,3	9 961	0,9
ges. Untersuchungsgebiet	141 847	20,0	62,1	40,3	34,5	82 610	1,4

Quellen: Hessisches Stat. Landesamt 1988; Hessisches Stat. Landesamt Gemeindeblätter

Zuzug jüngerer Menschen erfahren, während sich dies im Falle Darmstadts auf die umliegenden Siedlungen beschränkt.

Aus der bereits erwähnten *regionalisierten Vorausschätzung der künftigen Seniorenverteilung* (Bundesforschungsanstalt für Landeskunde und Raumordnung 1992a) ergeben sich auch für das Untersuchungsgebiet mittelfristige Konsequenzen. Gemessen am Bundesdurchschnitt verzeichnen danach Darmstadt marginale, der Odenwaldkreis mittlere und die Kreise Darmstadt-Dieburg und Bergstraße überdurchschnittliche Zuwächse der Anzahl älterer Menschen (vgl. Abb. 3.4). Daraus resultiert im Falle der Umlandgemeinden voraussichtlich eine steigende Nachfrage nach altenspezifischer Infrastruktur, die bislang nicht in ausreichendem Maße zur Verfügung steht. Dieser potentielle Problemdruck könnte allerdings dadurch gemildert werden, daß die erheblich bessere Ausstattung der Kernstadt die ehemaligen - inzwischen altgewordenen - Städter zur Rückwanderung motiviert. Jene neuerliche Sogwirkung des Agglomerationskerns würde dort einerseits angesichts künftig zurückgehender Altenanteile eine bessere Auslastung der bestehenden Angebote bedeuten und andererseits im Umland die Notwendigkeit von Investitionen verringern.

3.2.4 Die südhessischen Untersuchungsschwerpunkte

Das Bemühen um ein tieferes Verständnis der räumlichen Bezüge des Alterns erfordert die Zuordnung der Befragten nach typischen Lebenswelten. Dort konkretisieren sich die Möglichkeiten ihrer Alltagsbewältigung häufig nach funktionellen Gesichtspunkten. So berücksichtigt die Auswahl der Untersuchungsgemeinden und -schwerpunkte deren städtischen, suburbanen und ländlichen Charakter, hält sich aber nur im Falle von Darmstadt an die vorgegebenen administrativen Grenzen (Abb. 3.5). Damit wird innerhalb des südlichen Rhein-Main-Gebiets zwischen den drei Untersuchungsschwerpunkten Darmstadt, Umland und Odenwald unterschieden (vgl. auch Abschn. 2.2 sowie die Abb. 3.26ff.).

Das moderne Profil *Darmstadts* erwächst aus seiner Funktion als Oberzentrum der Region Starkenburg. Die Stadt ist Sitz des Regierungspräsidiums Südhessen und Standort der Technischen Hochschule. Infolge der Konzentration von Behörden, Dienstleistungsunternehmen und hochtechnologieorientierten Forschungseinrichtungen weist sie einen hohen Beschäftigtenanteil im Tertiären Sektor auf. Dennoch ist die Stadt in Struktur und Erscheinungsbild noch stark von ihrer ehemaligen Funktion als Residenz der Landgrafschaft und des Großherzogtums Hessen-Darmstadt geprägt. Wegen ihrer überschaubaren Größe und Gliederung in gewachsene Stadtviertel sowie der zahlreichen Grünanlagen und Parks gilt Darmstadt als beliebter Wohnort älterer Menschen. Dazu trägt zweifellos die Erschließung durch ein gut funktionierendes Netz des öffentlichen Personennahverkehrs bei.

Von den sieben ausgewählten Gemeinden des *Umlandes* zählen Seeheim/Jugenheim, Alsbach und Zwingenberg durch ihre Lage an der Bergstraße zu den bevorzugten Wohnstandorten der Region. Als traditionelles Gebiet des Fremdenverkehrs und der Sommerfrische war die Bergstraße bis zum Beginn des Zweiten Weltkrieges als Wohnsitz auch bei älteren Menschen beliebt. Dies brachte ihr den Ruf als "Pensionopolis" ein. Die im westlichen und östlichen Umland gelegenen Erhebungsgemeinden Weiterstadt,

Messel, Eppertshausen und Roßdorf haben sich vor allem im Zuge der Suburbanisierung seit Mitte der 60er Jahre aus ihrer ehemals starken agrarischen Orientierung zu Wohnsitzen vorwiegend aus Darmstadt zugezogener Familien entwickelt. Der Dualismus von alteingesessener und zugezogener Bevölkerung spiegelt sich auch physiognomisch wider im Kontrast der alten Ortskerne zu den eher am Rand gelegenen Ausbauzonen mit relativ großen Wohnungen oder Eigenheimen mit kleinen Gärten. Die Versorgung mit Waren und Dienstleistungen ist allerdings nur solange gewährleistet, wie ein eigenes Auto als Mobilitätsvoraussetzung zur Verfügung steht.

Als Mittelgebirgsregion ist der *Odenwald* ein beliebtes Naherholungsziel für die Menschen aus den Verdichtungsräumen Rhein-Main und Rhein-Neckar. Aber auch für Senioren ist er attraktiv: als gewohnter Lebensraum der ansässigen und hier alt gewordenen Bevölkerung und als Zuzugsgebiet von Ruheständlern. So weisen einige der sieben untersuchten Odenwaldgemeinden positive Wanderungssalden älterer Menschen auf, die allerdings auf unterschiedliche Ursachen zurückzuführen sind: In die attraktiven Fremdenverkehrsorte Lindenfels und Grasellenbach kommen vor allem diejenigen, die nach der Pensionierung ihre hier zuvor erworbene Zweitwohnung als Hauptwohnsitz nutzen. Demgegenüber sind die Wanderungsgewinne der Gemeinden des Hinteren Odenwaldes oft das Resultat von Heimübersiedlungen hochbetagter Menschen aus den Verdichtungsgebieten. Die Kerngemeinden Wald-Michelbach und Beerfelden fungieren als Unterzentren für einen relativ weiten Einzugsbereich. Die übrigen Gemeinden und vor allem die untersuchten 35 Ortsteile repräsentieren als periphere Wohnstandorte den ländlichen Odenwald. Ihre Anbindung an den öffentlichen Personennahverkehr ist dabei in den meisten Fällen unzureichend.

3.3   Die Situation im nordamerikanischen Untersuchungsgebiet

3.3.1 Landesweite Fakten und Trends

Die Vereinigten Staaten von Amerika gelten weithin als dynamische Nation, die durch Jugendlichkeit und hohe Mobilität gekennzeichnet ist. Allerdings registrierte der 1990er Census 41,8 Mio. 60jährige und ältere, die damit 16,8% der Gesamtbevölkerung repräsentieren (U.S. Department of Commerce 1991c). Zwar liegt diese Seniorenquote derzeit noch um ca. vier Prozentpunkte unter dem deutschen Vergleichswert, läßt aber auf der Zeitachse eine ähnliche Entwicklungstendenz erkennen (vgl. Abb. 3.1).

Das amerikanische Gesundheitsministerium (U.S. Department of Health & Human Services 1991) kennzeichnet das ältere Bevölkerungssegment (dort definiert ≥65Jahre) u.a. durch folgende Attribute:
> hohe Wachstumsraten zwischen 1960 und 1990 (90% gegenüber 40% der Gesamtbevölkerung), wobei die Quote der Hochbetagten (≥85Jahre) mit 250% am stärksten stieg;
> Verdoppelung der Seniorenzahlen bis zum Jahr 2030;
> kontinuierlicher Rückgang vor allem der weiblichen Sterberaten während der letzten Dekaden;
> Anstieg des Frauenanteils mit dem Alter (Geschlechterrelation 3:2);
> etwa jeder dritte führt einen Einpersonenhaushalt;

Tab. 3.6. Gesamtbevölkerung und Senioren (60jährige und ältere) nach U.S.-Bundesstaaten 1990

	Gesamtbevölkerung in Tausend			Senioren in Tausend			Seniorenanteil in Prozent	
Rang	Staat	Zahl	Rang	Staat	Zahl	Rang	Staat	%
1	California	29.760	1	California	4.235	1	Florida	23,6
2	New York	17.990	2	New York	3.189	2	Pennsylvania	20,5
3	Texas	16.987	3	Florida	3.048	3	West Virginia	20,1
4	Florida	12.938	4	Pennsylvania	2.437	4	Iowa	19,9
5	Pennsylvania	11.882	5	Texas	2.344	5	Rhode Island	19,7
6	Illinois	11.431	6	Illinois	1.926	6	Arkansas	19,5
7	Ohio	10.847	7	Ohio	1.904	7	South Dakota	19,1
8	Michigan	9.295	8	Michigan	1.510	8	North Dakota	18,5
9	New Jersey	7.730	9	New Jersey	1.396	9	Missouri	18,5
10	North Carolina	6.629	10	North Carolina	1.096	10	Nebraska	18,4
11	Georgia	6.478	11	Massachusetts	1.081	11	Connecticut	18,1
12	Virginia	6.187	12	Missouri	947	12	Kansas	18,1
13	Massachusetts	6.016	13	Indiana	939	13	New Jersey	18,1
14	Indiana	5.544	14	Virginia	910	14	Oregon	18,0
15	Missouri	5.117	15	Georgia	893	15	Massachusetts	18,0
16	Wisconsin	4.892	16	Wisconsin	860	16	Oklahoma	17,9
17	Tennessee	4.877	17	Tennessee	832	17	New York	17,7
18	Washington	4.867	18	Washington	765	18	Maine	17,7
19	Maryland	4.781	19	Minnesota	718	19	Montana	17,6
20	Minnesota	4.375	20	Maryland	713	20	Wisconsin	17,6
21	Louisiana	4.220	21	Alabama	703	21	Ohio	17,6
22	Alabama	4.041	22	Louisiana	640	22	Alabama	17,4
23	Kentucky	3.685	23	Arizona	632	23	Arizona	17,2
24	Arizona	3.665	24	Kentucky	627	24	Tennessee	17,1
25	South Carolina	3.487	25	Connecticut	594	25	Washington D. C.	17,0
26	Colorado	3.294	26	Oklahoma	561	26	Kentucky	17,0
27	Connecticut	3.287	27	Iowa	553	27	Indiana	16,9
28	Oklahoma	3.146	28	South Carolina	541	28	Illinois	16,9
29	Oregon	2.842	29	Oregon	512	29	Mississippi	16,6
30	Iowa	2.777	30	Arkansas	458	30	Delaware	16,6
31	Mississippi	2.573	31	Colorado	451	31	North Carolina	16,5
32	Kansas	2.478	32	Kansas	448	32	Minnesota	16,4
33	Arkansas	2.351	33	Mississippi	428	33	Michigan	16,3
34	West Virginia	1.793	34	West Virginia	361	34	Idaho	15,9
35	Utah	1.723	35	Nebraska	291	35	Vermont	15,8
36	Nebraska	1.578	36	New Mexico	223	36	Washington	15,7
37	New Mexico	1.515	37	Maine	218	37	Hawaii	15,7
38	Maine	1.228	38	Utah	202	38	South Carolina	15,5
39	Nevada	1.202	39	Rhode Island	198	39	New Hampshire	15,2
40	New Hampshire	1.109	40	Nevada	181	40	Louisiana	15,2
41	Hawaii	1.108	41	Hawaii	174	41	Nevada	15,1
42	Idaho	1.007	42	New Hampshire	169	42	Maryland	14,9
43	Rhode Island	1.003	43	Idaho	160	43	Virginia	14,7
44	Montana	799	44	Montana	141	44	New Mexico	14,7
45	South Dakota	696	45	South Dakota	133	45	Wyoming	14,3
46	Delaware	666	46	North Dakota	118	46	California	14,2
47	North Dakota	639	47	Delaware	111	47	Texas	13,8
48	Washington D. C.	607	48	Washington D. C.	103	48	Georgia	13,8
49	Vermont	563	49	Vermont	89	49	Colorado	13,7
50	Alaska	550	50	Wyoming	65	50	Utah	11,8
51	Wyoming	454	51	Alaska	35	51	Alaska	6,4
	USA insgesamt	248.710			41.858			16,8

Eigene Berechnungen nach: U.S. Dep. of Commerce 1991a

> trotz überdurchschnittlicher Zuwächse der Alterseinkommen lebt etwa jeder zehnte unter der Armutsgrenze; besonders betroffen sind hochaltrige, vor allem alleinstehende schwarze Frauen;
> nahezu jeder Vierte ist teilzeitbeschäftigt;
> erstmals seit 1980 leben mehr Senioren in Suburbs als in Städten.

Stärker als in Deutschland sind die *räumlichen Verteilungsmuster* der amerikanischen Senioren das Resultat bevölkerungsgeographischer Umschichtungsprozesse (vgl. Kap. 5). Abbildung 3.17. (für 1986) und Tabelle 3.6. (für 1990) dokumentieren die Situation auf der Grundlage der U.S.-Bundesstaaten. Danach lebt knapp die Hälfte der Senioren in den acht Staaten Kalifornien, New York, Florida, Pennsylvania, Texas, Illinois, Ohio und Michigan. Allerdings finden sich nur Florida und Pennsylvania auch in der Liste der acht Bundesstaaten mit den höchsten relativen Altenanteilen wieder. Sehen wir von der Sonderstellung Floridas ab, dominieren großräumig eindeutig die Bundesstaaten im Nordosten und Mittleren Westen. Hierfür verantwortlich sind demographische Aussiebungsprozesse, wobei die Abwanderung jüngerer Erwerbspersonen und das natürliche Altern der ansässigen Bevölkerung die Seniorenquoten erhöhen. Analysen der Veränderungen der Altenanteilen zwischen 1970 und 1980 auf Countybasis machen aber deutlich, daß die stärksten Zuwachsraten nicht dort, sondern in den Sunbelt-Staaten auftreten (U.S. Senate 1983, map 2). Hier allerdings sind diese hauptsächlich auf Zuwanderung Älterer zurückzuführen.

Die beobachtete Konzentration von Senioren in altersdominierten Ruhestandssiedlungen oder bestimmten innerstädtischen Gebieten war auch in den U.S.A. Anlaß für Untersuchungen, inwieweit altersbezogene Segregation oder gar Ghettoisierung ihre räumlichen Organisationsmuster sind (z.B. Cowgill 1978; Graff & Wiseman 1978; Kennedy & De Jong 1977; Hiltner & Smith 1974). Die Uneinheitlichkeit der vorgelegten Ergebnisse führt Wiseman (1978, 11ff.) auf die unterschiedliche Definition von Ghetto und Konzentration, die nichtäquivalenten räumlichen Bezugsebenen sowie unterschiedliche Vergleichspopulationen zurück. Zusammenfassend stellt er fest, daß die Mehrheit der älteren Menschen nicht überproportional konzentriert in bestimmten Stadtvierteln lebt. Falls derartige Konzentrationen auftreten, finden sich solche "neighborhoods in transition" in älteren Vierteln, meist in Downtownnähe. Seine Schlußfolgerungen werden gestützt durch eine Studie des U.S.-Censusbüros (U.S. Department of Commerce 1984). Sie registriert auf der Basis der 1980er Censustracts unterschiedliche Spannweiten der Altenkonzentration in großen Städten, die beispielsweise in Washington D.C. von 0,3 % bis 60 % reichen. Die Existenz dieser "geriatric enclaves" wird vor allem darauf zurückgeführt, daß niedrige Einkommen der Zielgruppe oder Bindungen an das soziale Umfeld der Abwanderung entgegenstehen. Übereinstimmend mit Wiseman werden die vorliegenden Beobachtungen dahingehend interpretiert, daß die Segregationswerte der älteren Menschen bei weitem nicht das Ausmaß annehmen, wie es für ethnische oder rassische Enklaven in den U.S.A. üblich ist. In Einschränkung dieser generellen Aussage sind jedoch die sog. Ruhesitz- oder Rentnersiedlungen auf dezidierte Segregationsabsichten zurückzuführen.

Kalifornien entspricht stärker noch als die U.S.A. insgesamt dem Bild von Dynamik und Jugendlichkeit. Zwar nahm der Staat 1990 unter allen 51 Bundesstaaten nach der Anzahl älterer Menschen (4,2 Mio.) die erste Stelle ein, mit einem Anteil von 14,2% an der Gesamtbevölkerung allerdings nur den 46. Rang. Nach Projektionen wird sich ihr

Anteil bis zum Jahre 2020 auf voraussichtlich 24,0% erhöhen (Rogers & Watkins 1986, 59). Dann nimmt Kalifornien landesweit den 16. Rang ein.

3.3.2 Siedlungs- und sozialräumliche Skizze des Santa Clara County

Kaum tangiert von der Problematik des demographischen Alterns scheint die kalifornische Großregion um die Bucht von San Francisco zu sein (Vance 1964). Als ihre Kennzeichen werden Wirtschaftswachstum, gute Arbeits- und Einkommensmöglichkeiten sowie Siedlungsverdichtung angeführt. Mit ca. 6,3 Mio. Menschen im Jahre 1990 und einem überdurchschnittlichen Bevölkerungszuwachs rückte die San Francisco Bay Area auf den vierten Rang aller amerikanischen Metropolitan Areas (Association of Bay Area Governments 1981 u. 1985; U.S. Department of Commerce 1991c, Tab. 36).

Innerhalb dieser prosperierenden Großregion verkörpert das am Südende der Bucht von San Francisco gelegene *engere Untersuchungsgebiet - das Santa Clara County* (identisch mit der Primary Metropolitan Statistical Area PMSA San Jose) - den Prototyp des modernen, postindustriellen Lebensraums (Abb. 3.6). In ungestümer Dynamik entwickelte sich die ehemalige Agrarregion nach dem Zweiten Weltkrieg zum Weltzentrum elektronischer Forschung und Produktion, dem sog. "Silicon Valley". Im Vergleich zur Großregion sind die ca. 1,5 Mio. Einwohner (1990) der "Southbay" tendenziell jünger, "weißer" und besser ausgebildet, die Haushalte größer, von der Konstellation her traditioneller und wohlhabender (Association of Bay Area Governments 1984, 5ff.; Tab. 3.7).

Das Santa Clara County erstreckt sich ca. 100 km von N nach S und umfaßt eine Fläche von 3 372 Quadratkilometer. Die zentrale Talzone ist umgeben von den Santa Cruz Mountains im Westen, den Bergen der Diablo Range im Osten und den Ausläufern der Bucht im Norden. Nach Süden hin wird das Untersuchungsgebiet durch den Pajaro River und das Benito County abgegrenzt. Es ist durch ein "mediterranes" Klima mit warmen, trockenen Sommern und milden, feuchten Wintern geprägt. Beide Züge der kalifornischen Coast Range liegen im Einflußbereich der San Andreas Verwerfung und sind damit in hohem Maße tektonisch labil. So war das gesamte Untersuchungsgebiet von dem schweren Erdbeben betroffen, das im Oktober 1989 die Region um San Francisco heimsuchte.

Ehemals prägten ein intensiver Pflaumen- und Kirschenanbau das Santa Clara Valley. Diese Monokulturen sind inzwischen weitgehend der Siedlungsentwicklung zum Opfer gefallen (Stanford Environmental Law Society 1971; Blume 1979, 358-366; Friedrich 1981). Im *nördlichen* Abschnitt ist das Tal Musterbeispiel einer kernlosen Agglomeration; hier leben mehr als 90% der Countybewohner. Die neun bestehenden und sieben in den 50er Jahren neu gegründeten Städte sind durch ihr ungestümes Wachstum in der Peripherie zusammengeflossen. Dieser extreme "urban sprawl" hat dazu geführt, daß heute ein nicht abreißendes Siedlungsgeflecht von suburbanem Charakter das Santa Clara Valley erfüllt. Demgegenüber hat der *südliche* Talabschnitt mit den kleineren Städten Morgan Hill und Gilroy sowie der nicht inkorporierten Gemeinde San Martin im Erscheinungsbild seinen ländlichen Charakter bewahrt (Abb. 3.7).

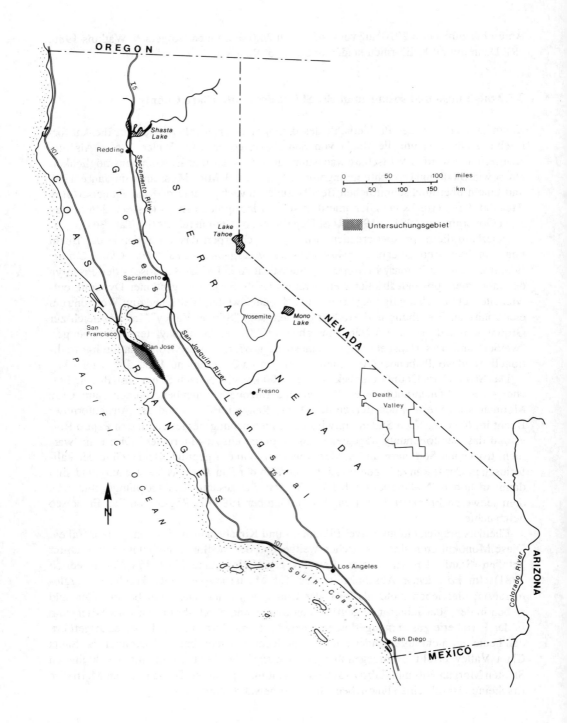

Abb. 3.6. Lage des kalifornischen Untersuchungsgebiets

Die entscheidenden Impulse erhielt diese Entwicklung des Untersuchungsgebiets letztlich durch raumwirksame Staatstätigkeit bereits während des Zweiten Weltkriegs. Standortverlagerungen eines Großteils der Rüstungsindustrie vom Osten in die Pazifikregion führten hier zur Zeit des Ost-West-Konflikts und des amerikanischen Vietnamengagements sowie dem Höhepunkt der Luft- und Raumfahrtprogramme zu einer Expansion der Mikroelektronik-Industrie (Pfeifer 1969, 90ff.). Dies trug nachhaltig zum großräumigen Rollentausch innerhalb der Vereinigten Staaten bei, der mit Gewichtsverlagerungen zugunsten des "sunbelt" verbunden war (Bernard & Rice 1983; Breuer 1986; Vollmar 1986). Hierfür bildeten die Forschungseinrichtungen in der Bay Area eine entscheidende Innovationsbasis. Auch international genießen die Stanford University, Palo Alto, und die University of California, Berkeley, einen hohen wissenschaftlichen Ruf.

Heute gilt das Silicon Valley weltweit als das Zentrum stärkster Konzentration hochentwickelter Schlüsseltechnologien (Hall & Markusen 1985; Saxenian 1985). Etwa 2 600 High-Tech-Firmen beschäftigten 1985 ca. 260 000 Arbeitnehmer (Nuhn 1989, 260). Allein zwischen 1970 und 1980 stieg die Zahl der Arbeitsplätze um 65%. Die zentrale Wirtschaftszone des "job belt" zieht sich im nördlichen Talabschnitt mit modernen Gründerzentren und Industrial Parks von Palo Alto bis San Jose entlang dem Highway 101. Sie ist beidseitig umlagert von Wohngebieten und Verkehrsadern, die vornehmlich Pkw-Ströme aufnehmen (vgl. Abb. 3.19).

Nur in begrenztem Maße konnte sich diese Entwicklung auf vorhandene personelle Ressourcen stützen. Ein Großteil sowohl der ungelernten Montagearbeiter als auch des gutbezahlten und hochqualifizierten Personals in den Forschungs- und Entwicklungsabteilungen sind zugewandert. Allein in San Jose trugen diese Wanderungsgewinne zwischen 1950 und dem Erhebungsjahr 1985 signifikant zum Anstieg von 95 280 auf 749 375 Einwohner bei. Durch dieses Wachstum um durchschnittlich nahezu 100 000 Personen im Fünfjahresrhythmus entwickelte sich San Jose bis 1990 mit 782 000 Einwohnern nicht nur zur drittschnellst wachsenden Großstadt (ab 0,5 Mio. E.) der U.S.A., sondern auch zur drittgrößten Kaliforniens (U.S. Department of Commerce 1991c, 36).

Die Beschäftigten profitieren von der hohen Wertschöpfung der ansässigen Unternehmen. Sie verzeichnen landesweit das dritthöchste mittlere Familieneinkommen und darin die Spitzenposition aller kalifornischen Metropolitan Areas. Jedoch sind auch ihre Arbeitsplätze keineswegs mehr krisensicher. Die zyklische Entwicklung von Produktinnovationen analog den Kontradieff'schen Wellen ließ die anfänglich stürmischen Zuwachsraten abflachen (Popp 1987; Nuhn 1989). Zu Beginn der 80er Jahre kam es zu Anpassungsproblemen und in deren Folge zum Verlust von Arbeitsplätzen. Nach erfolgter Konsolidierung wird aber auch künftig wieder mit Zuwächsen gerechnet, die deutlich über dem nationalen Durchschnitt liegen.

Die Grenzen des Wachstums haben zweifellos auch das Bewußtsein für die vielfältigen sozialen und ökologischen Probleme innerhalb des Untersuchungsgebiets geweckt (Baumgardt & Nuhn 1989). Stellvertretend dafür wird im folgenden auf die Phänomene der sozialräumlichen Polarisierung und der Zersiedlung näher eingegangen, weil sie die Wohnbedingungen auch der älteren Menschen unmittelbar beeinflussen.

Zur Sicherung ihres Wachstums traten die Städte zueinander in eine Konkurrenz um Erweiterungsgebiete, die vom County zugewiesen wurden. Eingemeindungen führten im SCC allein zwischen 1950 und 1970 zu einem extensiven Flächenwachstum um den Faktor viereinhalb. Angesichts dieses Überangebots und des Wettbewerbs der Kommunen

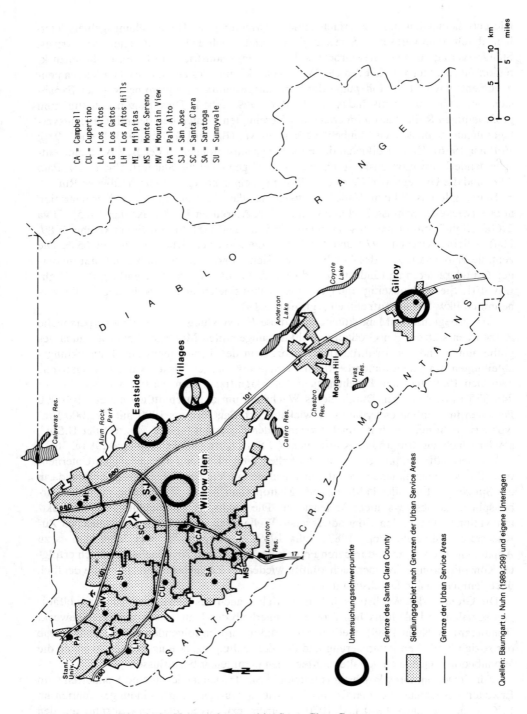

Abb. 3.7. Das kalifornische Untersuchungsgebiet Santa Clara County

Tab. 3.7. Sozioökonomische Indikatoren 1980 für das Santa Clara County und die Bay Region

	SCC	Bay Region
Bevölkerung	1 295 071	5 179 784
Haushalte	458 519	1 970 549
Anteil Mieterhaushalte in %	40,3	44,2
Anteil Bay-Bevölk. 1970/80 in %	23/25	100/100
Anteil Bay-Beschäft. 1970/80 in %	21/28	100/100
Durchschnittsalter in Jahren	29,1	31,3
Anteil ländlicher Bewohner in %	2,3	4,3
Anteil Schwarze in %	3,3	9,0
Anteil spanischer Herkunft in %	17,5	12,2
Anteil Asiaten in %	7,0	8,0
Beschäftigungsquote in %	70,7	66,5
mittl. Familieneinkommen in US$	26 593	24 227
Familien unter Armutsgrenze in %	5,3	6,8

Quelle: ABAG 1984: SCC Social Area Analysis

um Gewerbeansiedlungen entschieden sich die Firmen für großzügig zugeschnittene Standorte in der Nähe bestehender Betriebe und Dienstleistungseinrichtungen vor allem im NW. Gleichzeitig trieb die wachsende Nachfrage nach möglichst arbeitsplatznahen Wohnstandorten die Bodenpreise in die Höhe. Dies hatte den Effekt einer sozialräumlichen Entmischung, die zu einer Polarisierung der Lebensbedingungen mit ausgeprägtem Nord-Süd-Gefälle führte (Abb. 3.8):

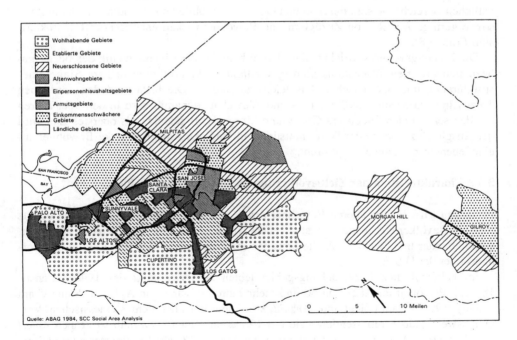

Abb. 3.8. Sozialräume im Santa Clara County

Tab. 3.8. Struktur des SCC nach Sozialräumen im Jahre 1980

	Census tracts	Bevöl- kerung	≥ 65jährige in %	Mobile homes %	Gebäude > 20J.%	Zuzüge% 1975-80	spanische Herkunft
Wohlhabende Gebiete	33	145429	9,0	0,7	54,7	40,5	3,4
Etablierte Gebiete	68	330600	6,9	1,5	39,7	49,0	9,1
Neu erschlossene Gebiete	49	337133	4,0	4,6	12,0	61,4	18,4
Altenwohngebiete	12	52923	19,3	8,9	57,5	46,7	10,4
Einpersonenhaushaltsgeb.	48	210734	9,4	3,4	33,2	68,2	12,6
Städtische Armutsgeb.	17	81461	8,5	3,9	51,5	68,1	46,9
Einkommensschwächere Geb.	25	112292	7,1	6,0	52,4	50,5	48,2
Ländliche Gebiete	7	21765	7,0	13,1	43,1	61,3	20,2
Gesamt SCC	259	*1295071	7,4	3,5	36,4	55,8	17,5

* 3 Censustracts wurden nicht einbezogen, deshalb weicht dieser Countywert von der Summe der Einzel-
werte ab
Quelle: ABAG 1984: SCC Social Area Analysis

In den westlichen Bergrandgemeinden dominieren die großzügig geschnittenen und extrem teuren Einfamilienhausgebiete der Ober- und Mittelschichten; im Norden zwischen Palo Alto und Cupertino treten höhere Anteile mittelständischer Bewohner auf; im zentralen und östlichen Teil des SCC - vor allem in und um San Jose - leben die weniger gut verdienenden Montagearbeiter und Minoritäten; auch die Bewohnerschaft im südlichen Talabschnitt ist durch niedrige Statusmerkmale charakterisiert (Saxenian 1981; Association of Bay Area Governments 1984).

Die typischen Wohngebiete älterer Menschen finden sich punktuell im zentralen und östlichen Bereich. Sie sind durch hohe Quoten von mobile homes und altem Baubestand sowie geringe Anteile von Zuzüglern und Bewohnern spanischer Herkunft charakterisiert (Tab. 3.8).

Die Planungsverantwortlichen sind darum bemüht, die Eigendynamik des bisher nahezu unbegrenzten Wachstums künftig verstärkt zu kontrollieren und im Sinne eines strukturellen und ökologischen Ausgleichs zu steuern. Die bisher auf den nördlichen Talabschnitt konzentrierte Siedlungs- und Wirtschaftsdynamik wird in den 90er Jahren auf den semiruralen Süden mit Gilroy und Morgan Hill gelenkt. Als oberstes Ziel wird der Ausgleich zwischen der Wirtschaftsdynamik und den Ansprüchen der Bewohner auf eine lebenswerte Umwelt angestrebt.

3.3.3 Charakteristika der Zielbevölkerung im Untersuchungsgebiet

Insgesamt trifft für die älteren Bewohner des SCC die Charakterisierung zu, die bereits für die Bevölkerung insgesamt abgegeben wurde: Sie sind vergleichsweise jünger, wohlhabender und "weißer" als die Senioren im Durchschnitt der Bay Region, Kaliforniens oder der U.S.A.

Im kalifornischen Untersuchungsgebiet lebten zum Zeitpunkt des 1990er Census 182 663 Personen im Alter von 60 und mehr Jahren (Council on Aging of Santa Clara County 1991). Damit liegt ihre *Anzahl* zwar deutlich über dem südhessischen Vergleichswert, jedoch repräsentieren sie mit 12,2% nur einen etwa halb so großen *Anteil* der Gesamtbevölkerung. Zehn Jahre zuvor wurde das SCC als drittjüngstes aller kalifor-

Tab. 3.9. Entwicklung der Zahl und des Anteils der ≥ 60jährigen im SCC

	Zahl	in % der Bevölkerung
1970	93 184	8,8
1980	141 380	10,9
1990	182 663	12,2
2000*	254 009	16,0
2020*	430 230	24,4

*Projektionen: Department of Finance, 1983
Quellen: Census Daten 1970, 1980 und 1990

nischen Counties registriert (California Department of Aging 1985, 6f.). Projektionen des Department of Finance (1983) rechnen für das Jahr 2020 mit 430 230 älteren Menschen und einem Anteil von 24,4%. Dann liegt die Altenquote des Santa Clara County über derjenigen des Staates Kalifornien.

Die weitere Charakterisierung der Zielgruppe stützt sich auf ihre im 1980er Census erhobenen *soziodemographischen Merkmale*, da neuere Daten in der erforderlichen Differenzierung noch nicht zugänglich sind. Tabelle 3.10. zeigt, daß die Anteile der Frauen und der Hochbetagten (≥ 75 Jahre) im Vergleich zum deutschen Untersuchungsgebiet deutlich niedriger liegen. In ethnischer Hinsicht fällt eine für die U.S.A. ungewöhnlich starke Dominanz von Weißen (84,7%) auf.

Tab. 3.10. Soziodemographisches Profil der ≥ 60jährigen in den kalifornischen Untersuchungsgemeinden

	Insge- samt	in % der Bevölkerung	Frauen in %	≥ 75J. in %	Allein- lebend in %	ethn.* Min.%	% unter Armutsgrenze
Campbell	3279	12,1	61,5	27,8	29,8	6,8	4,9
Cupertino	2924	8,6	57,8	26,8	14,8	8,6	2,0
Gilroy	2495	11,5	57,2	27,5	22,8	27,0	9,7
Los Altos	4699	18,2	55,6	27,7	14,3	3,7	3,1
Los Gatos	4222	15,7	63,9	40,3	24,1	2,9	7,5
Milpitas	2192	5,8	54,1	20,0	14,9	28,1	5,0
Morgan Hill	1407	8,2	56,6	23,7	k.A.	15,5	8,0
Mountain View	8051	13,7	59,7	27,5	27,6	18,0	5,9
Palo Alto	10168	18,4	54,4	32,2	25,4	8,1	4,2
San Jose	56638	9,0	58,4	26,5	21,8	20,0	6,9
Santa Clara	10676	12,2	59,2	26,7	25,3	14,8	5,2
Saratoga	3649	12,5	57,5	30,7	15,4	3,9	5,2
Sunnyvale	13464	12,6	57,5	23,7	20,7	12,9	3,6
Alum Rock (CDP)	2687	15,9	54,4	26,0	14,2	20,3	7,4
Stanford (CDP)	353	3,2	51,0	22,1	15,0	3,8	k.A.
Rest (uninkorp.)	14476	13,2	54,3	23,7	k.A.	9,6	6,0
gesamtes Ug.	141380	10,9	58,1	26,9	21,7	15,3	5,8

* Werte dieser Spalte beziehen sich auf ≥ 65jährige
Quelle: U.S. Department of Commerce (1983a): Census 1980

Unter den - in der Tabelle nicht ausgewiesenen - Minorität führen die Hispanics (spanische Herkunft) mit 9,1%, gefolgt von den Asian/Pacifics mit 5,1% und den Schwarzen mit nur 1,1%. Insgesamt lassen sich deutliche Parallelen zu den sozialräumlichen Grundmustern erkennen, die im vorigen Abschnitt für das SCC insgesamt dargestellt wurden.

Weiterhin zeigen die Censusdaten für die Senioren im SCC, daß die überwiegende Mehrheit (59,8%) von ihnen in einem Familienhaushalt als Haushaltsvorstand oder Ehegatte lebt. Mit dem Alter steigt erwartungsgemäß der Anteil der Alleinstehenden (von 21,7% bei den $\geq$ 60jährigen auf 29,5% bei den $\geq$ 75jährigen). Ca. 70% verfügen über selbstgenutztes Wohneigentum, und 6,7% sind in Heimen untergebracht.

Allein in San Jose leben 40% aller Senioren des Untersuchungsgebiets. Ansonsten folgt ihre *räumliche Verteilung* weitgehend den Grundzügen der Siedlungsentwicklung: Die alten Kerne sind die Zonen höchster Konzentration älterer Menschen, umgekehrt weisen die unlängst erschlossenen Siedlungsgebiete noch relativ geringe Anteile auf. In der Darstellung von Abbildung 3.18. treten dementsprechend die "alten" Siedlungskerne von San Jose/Santa Clara einerseits sowie Palo Alto/Los Altos und Mountain View andererseits als bevorzugte Wohnstandorte älterer Menschen hervor. In San Jose läßt sich die nahezu konzentrische Abnahme der Altenanteile mit der Entfernung vom Zentrum recht gut nachvollziehen: Um die Konzentrationskerne der Senioren hat sich ein "mittelalter" Übergangsbereich herausgebildet. Die "jungen" Wohngebiete sind weit nach außen, vornehmlich an die östlichen Bergränder der Diablo Range und in Richtung des südlichen Talabschnitts gerückt.

Wie erwähnt, kennzeichnet die Senioren des Untersuchungsgebiets eine vergleichsweise gesicherte finanzielle Basis. Im Countymittel haben 5,3% der Familienhaushalte den Armutsstatus, unter den Seniorenhaushalten ($\geq$ 65 Jahren) dagegen nur 3,6%. Dieser für den nationalen Durchschnitt festgelegte Kennwert ist allerdings insofern mit Vorbehalten zu betrachten, als er regionale Besonderheiten nicht berücksichtigen kann. So belasten die extrem hohen Wohn- und Lebenshaltungskosten im Untersuchungsgebiet die älteren Menschen finanziell sehr stark (vgl. Abschn. 4.2). Die Unterlagen des Department on Aging aus dem Jahr 1982 weisen im Santa Clara County 11 729 über 60jährige als Empfänger von "Supplementary Security Income" (SSI) aus. Ihre räumliche Zuordnung innerhalb von San Jose durch das Council on Aging of Santa Clara County (1985b, 4) zeigt, daß sie mehrheitlich entweder im Downtownbereich oder in der Eastside leben. Damit bestätigen diese Ergebnisse die Gültigkeit der oben vorgestellten Sozialraumanalyse auch für die Zielgruppe älterer Menschen.

3.3.4 Die kalifornischen Untersuchungsschwerpunkte

Die bei der Auswahl der Erhebungsschwerpunkte angestrebte Differenzierung nach charakteristischen Alltagswelten älterer Menschen kann sich im Santa Clara County in geringerem Maße als in der Bundesrepublik an der großräumigen Gliederung nach Gebietstypen orientieren. Stattdessen läßt die Prägung der Siedlungsstruktur durch den "urban sprawl" eine kleinräumigere Unterscheidung in typische Wohngebiete geboten erscheinen. Der Zeitpunkt ihrer baulichen Erschließung und der sozioökonomische Status ihrer Bewohnerschaft waren weitere Kriterien der Festlegung auf Willow Glen, die Eastside, Gilroy, die Villages und das übrige SCC (vgl. Abschn. 2.2 sowie Abb. 3.7).

Willow Glen repräsentiert den Typ des alten, zentrumsnahen Wohnquartiers (Abb. 3.22). Bereits in den 30er Jahren erschlossen, wird es im Osten und Westen von den im Sommer trockenen Rinnen des Guadalupe River und Los Gatos Creek, im Norden und Süden vom Interstate Highway 280 und der Curtner Avenue begrenzt. Es reicht damit unmittelbar an die Downtown von San Jose. Baumbestandene Straßen durchziehen das Viertel, dessen Bausubstanz noch weitgehend aus der Zeit der Erstbesiedlung stammt und mit den Bewohnern gealtert ist. Sie sind überwiegend der Mittelschicht zuzurechnen. Die Nähe zur inzwischen wieder expandierenden Innenstadt sowie der Zuzug von ethnischen Minderheiten (Asiaten, Mexikaner) und Studenten der beiden nahegelegenen Universitäten San Jose und Santa Clara bedrohen aus der Sicht der eingesessenen Bewohner den Status quo des Viertels. Die gute und quartiersnahe Infrastrukturausstattung wird durch zahlreiche altenspezifische Einrichtungen (mehrere Seniorenzentren) und Kirchen sowie ein zentral gelegenes Einkaufszentrum ergänzt.

Dem Typ des randstädtischen und suburbanen, noch heute durch Neubautätigkeit geprägten Erweiterungsgebiets entspricht die sog. *Eastside* von San Jose (Abb. 3.21). Sie erstreckt sich entlang dem im Osten des Santa Clara Tals gelegenen Bergrand der Diablo Range. Vor allem seit den 70er Jahren haben hier Baugesellschaften in rascher Folge Areale mit jeweils bis über 100 Einfamilienhäusern im Anschluß an dazugehörige lokale Einkaufszentren komplett erschlossen. Das engere Erhebungsgebiet erstreckt sich östlich des Cunningham Parks zwischen Tully Road, White Road und Aborn Road bis zum Anstieg der Diablo Range. Die Bevölkerung setzt sich meist aus Zuzüglern aus den übrigen U.S.A., in zunehmendem Maße auch aus asiatischen Einwanderern zusammen. Überwiegend erfüllt die Eastside Wohnansprüche der gehobenen Mittelschicht, grenzt jedoch vor allem in seinem nördlichen Bereich unmittelbar an die "sozialen Brennpunkte" von Alum Rock.

Im Südabschnitt des Santa Clara County gelegen, entspricht *Gilroy* augenscheinlich dem Typ des "ländlichen" Gemeinwesens (Abb. 3.24. u. 3.25). Indikatoren dafür sind die dominierende Landnutzung im Obst-, Wein-, Tomaten- und Knoblauchanbau, die vergleichsweise geringe Verdichtung der Bausubstanz, die ausgeprägte funktionale Bedeutung der "Main Street" als Geschäftsbereich und der das Ortsbild prägende hohe Mexikaneranteil. Die physiognomisch deutlich erkennbare Abweichung vom üblichen Erscheinungsbild des Silicon Valley zeigt sich auch in einer recht heterogenen Siedlungs- und Sozialstruktur. Während der schachbrettartig angelegte alte Ortskern östlich und westlich der Magistrale "Monterey Street" als Gewerbezone und statusniederes Wohngebiet (z.T. mit wenig komfortablen mobile home parks) ausgeprägt ist, finden sich die höheren Sozialschichten in den nach Westen anschließenden "guten" Wohnvierteln. Östlich des Highways 101 und nördlich der Stadt erstreckt sich ausgedehntes Farmland mit disperser Siedlungsstruktur. Kennzeichnend für die hier lebenden älteren Menschen sind die ihren vergleichsweise geringen Einkünften angemessenen preiswerten Wohnmöglichkeiten.

Ein Sonderwohngebiet, dessen Konzept der Alterssegregation von den Initiatoren und den Bewohnern getragen wird, stellen die *Villages* dar (Abb. 3.9. u. 3.20). Hierbei handelt es sich um eine sog. Erwachsenengemeinde (adult community) im südöstlich von San Jose gelegenen Evergreen Valley an der Westabdachung der Diablo Range. Diese Siedlungsfraktion wurde als geplantes Gemeinwesen seit Mitte der 60er Jahre auf ca. 490 ha eines ehemaligen Weingutes in landschaftlich und bioklimatisch begünstigter La-

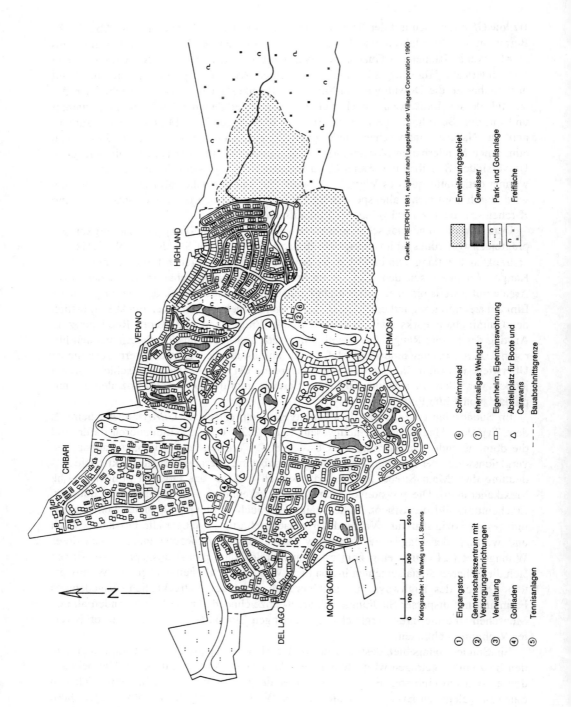

Abb. 3.9. Erwachsenengemeinde The Villages, San Jose

ge entwickelt (vgl. dazu Friedrich 1981). Auf 5 000 Menschen projektiert, leben in den sechs bisher realisierten Bauabschnitten (sog. Villages) ca. 3 500 Bewohner in 1 969 Wohneinheiten (schriftl. Auskunft des Villages Golf und Country Club v. 18.5.1990). Die ansprechende städtebauliche und architektonische Konzeption der clusterartig angelegten "Nachbarschaften" besteht nahezu ausschließlich aus Eigentumswohnungen (92%) in ein- bis zweigeschossigen Wohngebäuden. Aktivität und Muße bilden das Gegensatzpaar, welches durch Bildungs-, Sport- und Unterhaltungsangebote sowie Erholungsmöglichkeiten und Ruhe verwirklicht werden soll. Dies schließt eine deutliche Trennung der Enklave vom übrigen Siedlungsgefüge des SCC und den dort lebenden Menschen - die durch Zäune und einen eigenen Sicherheitsdienst "rund um die Uhr" garantiert wird - ebenso ein, wie die Bereitstellung attraktiver Gemeinschaftseinrichtungen (u.a. Golfplätze, Schwimmbäder, Tennisanlagen, Klubzentrum) und die Einhaltung strenger Quartiersregeln. Diese untersagen beispielsweise Kinder- und Hundelärm sowie jegliche gewerbliche Nutzung. Die auf den regionalen Markt gerichtete Konzeption spricht einen aktiven Käuferkreis an, dessen Ansprüchen nach gehobenem Lebensstil und einer sicheren Lebensumwelt in der Gemeinschaft Gleichgesinnter entsprochen wird. Ein wohlhabendes und in der Regel weißes Bevölkerungssegment bildet den potentiellen Interessentenkreis. Das Mindesteinzugsalter der Bewohner ist auf 55, das der im Haushalt lebenden Kinder auf 16 Jahre festgelegt. Damit wird erreicht, daß die "Villages" als Wohnsitz für aktive Erwachsene bezeichnet werden können. Als Zuzugsfilter wirken der Kaufpreis für das komfortable Wohneigentum sowie die Umlagen für die Gemeinschaftseinrichtungen und das umfangreiche Dienstleistungsangebot. Die Bewohnerschaft und das Siedlungsunternehmen teilen sich die Organisation des Gemeinwesens in der Form, daß letzteres für die bauliche und geschäftliche Abwicklung bis zur Fertigstellung des Gesamtprojekts verantwortlich ist; die allgemeine Organisation dagegen liegt allein in der Hand der Bewohner. Sie regeln selbstbewußt ihre Interessen - u.a. auch die Durchführung der zahlreichen Dienstleistungen - durch die Pflichtmitgliedschaft in mehreren Gesellschaften und Clubs sowie durch die Wahl von Direktoren aus ihrer Mitte. Diese bestimmen und kontrollieren den "management director", der für die Abwicklung administrativer Angelegenheiten zuständig ist.

Die im *"übrigen SCC"* befragten älteren Menschen stammen aus unterschiedlichen Lebensumwelten, die in ihrer Vielfalt den sozioökonomischen Differenzierungen des Silicon Valleys entsprechen. Neben bevorzugten Quartieren in Palo Alto, Mountain View oder Cupertino sind statusniedere Downtownbereiche oder Viertel wie Alum Rock und Milpitas ebenso vertreten wie Mittelschichtwohngebiete und mobile home parks.

3.4 Organisation und Schwerpunkte raumbezogener Altenhilfeplanung im Vergleich

Vor dem Hintergrund der fortschreitenden Bevölkerungsalterung bestimmen in der *Bundesrepublik Deutschland* primär Konzepte zur Erweiterung und Finanzierung der zielgruppenorientierten Sicherungssysteme die sozialpolitische Diskussion. Traditionell hat hierzulande die Sozialgesetzgebung früher als in anderen europäischen Staaten die Alterssicherung zur öffentlichen Aufgabe gemacht. Eckpfeiler dieses Systems sind die gesetzliche Renten- und Krankenversicherung sowie neuerdings auch die Pflegeversicherung (vgl. Rückert 1984; Bäcker u.a. 1989). Der Fachbericht für die "Weltversammlung der Vereinten Nationen zu Problemen des Alterns und des Alters", die 1982 in Wien tagte, kommt zu dem Schluß: "*Die Bundesrepublik verfügt über ein breites und gut ausgebautes System der sozialen Sicherung, das auch ältere Menschen in wesentlichem Umfange erfaßt und umfaßt*" (Deutsches Zentrum für Altersfragen 1982, 279).

Demgegenüber finden die wohnungs- und städtebaulichen Konsequenzen der demographischen Transformation erst in jüngerer Zeit Beachtung. Damit werden auch die raumbezogenen Belange älterer Menschen zum Aufgabenfeld der Altenhilfe. Drei *Instrumente* staatlicher Förderung haben sich dabei im Zeitverlauf entwickelt:

1. Bis in die 70er Jahre dominierte die direkte Objektförderung im sozialen Wohnungsbau. Hinzu kommt die indirekte steuerliche Förderung von Eigenheimen. Der Fördervorrang für ältere Menschen ist als wichtige Rahmenbedingung im zweiten Wohnungsbaugesetz (§26 II 2, 2. WoBauG) verankert. Darüber hinaus haben einige Bundesländer spezielle Förderprogramme für Seniorenwohnungen mit angemessenen baulichen und technischen Standards aufgelegt.

2. Seit 1965 werden durch den Ausbau der Subjektförderung mittels Wohngeldzahlungen zielgerichtet sozial- und wohnungspolitische Instrumente miteinander verknüpft. Wohngeld wird einkommensabhängig als Mietzuschuß oder im Falle selbstgenutzten Wohneigentums als Lastenzuschuß gewährt. 1989 bezogen im früheren Bundesgebiet etwa 6% (ca. 612 000) der Rentner und Pensionäre Wohngeld. Unter allen Empfängern stellen sie mit einer Quote von 34% die größte Gruppe. Gegenüber 1980 hat sich allerdings ihr Anteil halbiert (Statistisches Bundesamt 1991, 127f.).

3. Derzeit werden Ansätze einer Planungskonzeption erkennbar, die neben der Wohnung selbst auch die Gestaltung des Umfeldes älterer Menschen in ihre Überlegungen einbezieht. Deren Bestreben, so lange wie möglich die selbständige Lebens- und Haushaltsführung aufrechtzuerhalten, gewinnt in zunehmendem Maße Leitbildcharakter für die Altenhilfeplanung und -politik (Bundesminister für Jugend, Familie, Frauen und Gesundheit 1986). Als Konsequenz daraus sichert das Bundessozialhilfegesetz einerseits das Konzept der ambulanten sozialen Dienste und weiterer Angebote der offenen Altenhilfe (§ 75 BSHG) und formuliert andererseits den Vorrang der ambulanten vor der stationären Hilfe (§ 3a BSHG). Darin drückt sich auch ein Wandel des Altenbildes aus, das nicht mehr dem Defizitmodell und der Fürsorge allein verpflichtet ist, sondern die individuelle Kompetenz und deren Förderung in den Vordergrund stellt.

Die Entwicklung der *Wohnungsbauförderung* für ältere Menschen kann hier nicht umfassend behandelt werden (vgl. dazu im einzelnen Deutsches Zentrum für Altersfragen 1982, 405ff.; Dringenberg 1977, 187ff.; Schramm 1987; Stolarz, Friedrich & Winkel 1993). Frühe sozialpolitische Absichten fanden bereits 1950 ihren Niederschlag im §16, 1. WoBauG, als man dort die besondere Berücksichtigung alleinstehender "betagter" Personen festlegte. Im Änderungsgesetz von 1965 wurde der Kreis der Bevorzugten generell auf ältere Personen von 60 und mehr Jahren erweitert. Ging es anfangs vor allem um die Vorgabe von Größewerten, förderten die verschiedenen Wohnungsbauprogramme der Länder in den 60er Jahren zunehmend die "gesunde Mischung" von Kleinwohnungen älterer Menschen mit denjenigen anderer Personengruppen. Bis 1982 wurden ca. 140 000 Altenwohnungen und - mit einer vergleichbaren Förderhöhe - Wohnplätze in Heimen errichtet. Dank dieser Objektförderung lebte 1987 im früheren Bundesgebiet etwa jeder vierte Altenhaushalt (23%) in einer öffentlich geförderten Wohnung. Derzeit wächst die Tendenz, den Wohnungen auch Gemeinschafts- und Funktionsräume zuzuordnen sowie die Sicherstellung von betreuerischen und pflegerischen Dienstleistungen zu unterstützen (betreutes Wohnen).

Ein grundsätzliches Problem der Wohnungsbauförderung besteht allerdings darin, daß sie sich auf den Neubau konzentriert, während die überwiegende Mehrheit der älteren Menschen in der vertrauten Wohnung bleiben will. In diesem oft alten Wohnungsbestand sind Anpassungsmaßnahmen dringend erforderlich. Sie konnten bislang mit öffentlicher Unterstützung nur im Rahmen der Modernisierungs- und Instandsetzungsförderung erfolgen (barrierefreies Wohnen), nach Einführung der Pflegeversicherung ist dies nun auch auf dieser Grundlage möglich. Um die besonderen Belange der Betroffenen zu berücksichtigen, erscheint eine besondere Wohnberatung im Alter als eine wesentliche Aufgabe der Daseinsfürsorge, in die zunehmend die Wohnungsbaugesellschaften eingebunden werden müssen. Eine besondere quantitative und finanzielle Herausforderung ergibt sich im Gefolge der deutschen Einheit: In den neuen Bundesländern erfordert die Ausstattung etwa jeder dritten Rentnerwohnung dringende Anpassungsmaßnahmen (Stolarz, Friedrich & Winkel 1993).

Die sozialpolitische Verantwortung für die *räumlichen Bezüge* des demographischen Alterns äußert sich in einer zunehmenden Hinwendung der Planungsverantwortlichen zu dieser Thematik der Daseinsvorsorge (vgl. z.B. Bundesminister für Jugend, Familie, Frauen und Gesundheit 1986; Bundesforschungsanstalt für Landeskunde und Raumordnung 1988b und 1991; Deutscher Bundestag 1989). Weil "*der Themenkomplex 'ältere Menschen und ihre räumliche Umwelt' bisher nur unzureichend erforscht ist*" und "*in Zukunft zunehmender Bedarf an raumbezogener Forschung und Politikberatung besteht*", hat der Bundesminister für Raumordnung, Bauwesen und Städtebau (1989, 1) im Rahmen des Experimentellen Wohnungs- und Städtebaus 1989 das Forschungsfeld "Ältere Menschen und ihr Wohnquartier" eingerichtet. Darin werden 23 Modellvorhaben gefördert, die neben der Wohnung bewußt das räumliche Wohnumfeld mit einbeziehen. Ziel ist weniger der Entwurf eines altengerechten als eines menschengerechten Städtebaus, in dem die Lebensinteressen und Wohnbedürfnisse auch der älteren Menschen gesichert bzw. stärker als bisher berücksichtigt werden können (Bundesforschungsanstalt für Landeskunde und Raumordnung 1989). Im ersten Altenbericht der Bundesregierung (Bundesminister für Familie und Senioren 1993a) nimmt die Thematik Wohnen und Wohnumfeld ebenso wie im Zwischenbericht der Enquete-Kommission "Demographischer Wandel" (Deutscher Bundestag 1994) großen Raum ein.

Entsprechend der föderalistischen Struktur der Bundesrepublik ist die *Zuständigkeit* des Bundes in der Altenhilfeplanung begrenzt: Ihm obliegen im wesentlichen die Rahmensetzung, Planungsempfehlungen zur Einhaltung technischer Ausstattungsstandards, die Finanzierung von Zuschüssen und die Förderung von Modellvorhaben. Den Ländern fällt die Aufgabe der legislativen Ausgestaltung dieser Vorgaben zu. Schließlich liegt die Zuständigkeit für unterstützende Eingriffe bei den Kommunen und Gebietskörperschaften als örtliche Träger der Altenhilfe. Kirchen und freie Wohlfahrtsverbände tragen einen Großteil der konkreten Altenarbeit. Bei der Verwirklichung dieses Subsidiaritätsprinzips treten im Planungsalltag häufig Friktionen auf, die sich u.a. auf Ressortdenken oder Abstimmungsdefizite zurückführen lassen (vgl. Dieck 1984 sowie Abschnitt 4.2). Altenpläne auf Länder-, Kreis- oder Kommunalebene thematisieren die

Wohnproblematik älterer Menschen in durchaus umfassender Weise, entsprechen ihr aber oft nur einseitig durch die Ermittlung von Bedarfsquoten für Sonderwohnformen oder Altentagesstätten. Erst seit jüngerer Zeit rücken die Belange der im eigenen Haushalt lebenden Senioren in das Blickfeld. Eine Durchsicht von 33 (etwa der Hälfte) der existierenden kommunalen Altenpläne durch Halfar (1985) zeigt, daß der städtische Raum als Planungsdimension von etwa zwei Drittel der Pläne einbezogen wird. Genannte Prämissen sind dabei die Streuung von Altenwohnungen, eine altersgerechte Standortumgebung sowie die Beseitigung von Zugänglichkeitsbarrieren im Rahmen der Verkehrs-, Flächennutzungs- oder Bebauungsplanung. Die sensible Einbeziehung der *örtlichen Besonderheiten* des jeweiligen Wohnumfeldes und als deren Konsequenz die kleinräumige Projektion des ermittelten Bedarfs erfolgt indes in der Regel vor allem bei *d e n* Plänen, die nicht im Sozialressort sondern als Teil einer Stadtentwicklungsplanung erarbeitet wurden. Ein Fazit der o.g. Untersuchung: "*In der Altenplanung sollten verstärkt stadtstrukturelle Restriktionen problematisiert werden, welche die Verfügbarkeit der Umwelt für den alten Menschen behindern. Die Altenplanung darf sich nicht auf die Planung von Maßnahmen der Altenhilfe beschränken, sondern muß verstärkt die räumlichen Variablen, welche die sozialen Lebensbedingungen beeinflussen, in ihr Denken einbeziehen*" (Halfar 1985, 46).

Gerade weil in den *Vereinigten Staaten* ein mit der deutschen Sozialgesetzgebung vergleichbares allgemeines Einkommenssicherungssystem fehlt, hat die programmorientierte Planung für ältere Menschen durchaus einen hohen gesellschaftlichen Stellenwert erreicht. Sie gliedert sich im wesentlichen in die sechs Bereiche Einkommen, Unterstützungsprogramme für untere Einkommensschichten, Beschäftigung, Gesundheit, Soziale Dienste sowie Kriminalität und Gewalt gegen Ältere. Seit 1961 wird im Zehnjahresrhythmus die sog. "White House Conference on Aging" durchgeführt. Die wichtigste gesetzliche Basis für die Planung für ältere Menschen stellt die "Older Americans Act" (OAA) aus dem Jahre 1965 dar, die bis 1984 insgesamt zehn Novellierungen erfuhr (Coombs Ficke 1985). Zwischen 1961 bis 1984 wurde sie mit 172 hearings, insgesamt 32 umfangreichen Berichten des "Special Committee on Aging United States Senate" sowie mit weiteren 149 offiziellen Veröffentlichungen vom Kongress begleitet (U.S. Senate 1985). Als Folge dieser kontinuierlichen Berichterstattung zu allen die Situation älterer Menschen betreffenden Themen wurde die Gesetzgebung zum Vorteil der Senioren in einer derart umfangreichen Weise forciert, daß inzwischen andere gesellschaftliche Gruppen dagegen vorgehen, weil sie ihrer Meinung nach eigene Nachteile zementiere. Aus diesem Interessenkonflikt schließen einige Autoren bereits auf den Beginn eines Generationenkonflikts (Donicht-Fluck 1984 u. 1989; Conrad 1988).

Da hier die vielfältig vernetzten Planungszuständigkeiten und -hierarchien nicht im einzelnen behandelt werden können, soll im folgenden näher auf die Organisation der Altenplanung unter besonderer Berücksichtigung der Situation des kalifornischen Untersuchungsgebiets eingegangen werden (vgl. dazu Abb. 3.10). Nachdem die "Older Americans Act" anfangs zentrale Einkommens- und Gesundheitsprogramme favorisierte, ging die Novellierung von 1973 (Coombs Ficke 1985) einen völlig neuen Weg. Auf der Grundlage von "Title III" erfolgte landesweit die *Regionalisierung der Altenplanung.*

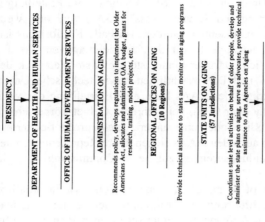

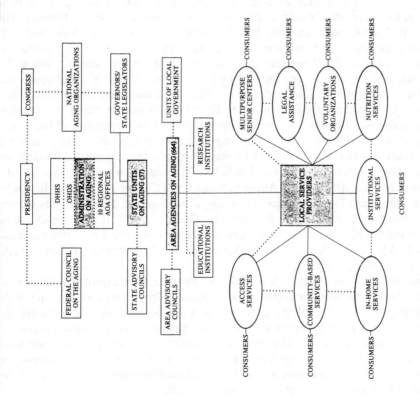

Abb. 3.10. Organisation und Struktur der Altenplanung in den U.S.A.
aus: Coombs Ficke (1985, 112f.)

Insgesamt 57 sog. "State Units on Aging" (SUA) nahmen die Einteilung ihres Zuständigkeitsbereiches in "Planning and Service Areas" (PSAs) vor, die jeweils durch eine einzige lokale Organisation repräsentiert werden. Im Falle Kaliforniens ist das Department of Aging (CDA) in Sacramento für die Einrichtung von "Area Agencies on Aging" (AAA) verantwortlich. Darüber hinaus stellt es dem Netzwerk der 33 kalifornischen AAAs Programm- und Politikrichtlinien sowie technische Unterstützung zur Verfügung. Organisationsträger der AAAs kann eine Einrichtung des verantwortlichen "local government" (County oder City), bei mehreren Gebietskörperschaften auch eine zusammengesetzte Kommission oder eine andere, nicht profitorientierte Organisation sein. Sowohl dem CDA als auch den AAAs stehen ältere Repräsentanten aus der Region in Beratungs- und Entscheidungsgremien zur Seite (Commission on Aging bzw. Advisory Council).

Das Council on Aging of Santa Clara County (COA) ist innerhalb des Untersuchungsgebiets für die Durchführung der Programme der "Older Americans Act" verantwortlich. Ihm obliegt die Aufgabe der regionsbezogenen Planung, Entwicklung und Koordination der Ressourcen und der Verbesserung der Effizienz eines umfassenden Dienstleistungsangebots für Senioren durch die Eliminierung von Konflikten, Barrieren und Mehrgleisigkeit der Dienste. Es ist verpflichtet, im jährlichen Turnus dem CDA einen "area plan" mit detaillierten Ziel- und Finanzierungsangaben vorzulegen. Im Rahmen der sechs durch die "Older Americans Act" definierten Interventionsbereiche kommt den Wohnproblemen ein besonderes Gewicht zu. Hier sieht das COA seine Aufgabe in der Zusammenarbeit mit den verschiedenen regionalen und kommunalen Behörden auf dem Gebiet der Wohnungs-, Infrastruktur- und Verkehrsplanung. Diese Zusammenarbeit besteht auch in der Bereitstellung von Daten über die Zielgruppe, teilweise in Form spezieller Studien. Information über die zahlreichen Sozialdienste und Angebote im Untersuchungsgebiet und deren Koordination werden durch Auftragsvergabe an diese Dienste, Beratung durch den angeschlossenen Informationsnachweisdienst (Information and Referral) sowie eine regelmäßig erscheinende Seniorenzeitung wahrgenommen. Im Haushaltsjahr 1984-85 standen dem COA nahezu 4 Mio.US$ zur Verfügung, davon gut die Hälfte aus jährlichen Zuwendungen nach "Title III" der "Older Americans Act" (Council on Aging of Santa Clara County 1985a). Der Rest wird aus zeitlich begrenzten Projekten oder "fundrisings" aufgebracht. 50% des Etats werden für Ernährungsprogramme, 23% für Soziale Dienste, 19% für Beschäftigungsprogramme und 8% für Verwaltungsaufgaben ausgegeben. Auf die innovativen und mit konkretem Problembezug durchgeführten Aktivitäten auf dem Wohnsektor wird in Abschnitt 4.2 näher eingegangen.

Abschließend bleibt festzuhalten, daß in Deutschland die wohnungspolitischen Instrumente der Objektförderung im Rahmen des Sozialen Wohnungsbaus und der Individualförderung in Form von Wohngeldzuschüssen sowie bestehende Mieterschutzgesetze Ältere weitgehend vor extremen Mietkostenerhöhungen oder Verdrängungen auf dem Wohnungsmarkt bewahren. Darüber hinaus schützt der Rechtsanspruch auf Sozialversicherung vor den Unwägbarkeiten, denen ein Großteil der nordamerikanischen Senioren wegen der oft nicht gesicherten Anschlußfinanzierungen oder Laufzeiten der vielfältigen wohnorientierten Programme ausgesetzt sind.

Abb.3-11: Prozentualer Anteil der Bevölkerung im Alter von 60 und mehr Jahren **1985**

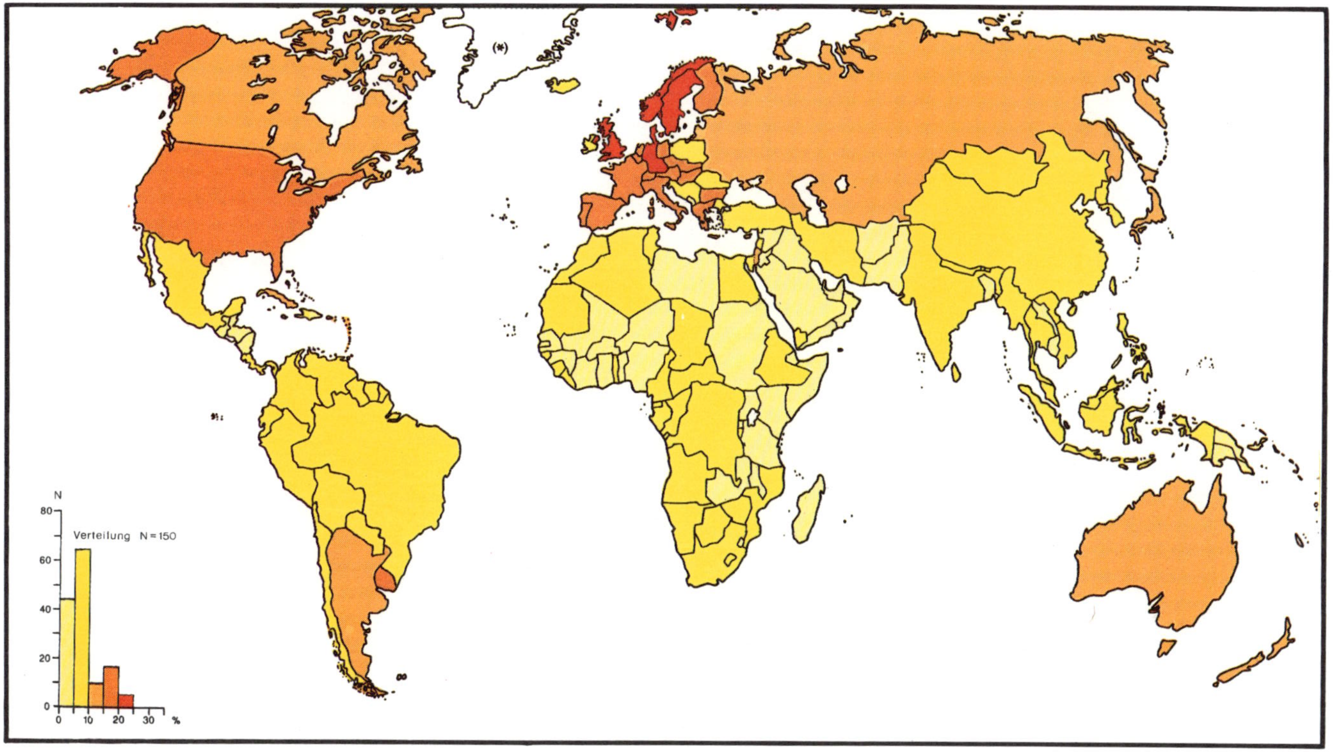
(*)
N
80
60
40
20
0
Verteilung N = 150
0
10
20
30
%

< 5

5 – < 10

10 – < 15

15 – < 20

20 – < 25

(*) keine Angaben

Minimum: Kuwait 2,2

Maximum: Schweden 23,6

Quelle: United Nations (1989). World Population Prospects 1988.

Abb.3-12:Prognostizierter prozentualer Anteil der Bevölkerung im Alter von 60 und mehr Jahren **2025**.
(Mittlere Variante)

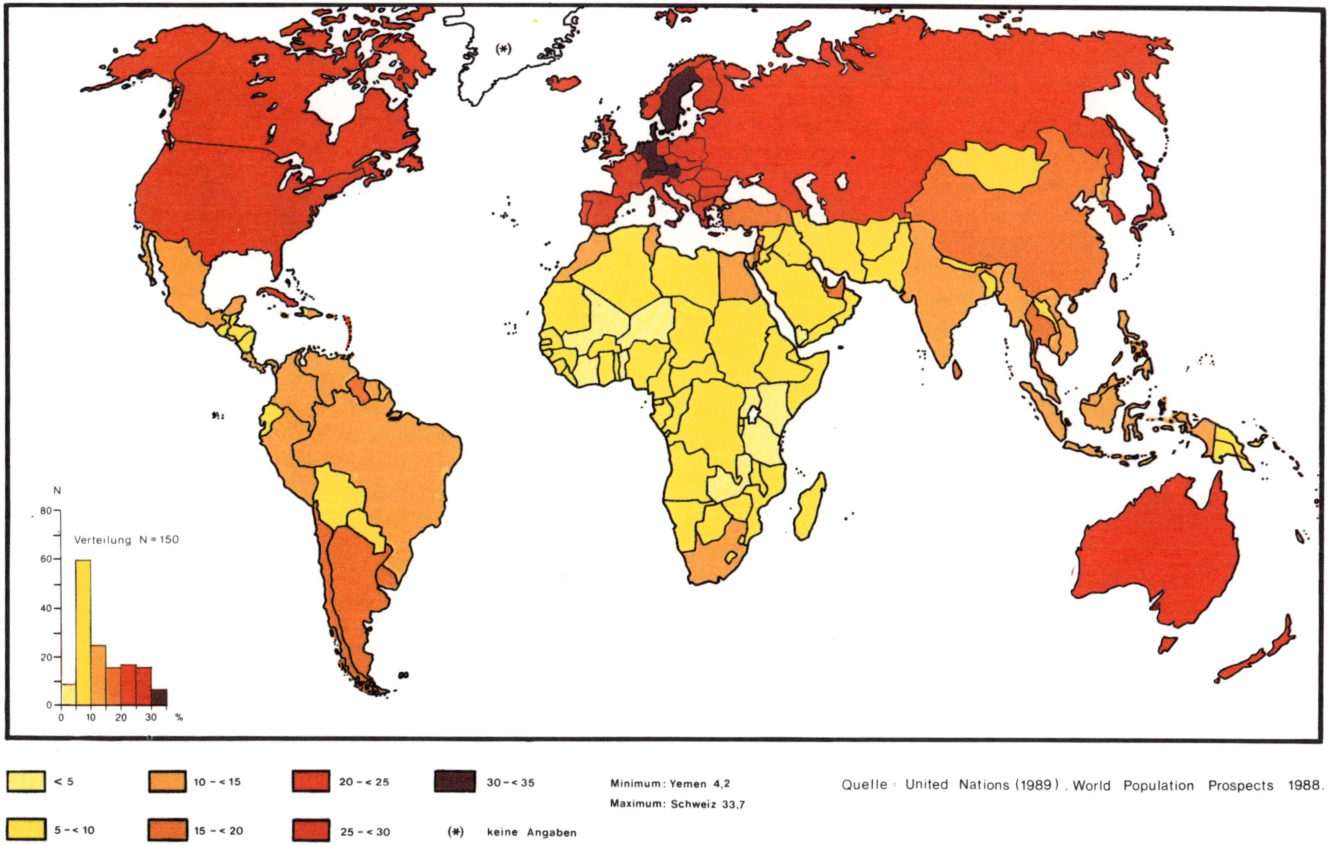

Quelle United Nations (1989). World Population Prospects 1988.

Minimum: Yemen 4.2
Maximum: Schweiz 33.7

Verteilung N = 150

< 5	20 – < 25
5 – < 10	25 – < 30
10 – < 15	30 – < 35
15 – < 20	(*) keine Angaben

Abb. 3-13: Anteile der 60-jährigen und älteren in Deutschland 1987
in Prozent der Bevölkerung am Ort der Hauptwohnung nach Kreisen

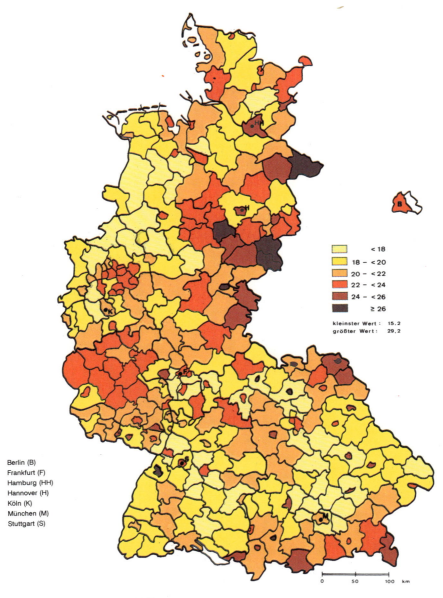

	< 18
	18 – < 20
	20 – < 22
	22 – < 24
	24 – < 26
	≥ 26

kleinster Wert : 15,2
größter Wert : 29,2

Berlin (B)
Frankfurt (F)
Hamburg (HH)
Hannover (H)
Köln (K)
München (M)
Stuttgart (S)

Kartengrundlage: Kreisgrenzenkarte 1 : 3 000 000
                  Stand 1980, BFLR Bonn.

Quelle: Diskette Volkszählung 1987. Kreisergebnisse.
                  Statistisches Bundesamt, Wiesbaden 1989.

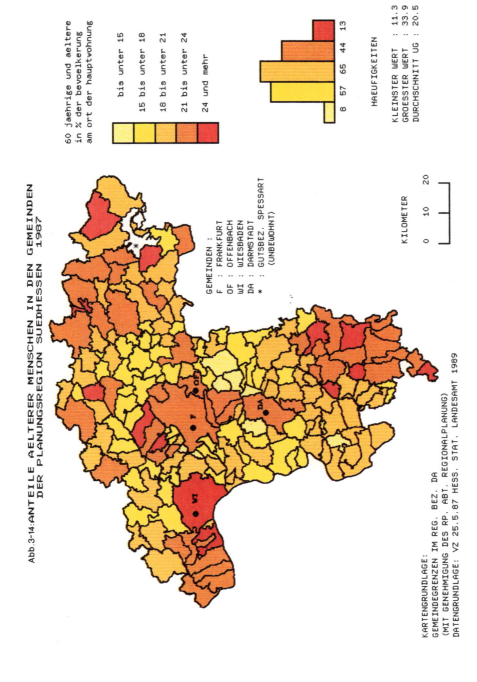

Abb.3-14:ANTEILE AELTERER MENSCHEN IN DEN GEMEINDEN
DER PLANUNGSREGION SUEDHESSEN 1987

GEMEINDEN :

F : FRANKFURT
OF : OFFENBACH
WI : WIESBADEN
DA : DARMSTADT
* : GUTSBEZ. SPESSART
    (UNBEWOHNT)

60 jaehrige und aeltere
in % der bevoelkerung
am ort der hauptwohnung

bis unter 15

15 bis unter 18

18 bis unter 21

21 bis unter 24

24 und mehr

HAEUFIGKEITEN

8   57 65 44 13

KLEINSTER WERT   : 11.3
GROESSTER WERT   : 33.9
DURCHSCHNITT UG : 20.5

KILOMETER

0   10   20

KARTENGRUNDLAGE:
GEMEINDEGRENZEN IM REG. BEZ. DA
(MIT GENEHMIGUNG DES RP. ABT. REGIONALPLANUNG)
DATENGRUNDLAGE: VZ 25.5.87 HESS. STAT. LANDESAMT 1989

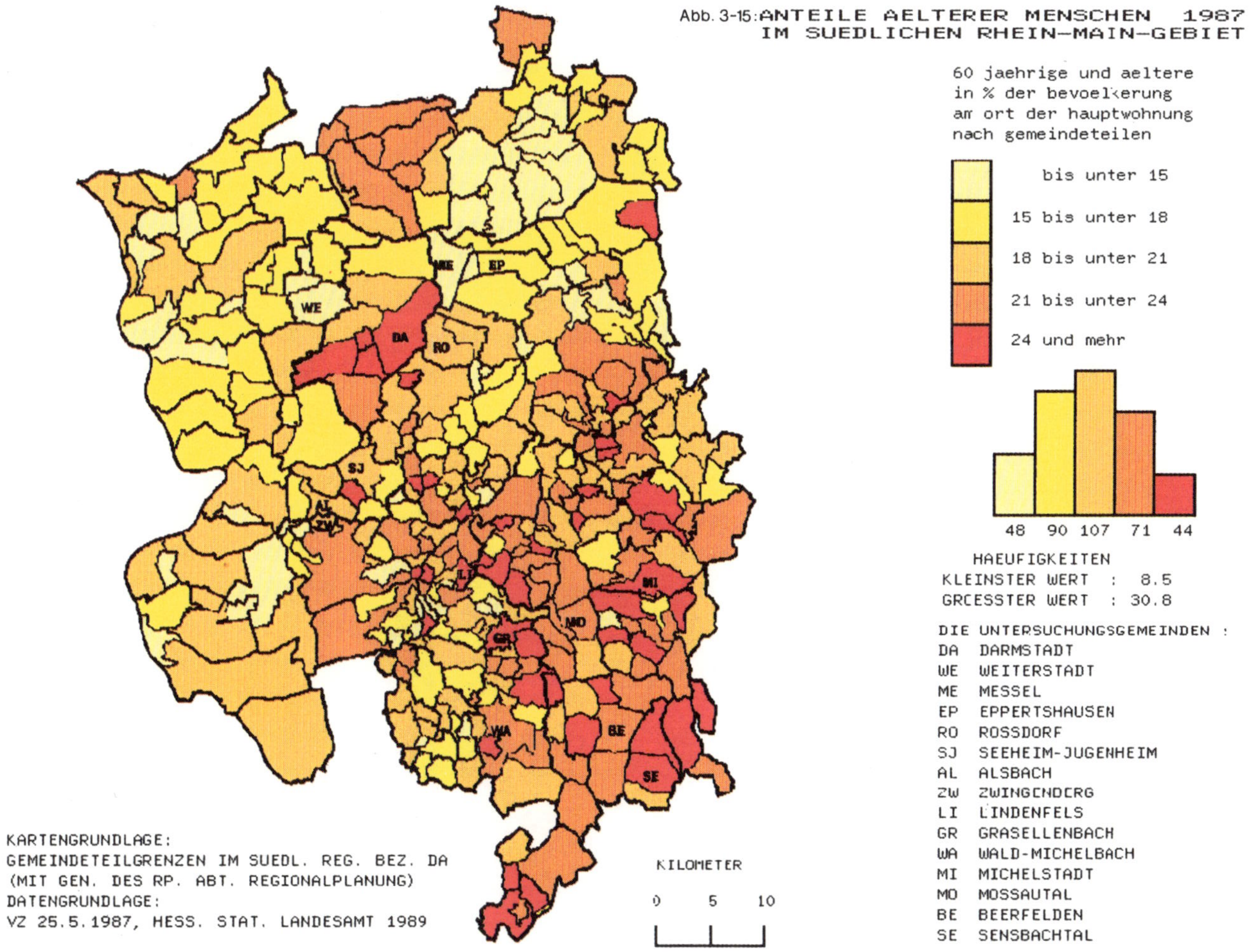

Abb. 3-15: ANTEILE AELTERER MENSCHEN 1987
IM SUEDLICHEN RHEIN-MAIN-GEBIET

60 jaehrige und aeltere
in % der bevoelkerung
am ort der hauptwohnung
nach gemeindeteilen

bis unter 15
15 bis unter 18
18 bis unter 21
21 bis unter 24
24 und mehr

48 90 107 71 44

HAEUFIGKEITEN

KLEINSTER WERT : 8.5
GROESSTER WERT : 30.8

DIE UNTERSUCHUNGSGEMEINDEN :

DA DARMSTADT
WE WEITERSTADT
ME MESSEL
EP EPPERTSHAUSEN
RO ROSSDORF
SJ SEEHEIM-JUGENHEIM
AL ALSBACH
ZW ZWINGENBERG
LI LINDENFELS
GR GRASELLENBACH
WA WALD-MICHELBACH
MI MICHELSTADT
MO MOSSAUTAL
BE BEERFELDEN
SE SENSBACHTAL

KILOMETER

0   5   10

KARTENGRUNDLAGE:
GEMEINDETEILGRENZEN IM SUEDL. REG. BEZ. DA
(MIT GEN. DES RP. ABT. REGIONALPLANUNG)
DATENGRUNDLAGE:
VZ 25.5.1987, HESS. STAT. LANDESAMT 1989

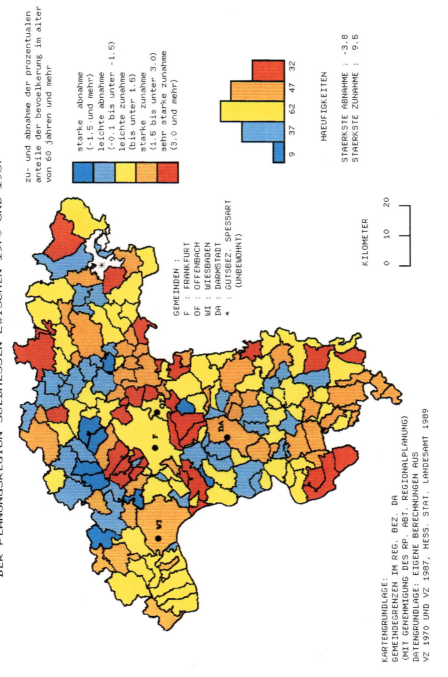

Abb.3-16:VERAENDERUNGEN DER ANTEILE AELTERER MENSCHEN IN DEN GEMEINDEN
DER PLANUNGSREGION SUEDHESSEN ZWISCHEN 1970 UND 1987

zu- und abnahme der prozentualen
anteile der bevoelkerung im alter
von 60 jahren und mehr

starke abnahme
(-1.5 und mehr)
leichte abnahme
(-0.1 bis unter -1.5)
leichte zunahme
(bis unter 1.5)
starke zunahme
(1.5 bis unter 3.0)
sehr starke zunahme
(3.0 und mehr)

HAEUFIGKEITEN

9   37   62   47   32

STAERKSTE ABNAHME : -3.8
STAERKSTE ZUNAHME : 9.5

GEMEINDEN :

F : FRANKFURT
OF : OFFENBACH
WI : WIESBADEN
DA : DARMSTADT
* : GUTSBEZ. SPESSART
     (UNBEWOHNT)

KILOMETER

0   10   20

KARTENGRUNDLAGE:
GEMEINDEGRENZEN IM REG. BEZ. DA
(MIT GENEHMIGUNG DES RP. ABT. REGIONALPLANUNG)
DATENGRUNDLAGE: EIGENE BERECHNUNGEN AUS
VZ 1970 UND VZ 1987, HESS. STAT. LANDESAMT 1989

Abb. 3-17 : Anteile der 60-jährigen und älteren in den U.S.A. 1986
in Prozent der Wohnbevölkerung nach Bundesstaaten

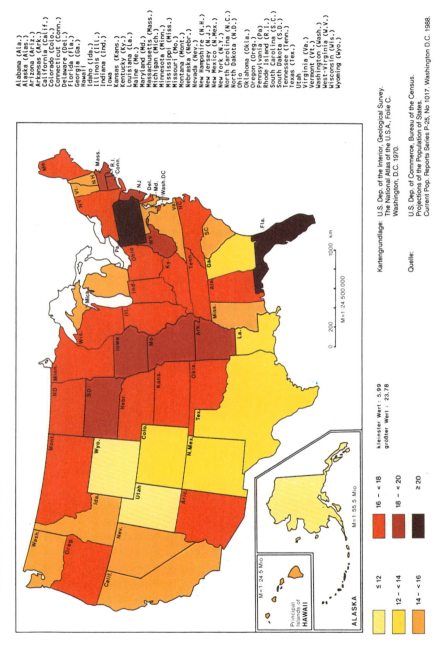

Alabama (Ala.)
Alaska (Alas.)
Arizona (Ariz.)
Arkansas (Ark.)
California (Calif.)
Colorado (Colo.)
Connecticut (Conn.)
Delaware (Del.)
Florida (Fla.)
Georgia (Ga.)
Hawaii
Idaho (Ida.)
Illinois (Ill.)
Indiana (Ind.)
Iowa
Kansas (Kans.)
Kentucky (Ky.)
Louisiana (La.)
Maine (Me.)
Maryland (Md.)
Massachusetts (Mass.)
Michigan (Mich.)
Minnesota (Minn.)
Mississippi (Miss.)
Missouri (Mo.)
Montana (Mont.)
Nebraska (Nebr.)
Nevada (Nev.)
New Hampshire (N.H.)
New Jersey (N.J.)
New Mexico (N.Mex.)
New York (N.Y.)
North Carolina (N.C.)
North Dakota (N.D.)
Ohio
Oklahoma (Okla.)
Oregon (Oreg.)
Pennsylvania (Pa)
Rhode Island (R.I.)
South Carolina (S.C.)
South Dakota (S.D.)
Tennessee (Tenn.)
Texas (Tex.)
Utah
Virginia (Va.)
Vermont (Vt.)
Washington (Wash.)
West-Virginia (W.V.)
Wisconsin (Wis.)
Wyoming (Wyo.)

Kartengrundlage: U.S. Dep. of the Interior, Geological Survey.
The National Atlas of the U.S.A., Folie C.
Washington, D.C. 1970.

Quelle: U.S. Dep. of Commerce, Bureau of the Census.
Projections of the Population of States.
Current Pop. Reports Series P-25, No 1017. Washington D.C. 1988.

kleinster Wert : 5.99
größter Wert : 23.78

0   200   1000 km

M=1 24 500 000

ALASKA   M=1 55.5 Mio

M=1 24.5 Mio

Principal
Islands of
HAWAII

≤ 12
12 – < 14
14 – < 16
16 – < 18
18 – < 20
≥ 20

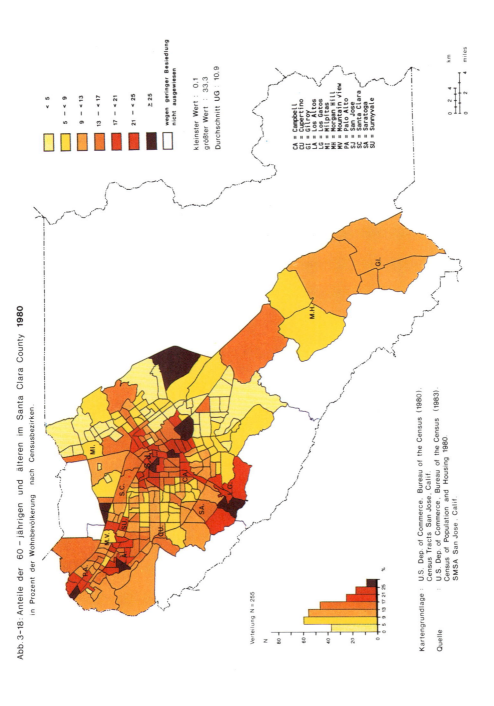

Abb. 3-18: Anteile der 60 – jährigen und älteren im Santa Clara County **1980**
in Prozent der Wohnbevölkerung nach Censusbezirken.

< 5

5 – < 9

9 – < 13

13 – < 17

17 – < 21

21 – < 25

≧ 25

wegen geringer Besiedlung
nicht ausgewiesen

kleinster Wert : 0.1
größter Wert : 33.3
Durchschnitt ÜG : 10.9

CA = Campbell
CU = Cupertino
GI = Gilroy
LA = Los Altos
LG = Los Gatos
MI = Milpitas
MH = Morgan Hill
MV = Mountain View
PA = Palo Alto
SJ = San Jose
SC = Santa Clara
SA = Saratoga
SU = Sunnyvale

km
miles

Verteilung N = 255

N

80

60

40

20

0 5 9 13 17 21 25   %

Kartengrundlage : U.S. Dep. of Commerce, Bureau of the Census (1980).
Census Tracts San Jose, Calif.
: U.S. Dep. of Commerce, Bureau of the Census (1983).
Census of Population and Housing 1980.
SMSA San Jose, Calif.

Quelle

Abb. 3.19. Zentrales Santa Clara County. Das Luftbild mit Blickrichtung SO vermittelt einen Eindruck vom typischen "urban sprawl" in dieser Hochtechnologieregion. Im Vorder- und Mittelgrund ist der sog. "job belt" von Verkehrswegen, dem Flughafen und ausgedehnten Wohngebieten umgeben. Rechts ein Wohnareal, im Hintergrund die Diablo Range mit der Eastside.

Abb. 3.20. Die "Erwachsenengemeinde Villages". Eine komfortable und sichere Wohnumwelt für wohlhabende ältere Menschen. Sie liegt in begünstigter Lage am Fuße der Diablo Range.

Abb. 3.21. Die Eastside von San Jose. Die Bewohnerschaft im ruhigen Mittelschichtenwohnquartier des zum Erhebungszeitpunkt größten Stadterweiterungsgebiets setzt sich vornehmlich aus Zuzüglern zusammen.

Abb. 3.22. Willow Glen, San Jose. Im zentrumsnahen Wohnquartier ist die Bausubstanz mit den Bewohnern gealtert.

Abb. 3.23. Gilroy. Wohnhaus einer alleinstehenden, armen und kranken alten Frau am Rande der semiruralen Gemeinde.

Abb. 3.24. Mobile home park in Gilroy. Diese Anlage von mittlerem Standard ist durch großzügige Erschließungsstraßen und Mobilwohnheime geprägt.

Abb. 3.25. Das Sicherheitsbedürfnis der Senioren im amerikanischen Untersuchungsgebiet drückt sich in diesen Versuchen zur Abwehr krimineller Bedrohung aus.

Abb. 3.26. Darmstadt, Luisenplatz. Seine zentrale Lage macht diesen Knoten des öffentlichen Personennahverkehrs auch zum beliebten Treffpunkt für ältere Menschen.

Abb. 3.27. Darmstadt, Fußgängerzone. Besonders am Vormittag führen die älteren Menschen hier ihre Erledigungen und Einkäufe durch.

Abb. 3.28. Umland, Roßdorf. Die derzeit älteren Menschen sind während der familiären Expansionsphase in die suburbanen Gemeinden gezogen. Nachdem ihre Kinder das Haus verlassen haben, leben sie allein in den Einfamilienhäusern mit kleinen Gärten.

Abb. 3.29. Odenwald, Lindenfels. Im beliebten Luftkur- und Erholungsort werden zahlreiche Zweitwohnsitze inzwischen als Altersruhesitze genutzt. Oft leben die Zuzügler am "Rande" des Ortes und der eingesessenen Bewohnerschaft.

Abb. 3.30. Odenwald, Beerfelden. Das Unterzentrum bietet seinen älteren Bewohnern eine gute Ausstattung mit Versorgungs- und Dienstleistungseinrichtungen.

Abb. 3.31. Odenwald, Sensbachtal. In den peripheren und verkehrsfernen Gemeinden des Hinteren Odenwaldes haben sich traditionelle Familienstrukturen und Aufgabenstellungen noch weitgehend erhalten.

4. WOHNEN IN RÄUMLICHER UMWELT

4.1 Wohnen als elementare Funktion menschlichen Daseins

Generationsübergreifend zählt das Wohnen zu den alltäglich realisierten Grundfunktionen menschlicher Existenz. Trotz dieses Stellenwertes bereitet die begriffliche Verständigung über seine Inhalte Schwierigkeiten. Dies dürfte zum einem Großteil auf die Vielschichtigkeit der Daseinsgrundfunktion zurückzuführen sein. Dementsprechend wird "Wohnen" umgangssprachlich häufig entweder sehr umfassend im Sinne von "Leben" oder eingeschränkt in bezug auf die Nutzung der Wohnung verwendet. Die immanente Funktions- und Bedeutungsvielfalt wird auch bei Flade (1990, 487) erkennbar, die Wohnbedürfnisse definiert als "*das Verlangen nach Sicherheit und Schutz, Beständigkeit und Vertrautheit, Alleinsein und Intimität, Kontakt, Kommunikation und Zugehörigkeit, Anerkennung und Selbstdarstellung bzw. Repräsentation und nach Selbstverwirklichung bzw. Selbstgestaltung*". Im Sinne der hier verfolgten Schwerpunktsetzungen werden zum Wohnen alle Interaktionen des Individuums mit seiner sozialen und baulichen Umwelt gerechnet, soweit sie der Erreichung und Sicherung der vorgenannten Bedürfnisse dienen. Aufgrund des leibzentrierten Referenzsystems der Akteure sind derartige Bezüge zwar an den Standort der Wohnung gebunden, schließen jedoch - je nach Grad der Häuslichkeit bzw. Außenorientierung - ebenfalls den Erfahrungs- und Handlungsraum des engeren Wohnumfeldes ein.

Mit dem Wegfall berufsbezogener Aufgaben und Aktivitäten rückt das Wohnen im höheren Erwachsenenalter noch stärker als zuvor in den Mittelpunkt alltäglicher Lebensvollzüge und -erfahrungen. Den besonderen Stellenwert der Wohnung während dieser Phase des Lebenszyklus begründet Saup (1993, 90) u.a. mit der Einschränkung des Aktionsradius und der zeitlichen Konzentration auf den häuslichen Bereich. Nach Lehmann (1983, 180) stellt sich Lebensgeschichte generell als Geschichte verschiedener Wohnungen dar. Gerade für Ältere erwiesen sich diese privaten Rückzugsräume als elementar, weil sie in der Regel geringere Möglichkeiten hätten, Mißständen im öffentlichen Lebensraum auszuweichen. Nach Rosenmayr (1988, 30) findet der ältere Mensch in der Wohnung Selbstbestimmung und Geborgenheit: "*Eine Folge der Aura ist eine geistig erfüllende Zuwendung der Bewohner 'zu Inhalten' der Wohnung, die über empirisch definierbare Bedürfnisse hinausgehen. Erst diese 'Transzendenz', das Hinausgehen über definierbare 'Vollwertigkeit' konstituiert eine Aura. Sie begünstigt Vertrauen und Zugehörigkeit, aber verstärkt auch geistige Lebendigkeit*".

Der Versuch, die Tragfähigkeit dieser Nutzungs- und Bedeutungsinhalte für das Verstehen der Wohnvorstellungen der älteren Generation anhand des Forschungsstandes zu überprüfen, stößt in *Deutschland* bald an seine Grenzen. Dieck (1988, 75) konstatiert hierzu: "*Eigentlich gibt es keine spezialisierte Wohnforschung innerhalb der Gerontologie der Bundesrepublik*". Tatsache ist, daß erst wenige verläßliche Befunde vorliegen, vor allem was das Wohnen im *Selbstverständnis* älterer Menschen hierzulande anbelangt. Seit neuestem allerdings gehen Arbeiten dieser Fragestellung der individuellen Bedeutsamkeit des Wohnens nach (z.B. Strüder 1993; Oswald 1994). Etwas günstiger ist der Kenntnisstand über die *materiellen* Wohnbedingungen der Zielgruppe. Er stützt sich vor allem auf die Auswertung von Daten der amtlichen Statistik. Umfassende Zusammenstellungen und Interpretationen dieser Informationen finden sich für das frühere

Bundesgebiet im Vierten Familienbericht (Bundesminister für Jugend, Familie, Frauen und Gesundheit 1986); die Situation nach der Vereinigung berücksichtigen der erste Altenbericht (Bundesminister für Familie und Senioren 1993a) sowie der Zwischenbericht der Enquete-Kommission Demographischer Wandel (Deutscher Bundestag 1994). In tieferer regionaler Gliederung liegen Repräsentativerhebungen einzelner Bundesländer bzw. Kreise und Städte vor. Eine verdienstvolle Zusammenfassung des Wissensstandes unternimmt die Arbeit von Dieck (1979). Grosshans (1987) referiert die Wohnaspekte aus der Sicht gemeinnütziger Wohnungsunternehmen, deren Mieter zu einem Großteil der Zielgruppe angehören. Den Modernisierungsbedarf von Wohnungen älterer Menschen thematisiert eine Studie des Kuratoriums Deutsche Altershilfe (Stolarz 1986); die vergleichende Bestandsaufnahme der materiellen Wohnsituation in den alten und neuen Bundesländern erfolgt im Rahmen einer Expertise für den ersten Altenbericht (Stolarz, Friedrich & Winkel 1993). Unlängst erschienene Erhebungen beziehen auch das unmittelbare Wohnumfeld stärker in die Betrachtung ein (Heil 1988; Karl 1989).

Während für die ehemalige DDR zeitnahe und verläßliche Daten in regionaler Differenzierung noch weitgehend fehlen, entsprechen auch die für den Westen Deutschlands verfügbaren Ergebnisse der Volks- und Wohnungszählung 1987 in ihrer hochaggregierten Aufbereitung nicht immer den Ansprüchen analytischer Wohnforschung. So beschreiben die zumeist ausgewiesenen Durchschnittswerte zwar Teilaspekte der materiellen Wohnbedingungen, differenzieren aber nicht nach Haushaltstypen, Einkommen, sozialem Status, nach Wohnlagen oder Defiziten im Wohnumfeld. Ebensowenig sind subjektive Bedürfnisse und Wertschätzungen repräsentiert, die für die Wohnzufriedenheit der Betroffenen von ausschlaggebender Bedeutung sind.

In den *Vereinigten Staaten* haben die erwähnten staatlich initiierten Projekte zur Ermittlung der Belange bedürftiger älterer Menschen der Wohnforschung nachhaltige Impulse gegeben. Zudem bietet dort die amtliche Statistik der Öffentlichkeit jeweils die Ergebnisse der im zehnjährigen Abstand durchgeführten Censuserhebungen zeitnah und in tiefer regionaler Gliederung auch auf Datenträgern an. Es ist hier nicht möglich, im einzelnen auf die zahlreichen Publikationen zur Thematik "housing of the elderly" einzugehen. Dazu sei exemplarisch auf einige der vorliegenden Überblicksarbeiten und Forschungsstandsberichte verwiesen: Mangum 1982; Lawton 1985 und 1986; Carp 1987; Struyk & Soldo 1980; Heumann & Boldy 1982; Hoglund 1985; Regnier & Pynoos 1987. Legt man die zwischen 1979 und 1985 erschienenen 217 themenbezogenen Veröffentlich-

Tab. 4.1. Thematik der zwischen 1979 und 1985 erschienenen U.S.-Publikationen zur Wohnsituation im Alter

	N	in %
Allgemeine Wohnsituation	62	28,6
Wohnumwelt (auch: ländl.Raum, Nachbarschaft)	28	12,9
Architektur, Finanzierung	33	15,2
Ruhestandssiedlungen	20	9,2
Wohnalternativen (z.B. Wohngemeinschaften)	43	19,8
Sonderwohnformen (institutionalisiertes Wohnen)	31	14,3
Insgesamt	217	100,0

Quelle: zusammengestellt nach Boston (1985)

76

ungen zugrunde, die eine Bibliographie des "National Council on the Aging" (Boston 1985) erfaßt, ergeben sich die in Tabelle 4.1. zusammengestellten Forschungsschwerpunkte.

Dieses Kapitel untersucht als zentrales Anliegen die Übereinstimmung zwischen objektiven und erwünschten Wohnbedingungen älterer Menschen, indem es die Dualität von Funktionsgerechtigkeit und Bedeutungsgehalt zur Charakterisierung ihrer Ansprüche aus den eingangs diskutierten Erklärungsansätzen aufgreift. Deren Sichtweise altersangemessener Prinzipien der Wohnorganisation wird anhand der nachfolgenden Fragenschwerpunkte thematisiert:

> Wie wohnen Ältere und wie wollen sie wohnen?
> Welches sind die familiären und materiellen Konstellationen ihrer Existenz?
> Stehen die Rahmenbedingungen der sozialen und räumlichen Umfelder im Einklang mit ihren Bedürfnissen?
> Sind die bevorzugten sozialräumlichen Organisationsprinzipien der Zielgruppe eher altersspezifisch oder generationsübergreifend ausgeprägt?

Da der hier vertretene Ansatz der Verschiedenheit der regionalen Lebenslagen einen potentiellen Effekt auf die Wohnsituation und das Wohnerlebnis einräumt, wird besonderer Wert auf die Aufschlüsselung der Ergebnisse nach Untersuchungsschwerpunkten gelegt. In Abschnitt 4.2 werden zunächst allgemeine Informationen über die materielle Wohnsituation der Senioren in beiden Ländern zusammengetragen. Anschließend erfolgt die Diskussion der empirischen Befunde aus dem kalifornischen und südhessischen Untersuchungsgebiet: Ausgehend vom Mikrobereich der Wohnung befaßt sich Abschnitt 4.3 zunächst mit den familiären und häuslichen Organisationsformen des Wohnens. Daran schließt sich die Bewertung des Außenraumes - also des sozialen und baulich/räumlichen Umfeldes - aus der Sicht der Betroffenen an. Die Diskussion über die Akzeptanz alternativer Wohnformen und altenspezifischer Infrastrukturangebote in Abschnitt 4.6 zielt auf Hinweise immanenter Segregations- oder Integrationstendenzen. Nach einer Gegenüberstellung vordringlicher Wohnbedürfnisse werden schließlich die raumrelevanten Konsequenzen der Befunde vor dem Hintergrund der forschungsleitenden Hypothesen diskutiert.

4.2 Vergleichende Skizze der Wohnverhältnisse in beiden Erhebungsgebieten

Wohnen im Alter wird gedanklich häufig mit "Leben im Heim" verbunden, obwohl sich in Deutschland wie in den U.S.A. nur etwa 4% aller Senioren in derartigen Institutionen finden. Mit Blick auf die überwiegende Mehrheit der Älteren, die einen eigenen privaten Haushalt führen und im Mittelpunkt dieser Untersuchung stehen, erfolgt hier zunächst eine allgemeine und regionalisierte Skizzierung ihrer Wohnbedingungen.

Vergleichsweise große Wohnungen, eine relativ hohe Eigentümerquote (44,5% gegenüber 39% insgesamt) und der im Vergleich zu früher verbesserte Ausstattungsstandard tragen dazu bei, daß die Wohnungsversorgung der Mehrheit älterer Menschen im Westen *Deutschlands* allgemein als gut angesehen wird. Eine nennenswerte Schlechterstellung gegenüber der Gesamtbevölkerung wird lediglich für bestimmte Problemgruppen angenommen (vgl. z.B. Bundesminister für Familie und Senioren 1993a, 17; Dringenberg 1977, 168). Im gewissen Widerspruch dazu stehen die sozialpolitischen

Schlußfolgerungen von Dieck (1979, 11), die ältere Menschen *generell* als benachteiligte Gruppe bezeichnet.

Eine Auswertung der aktuell verfügbaren Daten der amtlichen Statistik bestätigt, daß sich die Wohnbedingungen der Zielgruppe weitgehend dem Durchschnitt der übrigen Bevölkerung angeglichen haben. Drei wichtige Ausnahmen gilt es jedoch zu berücksichtigen:

➢ ein Großteil der Alleinlebenden und Hochbetagten - mehrheitlich handelt es sich dabei um Frauen - müssen auf zeitgemäßen Wohnkomfort verzichten;

➢ der großräumige Vergleich zeigt, daß das Ausstattungsniveau der westlichen Seniorenhaushalte im Osten bei weitem unterschritten wird; zudem sind die Älteren dort gegenüber der Gesamtbevölkerung deutlich benachteiligt;

➢ es bestehen sowohl in den alten als auch in den neuen Bundesländern regionale Disparitäten der Wohnungsausstattung, die auf allen räumlichen Ebenen - von den Ländern bis hin zu den Gemeinden - zum Teil gravierender sind als die Unterschiede zwischen den Altersgruppen.

Es würde zu weit führen, hier diese Problemfelder anhand einzelner Merkmale zahlenmäßig zu belegen (vgl. dazu Stolarz, Friedrich & Winkel 1993; Deutscher Bundestag 1994, 230ff.; Statistisches Bundesamt 1991). Am Beispiel des Austattungsstandards läßt sich jedoch deren quantitative Relevanz verdeutlichen. So hatte eine Studie des KDA auf der Basis von Daten aus dem Jahre 1982 ermittelt, daß drei Millionen Seniorenhaushalte oder 40% "nicht modern" ausgestattet sind: "*Wohnungen, die nicht altengerecht sind, gefährden die selbständige Lebensführung. Nicht selten sind Wohnungsmängel eine wichtige Ursache für Heimbedürftigkeit. Extreme Mängel stellen auch den Einsatz personeller Hilfen in Frage. Hiervon sind in großem Maße alleinstehende ältere Frauen betroffen*" (Stolarz 1986, 1). Bis 1987 verzeichnete die frühere Bundesrepublik einen deutlichen Rückgang "nicht moderner" Altenwohnungen, darunter eine Halbierung des Substandardanteils. Zwar sind im Westen gut doppelt so viele Rentnerwohnungen wie im Osten "nicht modern" (2,7 Mio. gegenüber 1,2 Mio.), sie repräsentieren jedoch in den alten Bundesländern nur jeden dritten, in den neuen dagegen jeden zweiten Altenhaushalt. Handelt es sich im Westen vor allem um leichte Ausstattungsdefizite (fehlende Sammelheizungen), stellen im Osten erheblich gravierendere Mängel bei der Sanitäreinrichtung (0,45 Mio. ohne Innen-WC) ein Massenproblem dar (Stolarz, Friedrich & Winkel 1993). Es wäre im Sinne der Betroffenen, wenn die in den neuen Bundesländern notwendigen durchgreifenden Modernisierungs- und Sanierungsmaßnahmen nicht, wie ehemals im Westen, häufig drastische Mieterhöhungen und die Verdrängung der ehemaligen Bewohner zur Folge haben würden.

Für das *südhessische Untersuchungsgebiet* ergibt die Auswertung der Volks- und Wohnungszählung 1987 im Hinblick auf die materielle Wohnsituation deutliche regionale Unterschiede zwischen städtischen und nichtstädtischen Standorten (Tab. 4.2). In Darmstadt leben überdurchschnittlich viele Ältere allein, zur Miete sowie in öffentlich geförderten und kleinen Wohnungen. Demgegenüber ist die Situation der häufiger im eigenen Heim lebenden Senioren des ländlichen Odenwaldkreises einerseits durch den Vorteil einer geringeren Mietbelastung und niedrigeren Singularisierungsquote geprägt, andererseits jedoch durch den gravierende Nachteil, daß die Ausstattung fast jedes zehnten Haushalts der Substandard-Kategorie zuzurechnen ist. Damit nimmt der Landkreis unter allen hessischen Gebietskörperschaften eine negative Spitzenposition ein.

Tab. 4.2. Materielle Wohnsituation der älteren Menschen des Untersuchungsgebiets im Vergleich der 26 hessischen Gebietskörperschaften

	Darmstadt insg.	Rang	Krs.Da-Dieb. insg.	Rang	Krs. Bergstr. insg.	Rang	Odenwaldkrs. insg.	Rang	Hessen insg.
in öffentl.geförd.Wohnungen %*	29,8	2	8,9	25	10,7	23	8,5	26	19,8
in Eigentümerhaushalten %*	27,0	21	45,2	3	44,8	5	43,8	6	33,9
Durchschnittsmiete in DM/qm*	6,86	7	6,05	12	5,94	14	5,49	18	6,43
Einpersonenhaushalte in %**	59,7	5	54,0	18	55,8	9	52,1	25	57,1
zu kleine Wohnungen in %**	14,3	4	10,8	18	10,8	18	11,4	14	13,1
nicht moderne Wohnungen in %**	30,6	16	30,9	15	35,7	6	35,9	5	30,2
Substandardwohnungen in %**	4,1	17	5,3	10	6,1	6	9,6	1	4,3

* wohnberechtigte Personen in Haushalten nur mit 65jährigen und älteren
** Haushalte mit 65jähriger und älterer Bezugsperson
Quelle: eigene Berechnungen nach Hess. Statist. Landesamt VZ 87, Tab. H3 u. GPR-Tab. A2A, A3, A5A

Im Zusammenhang mit der Evaluierung der Konzepte der Altenhilfe in Abschnitt 3.4 stellt sich die Frage, inwieweit die vorliegenden *Altenpläne vor Ort* angemessene Instrumente zur Verbesserung der Wohnbedingungen der Betroffenen sind. In Darmstadt liegt eine Erhebung zur Lebenssituation älterer Menschen ebenso vor wie ein Altenplan (Magistrat der Stadt Darmstadt 1987 und 1989). Auch der Landkreis Darmstadt-Dieburg (1987) hat einen Altenplan erstellt. Ein umfangreicher Entwurf existiert für den Kreis Bergstraße (1988), im Odenwaldkreis haben die Vorarbeiten hierfür begonnen.

Detailliert befaßt sich die Darmstädter Erhebung mit den Problemen der Zielgruppe sowohl in Privathaushalten als auch in Heimen. Auf der Basis von insgesamt 1 629 persönlichen Interviews liegt eine repräsentative Dokumentation der Lebens- und Wohnbedingungen aus der Sicht der älteren Menschen vor, die im eigenen Haushalt leben. Ihre räumliche Verteilung folgt weitgehend den in Abschnitt 3.2.1 skizzierten innerstädtischen Konfigurationsmustern. Der Ausstattungskomfort der Wohnungen rangiert etwa im hessischen Durchschnitt. Jedoch hatte etwa die Hälfte der Befragten Anlaß zur Kritik: "*Neben Unzulänglichkeiten im Wohnumfeld bereiten hellhörige, kalte, feuchte, renovierungsbedürftige oder aus anderen Gründen nicht altengerechte Wohnungen (z.B. Treppensteigen, Heizprobleme) den Senioren Sorgen*" (Friedrich u.a. 1987, 103). Die Lokalisierung der kommunalen "Wohnbrennpunkte" unterstreicht, daß Mängel derzeit gehäuft in den alten Kernen der ehemals selbständigen Vororte auftreten. Im Rahmen der Bewertung ihrer Lebensumwelt betonen die Senioren als wichtiges Anliegen die Möglichkeit zur aktiven Nutzung des stadträumlichen Gefüges: Parks, Grünanlagen, das Stadtzentrum und Cafes sind beliebte soziale Orte.

Die Kreisaltenpläne Darmstadt-Dieburg und Bergstraße können sich nicht auf derartige Primärerhebungen stützen und sind weitgehend auf die Auswertung von Sekundärmaterial angewiesen. Während dies im Falle des Kreises Bergstraße in sehr differenzierter Weise und verbunden mit klaren sozialpolitischen Zielformulierungen geschieht, erschöpft sich der Plan von Darmstadt-Dieburg eher in einer Auflistung von Maßnahmen und Einrichtungen der offenen und geschlossenen Altenhilfe. Die Wohnsituation älterer Menschen wird in beiden Fällen nahezu ausschließlich unter dem Aspekt der stationären Altenhilfe, nicht jedoch in ihrem Wesen als Querschnittsaufgabe gesehen. Über die Belange von mehr als 95% der Senioren, die nicht in derartigen Institutionen wohnen, finden sich nur randlich solche Informationen, die Rückschlüsse auf Maßnahmen und Problemlagen erlauben. Diese Ausblendung ist insofern unverständlich, da sowohl der künftig verstärkte Zuwachs älterer Menschen im Planungsgebiet als auch deren überwiegender Wunsch nach eigenständiger Lebens- und Haushaltsführung bekannt ist. Meines Erachtens kann nur eine enge Verzahnung der Sozialplanung mit der Stadtentwicklungsplanung die wachsenden Anforderungen nach stützenden Angeboten sozialer Infrastruktur in den Gemeinden des Umlandes und des ländlichen Raumes sichern.

In den *Vereinigten Staaten* leben deutlich mehr Ältere als hierzulande im selbstgenutzten Wohneigentum (ca. 70%). Knapp 2 Millionen oder 6% finden sich in nicht-institutionellen, jedoch speziell auf die Zielgruppe abgestimmten Wohnformen. Nach Angaben aus dem Jahre 1975 entfallen etwa 2,8% auf öffentlich geförderte, 3,2% auf private Projekte (Mangum 1982). Die weitere Differenzierung jenes "retirement housing" orientiert sich am steigenden Grad der Unterstützung, der in diesen Wohnformen gewährt wird (Tab. 4.3):

➤ *Mobile home parks:* In mehr als 700 derartigen Anlagen leben ca. 350 000 ältere Menschen. Die Bandbreite ihrer Ausstattung reicht von kleinen Stellplätzen für die gemieteten oder eigenen mobilen Wohnheime bis zu großzügigen Erschließungsstraßen und Stellflächen sowie komfortablen Gemeinschaftsanlagen (z.B. Schwimmbäder, Tennisplätze, Grünanlagen, Klubzentren). Die monatlichen Standmieten betragen zwischen 30US-$ und 300US-$.

➤ *Retirement villages:* Mehr als eine halbe Million älterer Menschen leben in sog. Ruhestandssiedlungen von unterschiedlicher Größenordnung und Ausstattung. Sie konzentrieren sich vor allem in den Sunbelt-Staaten Florida, Arizona und Kalifornien. Gemeinsam ist dieser systematisch geplanten und vermarkteten amerikanischen Eigenart alterssegregierten Wohnens die einheitliche bauliche und infrastrukturelle Konzeption (Hunt u.a. 1984). Die größte und bekannteste Ruhestandssiedlung ist Sun City bei Phoenix, die zusammen mit Sun City West derzeit ca. 60 000 Bewohner aufweist (Gwosdz 1983; Gober 1985; Hinz & Vollmar 1993). Daneben gibt es kleinere Anlagen von wenigen hundert bis tausend Einwohnern. Üblich sind ein Mindestalter für den Zuzug und damit verbunden der Ausschluß jüngerer Personen. Während die größeren "New Towns" einen überregionalen Einzugsbereich aufweisen, orientiert sich die "zweite Generation" der kleineren Ruhestandssiedlungen stärker auf einen regionalen Markt (vgl. Abschn. 3.3.4 sowie z.B. Pötke 1973; Koch 1975; Streib, Folts & La Greca 1985).

➤ *Retirement apartments:* Diese staatlich geförderten Altenwohnungen für bedürftige Senioren werden sowohl in Hochhäusern als auch in ein- oder zweistöckigen Gebäuden (garden apartments) errichtet. Im umfassendsten Förderprogramm "low rent public housing for the elderly", das etwa einem zielgruppenorientierten Sozialen Wohnungsbau entspricht, sind vor allem drei Typen vertreten: 1. Wohnungen ohne altenspezifische Gestaltung; 2. Generationsmischung durch eingestreute Altenwohnungen; 3. Altenwohnanlage mit zusätzlichem Angebot (z.B. Speiseraum, Erholungseinrichtungen).

➤ *Retirement hotels:* In ihnen werden ganzjährig oder außerhalb der Saison (in Miami z.B. im Sommer) Zimmer an ältere Menschen vermietet. Meist handelt es sich dabei um Hotels, die eine überalterte Bausubstanz, unattraktive Lage (Downtownnähe, an lauten Ausfallstraßen) oder schlechte Ausstattung aufweisen. Mahlzeiten und Zimmerservice sind meist im Preis inbegriffen.

Tab. 4.3. Nicht-institutionelle Altenwohnformen (öffentlich geförderte und private) und ihre ≥ 60jährigen Bewohner nach U.S.-Großregionen 1975

	öffentl. gefördert	privatwirtschaftlich betriebene								Insgesamt		Bevölkerung ≥60Jahre	
		Mob.Home P.		Ret.Vill.		Ret.Hotels		Lifecare F.					
	WE	N	WE	N	WE	N	WE	N	WE	WE	%	N	%
North East	118091	30	5932	9	8100	27	4050	16	4800	140973	13,5	8027400	24,9
New England	44095	6	847	1	900	5	750	4	1200	47792	4,6	1959100	6,1
Middle Atlantic	73996	24	5085	8	7200	22	3300	12	3600	93181	8,9	6068300	18,8
North Central	125743	44	7509	5	4500	29	4350	82	24600	166702	15,9	8680200	26,9
East North Cent.	75355	28	4881	4	3600	22	3300	53	15900	103036	9,8	5875400	18,2
West North Cent.	50388	16	2628	1	900	7	1050	29	8700	63666	6,1	2804800	8,7
South	138287	343	124414	31	168795	37	5550	48	14400	451446	43,1	10245700	31,8
South Atlantic	70512	313	95583	27	147015	25	3750	39	11700	328560	31,4	5171100	16,0
East South Cent.	29670	10	1447	0	0	2	300	3	900	32317	3,1	2054300	6,4
West South Cent.	38105	20	27384	4	21780	10	1500	6	1800	90569	8,6	3020300	9,4
West	75863	304	55683	24	130680	40	6000	66	19800	287981	27,5	5292000	16,4
Mountain	21005	100	21720	9	49005	7	1050	6	1800	94580	9,0	1268000	3,9
Pacific	54858	204	33918	15	81675	33	4950	60	18000	193401	18,5	4024000	12,5
Insgesamt	457984	721	193493	69	312075	133	19950	212	63600	1047102	100,0	32245300	100,0

WE= Wohneinheiten, N= Anzahl
zusammengestellt nach: Mangum (1982, 201f.)

> *Life-care facilities:* Sie entsprechen weitgehend dem hierzulande verfolgten Konzept des betreuten Wohnens. Den überwiegenden Eigentumapartments sind Dienste zugeordnet, die bei Wunsch oder Bedarf in Anspruch genommen werden können. Das Leben in diesen Einrichtungen ist teuer und damit einem relativ wohlhabenden Nutzerkreis vorbehalten.

Angesichts der hohen Eigentümerquote unter den älteren Menschen und der Tatsache, daß etwa 80% von ihnen schuldenfreien Besitz haben, überrascht zunächst die Aussage einer Studie zur Wohnsituation der Zielgruppe im *kalifornischen Untersuchungsgebiet*, die gerade diese Hausbesitzer als besonders problembefrachtet identifiziert (Urban 1984). Kennzeichnend für viele sei der Status "home rich and cash poor": Die relativ konstanten Einkünfte aus der Alterssicherung könnten mit den steigenden Lebenshaltungs- und Hausunterhaltungskosten nicht Schritt halten. Für die Hälfte der Befragten stelle eine längerdauernde Krankheit die größte Sorge dar, weil dann die Kosten der medizinischen Versorgung oft die Aufgabe des eigenen Hauses erzwingen. Ebenso belastend ist die Situation für Mieterhaushalte. Deutlich hinkt der Mietwohnungsbau hinter den ökonomischen und demographischen Wachstumsraten nach, während sich gleichzeitig das ohnehin eine nationale Spitzenstellung einnehmende Niveau der Mieten in den 80er Jahren im SCC drastisch erhöht hat. Damit ist der allgemeine Wohnungsmarkt für einen Großteil der Zielgruppe - insbesondere für ethnische Minoritäten und alleinstehende Frauen - nicht zugänglich. "Affordable housing" (kostengünstige Wohnungsversorgung) als ein wesentlicher Grundsatz altenbezogener Wohnungspolitik läßt sich dementsprechend für die Betroffenen im Untersuchungsgebiet kaum realisieren. Für sie besteht die Gefahr, sich weder das eigene Haus noch eine Mietwohnung leisten zu können. Da Alternativen in völlig unzureichendem Maße zur Verfügung stehen, bleibt oft nur der zwangsweise Umzug in preiswertere Wohnlagen. Konkurrierende Flächennutzungsansprüche in dieser expandierenden Wirtschaftsregion verstärken die Bedrohung älterer Menschen, dadurch Opfer unfreiwilliger Fortzüge zu werden (vgl. Abschn. 5.4.2).

Die verschiedenen staatlichen Wohnungsprogramme für ältere Menschen bedeuten in dieser Situation nur eine geringe Entlastung. Sie gliedern sich grob in den Sozialen Wohnungsbau (federally subsidized housing; im SCC ca. 17 000 Wohneinheiten auch für ältere Menschen), Miet- und Wohnkostenbeihilfen (housing assistance payments), Wohnungsausbau- und Schuldenentlastungshilfen (housing rehabilitation, support of senior housing) sowie Formen der wohnrechterhaltenden Grundbesitzbeleihung auf Rentenbasis (home equity conversion). Vielfach der Not gehorchend, kommen im kalifornischen Untersuchungsgebiet alternative Projekte der Wohn- und Hausgemeinschaften (shared homes, program match, echo housing, secondary units) eher zustande als hierzulande.

4.3 Familiäre und häusliche Organisationsformen

Im verklärenden Rückblick wird häufig die Einbindung in das Netzwerk des mehrere Generationen umfassenden Familienverbands als ideale *Haushaltskonstellation* im Alter angesehen. Ohne auf den bestreitbaren generellen Realitätsgehalt dieses verbreiteten Meinungsbildes einzugehen (vgl. Deutsches Zentrum für Altersfragen 1982, 357ff.) bleibt festzuhalten, daß es die heutige Situation nicht mehr angemessen beschreibt. So will die überwiegende Mehrheit älterer Menschen im eigenen Haushalt und in der Nähe, aber nicht zusammen mit ihren Kindern leben. Bereits vor gut 30 Jahren faßte Tartler (1961, 83) diesen Wunsch in die Formel "innere Nähe durch äußere Distanz". Aus alterssoziologischer Sicht interpretierte er ihn als bewußtes Abrücken aus dem Familienverband der Kinder, um die Selbständigkeit der Lebensführung zu wahren. So hat sich zwischen 1961 und 1989 im früheren Bundesgebiet die Zahl der Haushalte mit drei oder mehr Generationen um zwei Drittel auf nur noch 356 000 (1,3% aller Haushalte) reduziert. Lediglich 308 000 oder 3% der ≥ 65jährigen leben bundesweit in derartigen Konstellationen (Bundesminister für Familie und Senioren 1993a, 194). Dementsprechend sind hierzulande etwa neun von zehn der ca. 9,1 Mio. Haushalte, in denen die Bezugsperson mindestens 60 Jahre alt ist, Ein- oder Zweipersonenhaushalte. Es wäre allerdings voreilig, aus diesen generellen Veränderungen in den sozialen Netzwerken den Schluß zu ziehen, Eltern würden heute von ihren erwachsenen Kindern im Stich gelassen: Zwar steigt der Anteil der kleinen Haushalte mit dem Alter, jedoch nimmt umgekehrt bei den über 80jährigen die Quote der Haushalte mit drei und mehr Personen wieder zu. Rücken wir bei der Interpretation der letzten Volkszähldaten vom Kriterium der Haushaltsführung durch Senioren ab (vgl. Abschn. 3.2.1), so zeigt sich, daß lediglich ein Drittel (32,6%) der älteren Personen allein leben. Beides spricht dafür, daß hochbetagte Eltern häufig wieder in den Haushalt ihrer Kinder aufgenommen werden.

Die graphischen Darstellungen der Erhebungsbefunde in den Abbildungen 4.1. und 4.2. unterstreichen den vorgenannten tiefgreifenden soziodemographischen Wandel: Mehr als drei Viertel der Befragten beider Untersuchungsgebiete leben in kleinen Haushalten (mit einer oder zwei Personen) und Eingenerationenhaushalten (allein oder mit Partner). Diese Regelerscheinung des Wohnens im Alter ist allerdings in der kalifornischen Stichprobe sehr viel akzentuierter ausgeprägt als in der südhessischen.

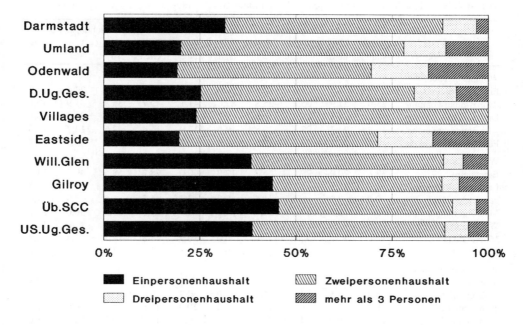

Abb. 4.1. Haushaltsgrößen nach Untersuchungsschwerpunkten (in % der Antwortenden)
Quelle: Eigene Erhebung D: Frage 9; USA: Frage 7

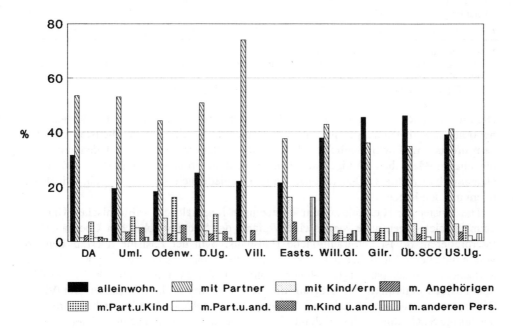

Abb. 4.2. Haushaltszusammensetzung nach Untersuchungsschwerpunkten (in% d. Antwortenden)
Quelle: Eigene Erhebung D: Frage 12; USA: Frage 10

Tab. 4.4. Häusliche Wohnbedingungen und Wohndauer nach Untersuchungsschwerpunkten*

| | Deutsches Untersuchungsgeb. | | | | Nordamerikanisches Untersuchungsgeb. | | | | | |
	Darm-stadt	Um-land	Oden-wald	Ges.	Vil-lages	East-side	Will. Glen	Gil-roy	Übr. SCC	Ges.
Wohnungsgröße:*										
Einzimmerwohnung	3,9	1,0	1,6	2,6	16,0	8,9	7,7	16,7	23,5	17,2
Zweizimmerwohnung	25,0	27,9	25,3	25,8	82,0	41,1	39,7	33,3	31,9	40,1
Dreizimmerwohnung	39,5	24,2	25,7	32,0	2,0	32,1	43,6	40,9	28,4	30,4
Vierzimmerwohnung	17,5	24,7	23,1	20,8	0,0	17,9	6,4	7,6	13,7	10,6
Fünf Zimmer u. mehr	14,1	22,2	24,3	18,8	0,0	0,0	2,6	1,5	2,5	1,7
Wohnungstyp:										
Eigenheim	37,8	70,0	79,1	56,7	12,0	60,0	78,2	58,5	49,8	53,0
Eigentumswohnung	7,7	5,0	1,1	5,3	84,0	10,9	3,8	1,5	4,4	13,5
gemietetes Haus	0,8	2,5	1,6	1,5	0,0	7,3	1,3	1,5	5,9	4,0
Mietwohnung	52,0	15,5	10,2	31,7	4,0	9,1	11,5	21,5	30,0	20,2
Wohnrecht	0,6	7,0	7,0	3,9	k.A.	k.A.	k.A.	k.A.	k.A.	k.A.
Mobile home	k.A.	k.A.	k.A.	k.A.	0,0	10,9	3,8	12,3	6,4	6,7
Untermiete	1,1	0,0	1,1	0,8	0,0	1,8	1,3	4,6	3,4	2,7
Wohndauer in Jahren:										
unter 5	5,0	4,5	7,4	5,5	20,0	20,0	10,4	18,8	20,6	18,4
5 bis unter 10	4,4	8,5	4,8	5,6	44,0	30,9	9,1	12,5	23,5	22,7
10 bis unter 20	18,2	22,0	19,2	19,5	36,0	20,0	15,6	26,5	20,6	22,2
20 bis unter 30	20,7	19,0	14,3	18,7	0,0	16,4	19,5	20,3	21,6	18,0
30 bis unter 40	28,2	20,5	16,0	23,1	0,0	10,9	25,9	10,9	8,3	11,1
40 bis unter 50	6,6	7,5	6,9	6,9	0,0	0,0	15,6	7,8	2,9	5,1
50 bis unter 60	4,7	1,5	6,4	4,3	0,0	0,0	1,3	1,6	1,0	0,9
60 und länger	12,2	16,5	25,0	16,5	0,0	1,8	2,6	1,6	1,5	1,6
Arithm. Mittel	31,7	31,1	36,2	32,7	8,3	14,7	26,1	18,6	16,0	17,1

* Angaben in Prozent der Antwortgebenden
** als Maß für die Wohnungsgröße ist in Deutschland die Zahl der Wohn- und Schlafräume, in den USA die Anzahl der Schlafräume erfaßt
Quelle: Eigene Erhebung Deutschland: Fragen 1, 10, 11; USA: Fragen 1, 8, 9

Die Intensität des angesprochenen Wandels variiert aber auch in regionaler Hinsicht. Dabei treten die Abweichungen im südlichen Rhein-Main-Gebiet am deutlichsten zwischen dem urbanen und dem ländlichen Untersuchungsschwerpunkt auf: Im Odenwald leben die älteren Menschen häufiger als in Darmstadt in größeren Haushalten und in der Gemeinschaft mehrerer Generationen (in unterschiedlichen Konstellationen, jedoch vor allem mit den Kindern).

Die Muster der Haushaltszusammensetzungen innerhalb des kalifornischen Untersuchungsgebiets legen nahe, sie als eine Variante des "Demographischen Übergangs" zu interpretieren: So ist der traditionelle Haushaltstyp in der Eastside überrepräsentiert, wohin die älteren Menschen häufig zusammen mit ihren Angehörigen gezogen sind. Die Zwischenphase der partnergebundenen Wohngemeinschaft repräsentieren Willow Glen und in noch extremerer Ausprägung die Bewohner der Villages (nahezu drei Viertel Zweipersonenhaushalte, Kinder als Bezugspersonen fehlen). Das ländliche Gilroy und das übrige SCC schließlich sind durch Singularisierungseffekte gekennzeichnet.

Gemessen an der *Eigentumsquote* und der *Wohnungsgröße* erreicht die Mehrheit der älteren Menschen in beiden Untersuchungsgebieten den allgemeinen Wohnstandard.

Dies gilt gemeinhin als *häusliche* Voraussetzung einer selbstbestimmten Lebensführung. Aus Tabelle 4.4. geht hervor, daß nahezu zwei Drittel der kalifornischen und süd-hessischen Befragten im eigenen Heim wohnen. In marginalen Wohnverhältnissen leben hierzulande unter 5% (Untermiete oder mit Wohnrecht), im SCC weniger als 10% (in mobile homes oder zur Untermiete). Gemessen an der Wohneigentumsquote sind im südhessischen Untersuchungsschwerpunkt die Senioren aus dem Umland und Oden-wald, im SCC diejenigen aus den Villages und von Willow Glen begünstigt.

Als charakteristisches Kennzeichen älterer Menschen gilt hierzulande ihre Verwurze-lung mit der angestammten Wohnung. Ihre *Wohndauer* beträgt im Mittel der Befragten 32 Jahre und übertrifft damit den amerikanischen Vergleichswert von 17 Jahren um fast das Doppelte. Dies erklärt sich u.a. daraus, daß 13% der südhessischen, dagegen ledig-lich 1% der kalifornischen Probanden seit Geburt an ihrem derzeitigen Wohnort leben. Nur jeder zehnte deutsche, aber jeder dritte U.S.-Befragte weist eine Wohndauer von weniger als 10 Jahre auf. Damit wurden hierzulande - anders als in den U.S.A. - die Weichen für die Wohnsituation der *gegenwärtig* alten Menschen überwiegend bereits in der ersten Lebenshälfte gestellt.

4.4 Das soziale Umfeld

Wohnen beschränkt sich nicht allein auf die Privatsphäre der Wohnung, sondern bezieht Interaktionen mit dem sozialen Umfeld ein. Aus nordamerikanischen Studien geht her-vor, daß für ältere Menschen vor allem die visuell erfaßbare "Kontrollzone" von beson-derer Bedeutung ist (Rowles 1981). Ihre Aneignung setzt Vertrauen in die Verläßlichkeit des durch die Nachbarschaft konstituierten Milieus voraus (vgl. Kap. 7). Diesen Zusam-menhang betont Narten (1991, 303) im Rahmen ihrer wohnbiographisch ausgerichteten Studie: *"Im Wohnumfeld spielt die Qualität der Nachbarschaft eine zentrale Rolle. Alte, alleinstehende Frauen legen Wert darauf, in einem Haus mit überschaubarer Nachbar-schaft zu leben, in dem sie ihre Mitbewohner kennen und von ihnen Schutz vor Einbre-chern und Überfällen sowie Hilfe in persönlichen Notfällen erwarten können. Darüber hinaus brauchen sie soziale Kontakte und Betätigungsmöglichkeiten im engeren Umfeld ihres Wohnquartiers."*

Die Befragten beider Untersuchungsgebiete charakterisieren die *Alterszusammenset-zung ihrer Nachbarschaft* in ähnlicher Weise (Tab. 4.5): Nahezu zwei Drittel leben da-nach in altersgemischter, knapp ein Drittel in überwiegend älterer und ca. 6% in eher jüngerer Umgebung. Innerhalb des südlichen Rhein-Main-Gebiets tritt hier ein später im anderen Zusammenhang immer wieder beobachteter Kern-Rand-Gradient zutage. Dies äußert sich in der Weise, daß die ländlichen Befragten beinahe dreieinhalbmal so häufig wie diejenigen aus Darmstadt angeben, eher jüngere Menschen in ihrer Umgebung zu haben, obwohl die Statistik nahezu gleich hohe Altenanteile ausweist. Das Umland nimmt dabei eine mittlere Position ein. Innerhalb des Silicon Valley treten derartige Ab-weichungen von der allgemeinen Einschätzung am deutlichsten in der Ruhestandssied-lung auf: Ihre Bewohner charakterisieren die Zusammensetzung der Nachbarschaft fast einhellig als altershomogen und äußern gleichzeitig am nachdrücklichsten den Wunsch nach stärkerer Verjüngung. Offensichtlich empfinden sie die beschleunigte Alterung ih-rer durch Ausleseprozesse konstituierten sozialen Umwelt als Gegensatz zur erwünschten

Tab. 4.5. Erlebte und erwünschte Alterszusammensetzung der Nachbarschaft in den Untersuchungsschwerpunkten*

| | Deutsches Untersuchungsebiet | | | | Nordamerikanisches Untersuchungsgebiet | | | | | |
	Darm-stadt	Um-land	Oden-wald	Gesamt	Vil-lages	East-side	Will. Glen	Gil-roy	Übr. SCC	Ges.
Erlebte Zusammensetzung:										
eher jüngere Nachbarn	3,3	7,5	11,2	6,4	4,0	10,9	1,3	3,0	7,3	5,7
altersgemischte Nachbarn	61,7	64,5	69,5	64,4	4,0	72,7	73,1	74,6	72,7	65,5
eher ältere Nachbarn	35,0	28,0	19,3	29,2	92,0	16,4	25,6	22,4	20,0	28,8
Erwünschte Zusammens.:										
mehr jüngere Bewohner	4,2	6,5	4,8	5,0	8,0	1,8	7,7	4,5	6,9	6,2
mehr mittleren Alters	5,6	1,0	1,6	3,3	26,0	16,4	2,6	3,0	5,9	8,4
mehr ältere Bewohner	1,1	1,5	0,5	1,1	0,0	10,9	3,8	7,6	2,5	4,2
unverändert	76,0	75,4	81,4	77,2	66,0	60,0	69,2	74,3	71,0	69,3
unentschieden	13,1	15,6	11,7	13,4	0,0	10,9	16,7	10,6	13,7	11,9

* Angaben in Prozent der Antwortgebenden
Quelle: Eigene Erhebung Deutschland: Fragen 17, 18; USA: Fragen 15, 16

und auch vom Verkaufsunternehmen propagierten aktiven Bewohnerschaft. Demgegenüber möchten etwa drei Viertel der deutschen und zwei Drittel der nordamerikanischen Senioren die gegebene Alterszusammensetzung beibehalten. Nur jeder zehnte südhessische, aber etwa jeder fünfte kalifornische Befragte befürwortet eine Änderung.

Das sozialräumliche Gruppengefüge innerhalb der Untersuchungsschwerpunkte erschließt sich anhand ausgewählter *Statusmerkmale* der Befragten (Tab. 4.6). Während die Haushaltsvorstände beider Untersuchungsräume durch ihre ehemaligen beruflichen Positionen in vergleichbarer Weise charakterisiert sind, besteht eine bemerkenswerte

Tab. 4.6. Nachbarschaftsstruktur nach sozioökonomischen Merkmalen in den Untersuchungsschwerpunkten*

| | Deutsches Untersuchungsgebiet | | | | Nordamerikanisches Untersuchungsgebebiet | | | | | |
	Darm-stadt	Um-land	Oden-wald	Gesamt	Vil-lages	East-side	Will. Glen	Gil-roy	Übr. SCC	Gesamt
Verfügb. HH-Monatseink.:										
über 1500 DM/US$	47,6	43,5	23,4	40,2	45,3	13,4	14,2	6,4	12,0	15,2
1000 - 1500 DM/US$	14,2	11,4	15,6	16,3	19,0	6,6	13,0	1,6	7,7	8,7
500 - < 1000 DM/US$	24,3	27,9	37,5	28,6	16,6	20,0	29,0	17,8	25,7	23,4
unter 500 DM/US$	8,9	17,2	23,4	14,8	19,1	60,0	43,8	74,2	54,6	52,7
Berufl. Position d. HV:**										
hohe	11,5	8,1	3,9	8,7	24,4	6,3	4,3	1,7	7,3	7,7
mittlere	30,0	23,8	28,5	27,9	37,8	27,1	32,9	35,0	21,7	28,1
niedrige	58,5	68,1	67,6	63,4	37,8	66,6	62,8	63,3	71,0	64,2
Schulabschluß des HV:										
Hochschule	11,7	15,6	3,8	10,8	36,7	9,6	13,2	15,9	13,2	15,8
weiterführend	45,9	27,6	19,6	34,5	61,3	73,1	76,3	60,3	81,3	74,1
Grund-/Hauptschule	42,3	56,8	76,6	54,7	2,0	17,3	10,5	23,8	5,6	10,1

* Angaben in Prozent der Antwortgebenden
** Gebildet d. Zusammenfassung d. Merkmalsausprägungen 1/2, 3/4, 5-8 d. Fragen 78 (D) und 75 (USA)
Quelle: Eigene Erhebung Deutschland: Fragen 76, 78, 79; USA: Fragen 72, 75, 76

Gegensätzlichkeit hinsichtlich der Ausbildungs- und Einkommenssituation: Die kalifornischen Senioren besitzen die bessere Ausbildung, die hessischen verfügen über ein höheres Einkommen (wobei allerdings Wechselkurs und Kaufkraft der jeweiligen Landeswährung nicht berücksichtigt sind). Innerhalb des südlichen Rhein-Main-Gebiets bestätigt sich das bereits angeführte Gefälle zugunsten der städtischen und suburbanen Wohnumwelt auch hinsichtlich der hier erfaßten Merkmale; im SCC sind die Disparitäten besonders gravierend zwischen den privilegierten Bewohnern der Villages und den deutlich benachteiligten Einwohnern des ländlichen Gilroy.

Die Einkommensunterschiede zwischen und innerhalb der nationalen Stichprobengruppen haben aber nicht nur ein statistisches Gewicht. Wie die in Abschnitt 4.2 erwähnte Studie über die Lebensbedingungen der älteren Menschen im SCC zeigt (Urban 1984), prägen sie auch in entscheidender Weise den Wohnalltag der Betroffenen: Trotz einer hohen Eigentumsquote beschränken extrem teure Lebenshaltungskosten in Verbindung mit geringen finanziellen Reserven ihre Flexibilität auf dem knappen und teuren Wohnungs- und Grundstücksmarkt. Eine neuere repräsentative Erhebung (Council on Aging of Santa Clara County 1989, 12f.) zeigt, daß etwa drei Viertel der Alleinstehenden - gemessen an ihrem Einkommen - um oder unter dem "low income standard" des County liegen. In besonderer Weise sind davon die Älteren spanischer Herkunft sowie die Schwarzen betroffen. Hierzulande unterliegen vor allem die Odenwälder Senioren finanziellen Einschränkungen. Ihre frühere Selbständigkeit in der Landwirtschaft und die fehlende oder oft zu späte Einbindung in das System der Sozialversicherung führen dazu, daß sie zu einem Großteil auf Unterstützung durch die Kinder angewiesen sind.

4.5   Das räumliche Wohnumfeld

4.5.1 Wahrnehmung und Bewertung der Nutzungseignung im Außenraum

Hochgradige funktions- und siedlungsräumliche Veränderungsprozesse und dadurch geprägte exogene Anforderungsstrukturen an die älteren Bewohner einerseits sowie eine relative Stabilität ihrer Raumbezüge bei deutlichen Disparitäten in den regionalen Lebensbedingungen andererseits wurden bisher als Kennzeichen der jeweiligen Untersuchungsgebiete herausgearbeitet. Angesichts dieser Rahmenbedingungen gewinnt die Frage nach der *kognitiven Verarbeitung der Belastungen und des Wandels* durch die Betroffenen besonderes Gewicht. Die aus ihrer Perspektive erfahrenen Vorzüge und Nachteile ihrer jeweiligen Wohnumfelder sowie deren Bewertung vermitteln einen Eindruck der subjektiven Nutzungseignung.

Drei Ergebnisse vor allem charakterisieren die Situation im südlichen Rhein-Main-Gebiet und im SCC (vgl. Tab. 4.7):

➤ Die befragten Senioren beider Untersuchungsgebiete äußern sich weitgehend zustimmend zu den Bedingungen ihrer Wohnumfelder. Dies drückt sich sowohl in hohen *Zufriedenheitsgraden* als auch darin aus, daß die genannten Vorzüge die Nachteile bei weitem übertreffen. Dennoch ist der Anteil von Senioren mit kritischen Äußerungen im SCC etwa dreieinhalbmal so groß wie im südlichen Rhein-Main-Gebiet.

Tab. 4.7. Quartiersbewertung nach Untersuchungsschwerpunkten*

| | Deutsches Untersuchungsgebiet | | | | Nordamerikanisches Untersuchungsgebiet | | | | | |
	Darm-stadt	Um-land	Oden-wald	Gesamt	Vil-lages	East-side	Will. Glen	Gil-roy	Übr. SCC	Gesamt
Quartiersbewertung:										
Zufriedenheit	85,6	92,0	91,4	88,8	88,0	78,6	80,8	84,1	79,5	81,2
Ambivalenz	11,3	6,5	6,9	8,9	6,0	14,3	6,4	12,7	10,2	10,0
Unzufriedenheit	3,1	1,5	1,7	2,3	6,0	7,1	12,8	3,2	10,3	8,8
Mittlere Bewertung**	1,6	1,4	1,4	1,5	1,4	1,8	1,7	1,5	1,8	1,7
Quartiersvorzüge:										
Wohnung	3,9	49,7	41,5	26,2	0,0	9,1	4,0	7,8	4,1	4,8
Wohnumgebung	60,7	61,3	83,1	66,6	56,0	34,5	52,0	42,2	34,9	41,2
Sicherheit	0,0	0,0	0,0	0,0	42,0	9,1	6,7	4,7	7,7	11,2
Ruhe	18,5	25,1	24,0	21,7	12,0	23,6	18,7	15,6	15,4	16,6
Nachbarschaft	9,5	18,6	9,8	12,1	32,0	16,4	30,7	29,7	24,1	26,0
Bequeme Erreichbarkeit	37,8	15,1	2,7	22,6	38,0	41,8	26,7	25,0	44,6	37,6
Nähe Freunde/Angehörige	6,3	24,1	26,2	16,3	6,0	7,3	9,3	14,1	5,1	7,5
Sonstiges	7,5	8,0	5,9	7,2	14,0	10,9	8,0	9,4	10,7	10,5
Zahl gültiger Fälle	336	199	183	718	50	55	75	64	195	439
Quartiersnachteile:										
Wohnung	5,3	3,1	0,9	3,6	12,9	3,6	2,9	22,6	18,1	14,1
Wohnumgebung	4,3	16,5	9,1	8,5	12,9	25,0	28,6	12,9	22,4	21,2
Unsicherheit	2,9	3,1	0,0	2,2	0,0	7,1	5,7	0,0	3,4	3,3
Umweltbelastung	57,5	39,2	13,6	41,5	0,0	22,2	8,6	0,0	3,4	3,7
Nachbarschaft	9,7	8,2	3,6	7,7	12,9	10,7	22,9	0,0	5,2	8,7
Randlage	20,3	29,9	60,9	33,3	22,6	14,3	17,1	22,6	13,8	16,6
Distanz Freunde/Angehör.	2,4	2,1	5,5	3,1	9,7	10,7	8,6	19,4	14,7	13,3
Sonstiges	8,7	6,2	10,9	8,7	41,9	28,5	17,2	26,0	27,6	27,7
Zahl gültiger Fälle	207	97	110	414	31	28	35	31	116	241

* Quartiersvorzüge und -nachteile: Mehrfachnennungen möglich; Prozentangaben beziehen sich auf Ant-wortgebende, sie addieren sich nicht auf 100%
** Mittlere Quartiersbewertung = arithm. Mittel auf einer Skala von 1(sehr gut) bis 5(mangelhaft)
Quelle: Eigene Erhebung Deutschland: Fragen 13, 14, 15; USA: Fragen 11, 12, 13

> In beiden Untersuchungsgebieten - hierzulande jedoch akzentuierter - wird die ange-nehme Wohnumgebung als wichtigster *Vorzug* genannt. An zweiter Stelle folgen bei den hessischen Senioren die Wohnung, bei der kalifornischen Zielgruppe die Infra-strukturausstattung oder die Nähe zu entsprechenden Einrichtungen (bequeme Er-reichbarkeit).

> Als gravierendste *Nachteile* führen die südhessischen Befragten mehrheitlich die Um-weltbelastung und Randlage ihres Wohnquartiers an. Dagegen richtet sich die Kritik im kalifornischen Untersuchungsgebiet auf mehrere Punkte, wobei jedoch erlebte Qualitätsverluste der gebauten Umwelt (Wohnung, Wohnumgebung sowie unter "Sonstiges" Siedlungstyp und Wohnkosten) zusammengenommen für gut die Hälfte (gegenüber nur etwa 17% hierzulande) die wichtigsten Nachteile sind.

Die räumliche Aufschlüsselung der Antworten unterstreicht allerdings die regional un-terschiedliche Bedeutung einzelner Effekte:

Tab. 4.8. Wahrgenommene Belastungssituationen im Wohnquartier nach Untersuchungsschwerpunkten

| | Deutsches Unters.Gebiet | | | | Nordamerikanisches Untersuchungsgeb. | | | | | |
	Darm-stadt	Um-land	Oden-wald	Gesamt	Vil-lages	East-side	Will. Glen	Gil-roy	Übr. SCC	Gesamt
Sicher v.Kriminalität:*										
Ja	48,8	57,3	71,3	56,7	96,0	48,1	49,3	52,2	58,7	59,0
Teils/teils	16,3	14,1	12,2	14,7	4,0	27,8	28,0	26,9	17,5	20,4
Nein	34,9	28,6	16,5	28,6	0,0	24,1	22,7	20,9	23,8	20,6
Belastung der Umwelt:**										
Lärm	2,8	2,8	2,5	2,7	1,7	2,8	2,8	2,0	2,6	2,5
Luftverschmutzung	2,9	2,1	1,9	2,4	2,2	3,3	3,0	2,6	2,9	2,8
Verunreinigungen	2,8	1,9	1,7	2,3	2,5	2,9	2,8	2,6	2,8	2,8
Straßenverkehr	2,9	2,2	2,1	2,5	k.A.	k.A.	k.A.	k.A.	k.A.	k.A

* Angaben in Prozent der Antwortgebenden
** Arithm. Mittel der Bewertung auf einer Skala von 1(sehr gut) bis 5(mangelhaft)
Quelle: Eigene Erhebung Deutschland: Fragen 65, 66; USA: Fragen 63, 64

> Die höchste *Zufriedenheit* wird in den suburbanen und ländlichen Siedlungen Südhessens bzw. der kalifornischen Erwachsenengemeinde und dem ländlichen Gilroy zum Ausdruck gebracht.

> In *Südhessen* treten typische "städtische" und "nichtstädtische" Bewertungsmuster zutage: So sind im Umland und Odenwald eher qualitative Merkmale wie Wohnumgebung und Ruhe sowie die Nähe von Freunden oder Angehörigen positiv besetzt, während die Darmstädter Senioren stärker instrumentelle Kriterien wie eine zufriedenstellende Infrastrukturausstattung bzw. ihre bequeme Erreichbarkeit als Standortvorzüge betonen. Komplementär dazu werden ökologische Belastungen stärker in der Stadt, lagebedingte Nachteile eher im Umland und Odenwald thematisiert.

> Im *kalifornischen Erhebungsgebiet* führen die Bewohner der "Villages" überdurchschnittlich häufig die angenehme Wohnumgebung, Sicherheit und die gute Nachbarschaft als besondere Vorzüge an. In Gilroy wird die Nähe zu Freunden oder Angehörigen positiv, die Wohnungssituation dagegen ausgesprochen kritisch gesehen. Einwände gegen die Umweltbelastung und Unsicherheit erheben die Befragten aus der Eastside, gegen die Wohnumgebung diejenigen aus Willow Glen.

Im Interview wurde gesondert thematisiert, inwieweit sich ältere Menschen durch *Kriminalität* oder *Umweltbelastungen* tangiert fühlen (vgl. Tab. 4.8. sowie Abschn. 7.3.2.1). Die Auswertung bestätigt im südlichen Rhein-Main-Gebiet die zuvor erwähnte *Polarität von städtischer und nichtstädtischer Disposition:* Unsicherheit und Umweltbelastung werden in Darmstadt stärker als im ländlichen Raum als Probleme wahrgenommen. Der Angst, Opfer krimineller Gewalt zu werden, begegnen die Betroffenen durch umfangreiche Sicherheitsvorkehrungen. Auch im kalifornischen Untersuchungsgebiet existiert ein derartiges Sicherheitsbedürfnis. Während der Feldarbeiten beobachtete ich vor allem in den städtischen Untersuchungsschwerpunkten Eastside und Willow Glen häufig den recht hilflosen Versuch, der eigenen Verletzlichkeit durch kriminelle Handlungen mit Warnschildern "neighborhood watch program" zu begegnen, die neben dem Hauseingang angebracht sind (Abb. 3.25). Sehr viel wirkungsvoller sind demgegenüber die

Maßnahmen der Bewohner der Villages, die sich einen aufwendigen Sicherheitsdienst leisten, dessen Präsenz am bewachten Eingangstor augenfällig ist. Verständlicherweise ist hier das Gefühl verbreitet, in einer "sicheren" Umgebung zu leben.

4.5.2 Ausstattung und Erreichbarkeit von Infrastruktureinrichtungen

Die Einbindung älterer Menschen in das siedlungsräumliche Gefüge gilt als eine wesentliche Voraussetzung ihrer sozialen Integration. Aus den Befunden der Analyse ihres aktionsräumlichen Verhaltens in Kapitel 6 geht hervor, daß viele Wege von ihnen "gemacht" werden, um mit anderen Menschen zusammenzukommen. Unter diesem Aspekt gewinnt die Altersangemessenheit der öffentlichen Begegnungsbereiche an Gewicht. Zugänglichkeits- und Ausstattungsdefizite im Außenraum erweisen sich jedoch allzuoft als Nutzungsbarrieren für ältere Menschen. Hier soll keineswegs dem Stadtumbau mit dem Ziel der Schaffung eines "altengerechten" Wohnumfeldes das Wort geredet werden. Dies widerspräche auch dem überwiegenden Wunsch der Betroffenen, die keine Sonderstellung in der Gesellschaft einnehmen wollen. Vielmehr schließt eine *menschengerechte* Stadt auch die Möglichkeiten ihrer Nutzung durch Senioren ein.

Im vorigen Abschnitt zeichnete sich ab, daß die "traditionellen" Wohngebiete älterer Menschen eher nach *qualitativ/emotionalen,* die "modernen" dagegen stärker nach *instrumentellen* Erwägungen bewertet werden. Bestätigt sich diese *Polarität* der Bedürfnisse und Ansprüche auch, wenn nachfolgend Angebot und Erreichbarkeit der sozialen Infrastruktur sowie die Nutzungseignung des Stadtzentrums in der Sicht der Betroffenen thematisiert werden (vgl. Tab. 4.9)?

Aus Sicht der meisten älteren Menschen spielen im Wohnumfeld angesiedelte *Nutzungsbarrieren* eine eher untergeordnete Rolle: Nur etwa jeder vierte Befragte gibt an, einer oder mehrere der angeführten Funktionsbereiche seien für sie zu schwer erreichbar. Tritt dieser Fall jedoch ein, werden im südhessischen Untersuchungsgebiet Zugänglichkeitsprobleme meist in mehreren Bereichen gleichzeitig wirksam. Erwartungsgemäß erhöhen sich die Zugangsbarrieren im Versorgungssektor mit der Entfernung von der Stadt. Dieses Gefälle existiert jedoch nicht mehr bei den Freizeitaktivitäten. Im Santa Clara County werden Erreichbarkeitsdefizite vornehmlich für das Aufsuchen kultureller Gelegenheiten (Theater/ Kino/Konzert) und von Ärzten zu Protokoll gegeben. Obwohl hier das Netz des ÖPNV im Vergleich beispielsweise zu Darmstadt nur unzureichend ausgebaut ist (Metropolitan Transportation Commission 1979), fällt die Klage über zu weit entfernte Haltestellen um den Faktor drei geringer aus als in Südhessen. Damit stellt sich angesichts der Bewertung von Bedingungen der räumlichen Umwelt durch ältere Menschen die Frage, ob diese bewußt bestimmte Realitätsausschnitte ausblenden, oder ob die als Mobilitätsvoraussetzung unumgängliche Nutzung des Pkw bis ins hohe Alter dazu führt, daß fehlende öffentliche Verkehrsmittel nicht mehr vermißt werden.

Das *Stadtzentrum* wird im südhessischen Untersuchungsgebiet weitaus intensiver genutzt als im kalifornischen, zudem bestehen deutlich unterschiedliche Schwerpunkte im Nutzungsspektrum (Tab. 4.9.; vgl. auch Abschn. 6.3.1). So hat die Siedlungsdynamik im SCC zum baulichen und funktionalen Verfall der Stadtzentren beigetragen, dem in jüngster Zeit durch aufwendige Revitalisierungsmaßnahmen begegnet wird. In vielfacher Hinsicht haben "malls" oder "shopping centers" derzeit die ehemalige Funktion des Stadt-

Tab. 4.9. Infrastrukturausstattung und -nutzung nach Untersuchungsschwerpunkten*

| | Deutsches Untersuchungsgebiet | | | | Nordamerikanisches Untersuchungsgebiet | | | | | |
	Darm-stadt	Um-land	Oden-wald	Gesamt	Vil-lages	East-side	Will. Glen	Gil-roy	Übr. SCC	Gesamt
Zu schwer erreichbar:										
Lebensmittelgeschäfte	37,4	45,0	43,5	41,0	10,0	16,7	5,6	15,8	25,8	18,4
Apotheke/Drogerie	33,0	40,0	59,4	43,5	10,0	11,1	16,7	15,8	9,1	11,3
Ärzte	39,6	37,5	49,3	42,5	45,0	27,8	66,7	47,4	34,8	41,1
Haltestellen	30,8	35,0	47,8	37,5	5,0	22,2	5,6	5,3	15,2	12,1
Postamt	52,7	40,0	49,3	49,0	0,0	33,3	11,1	15,8	21,2	17,7
Spaziermöglichkeiten	34,1	30,0	26,1	30,5	0,0	33,3	16,7	5,3	21,2	17,0
Theater/Kino/Konzert	52,7	70,0	55,1	57,0	60,0	55,6	44,4	63,2	50,0	53,2
Restaurant/Café	31,9	40,0	29,0	32,5	65,0	27,8	16,7	26,3	19,7	27,7
Kirche	25,3	42,5	39,1	33,5	5,0	27,8	22,2	31,6	24,2	22,7
Zahl gültiger Fälle	91	40	69	200	20	18	18	19	66	141
Nutzung des Stadtzentrums:										
Einkaufen	82,8	77,8	73,1	79,1	81,4	37,0	53,4	87,9	70,8	68,3
Erledigungen	33,2	28,7	25,6	30,2	k.A.	k.A.	k.A.	k.A.	k.A.	k.A.
Bummeln	22,2	18,1	14,1	19,2	0,0	8,7	1,7	4,5	3,9	3,8
Restaurant-/Cafébesuch	5,2	8,8	5,8	6,3	39,5	23,9	29,3	27,3	30,9	30,2
Theater-/Kinobesuch	4,0	4,1	2,6	3,7	30,2	19,6	34,5	1,5	13,5	16,9
Kommunikation	10,2	8,2	12,2	10,1	2,3	23,9	10,3	24,2	20,2	17,9
Sonstiges	9,5	14,0	25,6	14,6	20,9	30,4	29,3	31,8	25,8	27,4
Zahl gültiger Fälle	325	171	156	652	43	46	58	66	178	391

* Mehrfachnennungen möglich; Prozentangaben beziehen sich auf Antwortgebende, sie addieren sich nicht
  auf 100%
Quelle: Eigene Erhebung Deutschland: Fragen 16, 37; USA: Fragen 14, 36

zentrums übernommen: Sie werden wöchentlich nahezu doppelt so häufig frequentiert wie die Innenstadt. Falls letztere dennoch aufgesucht wird, sind vor allem Geschäfte und Restaurants das Ziel. Bummeln gehen spielt dagegen, anders als hierzulande, keine Rolle bzw. wird in die shopping centers verlagert.

4.6 Akzeptanz zielgruppenorientierter Infrastruktur

Sozialpolitische Leitbilder für ältere Menschen standen noch in den 60er Jahren primär unter dem Konzept der Hilfe und Fürsorge. Seitdem orientieren sie sich sowohl hierzulande als auch in den U.S.A. stärker an den Belangen der Betroffenen, um damit zur Sicherung und Verbesserung ihrer Lebensqualität beizutragen (z.B. Bundesminister für Familie und Senioren 1993b; U.S. Senate 1985). In der offenen Altenhilfe schlägt sich dieser Perspektivenwandel am stärksten nieder. Der zahlenmäßige Anstieg der Zielgruppe und der artikulierte Wunsch, die Kontinuität der Lebenssituation aufrechtzuerhalten (Schenk 1975), haben eine deutliche Zunahme der Dienste und Angebote zur Folge, die im Bedarfsfall die eigenständige Lebensführung ermöglichen und die Übersiedlung in teure institutionalisierte Wohn- und Lebensformen vermeiden sollen. Nachfolgend gilt es anhand der Aussagen älterer Menschen zu klären, wie bedeutsam sich ihnen derartige zielgruppenorientierte Angebote darstellen.

4.6.1 Soziale Infrastruktur der offenen Altenhilfe

Den Bedarf an sozialer Infrastruktur der offenen Altenhilfe prägen neben sozioökonomischen und familiären Rahmenbedingungen auch die individuellen Ressourcen älterer Menschen. Unbestritten gilt ein guter *Gesundheitszustand* als wichtige Determinante selbstbestimmter Lebensführung. Jüngere Befunde unterstreichen den handlungsleitenden Charakter vor allem der subjektiv wahrgenommenen Befindlichkeit. Nach der vorliegenden Selbsteinschätzung (nachfolgend SES) stufen die nordamerikanischen Senioren ihren Gesundheitszustand deutlich positiver ein als die deutsche Vergleichsgruppe (Tab. 4.10).

In der regionalen Differenzierung rangieren die im Odenwald (bzw. Gilroy) lebenden Befragten hinsichtlich ihres Wohlbefindens am unteren, die des Umlandes (bzw. der Villages) am oberen Ende der Skala. Jeweils etwa zwei Drittel der Senioren im kalifornischen und südhessischen Untersuchungsgebiet benötigen derzeit keine Unterstützung bei der *Haushaltsführung*. Im Bedarfsfall jedoch sind hauswirtschaftliche Hilfen für die nordamerikanischen Senioren in weitaus geringerem Umfang verfügbar. Innerhalb beider Länder sind wiederum die älteren Menschen der ländlichen Untersuchungsschwerpunkte schlechtergestellt.

Die Bedeutung *ambulanter Dienste* als vorrangiges Instrument zur Stabilisierung und Verbesserung einer temporär oder längerfristig fragilen Lebenslage ist bei den Planungsverantwortlichen in beiden Ländern unumstritten. In den U.S.A. treffen diese Angebote bei den Betroffenen auf eine vergleichsweise stärkere Akzeptanz als hierzulande (Tab. 4.11). So geben vier Fünftel der kalifornischen gegenüber nur einem Drittel der hessischen Befragten an, derzeit würden ihnen mobile Dienste den Verbleib in der eigenen Wohnung erleichtern. Überdurchschnittliche Nachfrage besteht in Darmstadt bzw. der Eastside, unterdurchschnittliche im Umland bzw. den Villages. In der regionalen Diffe-

Tab. 4.10. Profil des potentiellen Hilfebedarfs nach Untersuchungsschwerpunkten*

	Deutsches Untersuchungsgebiet				Nordamerikanisches Untersuchungsgebiet					
	Darm-stadt	Um-land	Oden-wald	Gesamt	Vil-lages	East-side	Will. Glen	Gil-roy	Übr. SCC	Gesamt
SES Gesundheitszustand:										
Sehr gut	10,0	8,1	7,4	8,8	42,0	32,1	28,9	29,0	33,8	33,0
Gut	36,5	41,4	29,8	36,1	44,0	34,0	34,2	30,6	29,4	32,6
Befriedigend	36,2	39,9	44,7	39,3	8,0	24,5	27,6	27,4	23,5	23,1
Ausreichend	13,4	9,6	14,9	12,8	6,0	7,9	6,6	11,3	10,8	9,2
Mangelhaft	4,0	1,0	3,2	3,0	0,0	1,9	2,6	1,6	2,5	2,0
Gültige Fälle	351	198	188	737	50	53	76	62	204	445
Hilfe bei Haushaltsführung:										
Vorhanden	28,9	25,8	26,1	27,4	30,0	21,2	26,7	18,8	20,8	22,6
Nicht verfügbar	4,2	2,5	6,9	4,4	4,0	7,7	13,3	25,0	16,3	14,7
Nicht erforderlich	66,9	71,7	67,0	68,2	66,0	71,2	60,0	56,3	62,9	62,8
Gültige Fälle	356	198	188	742	50	52	75	64	202	443

* Prozentangaben beziehen sich auf Antwortgebende
Quelle: Eigene Erhebung Deutschland: Fragen 70, 72; USA: Fragen 65, 66

Tab. 4.11. Bewertung seniorenbezogener Infrastruktur nach Untersuchungsschwerpunkten*

| | Deutsches Unterssuchungsgebiet | | | | Nordamerikanisches Untersuchungsgebiet | | | | | |
	Darm-stadt	Um-land	Oden-wald	Gesamt	Vil-lages	East-side	Will. Glen	Gil-roy	Übr. SCC	Gesamt
Gewünschte Dienste:										
Hausnotruf	21,0	31,9	25,4	24,2	42,1	28,0	28,1	28,6	29,2	30,1
Mittagstisch	17,4	25,5	22,2	20,2	15,8	6,0	12,5	17,9	8,8	11,1
Häusliche Krankenpflege	18,8	25,5	34,9	24,2	28,9	26,0	21,9	28,6	22,8	24,5
Einkaufsdienste	15,2	14,9	23,8	17,3	7,9	8,0	4,7	3,6	5,3	5,5
Hilfe zur Körperpflege	2,9	14,9	7,9	6,5	7,9	10,0	4,7	8,9	5,3	6,6
Haushaltshilfe	44,9	40,4	23,8	38,7	31,6	24,0	43,8	33,9	42,1	37,7
Kleinreparaturdienste	26,8	6,4	19,0	21,0	5,3	32,0	31,3	23,2	28,1	26,1
Fahrdienste	10,1	14,9	20,6	13,7	34,2	26,0	29,7	32,1	32,7	31,4
Sonstiges	5,8	0,0	1,6	3,6	2,6	4,0	3,1	3,6	1,8	2,6
Zahl gültiger Fälle	138	47	63	248	38	50	64	56	171	379
Nie genutzte Seniorenveranst.:										
Kaffeenachmittage	81,3	80,6	79,1	80,6	95,5	86,7	86,0	80,8	79,7	83,3
Ausflüge	70,9	66,5	67,2	68,8	18,2	60,0	34,9	50,0	35,6	38,5
Hobbys/Weiterbildung	91,4	88,0	92,7	90,8	40,9	80,0	58,1	46,2	46,6	52,3
Gesellige Veranstaltungen	81,0	71,2	67,8	75,1	27,3	36,7	30,2	50,0	48,3	41,8
Zahl gültiger Fälle	347	191	177	715	22	30	43	26	118	239

* Mehrfachnennungen möglich; Prozentangaben beziehen sich auf Antwortgebende, sie addieren sich nicht
  auf 100%
Quelle: Eigene Erhebung Deutschland: Fragen 24, 43, 72; USA: Fragen 22, 41, 66

renzierung ergeben sich nicht nur quantitative sondern auch qualitative Gewichtsver-schiebungen: Während die städtischen Senioren vorrangig allgemeine Hilfsdienste zur Unterstützung der täglichen Haushalts- und Lebensführung (Haushaltshilfe, Reparatur- und Einkaufsdienste) präferieren, dominiert im ländlichen Odenwald - im Umland mit etwas geringerem Nachdruck und weniger ausgeprägter Variation - die Nachfrage nach medizinischer Versorgung bzw. Mobilitätshilfen (Krankenpflege, Einkaufs- und Fahr-dienste). Dies deckt sich mit den Ergebnissen anderer Studien (z.B. Bröschen 1983; Schubert 1994), aus denen hervorgeht, daß sich ältere Menschen im ländlichen Raum stärker auf die Unterstützung der Familie verlassen. Es zeigt sich allerdings ebenfalls, daß eine derartige Einstellung unter den jüngeren Senioren schwächer ausgeprägt ist. Vermutlich schätzen sie die abnehmende Pflegebereitschaft ihrer Kinder realistisch ein. Geringer akzentuiert zeichnet sich auch innerhalb des SCC die skizzierte Stadt-Land-Komponente ab.

"Klassische" *Seniorenveranstaltungen* dienen vornehmlich dem Ziel, die Isolation älterer Menschen zu verhindern, indem sie betreute Abwechslung und Kommunikation anbieten. Zeitgemäßere Angebote stellen dagegen stärker den aktivierenden Aspekt für eine angemessene Daseinsbewältigung in den Vordergrund. Allgemein ist die Akzeptanz von Seniorenveranstaltungen im nordamerikanischen Untersuchungsgebiet etwa doppelt so hoch wie hierzulande: 95% der hessischen aber nur 52% der kalifornischen Befragten geben ohne nennenswerte regionale Unterschiede an, bisher noch nie an einer der ange-führten Seniorenveranstaltungen teilgenommen zu haben. Erstreckt sich die Ablehnung in Südhessen auf alle Angebotsformen, werden im kalifornischen Vergleichsgebiet - bis auf die Kaffeenachmittage - die aktivierenden Angebote durchaus angenommen. Als Gründe für die ablehnende Haltung gegenüber diesen altenspezifischen Aktivitäten werden hierzulande persönliche Vorbehalte und das Unbehagen gegenüber der Einbindung in organisierte Veranstaltungen sowie der Zuordnung zu Altersgleichen ("dafür bin ich noch zu jung") angegeben. Dies sind deutliche Hinweise auf eine gewisse Konvergenz von Autostereotypen und Heterostereotypen, was ältere Menschen als soziale Gruppe anbelangt.

4.6.2 Altenspezifische Wohnformen

Die Wohnweise älterer Menschen ist nach heutigem Wissensstand nachhaltig von Bindungen an die vertraute Umgebung und Wohnung geprägt. Aus diesem Grund stoßen wohlgemeinte alternative Konzepte, die im Bedarfsfall den Umzug in Institutionen ersparen wollen, bisher bei den Betroffenen kaum auf positive Resonanz. Eine Untersuchung in Darmstadt (Friedrich u.a. 1987, 112ff.) bestätigt, daß ältere Menschen die *eigene Wohnung mit Abstand vor allen anderen Wohnformen bevorzugen*, gefolgt vom Wohnen in der Familie. Lediglich als "zweite Wahl" - vor allem dann, wenn körperliche Einbußen nicht mehr durch das soziale Netz kompensierbar sind - werden betreute, aber eigenständige Wohnformen (z.B. Altenwohnungen, zusammengefaßt unter "sonstige Wohnform") und Heime akzeptiert. Altenspezifische Wohnformen erhalten demnach um so mehr Zustimmung, je mehr Eigenständigkeit sie zugestehen.

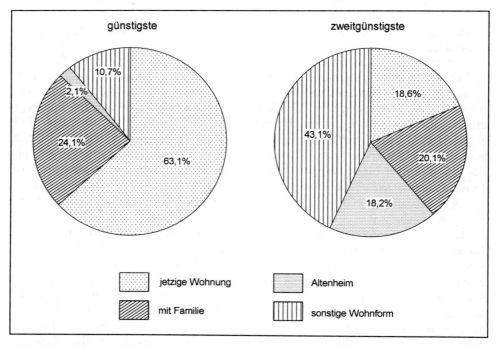

Abb. 4.3. Bevorzugte Wohnformen Darmstädter Senioren
(nach Friedrich u.a. 1987, 117)

Hier geht es weniger um eine erneute Überprüfung dieser Präferenzen als um die Frage, nach welchen Kriterien Senioren Sonderwohnformen bewerten (Tab. 4.12). Bewußt wird hierbei in Kauf genommen, daß sich deren Urteile großenteils auf vermittelte und selten auf eigene Erfahrungen stützen. Selbst wenn darin die Realität verzerrt wiedergegeben wird, verlieren sie ihren handlungsleitenden Charakter dadurch in keiner Weise. Zwei Ergebnisse vor allem sind unter den vorgenannten Gesichtspunkten von besonderem Interesse:

> Altenheime werden positiver bewertet als die derzeit vor allem in den Medien favorisierten Wohngemeinschaften. Aber auch sie werden in beiden Untersuchungsgebieten von mehr als der Hälfte der Befragten abgelehnt.

> Bei den südhessischen Senioren erfährt die weitestgehende Segregation - thematisiert anhand von Rentnersiedlungen - eine entschiedenere Ablehnung als bei der damit vertrauten kalifornischen Vergleichsgruppe. Umgekehrt teilen die Befragten im SCC die hierzulande ausgesprochen positive Annahme der Generationenmischung in Form eingestreuter Altenwohnungen in geringerem Ausmaß.

Die angeführten Gründe für die Ablehnung der Altenheime orientieren sich weitgehend an Erfahrungen mit Pflegeheimen. Der Eintritt in eine solche Institution wird meist als das Ende der Eigenständigkeit, als Endstation angesehen (vgl. hierzu die wertende Zusammenfassung von Saup 1990). Auch in den Antworten auf die offenen Fragen 21,22/19,20 finden sich diese Vorbehalte wieder. Sie lassen sich durch die folgenden vier Argumentationstypen zusammenfassen:

> Ablehnung wegen institutioneller *Mängel* (z.B. zu wenig Pflege oder Zuneigung, zu hohe Kosten);

> Ablehnung wegen der Konzentration von Gleichaltrigen (Ghettoisierung) oder psychischen *Belastungen* (durch Konfrontation mit Krankheit und Tod);

> Ablehnung wegen *Institutionalisierung* und befürchtetem Verlust der Unabhängigkeit;

> Ablehnung wegen vermuteter *Nichtbetroffenheit* (ich bin zu jung dafür; meine Familie sorgt für mich) oder ohne spezifische Begründung.

Die deutschen Befragten besetzen alle vier Antworttypen nahezu gleichgewichtig, während im SCC vor allem die psychische Belastung als dominierendes Ablehnungsmotiv angeführt wird. Für eine Heimübersiedlung kommen in beiden Untersuchungsgebieten vornehmlich Problemlagen wie Krankheit oder Verlust des Partners in Frage, weil sie die eigenständige Lebens- und Haushaltsführung bedrohen. Trotz der zugestandenen Notwendigkeit von Altenheimen belastet die Sorge vor Kontrollverlust und Abhängigkeit in derartigen Institutionen die deutschen Befragten stärker als die nordamerikanische Vergleichsgruppe.

Hauptmotiv für die Ablehnung von Rentnersiedlungen ist für fast zwei Drittel der Befragten die dadurch realisierte Trennung von den übrigen Generationen. Ihre Befürworter (insbesondere Probanden aus den Villages) stellen demgegenüber die gleiche Interessenlage der Bewohnerschaft sowie die bequeme und altengerechte Ausstattung in den Vordergrund.

Zusammenfassend überwiegen damit in beiden Untersuchungsgebieten die Vorbehalte gegenüber altenspezifisch ausgerichteten Konzepten. Diese Einschätzung unterstreicht, daß die Betroffenen mehrheitlich keine prothetische Umwelt wünschen, wie sie beispielsweise Herlyn (1990, 24) nach dem Studium der einschlägigen Literatur als an-

Tab. 4.12. Bewertung alternativer Wohnformen nach Untersuchungsschwerpunkten*

| | Deutsches Untersuchungsgebiet | | | | Nordamerikanisches Untersuchungsgebiet | | | | | |
	Darm-stadt	Um-land	Oden-wald	Gesamt	Vil-lages	East-side	Will. Glen	Gil-roy	Übr. SCC	Gesamt
Altenwohnung:										
Zustimmung	70,9	66,3	61,8	67,5	20,4	36,4	29,3	35,9	51,0	40,0
Unentschieden	21,3	21,6	20,2	21,1	34,7	21,8	46,7	34,4	27,2	31,7
Ablehnung	7,8	12,1	18,0	11,4	44,9	41,8	24,0	29,7	21,8	28,3
Rentnersiedlung:										
Zustimmung	20,7	12,5	15,4	17,2	76,0	19,6	28,2	31,3	26,9	32,2
Unentschieden	9,7	18,0	13,3	12,8	10,0	23,2	16,7	19,4	14,4	16,1
Ablehnung	69,6	69,5	71,3	70,0	14,0	57,2	55,1	49,3	58,7	51,7
Altenheim:										
Zustimmung	31,7	45,3	41,4	37,8	41,8	40,0	35,5	35,4	34,1	36,1
Unentschieden	11,6	5,0	3,8	7,8	14,6	9,1	9,2	18,5	12,8	12,7
Ablehnung	56,7	49,7	54,8	54,4	43,8	50,9	55,3	46,1	53,1	51,2
Wohngemeinschaft:										
Zustimmung	21,0	29,6	29,8	25,5	8,0	28,6	24,4	19,7	21,6	21,2
Unentschieden	7,4	10,7	9,9	8,9	12,0	17,9	6,4	27,3	20,1	17,6
Ablehnung	71,6	59,7	60,3	65,6	80,0	53,5	69,2	53,0	58,3	61,2

* Antworten in % der Antwortgebenden
Quelle: Eigene Erhebung Deutschland: Fragen 19, 20, 21/22, 23; USA: Fragen 17, 18, 19, 21

gemessen für ältere Menschen sieht. Daraus spricht die Weigerung, sich in eine passive "Rolle der Rollenlosigkeit" drängen zu lassen. Statt der eher behütenden Trennung von Alltagslasten wird die Integration in die stimulierende Alltagswelt im Sinne Lawtons präferiert. Dennoch weisen die vorliegenden Befunde auf eine etwas stärkere Disposition der amerikanischen Vergleichsgruppe für altenspezifische Konzeptionen.

4.7 Prioritäten wohnumfeldbezogener Ansprüche

Die Ermittlung planungsrelevanter Nachfragesituationen allein sagt noch nichts darüber aus, für welche Bedingungen ihres Wohnumfeldes aus der Sicht der Betroffenen vordringlicher Handlungsbedarf besteht. Deshalb sollten diese bestimmen, welchen Rang sie beispielsweise der Verringerung belastender Anforderungen, der Ergänzung seniorenspezifischer Infrastruktur oder der Sicherung ihrer Wohnsituation einräumen.

Höchste Priorität bei den Senioren aus beiden Untersuchungsgebieten - in den U.S.A. jedoch deutlich stärker akzentuiert - genießen Maßnahmen, die der *Beibehaltung des Status quo* dienen. Dies artikuliert sich im Bestreben, den Verbleib in der eigenen Wohnung garantiert zu bekommen, gefolgt vom Wunsch nach einem besseren Schutz vor Kriminalität (Tab. 4.13). In Deutschland wird darüber hinaus - nachhaltiger als in den U.S.A. - Wert auf eine Steigerung der Wohnqualität durch Maßnahmen zur Verkehrssicherheit und zur Verhinderung solcher städtebaulicher Veränderungen gelegt, die den Status quo in Frage stellen. Die Optimierung seniorenspezifischer Infrastruktur besitzen dagegen weder aus der Sicht der hessischen noch der kalifornischen Senioren besondere

Tab. 4.13. Vordringlichste quartiersbezogene Verbesserungsmaßnahmen nach Untersuchungs-schwerpunkten*

Maßnahmen:	Deutsches Untersuchungsgebiet				Nordamerikanisches Untersuchungsgebiet					
	Darm-stadt	Um-land	Oden-wald	Ges.	Vil-lages	East-side	Will. Glen	Gil-roy	Übr. SCC	Ges.
Verkehrssicherheit	21,1	18,7	22,6	20,8	6,8	3,7	3,9	4,5	2,5	3,6
Schutz vor Kriminalität	29,1	24,7	10,3	23,6	45,5	53,7	53,2	34,8	36,2	42,0
Wohnungsnahe Seniorentreffs	2,2	3,0	5,5	3,1	0,0	0,0	2,6	3,0	2,0	1,8
Bau guter Altenheime	5,3	7,2	4,8	5,7	9,1	7,4	1,3	7,6	15,1	10,0
Verhind. störender Änderungen	15,2	15,1	14,4	15,0	6,8	3,7	2,6	1,5	1,5	2,5
Wohngarantie für Ältere	28,2	31,9	42,5	32,4	31,8	31,5	39,0	48,5	42,7	40,5
Zahl gültiger Fälle	323	166	146	635	44	54	77	66	199	440

* Mehrfachnennungen möglich; Prozentangaben beziehen sich auf Antwortgebende, sie addieren sich nicht
auf 100%; Quelle: Eigene Erhebung Deutschland: Frage 52; USA: Frage 50

Dringlichkeit. Aufgeschlüsselt nach regionalen Gesichtspunkten lassen sich in beiden Untersuchungsgebieten übereinstimmend Kriminalitätsschutz als ein städtisches, die Wohngarantie jedoch als ländliches Anliegen bezeichnen.

4.8 Schlußfolgerungen

Die Frage, wie ältere Menschen in den vom hochgradigen Wandel betroffenen Lebens-räumen des Silicon Valley und des Rhein-Main-Gebiets wohnen und wohnen wollen, leitet das Erkenntnisinteresse dieses Kapitels. Damit ist es auf die Erfassung häuslicher und außerhäuslicher Wohnmuster sowie auf das Ausmaß ihrer Kongruenz mit den Vor-stellungen der Betroffenen gerichtet. Zahlreiche Einzelbefunde belegen - und fügen sich damit in den vorliegenden Wissensstand ein - daß die eigenständige Haushalts- und Le-bensführung am derzeitigen Wohnort die bei weitem präferierte Organisationsform ist. Die heutigen Wohnbedingungen älterer Menschen gehen dabei auf Standortentscheidun-gen zurück, die hierzulande oft bereits in der ersten Lebenshälfte, in den U.S.A. jedoch häufig erst in einer späteren Phase des Lebenszyklus getroffen wurden. Die Befragten sind vorrangig bestrebt, die mit der Wahrung dieser Standortkontinuität für sie untrenn-bar verbundene Autonomie im Alter aufrechtzuerhalten. Es zeigt sich aber auch, daß ei-ne Vielzahl von Bedingungen der Verwirklichung dieses Paradigmas entgegenstehen.

Greifen wir zunächst die Ergebnisse auf, die sich bei der Untersuchung der primär durch externe Faktoren konstituierten system- und lebensweltlichen Rahmenbedingun-gen des Wohnens ergeben. Danach bewirken im SCC die enormen Erweiterungsansprü-che an Gewerbe- und Siedlungsflächen als Folge der anhaltenden wirtschaftlichen Dy-namik für einen Großteil der älteren Menschen einen latenten oder manifesten Druck auf die bestehende Wohnsituation. Hinzu kommt der unaufhörliche Zustrom von Zuwande-rern mit der Konsequenz des beschleunigten Generationenwechsels in den Quartieren. Da im amerikanischen Gesellschaftssystem raumordnerische und sozialpolitische Stabi-lisierungsfaktoren in geringerem Maße als hierzulande ausgebildet sind, werden dort vor allem diejenigen älteren Menschen standortdestabilisierenden Verdrängungsmechanismen unterworfen, die dem Umweltdruck nur geringe persönliche Ressourcen entgegensetzen können.

Im deutschen Untersuchungsgebiet ist es vor allem die Verbindung endogener und exogener Problemkonstellationen, als deren Folge die Aufgabe der selbstbestimmten Haushalts- und Lebensführung droht: Ein mit den Bewohnern gealterter Wohnungsbestand, der den derzeitigen Bedingungen des Lebenszyklus oft nicht angepaßt ist und dessen Lage den Zugang zu den Versorgungseinrichtung erschwert, vergrößert im Falle der Einschränkung von Basisfunktionen die als bedrohlich empfundene Wahrscheinlichkeit einer Heimunterbringung. Wohnung und Wohnumfeld als Bezugsfeld biographischer Erfahrungen erscheinen auch dann als gefährdet, wenn sich die Vertrautheit des Milieus in seiner baulichen, räumlichen und sozialen Dimension auflöst und für den einzelnen keine Möglichkeit besteht, diesem Konflikt auszuweichen. Die damit angesprochene größere Verletzlichkeit älterer Menschen macht ihr unverkennbares Sicherheitsbedürfnis, ihre Forderungen nach Wohngarantie im vertrauten Umfeld, nach Schutz vor Kriminalität sowie unerwünschten sozialen und städtebaulichen Veränderungen im Wohnquartier verständlich.

Damit unterliegt das Wohnen der älteren Menschen beider Untersuchungsgebiete neben gemeinsamen Rahmenbedingungen auch spezifischen Kontextvoraussetzungen. Die regionale Verschiedenheit der Lebenslagen stellt einen wesentlichen Bestimmungsfaktor für Wohnqualität dar. Im *südhessischen Untersuchungsgebiet* läßt sich als gebietstypische Konstellation ein *Kern-Rand-Gradient* Darmstadt/Odenwald hinsichtlich vielfältiger Merkmale der Wohnwirklichkeit (z.B. Haushaltstyp, Wohnbedingungen, Statusmerkmale, Nachbarschaft, Infrastrukturnachfrage, Nutzungsmuster) nachweisen. Deren Bedingungen finden sich im gewissen Rahmen auch im Wohnerlebnis wieder. So betonen die in mehrfacher Hinsicht benachteiligten Befragten im Odenwald vor allem die qualitativen Merkmale der Wohnumgebung und des sozialen Umfeldes als positive Standortkriterien, während die städtische Vergleichsgruppe eher instrumentelle Vorzüge wie die gute Infrastrukturausstattung oder deren leichte Erreichbarkeit in den Vordergrund stellt. Ebenso verringern sich die raumbezogenen Ansprüche und das Ausmaß der Kritik an den alltagsweltlichen Lebensbedingungen mit der Entfernung von der Stadt. Damit ergibt sich die fast modellhafte Abfolge eines vom Zentrum in Form konzentrischer Kreise ausgehenden "Modernitätsgefälles". Im *kalifornischen Untersuchungsgebiet* wird dieses Bild stellenweise von anderen Wirkungsmustern überlagert und damit verwischt. Es handelt sich dabei um Organisationsformen einer *"suburbanen Mosaikkultur"*, die eher dem kleinräumigen Typus der Untersuchungsschwerpunkte entsprechen. Dabei kristallisiert sich eine Polarisierung zwischen den Bewohnern der Villages und den übrigen Befragten heraus. In der Erwachsenengemeinde werden unter den Rahmenbedingungen einer in vielfacher Hinsicht begünstigten Lebensumwelt selbstbewußt moderne, instrumentelle Verhaltensweisen gelebt und Ansprüche formuliert.

Am Beispiel der Untersuchungsgebiete zeigt sich ebenfalls, daß der Einsatz effizienter Möglichkeiten der offenen Altenhilfe (z.B. ambulante Dienste, Wohnungsanpassungsmaßnahmen, eingestreute Altenwohnungen) vor Ort entscheidend vom Informationsstand und Problembewußtsein der *Planungsverantwortlichen* abhängt. Zudem weicht deren bisweilen noch vom Fürsorge- und Defizitkonzept des Alters geprägtes Handeln häufig von dem Bild ab, das die betroffenen älteren Menschen selbst von ihrer Wohnwirklichkeit zeichnen. Korrekturen am verbreiteten Altersbild sind auch insofern angezeigt, als die Mehrheit der Befragten beider Untersuchungsgebiete nicht eine prothetische, betreute und "altengerechte" Umwelt bevorzugen, wie sie landläufig als angemessen für diese Phase des Lebenszyklus angesehen wird. Sie wollen stattdessen die Integration in das bestehende siedlungs- und sozialräumliche Gefüge. Ihre Wünsche nach Beibehaltung der vertrauten Wohnform auch im Falle gravierender Mängel, nach Mischung der Generationen sowie die geringe Resonanz auf altenspezifische Infrastrukturangebote sind Ausdruck des Bestrebens zur Wahrung des Status quo in einer Wohnumwelt, deren Anforderungsstrukturen auch die übrigen Bevölkerungsgruppen ausgesetzt sind.

Damit ist zum einen die von Experten oft als selbstverständlich vorausgesetzte Gestaltbarkeit altersangemessener Wohnumwelten ebenso zu überdenken, wie deren erkennbares Bestreben, vor allem innovative (häufig alternative) Altenwohnkonzepte zu entwickeln. Sie begründen dies überwiegend damit, hierdurch gewohnten Ansprüchen und Lebensweisen künftiger Alterskohorten entgegenzukommen. Damit unterstellen sie aber eine weitgehende Beständigkeit dieser Parameter im Alternsprozeß, ohne diese Annahmen zuvor einer sorgfältigen Prüfung ihrer Validität zu unterziehen. Auch unter Berücksichtigung der hier verfolgten konvergenztheoretischen Prämisse einer verzögerten Übernahme moderner Lebensweisen lassen die derzeitigen Befunde aus beiden Untersuchungsgebieten derartige Tendenzen für den Wohnprozeß nur in Ansätzen erkennen.

Zwar erweisen sich die Lebensinteressen der älteren Generation nicht als grundverschieden von denen anderer Personengruppen. Jedoch ergeben sich im höheren Erwachsenenalter Verschiebungen in den Gewichten und alltäglichen Bedeutungen einzelner Bedürfnisse. Für ältere Menschen, die sich dem "gewohnten Zuhause" eng verbunden fühlen oder aus gesundheitlichen Gründen einen Großteil ihres Alltags hier verbringen müssen, kommt der behutsamen Anpassung der Wohnung, dem Angebot wohnbezogener Dienstleistungen sowie der barrierefreien Gestaltung der unmittelbaren Wohnumgebung besondere Bedeutung zu. Aktivere und außenorientierte Senioren dagegen stellen zusätzliche Anforderungen an die Nutzbarkeit der öffentlichen Räume im Quartier und im siedlungsräumlichen Gefüge. Keineswegs wird damit künftig die Sorge um die Sicherung guter und ausreichender Heimplätze überflüssig. Vielmehr ist das planerische Leitbild der Förderung der eigenständigen Haushalts- und Lebensführung nur tragfähig, wenn standortnah stützende Maßnahmen und flankierend für den Bedarfsfall ausreichend stationäre oder teilstationäre Angebote vorgesehen sind. Angemessenheit des Wohnens beinhaltet aber auch die Förderung innovativer Wohnformen und alternativer Konzepte, soweit diese gewünscht werden.

Insgesamt lassen die kalifornischen Befragten eine etwas stärkere Disposition für altenspezifische Angebote erkennen. Ein Erklärungsansatz dafür ist, daß hier aus der Sicht eines Teils der Betroffenen der alltagsweltliche Druck die eigene Kompetenz übersteigt und damit Kompensationsvorgänge im Sinne der ökologischen Alternstheorie als notwendig erscheinen läßt. Eine konsequente Folge davon wäre beispielsweise die rechtzeitige Übersiedlung in eine Ruhesitzgemeinde wie die Villages. Damit scheint nicht der "Wettbewerb um die besten Plätze", wie ihn der sozialökologische Ansatz als Kennzeichen moderner Gesellschaften sieht, die Standortentscheidungen für diese geplante Siedlungsfraktion zu leiten. Eher spricht daraus die Reaktion auf vorgegebene Zwänge, zu deren Lösung die Gesellschaft nicht fähig oder willens ist; denn kulturübergreifend haben die Befragten ihr Bestreben zum Ausdruck gebracht, gemeinsam mit anderen Generationen leben und wohnen zu wollen!

5. MIGRATIONSBETEILIGUNG

5.1 Problemstellung und Forschungsbezug

Wohnsitzverlagerungen gelten in den angelsächsischen Ländern als wichtige Komponenten des Wandels regionaler Bevölkerungsstrukturen. Entsprechend groß ist dort auch das Interesse der raumwissenschaftlich ausgerichteten Alternsforschung am Phänomen der Migration (beim Wohnortswechsel auch als regionale Mobilität oder Wanderung, beim innerörtlichen Wohnungswechsel als Umzug bezeichnet). In diesem Zusammenhang vermochten geographische Beiträge dem Forschungsfeld ihr Profil zu geben (vgl. z.B. Wiseman & Roseman 1979; Flynn u.a. 1985; Rudzitis 1984; Longino u.a. 1984; Gober & Zonn 1983). Im europäischen Rahmen liegen durch die Arbeiten von Law & Warnes (1980), Karn (1977), Cribier (1980) und Vergoossen (1983) fundierte Studien der Ruhestandswanderung beispielsweise in Großbritannien, Frankreich und den Niederlanden vor.

Die wenigen Analysen, die sich hierzulande mit Migrationen im höheren Erwachsenenalter befassen (vgl. Rohr-Zänker 1989), stammen ebenfalls meist von Geographen (Koch 1976; Kemper & Kuls 1986; Friedrich & Koch 1988). Sie thematisieren vor allem die Voraussetzungen und Konsequenzen der Wohnortswechsel und fokussieren damit primär deren Umfang, Reichweiten und regionale Zielpräferenzen. In der öffentlichen Diskussion fällt auf, daß Altersmigrationen häufig mit Fernwanderungen in Ruhesitzregionen gleichgesetzt werden (Nestmann 1989). Die Steigerung der Wohnqualität durch Fortzug aus belasteten Verdichtungsräumen und die hiermit verbundene Wahl eines angenehmen Ruhesitzes in landschaftlich attraktiven Zielgebieten sind verbreitete Erklärungsmuster vor allem makroanalytisch ausgerichteter Analysen (z.B. Gatzweiler 1975; Janich 1991). Danach werden Migrationen häufig - analog zu Befunden aus den U.S.A. - als Standortentscheidungen hochmobiler, aktiver und in der Regel gutsituierter Ruheständler betrachtet.

Aus sozialpolitischer und raumordnerischer Sicht wird den Implikationen der Wohnortswechsel älterer Menschen ein großes Gewicht zugemessen. Deren Tragweite liegt auf der Hand, wenn in den U.S.A. - beispielsweise durch die massierte Ruhesitzwanderung nach Florida - ganze Gebiete innerhalb kurzer Zeitspannen altern. Im Rahmen der Europäischen Gemeinschaft gibt es ernsthafte Überlegungen, benachteiligte Regionen dadurch ökonomisch zu fördern, daß insbesondere ältere Menschen angeregt werden, sich dort niederzulassen (Europäisches Parlament 1985). Hierzulande ist die Diskussion geprägt durch die Ungewißheit über die künftigen Standortentscheidungen des Großteils der Senioren, die in den Umlandgemeinden der Verdichtungsräume leben. Sie sind während ihrer familiären Expansionsphase dem Wohnungsangebot in die suburbanen Bereiche gefolgt. Der künftige regionale Bedarf an altengerechter Infrastruktur hängt wesentlich davon ab, ob sie seßhaft bleiben oder sich von ihrem - im Alter meist allein genutzten - Wohneigentum trennen und in die Kernstädte zurückkehren (Deutscher Bundestag 1994).

Auch mit Blick auf das *Erkenntnisinteresse* dieser Arbeit erlangt die regionale Mobilität der Zielgruppe einen zentralen Stellenwert. Weil Veränderungen ihres Wohnortes Ältere in der Regel mehr belasten als Jüngere, gebührt den Beweggründen und Konsequenzen besondere Aufmerksamkeit. Der empirische Vergleich ihrer Migrationsmuster und -prinzipien soll einen Beitrag zur Klärung der eingangs diskutierten Frage leisten, inwieweit derartige einschneidende Mensch-Umwelt-Interaktionen als Attribute aktiver raumbezogener Teilhabe gelten können: Sind Wohnsitzwechsel im Alter eher Ausdruck selbstbestimmter Entscheidungen (Kompetenz) oder Reaktionen auf äußere Zwänge (Kompensation)?

Die Aufgabenstellung rückt einerseits die Akteure, andererseits auch ihre räumlichen Handlungsvoraussetzungen und -folgen in den Vordergrund. Dementsprechend ist die *methodische Vorgehensweise* sowohl der makro- als auch der mikroanalytischen Perspektive verpflichtet. Dies bestimmt ebenfalls den Aufbau innerhalb der einzelnen Abschnitte: Der ländervergleichenden Einführung in die Binnenwanderungsmuster älterer Menschen auf Aggregatebene folgt jeweils die Analyse der auf Individualebene gewonnenen Befunde in den engeren Untersuchungsgebieten. Mein Anliegen besteht darin, beide Perspektiven zusammenzuführen.

Dieses Kapitel stützt sich vornehmlich auf zwei *Datenquellen,* nämlich die eigenen Erhebungen der vorliegenden Alternsstudie sowie die Aufbereitungen von Informationen der amtlichen Statistik. Deren Analyse erfolgte zunächst in einer von mir gemeinsam mit Koch durchgeführten deutschen Fallstudie anläßlich der interdisziplinären Zusammenarbeit im Rahmen der POPNET (Population Network) Forschergruppe. In ihr befaßten sich zwischen 1986 und 1987 etwa 20 Wissenschaftler aus 15 Nationen mit dem Wanderungsverhalten älterer Menschen vorwiegend in westlichen Ländern (Rogers & Serow 1988). Darüber hinaus ermöglichte die Durchführung einer Studie der Binnenwanderungsmuster und -prinzipien älterer Menschen im Auftrag der Enquete-Kommission "Demographischer Wandel" des Deutschen Bundestags den Zugriff auf die Wanderungsbänder aller Statistischen Landesämter sowie auf die Meldedateien von 74 Städten und Gemeinden der Region Starkenburg (Friedrich 1994a).

Im Rahmen dieser Analysen, die nachfolgend die vergleichende Alternsstudie ergänzen und Teilaspekte von ihr vertiefen, zeigte sich deutlich, daß die jeweiligen Forschungsschwerpunkte und Kenntnisstände auch durch die unterschiedliche Datenlage in der Bundesrepublik und den Vereinigten Staaten mitbestimmt werden:

➤ Hierzulande werden alle Zu- und Fortzüge aufgrund des Meldegesetzes registriert und von den Statistischen Landesämtern bzw. dem Statistischen Bundesamt zeitnah veröffentlicht. Nachteilig sind das hohe sachliche und regionale Aggregationsniveau sowie die Tatsache, daß nur wenige sozialstatistische Merkmale (Alter, Geschlecht, Familienstand, Erwerbsstatus) einbezogen und weder die Wanderungseinheit (Mitwanderer) noch die evtl. Zielperson berücksichtigt werden. Damit beruht unser Wissen bislang vornehmlich auf Befunden aus der Analyse von Fernwanderungen. Ausgeklammert waren weitgehend Informationen über den Umfang und die Muster der Migrationen im gleichen Kreis sowie bundesweit diejenigen zwischen Kreisen innerhalb des jeweiligen Bundeslandes.

➤ In den Vereinigten Staaten wird im Rahmen der im Zehnjahresabstand durchgeführten Censuserhebungen danach gefragt, ob die Wohnung während der letzten fünf Jahren gewechselt wurde. Dieses retrospektive Vorgehen hat den Nachteil, daß nicht alle Migrationen erfaßt werden und auch innerörtliche Umzüge in den Wanderungsangaben enthalten sind. Die mögliche Verknüpfung der ermittelten sozioökonomischen Kenndaten mit den Wanderungseinheiten eröffnet jedoch weitergehende Einsichten in die Struktur der Altenwanderer.

Die "klassischen" Fragen der Migrationsforschung "wer wandert, weshalb, wohin" leiten die Vorgehensweise und bestimmen die *Gliederung* des Kapitels: So folgen diesem einführenden Abschnitt die Betrachtung der Wanderungsakteure, der Beweggründe ihrer Standortentscheidung, ihrer Herkunfts- und Zielgebiete sowie der räumlichen und planerischen Konsequenzen in der Perspektive des multiregionalen Ansatzes. Ein besonderes Augenmerk wird der Situation im Bundesland Hessen bzw. im Bundesstaat Kalifornien geschenkt.

5.2 Die Umzugsbeteiligung älterer Menschen

Ruhelosigkeit wird mit Packard (1973) als durchgängiges Lebensprinzip der amerikanischen Gesellschaft angesehen. Das "mobile home", das dort auf einen Sattelschlepper geladen mit dem Besitzer häufig seinen Standort wechselt, ist Symbol dieser Mobilität (ebenso Holzner 1993). Demgegenüber gelten die Deutschen allgemein und vor allem das ältere Bevölkerungssegment als mit ihrer vertrauten Wohnumgebung verwurzelt. Im folgenden soll geklärt werden, inwieweit dies Stereotypen oder angemessene Beschreibungen der Realität sind.

Mit den Enquete-Daten liegen erstmals ausreichend altersaufgeschlüsselte Informationen über den Umfang aller Migrationen im vereinten Deutschland vor. Danach wechselten 1992 insgesamt 3,6 Mio. Personen ihren Wohnort innerhalb der Bundesrepublik, darunter 232 000 im Alter von 60 und mehr Jahren. Dies entspricht einer *Binnenwanderungsbeteiligung* von 6,3%. Bezogen auf je Tausend Gleichaltrige beträgt damit die Wanderungsrate der Gesamtbevölkerung 46, die der Zielgruppe 14. Sie verlagert demnach den Wohnsitz etwa um den Faktor 3 seltener als der Durchschnitt aller Einwohner. In der gleichen Größenordnung übertrifft die Wanderungsintensität der amerikanischen Senioren (bezogen auf die 65jährigen und älteren) den Vergleichswert hierzulande.

Deutliche *Alterseffekte* zeichnen sich in den Wanderungsprofilen ab (Abb. 5.1): Die jahrgangsweise Darstellung der absoluten Migrationshäufigkeit unterstreicht, daß berufs- und ausbildungsbedingte Wanderungsanlässe - verglichen mit anderen Lebensabschnitten - erwartungsgemäß im höheren Erwachsenenalter abnehmen (a). Beziehen wir die Werte jedoch auf die gleichaltrige Bestandsbevölkerung (b), relativiert sich das Bild der nur marginalen Wanderungsbeteiligung und vor allem dasjenige ihrer kontinuierlichen Abnahme mit dem Alter: Nicht die jüngeren Senioren, sondern die hochaltrigen verzeichnen eine deutliche Steigerung der Mobilitätsraten. Ein in der Tendenz vergleichbares Ergebnis läßt sich ebenfalls aus der Gegenüberstellung des Profils der amerikanischen und deutschen Fernwanderungen (Migrationen zwischen den Bundesländern bzw. Bundesstaaten) ablesen (Abb. 5.2). Die erkennbar enge Beziehung zwischen der Stellung der Umzügler im Lebenszyklus und ihrer Mobilitätsintensität veranlaßte die BFLR zur Typisierung der Migrationen in Ausbildungs-, Berufs-, Familien- und Ruhestandswanderungen. Ebenso beeinflußten sie die Entwicklung eines Wanderungsprofil-Modells, auf das in Abschnitt 5.6 näher eingegangen wird.

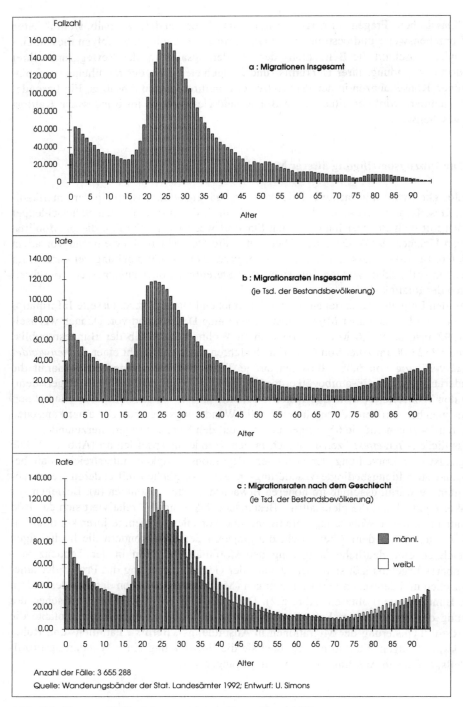

Abb. 5.1. Altersprofile der Binnenzuzüge in Deutschland 1992
aus: Friedrich (1994c, 411)

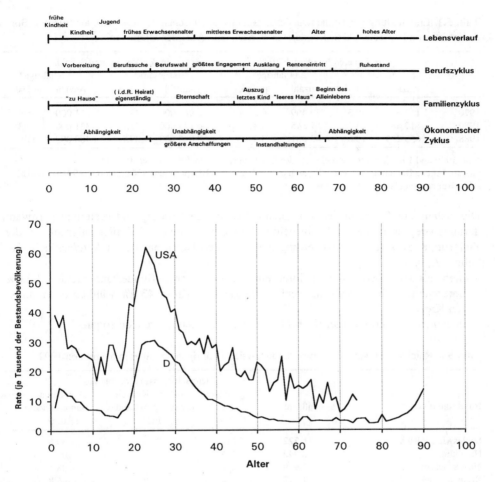

Abb. 5.2. Lebenszyklusbezug der Fernwanderungsprofile zwischen U.S.-Bundesstaaten und Ländern der Bundesrepublik 1987
Eigener Entwurf nach: Wiseman (1978, 19); Quellen: Stichprobe des U.S.-Department of Commerce 1989; registrierte Wanderungsfälle nach unveröff. Zusammenstellung des Statist. Bundesamtes 1993; Aufschlüsselung der U.S.-Daten bis 75, der deutschen Daten bis 90 Jahre

Bei der Gegenüberstellung der zeitlichen Entwicklung der Fernwanderungsintensitäten beider Länder in Tabelle 5.1. fallen zwei Besonderheiten auf:

➢ seit 1970 hat sich der Abstand zwischen älteren Amerikanern und Deutschen bezüglich der Länder- bzw. Staatsgrenzen überschreitenden Wanderungsraten deutlich vergrößert; derzeit ziehen die amerikanischen Senioren dreieinhalbmal so häufig um;

➢ dieser Effekt läßt sich altersübergreifend auf einen kontinuierlichen Rückgang der Fernwanderungen hierzulande bei gleichzeitiger Zunahme in den U.S.A. zurückführen.

Tab. 5.1. Entwicklung der Binnenwanderungsintensität zwischen den Ländern des früheren Bundesgebietes und zwischen U.S.-Bundesstaaten nach dem Alter der Migranten

| | im früheren Bundesgebiet | | | | in den Vereinigten Staaten | | | |
| | insgesamt | | ≥ 60jährige | | insgesamt | | ≥ 60jährige* | |
	Anzahl	je Tsd.	Anzahl	je Tsd.	Anzahl	je Tsd.	Anzahl	je Tsd.
1970	1 117 560	18,3	74 409	6,3	6 946 000	33,8	221 000	8,0
1980	819 884	13,3	57 845	4,8	6 175 000	27,1	331 000	9,3
1988	655 225	10,6	43 081	3,3	7 046 000	29,7	468 000	11,9

* für 1970 und 1980 jährliche Mittelwerte der Erhebungsperioden 1965-70 und 1975-80
Quelle: Eigene Berechnungen nach: Flynn u.a. (1985, 293); US-Department of Commerce (1991b); Statistisches Bundesamt (1991, Tab. A 3.13)

Die bislang aus Gründen der Vergleichbarkeit in den Vordergrund gestellten Fernwanderungen repräsentieren indes in beiden Ländern nur einen Teil aller Migrationen der Zielgruppe. So zeigt die Auswertung der deutschen Daten nach ihrer *Reichweite* in Tabelle 5.2., daß

> mehr als zwei Drittel der Senioren ein Ziel im gleichen Bundesland suchten: 26,6% unternahmen einen Wohnsitzwechsel im gleichen Kreis, 43,9% wählten einen anderen Kreis
> dementsprechend weniger als ein Drittel über die Landesgrenzen zogen.

Tab. 5.2. Reichweiten von Binnenwanderungen der 55jährigen und älteren Migranten 1992

| Bundesland | Fallzahl | Zuzüge insgesamt, davon aus | | |
		gleichem Kreis in %	anderen Kreisen des gleichen Landes in %	anderen Bundesländern in %
Schleswig-Holstein	15 722	31,8	28,7	39,5
Hamburg	2 442	k.A.	k.A	100,0
Niedersachsen	35 929	26,1	35,8	38,1
Bremen	1 417	k.A.	3,2	96,8
Nordrhein-Westfalen	57 731	19,5	56,4	24,1
Hessen	23 150	29,8	38,4	31,8
Rheinland-Pfalz	19 322	25,5	31,8	42,7
Baden-Württemberg	42 321	37,5	41,4	21,1
Bayern	48 004	23,6	54,1	22,3
Saarland	3 546	35,6	32,1	32,2
Berlin	15 207	k.A.	72,1	27,9
Brandenburg	8 052	29,8	32,6	37,6
Mecklenburg-Vorpommern	5 259	36,5	32,9	30,6
Sachsen	12 654	42,4	36,0	21,6
Sachsen-Anhalt	6 777	42,5	30,9	26,6
Thüringen	6 780	34,7	29,7	35,5
Länder gesamt	304 313	26,6	43,9	29,5

Quelle: Wanderungsbänder der Stat. Landesämter 1992

Tab. 5.3. Prozentuale Verteilung jüngerer und älterer U.S.-Migranten nach regionalen Wanderungskategorien 1960, 1970 und 1980

	Junge Bevölkerung (5 bis < 60 Jahre)			Jüngere Senioren (60 bis < 75 Jahre)			Ältere Senioren (≥ 75 Jahre)		
	1960	1970	1980	1960	1970	1980	1960	1970	1980
Wanderungskategorien:									
lokale und intraregionale	63,6	57,7	56,3	69,9	63,9	57,2	70,8	66,8	63,2
intrastaatliche	17,5	20,8	22,0	15,4	19,0	20,7	17,0	19,3	20,6
zwischenstaatliche	18,8	21,4	21,7	14,7	17,1	22,1	12,2	13,9	16,2

Quelle: Rogers & Watkins (1986, Tab.2)

Auch in den U.S.A. überschreitet die Reichweite nur knapp jedes fünften Wohnsitzwechsels älterer Menschen die Grenzen eines Bundesstaates (Tab. 5.3). Ein ähnlicher Anteil entfällt auf Ortswechsel innerhalb des gleichen Staates. Demnach findet die Mobilität überwiegend - mit allerdings abnehmender Tendenz - innerhalb der jeweiligen Counties statt.

Ein eigener Fragenkomplex dieser Studie befaßt sich mit dem Ausmaß vollzogener und *beabsichtigter Mobilität* in den Untersuchungsgebieten. Nach der Zusammenstellung einiger charakteristischer Ergebnisse in Tabelle 5.4. ist die Wohnbiographie der kalifornischen Senioren weitaus stärker als die der hessischen durch Erfahrungen mit Wanderungen geprägt. Zudem sind die latente Bereitschaft zu einer Ortsveränderung (vor allem repräsentiert durch Unentschiedene) sowie konkrete Umzugsabsichten im SCC ausgeprägter als im südlichen Rhein-Main-Gebiet.

Insgesamt unterstreichen die Ergebnisse sowohl in der Retrospektive als auch im Hinblick auf die Abschätzung des künftigen Mobilitätsverhaltens die überwiegende Absicht der älteren Menschen beider Untersuchungsgebiete, ihren vertrauten Wohnsitz möglichst beizubehalten. Graduell stärker ausgeprägt jedoch ist hierzulande das Bestreben nach *Standortkontinuität*, bei den kalifornischen Senioren das höhere Ausmaß an *Standortflexibilität*.

Tab. 5.4. Umzugsgeschichte und Fortzugstendenzen der Befragten in den Untersuchungsgebieten

	Deutsches Untersuchungsgebiet	Nordamerikanisches Untersuchungsgebiet
Umzugsgeschichte:		
durchschnittliche Wohndauer in Jahren	32,7	17,1
Umzügler seit 1950 in %*	45,6	62,7
mehr als 2 Umzüge je Migrant in %	20,5	62,5
Umzügler seit erreichtem 60. Lebensjahr in %	14,8	42,9
Umzügler seit erreichtem 70. Lebensjahr in %	3,6	12,8
Fortzugstendenzen:		
Wunsch nach Umzug (ja / unentsch.) in %	10,2	20,4
Umzugsabsicht (ja / unentsch.) in %	3,8	27,6

* bei dieser Frage werden in Deutschland nur Wohnortswechsel, in den U.S.A. auch innerstädtische Umzüge berücksichtigt, jedoch nur, soweit der letzte Umzug nach 1965 erfolgte
Quelle: Eigene Erhebung Deutschland: Fragen 1, 7, 8, 25, 27; U.S.A.: Fragen 1, 6, 73, 23, 25

5.3 Soziodemographisches Profil der Wanderungsakteure

Mit Blick auf den Stellenwert von Wohnsitzwechseln im räumlichen Teilhabeprozeß älterer Menschen gewinnt die Frage an Gewicht, *welche Personengruppen* bevorzugt Wanderungen durchführen. Hierzu liegen Befunde beispielsweise aus Frankreich, Großbritannien und den Vereinigten Staaten vor. Am Beispiel der pensionierten Pariser Beamten weist Cribier (1978, 1980) auf die stärkere Umzugsbeteiligung derjenigen hin, die früh pensioniert wurden und höheren Gehaltsgruppen angehören. Nach ihren Ergebnissen beeinflussen diese Faktoren die Entscheidung zur Rückwanderung in die ehemalige Herkunftsregion oder die Wahl eines neuen attraktiven Standorts, beispielsweise in Küstennähe. Auch Law & Warnes (1980) haben sich am britischen Beispiel mit den Charakteristika der Altenwanderer befaßt. Im Vergleich mit seßhaften älteren Menschen identifizierten sie als die vier wichtigsten erklärenden Variablen die Häufigkeiten und zurückgelegten Distanzen von Wanderungen während der Berufsphase, die Unzufriedenheit mit den vorigen Wohnbedingungen, den geringen Kontakt mit ihren Kindern zum Zeitpunkt der Pensionierung sowie den frühen Eintritt in den Ruhestand. In Übereinstimmung mit anderen Studien aus den U.S.A. sehen sie signifikante positive Zusammenhänge zwischen der Migrationsbeteiligung und dem Ausmaß der zur Verfügung stehenden sozioökonomischen Ressourcen (z.B. Einkommen, Berufsstatus und Wohneigentum).

Wie erwähnt, lassen sich aus der amtlichen Statistik hierzulande keine derartig differenzierten Einsichten in die soziodemographische Zusammensetzung der Wanderer gewinnen. Die Auswertung der 1992er Datenbänder mit ca. 305 000 Wanderungsfällen deutscher Senioren im Alter von 55 und mehr Jahren unterstreicht, daß:

➢ Frauen entsprechend ihrem Anteil an der Grundgesamtheit dominieren (61,4%),
➢ ein Übergewicht Nichtverheirateter besteht (54,6%) und
➢ Hochbetagte über 75 Jahre bemerkenswert stark vertreten sind (34,0%).

Die Validität der Annahmen aus den zuvor skizzierten Studien - wonach Migranten ein aktives Bevölkerungssegment darstellen und ihre Mobilität Ausdruck eines Lebensstils der "neuen Alten sind" - wird nachfolgend anhand der Gegenüberstellung von Strukturdaten der Migranten und Seßhaften aus der kulturvergleichenden Untersuchung überprüft (Tab. 5.5). Auch diese Informationen aus den Untersuchungsgebieten bestätigen nicht die postulierten Zusammenhänge. Nicht die besser Situierten und Aktiveren ziehen häufiger um, sondern

➢ die Migranten sind vielfach durch potentielle Einschränkungen ihrer persönlichen Ressourcen (hohes Alter, Partnerverlust insbesondere bei Frauen, schlechter Gesundheitszustand) gekennzeichnet;
➢ die Seßhaften sind demgegenüber in sozioökonomischer Hinsicht deutlich bessergestellt: Sie beziehen ein höheres Einkommen, leben häufiger im eigenen Haus und mit dem Ehepartner zusammen.

Die konkrete Entscheidungssituation des einzelnen kann nur im Kontext der Mitumzügler - also der *Wanderungseinheit* - angemessen beurteilt werden. Da jedoch entsprechende Erhebungen bislang fehlen, wurde im Rahmen der deutschen Interviews gezielt nach den Wanderungspartnern gefragt. Die Auswertung in Tabelle 5.6. berücksichtigt Wohnsitzwechsel seit dem 50. Lebensjahr.

Tab. 5.5. Ältere Wanderer und Nichtwanderer nach soziodemographischen Merkmalen im deutschen und amerikanischen Untersuchungsgebiet*

	Deutsches Untersuchungsgebiet		Nordamerik. Untersuchungsgebiet	
	Nichtwanderer	Wanderer	Nichtwanderer	Wanderer
Demographische Struktur:				
Frauen in %	54,9	63,1	65,0	59,4
≥ 75jährige in %	22,5	61,2	19,6	43,1
Verheiratete in %	67,8	44,1	57,6	40,1
Verwitwete in %	26,5	43,2	30,9	37,6
Haushaltsmitglieder:				
Alleinlebende in %	23,5	35,5	31,1	46,9
mit Partner Lebende in %	68,2	50,0	58,5	39,2
mit Kindern Lebende in %	17,5	14,5	12,4	10,8
mittlere Haushaltsgröße in Personen	2,1	1,9	1,9	1,8
Sozioökonomische Struktur:				
Wohnungseigentümer in %	65,7	40,5	83,1	46,4
hoher Berufsstatus in %	8,5	10,2	7,7	8,1
≥ 1500 DM/$ verfügbar. Haush.-Eink. in %	41,3	34,2	19,6	10,4
schlechter Gesundheitszustand in %	14,7	21,8	9,0	14,3
Zahl der gültigen Fälle	637	111	243	197

* Alter zum Zeitpunkt des Umzugs ≥ 60 Jahre
Quelle: Eigene Erhebung Deutschland: Fragen 9, 11, 12, 70, 73, 74, 76, 78, 81; USA: Fragen 7, 9, 10, 65, 70, 71, 72, 75, 78

Als Ergebnis bleibt festzuhalten, daß mehr als die Hälfte aller Wohnortswechsel gemeinsam mit dem Partner durchgeführt werden. Darüber hinaus unterscheiden sich die Konstellationen der Wanderungseinheiten nach Zeitpunkt und Zielgebiet der Migration:

> junge Alte ziehen signifikant häufiger gemeinsam mit ihrem Partner und Kindern um;
> nach Erreichen des 60. Lebensjahres verliert diese Familienwanderung nahezu ihre Bedeutung; an ihre Stelle tritt die allein durchgeführte Wohnsitzverlagerung;
> regionale Effekte zeichnen sich im starken Partnerbezug bei den Vorruhestandswanderungen in den Odenwald ab, während nach dem 60. Lebensjahr vor allem im Umland Konstellationen bedeutsamer werden, bei denen Kinder beteiligt sind.

Im Rahmen der Enquete-Studie war es analytisch möglich, die *Übergänge* aufzuzeigen, die infolge der Migration in der Haushaltszusammensetzung der älteren Menschen auftreten. Es zeigt sich, daß ein Drittel der Umzügler in eine neue Haushaltskonstellation wechseln (z.B. Partnerverlust, Partnergewinn oder Haushalt der Kinder). Überdurchschnittlich häufig sind darunter Fernwanderer, solche mit niedrigem Status und Einkommen sowie Befragte ohne eigene Haushaltsführung.

Die Auswertung der Starkenburger Meldedateien im Hinblick auf die mit dem Zuzug gewählte *Wohnform* stützt sich auf ca. 7 000 Fälle. Drei der wichtigsten Ergebnisse:

> etwa ein Fünftel der Zuzüge sind auf Heime gerichtet (darunter sind die über 75jährigen mit ca. 80 % überproportional häufig vertreten);
> im Zeitraum von drei Jahren sind bereits 15% aller registrierten Binnenzuzügler gestorben (10% nach dem Zuzug in Privathaushalte, 37% nach der Heimübersiedlung);
> unter den Migranten herrscht eine außergewöhnlich hohe Fluktuation: im Betrachtungszeitraum sind bereits 12% wieder aus dem Untersuchungsgebiet fortgezogen.

Tab. 5.6. Wanderungspartner im deutschen Untersuchungsgebiet nach Zielgebieten und dem Alter z.Z. des Umzugs*

	Darmstadt		Umland		Odenwald		Untersuchungsgebiet	
	50 - 59	≥ 60	50 - 59	≥ 60	50 bis 59	≥ 60	50 bis 59	≥ 60
allein	11,1	35,0	8,3	39,3	8,7	32,3	9,8	35,3
mit Partner	40,0	52,5	45,8	28,6	65,2	48,3	47,7	44,5
mit Kind/ern	4,4	0,0	4,2	10,7	0,0	6,5	3,3	5,1
mit Angehörigen	2,2	0,0	8,3	0,0	8,7	0,0	5,4	0,0
mit anderen Personen	2,2	0,0	4,2	0,0	0,0	0,0	2,2	0,0
mit Partner u. Kind/ern	31,1	7,5	20,8	7,1	17,4	9,7	25,0	8,1
mit Partner u. Angehörigen	4,4	2,5	4,2	0,0	0,0	3,2	3,3	2,0
mit Kind/ern u. Angehörigen	4,4	2,5	4,2	14,3	0,0	0,0	3,3	5,0
Zahl gültiger Fälle	45	40	24	28	23	31	92	99

* Angaben in Prozent der Antwortgebenden
Quelle: Eigene Erhebung Frage 5

Auch Befunde aus den U.S.A. widerlegen die bislang verbreitete Annahme, daß sich regionale Mobilität älterer Menschen generell an der Höhe ihre Ausstattung mit sozioökonomischen und individuellen Ressourcen bemessen läßt. Dies wird dann plausibel, wenn nach regionalen Wanderungstypen unterschieden wird. So stellt Bartiaux (1986) auf der Basis einer 2-Promille-Stichprobe der 80er U.S.-Censusdaten bei über 18 000 älteren Umzüglern (≥ 55 Jahren) und ca. 5 000 gleichaltrigen Seßhaften fest, daß die eher durch Hilfsbedürftigkeit gekennzeichnete Personengruppe bevorzugt in begrenzter Reichweite (im gleichen County oder Bundesstaat) umzieht. Da die Befragten im vorliegenden Fall nicht in Institutionen leben deutet vieles darauf hin, daß es sich bei derartigen Nahwanderungen um Umzüge zu bzw. in die Nähe von Kindern oder Angehörigen handelt. Im Falle der kostenaufwendigeren Wohnsitzverlagerungen in andere Bundesstaaten sind dagegen die Verheirateten, Höherverdiener und Hauseigentümer überproportional häufig beteiligt. Da sie allerdings nur ein Bruchteil aller Migrationen darstellen, erscheint auch die Ansicht korrekturbedürftig, Fortzüge im Alter seien in der Regel Fernwanderungen zu attraktiven Ruhesitzen.

5.4 Wanderungsursachen und Beweggründe der Standortentscheidungen

Es ist bislang keineswegs zufriedenstellend geklärt, weshalb Senioren Wohnortswechsel auf sich nehmen, obwohl sie offensichtlich mehrheitlich dazu neigen, ihr vertrautes Umfeld beizubehalten. Hier soll dieser Sachverhalt vor allem unter der Fragestellung behandelt werden, welche *Entscheidungsspielräume* ältere Menschen beim Wohnsitzwechsel besitzen. Da die amtliche Statistik zu dieser Thematik keine expliziten Informationen bereitstellt, bestimmen je nach Betrachtungsmaßstab und Analysemethode makro- und mikroanalytische Perspektiven die Wanderungsursachenforschung.

5.4.1 Die makroanalytische Perspektive

Nach dem Grundaxiom makroanalytisch orientierter Wanderungsursachenforschung bestehen unmittelbare Zusammenhänge zwischen Wanderungsverläufen und objektiven Merkmalen der Herkunfts- sowie Zielgebiete. Diese gelte es im Rahmen komplexer *Aggregatanalysen* zu erfassen und in realitätsnahe Wanderungsmodelle zu überführen. Wird derartigen formalisierten Verfahren der "ersten Generation" noch weitgehend Theorielosigkeit, mangelnde Nachvollziehbarkeit der Variablenauswahl und die Gefahr ökologischer Fehlschlüsse nachgesagt, beziehen modernere Ansätze in weitaus stärkerem Ausmaß entscheidungstheoretische Aspekte mit ein (Bähr u.a. 1992, 569ff.).

Als weitreichendste Konzepte für die Erklärung altersspezifischer Mobilität gelten hierzulande die stochastischen Modelle von Gatzweiler (1975) und Koch (1976), in den U.S.A. dasjenige von Wiseman (1978, 22f.). Wohnsitzverlagerungen beruhen danach auf individuellen Entscheidungsfindungen der Betroffenen, die darauf abzielen, Benachteiligungen als Folge regionaler Disparitäten der Lebensbedingungen auszugleichen. Einstellungen, Präferenzen und Informationen über die objektive Situation der Referenzräume spielen dabei eine entscheidende Rolle. Aggregatanalysen der beiden deutschen Autoren zeigen enge Interdependenzen zwischen Migrationsraten älterer Menschen sowie der nachteiligen Ausstattung ihrer Herkunfts- und Zielgebiete. Hauptergebnis ist die hochsignifikante Korrelation zwischen Wanderungsbeteiligung und Bevölkerungsdichte: Metropolitane Regionen mit ihren belastenden Umweltgegebenheiten werden von älteren Menschen gemieden; ihre auf landschaftlich attraktive Gegenden gerichteten Fortzüge werden damit als Reaktion auf ungünstige Lebensbedingungen in den Herkunftsgebieten gewertet.

Eigene Analysen im Rahmen der internationalen Altenwanderungsstudie (Friedrich & Koch 1988, 11ff.) bestätigen die Existenz derartiger statistischer Zusammenhänge. Mit Hilfe einer Pfadanalyse wurde darüber hinaus der Einfluß vor allem subrationaler Komponenten der Entscheidungsfindung überprüft. Dabei fallen insbesondere die direkten Effekte der ethnischen Dissimilarität und Arbeitslosigkeit im höheren Erwachsenenalter ins Gewicht: Die Attraktivität als Zuwanderungsregion sinkt für ältere Menschen mit steigenden Ausländer- und Altenarbeitslosenraten. Dagegen sind die wanderungsauslösenden Effekte altenspezifischer Infrastruktur und ökologischer Vorzüge schwächer als erwartet.

Auch für die Vereinigten Staaten liegen zahlreiche makroanalytisch ausgerichtete Untersuchungen vor. Es würde jedoch zu weit führen, all die identifizierten statistischen Zusammenhänge zwischen Zu- oder Abwanderungsraten und Gebietsvariablen im einzelnen zu diskutieren. Nach Serow (1987) sind beispielsweise Kriminalität und Klimaungunst in den Herkunftsgebieten wesentliche Bestimmungsgründe für die Wohnsitzwechsel sowohl jüngerer als auch älterer Menschen. Hohe Einkommensraten (verbunden mit hohen Lebenshaltungskosten) stehen danach im positiven Zusammenhang mit der Aufbruchsentscheidung von Senioren. Ruhesitzwanderungen über weite Entfernungen, beispielsweise in Regionen des sunbelt, geht häufig eine lange Informationsphase durch Angehörige oder Freunde (Gober & Zonn 1983) bzw. eine sorgfältige Abschätzung der Kosten-/Nutzenrelation voraus, wobei spezielle Ratgeber herangezogen werden (Sumichrast u.a. 1984; Dickinson 1986; Boyer & Savageau 1983).

Nach meiner Einschätzung sind die makroanalytischen Ansätze zur Beschreibung, Erklärung und Vorhersage der Wohnsitzverlagerungen älterer Menschen überwiegend *kompensatorisch* fundiert: Umzüge werden danach als Reaktion auf Ausstattungsdefizite in Wohnung und Wohnumfeld erklärt, ohne allerdings zu evaluieren, inwiefern derartige Wohnsituationen von den Betroffenen als belastend empfunden werden. Trotz erkennbarer methodologischer Fortschritte sprechen deshalb drei weitere Einwände gegen die alleinige Berücksichtigung makroanalytischer Ansätze in der zielgruppenbezogenen Wanderungsursachenforschung:

1. Sie orientieren sich einerseits zu sehr an Fernwanderungen und andererseits an zweckrationalen Erwägungen, die für die Standortwahl vor allem während der beruflichen Phase relevant sind. Problematisch erscheint die Anwendung derartiger Verfahren insbesondere für die Erklärung intra- und interregionaler Migrationen, die ja in beiden Ländern die überwiegenden Formen der Wohnstandortverlagerungen älterer Menschen sind.

2. Hinzu kommt, daß sie von einem "durchschnittlichen" Verhalten oder einer einheitlichen Reaktion der Betroffenen ausgehen, während gerontologische Forschungsbefunde eindeutig belegen, daß ältere Menschen keineswegs eine in sich homogene Gruppe sind.

3. Schließlich ist die Diskrepanz zwischen theoretischer Konzeption und deren Operationalisierung unverkennbar: Meist werden verfügbare Daten der amtlichen Statistik verwendet, die als "Indikatoren" keineswegs immer das messen, was sie sollen. Wir erhalten damit letztlich statistische Bezüge zwischen Variablen, aber nicht die angestrebte Einsicht in Kausalzusammenhänge.

5.4.2 Die mikroanalytische Perspektive

Untersuchungen über *Wanderungsmotive*, die auf die Mikroebene einzelner Personen ausgerichtet sind, erfordern in der Regel die Durchführung einer Befragung. Mit diesen Individualdaten läßt sich die Kausalkette von den wanderungsauslösenden Faktoren bis zur Aufbruchsentscheidung besser herstellen als mit den Verfahren auf Makroebene. Das Vorgehen schließt nicht aus, daß als Ergebnis der Analyse einzelne Entscheidungseinheiten (Individuen oder Haushalte) mit vergleichbarer Motivstruktur später zu homogenen Gruppen zusammengefaßt werden.

In diesem Zusammenhang soll auch auf die Problematik des Erhebungsinstruments *Interview* eingegangen werden, mit dem die Beweggründe ex post, also nach erfolgtem Umzug erfaßt werden. Dabei treten nicht nur das Problem der Erinnerungslücken auf, sondern auch die oft beobachtete Neigung, Handlungsvollzügen im Nachhinein einen Sinn zu geben, sie als positive Entscheidung zu beschreiben, um kognitive Dissonanzen zu reduzieren. Als Beispiel dafür sei ein Gespräch mit einer Gruppe älterer Männer in der Rentnersiedlung Sun City, Arizona im Jahre 1988 angeführt, in dem mir diese ausführlich über die Vorteile ihrer neuen Wohnumwelt gegenüber dem alten Standort berichteten: Schneeräumen sei aufgrund des angenehmen Klimas nicht mehr erforderlich, man könne Golf spielen, es gäbe Hobbygruppen und Werkstätten usw. Nach der Unterredung nahm mich ein Zugezogener aus Chicago zur Seite und fragte, ob ich wissen wolle, warum *wir wirklich* hier seien. Seine Antwort: *"Our children have their own life*

and we don't want them to worry about us. We didn't feel guilty because of moving".
Um solche weiterführenden Informationen für die Interpretation nutzen zu können, wurden die Beweggründe für den zuletzt erfolgten Umzug in dieser Erhebung mit der offenen bzw. halboffenen Frage 3 erfaßt und ausführlich protokolliert.

Seitens der deutschen Wanderungsforschung liegen nur wenige, meist planungsorientierte Fallstudien über die Motive der Wohnsitzwechsel älterer Menschen vor. Im Rahmen ihrer Synopse (Friedrich & Koch 1988, 12) läßt sich die offensichtliche Heterogenität noch am ehesten nach den unterschiedlichen Zielgebieten strukturieren. Danach sind für Senioren aus den Verdichtungsräumen Wohnungs- und Wohnumfeldmängel, oft in Verbindung mit lebenszyklusbezogenen Veränderungen, auslösende Faktoren zur Aufgabe des Standorts (Baldermann u.a. 1976). Der Zuzug in ländliche Regionen oder in Kurorte (Nestmann 1989; Kemper & Kuls 1986) erfolgt vor allem wegen der landschaftlichen Attraktivität bzw. der altersangemessenen Infrastruktur. Informationen über die Gründe für die Wahl der übrigen Zielgebiete der Altenwanderung fehlen nahezu völlig.

Im Unterschied zu diesen in regionaler und quantitativer Hinsicht begrenzt aussagefähigen Fallstudien stehen die Befunde repräsentativer Mikrozensuserhebungen. Sie fragten bundes- bzw. landesweit nach den Gründen des Umzugs von Seniorenhaushalten in der Zeitspanne zwischen 1971-1978 (in Deutschland) bzw. 1974-1983 (in den U.S.A.). Zwar sind auch diese Ergebnisse nicht weiter nach Herkunfts- und Zielgebieten aufgeschlüsselt, vermitteln aber doch einen ersten Einblick in die haupsächlichen Motivstrukturen (Tab. 5.7).

Auch im deutschen und amerikanischen *Untersuchungsgebiet* stimmen die angeführten Motive der älteren Umzügler weitgehend überein (Tab. 5.8). Danach dominieren persönliche/familiäre Anlässe, gefolgt von Mängeln der vorigen Wohnung, dem Eintritt in den Ruhestand und dem Wunsch, näher bei den Angehörigen zu sein. Ferner werden

Tab. 5.7. Gründe für den zuletzt durchgeführten Umzug älterer Menschen (≥ 60 Jahre) nach deutschen und amerikanischen Repräsentativerhebungen

Bundesrepublik Deutschland Umzugsgründe*	% d.Befragten	Vereinigte Staaten von Amerika Umzugsgründe	% d.Antworten
Mieterhöhung/Kündigung	12,0	berufliche	5,1
Haushaltsvergrößerung	4,1	Ruhestand	7,7
Haushaltsverkleinerung	9,6	Partnerverlust	4,4
Streben nach Wohneigentum	7,3	Haushaltsveränderung	11,9
ungenügende Wohnungsgröße	10,4	näher zu Angehörigen	9,6
ungenügende Wohnungsausstattung	9,5	Klimawechsel	3,2
Wohnung zu teuer	3,8	Nachbarschaft/Wohnumfeld	6,5
ungünstige Wohnlage	2,3	unfreiwilliger Umzug	7,2
Lärm, Abgase, Schmutz	3,8	wohnungsbezogene	15,9
günstiges Wohnungs-, Hausangebot	9,9	finanzielle	8,0
Sonstiges	39,2	Wohneigentum/Mietwunsch	4,3
		Sonstiges	16,2
Insgesamt: N= 12 424	111,9	Insgesamt: N= 8 287	100,0

* Mehrfachnennungen möglich
Quelle: Statist. Bundesamt (1981, 44 - 45; Mikrozensuserhebung 1978)

Quelle: American Housing Survey Data 1974 - 1983. Aggr.v. Morrow-Jones (1986); eig. Berechn. mit deren freundl. Genehmigung

hierzulande die Bildung von Wohneigentum, in den U.S.A. finanzielle Gründe als maßgeblich angeführt. In der weiteren Aufschlüsselung nach dem Alter zur Zeit des letzten Umzugs erfährt diese Grundtendenz allerdings - je nach Position im Lebenszyklus - eine andere Gewichtung. So sind hierzulande bei den 50- bis unter 60jährigen die Bildung von Wohneigentum und berufliche Gründe, bei den 60- bis unter 70jährigen der Eintritt in den Ruhestand und bei den Hochbetagten (≥ 70 Jahre) der Wunsch, näher bei Angehörigen zu sein, wesentliche Auslösefaktoren für den Standortwechsel. Im kalifornischen Untersuchungsgebiet fällt mit steigendem Alter die hochsignifikante Abnahme persönlich/familiärer Motive und umgekehrt die deutliche Zunahme angeführter Wohnungsmängel ins Gewicht. Überragender Beweggrund für den Wohnsitzwechsel ist unter den Hochaltrigen - wie in Deutschland - vor allem der Wunsch, näher bei den Angehörigen zu wohnen.

Nach der Zusammenfassung dieser Ergebnisse zu *Motivbündeln* und deren Differenzierung nach den damaligen Zielgebieten gehen mehr als zwei Drittel aller Wanderungen auf persönlich/familiäre (z.B. Nähe zu Angehörigen) sowie auf wohnungs-/wohnumfeldbezogene Anlässe zurück. Der erstgenannte Begründungszusammenhang wird überdurchschnittlich häufig für den Zuzug in das Umland, nach Willow Glen und in die unlängst erschlossene Eastside (hier auch Anschluß an den Umzug von Kindern) angeführt, der letztgenannte bestimmte vor allem die Standortentscheidung zugunsten Darmstadts und der Villages. Lebenszyklusbezogene Gründe (primär den Eintritt in den Ruhestand) nennen überproportional viele Zuzügler in den Odenwald, in das ländliche Gilroy und in die Villages.

Die "Erfolgskontrolle", inwieweit sich die an den Umzug gerichteten *Erwartungen* erfüllt haben (Frage D 6/USA 5), zeichnet in der nachträglichen Abwägung ein kontroverses Bild: Für die Senioren aus dem SCC hat der Wechsel in eine Umwelt geführt, die sich in allen Alltagsbereichen durch höhere Lebensqualität auszeichnet. Im südlichen

Tab. 5.8. Umzugsgründe nach Altersgruppen*

	Deutsches Untersuchungsgebiet				Nordamerik. Untersuchungsgebiet			
	50 - < 60 jährige	60 - < 70 jährige	≥ 70 jährige	Gesamt ≥ 50j.	50 - < 60 jährige	60 - < 70 jährige	≥ 70 jährige	Gesamt ≥ 50j.
persönl./familiäre Gründe	16,0	18,7	12,0	16,6	31,9	14,0	15,3	19,1
Wohnungsmängel	14,8	13,3	16,0	14,4	9,7	10,9	18,6	12,3
Bildung von Wohneigentum	21,2	8,0	0,0	13,4	6,9	1,6	3,4	3,5
Eintritt i.d. Ruhestand	10,6	17,3	0,0	11,9	9,7	17,6	3,4	12,3
Angehörige zu weit entfernt	4,3	8,0	40,0	10,3	4,2	11,5	25,3	12,7
Kündigung der Wohnung	7,4	6,7	12,0	7,7	5,6	7,0	5,1	6,2
berufliche Gründe	12,8	4,0	0,0	7,7	9,7	3,1	3,4	5,0
Mängel im Wohnumfeld	5,3	8,0	4,0	6,2	1,4	7,0	6,8	5,4
Probleme m.d. Nachbarschaft	1,1	5,3	0,0	2,6	1,4	1,6	0,0	1,2
finanzielle Gründe	1,1	2,7	4,0	2,1	8,3	12,4	11,9	11,2
Umzug in Wunschwohngegend	3,3	1,3	0,0	2,0	8,4	8,6	1,7	6,9
Anschluß a.d. Umzug anderer	0,0	0,0	12,0	1,5	1,4	0,8	3,4	1,5
sonstige Gründe	2,1	6,7	0,0	3,6	1,4	3,9	1,7	2,7
Zahl gültiger Fälle	94	75	25	194	72	129	59	260

* Angaben in Prozent der Antwortgebenden, aufgeschlüsselt nach ihrem Alter z.Z. des Umzugs
Quelle: Eigene Erhebung Fragen 3

114

Tab. 5.9. Grad der Freiwilligkeit der Umzugsentscheidung der ≥ 60jährigen nach Zuzugsgebieten*

| | Deutsches Untersuchungsgebiet | | | | Amerikanisches Untersuchungsgebiet | | | | | |
	Darm-stadt	Um-land	Oden-wald	Ges.	Vil-lages	East-side	Will.Glen	Gil-roy	Übr.SCC	Ges.
freiwillig	41,5	53,5	63,3	51,5	93,2	54,5	77,8	58,3	50,0	64,2
indifferent	7,3	3,6	6,7	6,1	0,0	0,0	0,0	4,2	4,9	2,6
unfreiwillig	51,2	42,9	30,0	42,4	6,8	45,5	22,2	37,5	45,1	33,2
Zahl gültiger Fälle	41	28	30	99	44	22	18	24	82	190

* Angaben in Prozent der Antwortgebenden, die z.Z. des Umzugs 60 Jahre und älter waren
Quelle: Eigene Erhebung Deutschland: Frage 2; USA: Frage 3

Rhein-Main-Gebiet werden die Veränderungen der Wohnumgebung, der Wohnung und der Nachbarschaft mehrheitlich positiv, das Ausmaß der Einbindung in das örtliche Gefüge (Errreichbarkeit) sowie die nun anfallenden Wohnkosten jedoch als Verschlechterung bewertet.

Nach dem konzeptionellen Verständnis dieser Studie stellt das realisierbare Ausmaß *selbstbestimmter* Mensch-Umwelt-Interaktion im Alter ein wichtiges Kriterium räumlicher Teilhabe und Kompetenz dar. Deshalb wurde fallweise aus allen Angaben zum Umzugsverhalten eine neue Variable gebildet. Sie ordnet jeden Umzug danach ein, ob er stärker aufgrund von Push- oder Pull-Faktoren, also eher erzwungen oder freiwillig erfolgte. Die Befunde in Tabelle 5.9. unterstreichen, daß die Zuzüge älterer Menschen in ihren derzeitigen Wohnort mehrheitlich aus freien Stücken unternommen wurden. Dies trifft insbesondere für den Odenwald und vor allem die Erwachsenengemeinde Villages zu. Eine kleinere, wenngleich signifikante Gruppe jedoch ordnet sich mit dem Standortwechsel Notwendigkeiten, oft Zwängen unter. *"Erzwungene" Mobilität* ist in Deutschland relativ häufiger verbreitet als in den U.S.A. Dies gilt insbesondere für das Zielgebiet Darmstadt, aber auch für die Neubauviertel der Eastside und die Wohngebiete des "übrigen SCC".

Die Vielfalt und Uneinheitlichkeit der angeführten Bestimmungsfaktoren erschweren nach wie vor die Formulierung plausibler Erklärungen, weshalb Senioren derartige umzugsbedingte Veränderungen ihrer Umwelt auf sich nehmen. Im Rahmen der Enquete-Studie war es möglich, durch ca. 230 Telefoninterviews die Beweggründe für den erst kurz zurückliegenden Wohnortswechsel in Privathaushalte des südhessischen Untersuchungsgebietes zu erfassen und mit Befunden der ländervergleichenden Wanderungsanalyse zu verknüpfen. Danach zeigen sich folgende Grundstrukturen: Endogene und exogene Umzugsmotive bestimmen nahezu gleichgewichtig die Entscheidung. In der ersten Gruppe dominiert der Wunsch, näher bei den Angehörigen zu sein, gefolgt vom Anschluß an den Umzug anderer, gesundheitlichen Beeinträchtigungen und dem Verlust des Partners. Bei den äußeren Umzugsanlässen halten sich Push- und Pull-Faktoren nahezu die Waage: Mängel der vorigen Wohnung bzw. deren Kündigung oder Verteuerung veranlassen fast ebenso häufig den Umzug wie die Wunschwohngegend und die Bildung von Wohneigentum als Gründe für den Fortzug in die Zielgebiete genannt werden.

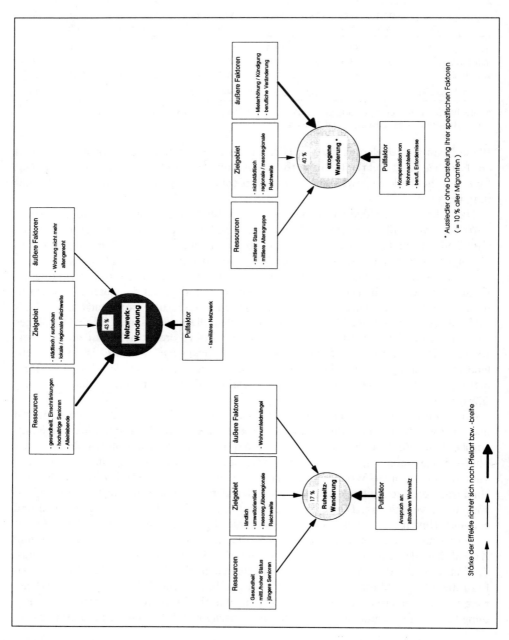

Abb. 5.3. Dominante Push- und Pull-Effekte der Migrationen älterer Menschen in Privathaushalte nach Wanderungstypen
aus: Friedrich (1994a, 56)

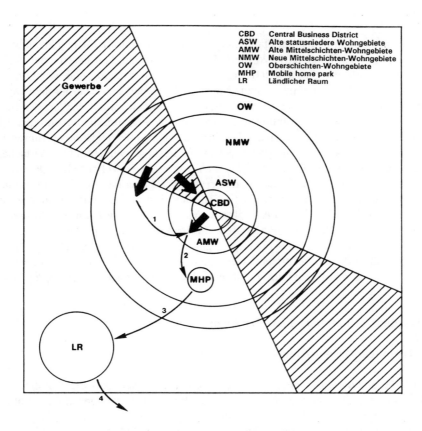

CBD	Central Business District
ASW	Alte statusniedere Wohngebiete
AMW	Alte Mittelschichten-Wohngebiete
NMW	Neue Mittelschichten-Wohngebiete
OW	Oberschichten-Wohngebiete
MHP	Mobile home park
LR	Ländlicher Raum

Abb. 5.4. Stationen im Umzugszyklus verdrängter älterer Menschen im SCC
(die verstärkten Pfeile stellen Verdrängungskräfte, die geschwungenen Ausweichbewegungen dar);
Quelle: Eigener Entwurf

Die Typenbildung und fallweise Zuordnung der befragten Binnenzuzügler nach primären Migrationsmotiven bestätigt, daß die auslösenden Faktoren für Wohnsitzwechsel im
höheren Erwachsenenalter zu einem Großteil Notwendigkeiten, oft Zwänge sind (vgl.
Abb. 5.3):

1. *Netzwerkorientierte Wanderung:* Die umfassendste Gruppe älterer Migranten verläßt
   ihren vertrauten Wohnstandort vorsorglich oder aus gegebenem Anlaß. Derartige
   Mobilität ist in den meisten Fällen unterstützungsorientiert und endogen, also in gesundheitlichen Einschränkungen oder dem Verlust einer Bezugsperson begründet.
   Unterstützung suchen die älteren Menschen bei bzw. in der Nähe ihrer Angehörigen.

2. *Exogene Wanderung:* Etwa ein Drittel der Wohnortswechsel lassen sich auf äußere,
   meist in unzulänglichen Wohn- und Lebensbedingungen gelegene, Beweggründe zurückführen;

3. *Aus- und Umsiedlung:* Im Gefolge des politischen Umbruchs und der Auflösung der
   bipolaren Welt ist jeder zehnte ältere Zuzügler Aus- oder Umsiedler;

4. *Ruhesitzwanderung:* Nicht einmal jeder fünfte Umzug entspricht der klassischen Ruhesitzwanderung durch die Wahl eines attraktiven Wohnortes in der Wunschwohngegend, meist vor oder kurz nach dem Ausscheiden aus dem Erwerbsleben.

Nach dem bisherigen Erkenntnisstand sind auch im kalifornischen Untersuchungsgebiet endogene, also im Rückgang der körperlichen Leistungsfähigkeit begründete, Rahmenbedingungen wirksam. Zusätzlich treten jedoch häufig system- und wohnumfeldbestimmte *exogene* Anforderungen hinzu (Kapitel 4.2 geht auf diese Zusammenhänge ausführlich ein). So unterliegen die Probanden aus dem Silicon Valley - anders als die deutschen Senioren - auf dem Wohnungsmarkt dem Wettbewerb um die bevorzugten Plätze, wie ihn der sozialökologische Ansatz beschreibt. Finanzielle Belastungen führen neben konkurrierenden Flächennutzungsansprüchen in dieser expandierenden Wirtschaftsregion zu einer potentiellen Bedrohung des Status quo. Die Bewohner alter Quartiere und von mobile home parks können dem Veränderungsdruck ebenfalls wenig Widerstand entgegensetzen. Nach den vorliegenden Befunden hat sich für einen zunehmenden Anteil älterer Menschen im SCC folgendes reaktives Muster sukzessiver Umschichtungen herausgebildet, das sie nicht mehr als Akteure beeinflussen können (vgl Abb. 5.4): Aus bevorzugten Wohnlagen erfolgt zunächst ein Umzug in die zentralen Bereiche von San Jose (Downtownnähe), dann in relativ preiswerte mobile home parks, in die semiruralen Wohngebiete von Morgan Hill und Gilroy und schließlich in Regionen außerhalb des SCC.

5.5   Herkunfts- und Zielgebiete der Altenwanderer

5.5.1 Räumliche Austauschmuster in Deutschland

Es wurde bereits darauf eingegangen, daß sich unser Wissen über die räumlichen Austauschmuster älterer Migranten wegen der Datenlage bislang weitgehend auf empirische Befunde zu regionalen und überregionalen Wanderungen stützt. Mit der Enquete-Erhebung ist nun eine lückenlose und aktuelle Darstellung möglich.

Mit Blick auf die großräumigen Wanderungen unterstreicht die Differenzierung nach Zielgebieten in Tabelle 5.2. deren ausgeprägte räumliche Selektivität: Besonders geringe Anteile *überregionaler* Zuzüge verzeichnen unter den Flächenstaaten Baden-Württemberg (21,1%), Sachsen, Bayern und Nordrhein-Westfalen, überdurchschnittlich hoch dagegen Rheinland-Pfalz (42,7%), Schleswig-Holstein, Niedersachsen und Brandenburg. In den Wanderungsbilanzen schlägt sich dies in Zuzugsgewinnen für die meisten westlichen und Verlusten für die östlichen Bundesländer sowie die drei Stadtstaaten nieder.

Dank der betont regionalwissenschaftlichen Orientierung der BFLR ermöglicht die Aufbereitung der Daten ihrer Laufenden Raumbeobachtung einen differenzierteren Einblick in die *regionalen Migrationsbezüge* älterer Menschen (vgl. hierzu z.B. Koch 1976; Janich 1991). Die Bilanzierung für den Zeitraum 1981-84 auf der Basis der jährlichen Durchschnittssalden in den 75 ROR der früheren Bundesrepublik läßt bereits den Trend zur Dekonzentration in verdichteten Regionen erkennen (Abb. 5.5). Die Fortsetzung dieses Trends in den alten Bundesländern sowie ein deutlicher Ost-West-Gegensatz manifestieren sich im Zusammenhang mit der Aufbereitung aktuellerer Daten für die Ebene der Kreise und kreisfreien Städte im vereinten Deutschland. So ergibt die Darstellung der Wanderungsgewinne und -verluste der Zielgruppe unter Berücksichtigung der gleichaltrigen Bestandsbevölkerung in Abbildung 5.6:

118

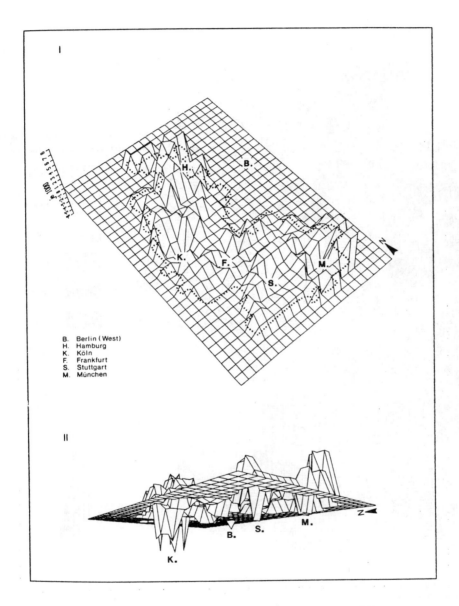

Abb. 5.5. Mittlere jährliche Wanderungssalden ältere Menschen 1981-1984.
Bezogen auf je 1000 Personen im Alter von 65 und mehr Jahren auf der Basis der bundesdeut-
schen Raumordnungsregionen. I = Schrägperspektive, II = Seitenperspektive
Eigener Entwurf, berechnet nach Daten der BFLR 1986

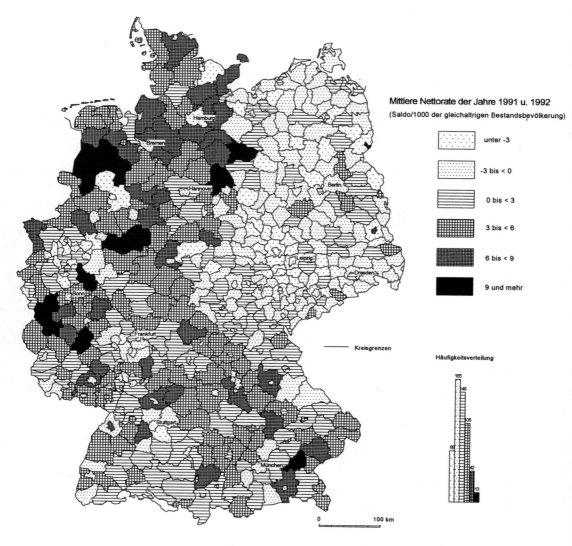

Mittlere Nettorate der Jahre 1991 u. 1992
(Saldo/1000 der gleichaltrigen Bestandsbevölkerung)

	unter -3
	-3 bis < 0
	0 bis < 3
	3 bis < 6
	6 bis < 9
	9 und mehr

——— Kreisgrenzen

Häufigkeitsverteilung

0   100 km

Quelle: Wanderungsbänder der Stat. Landesämter 1991 und 1992
Entwurf: Friedrich / Kartographie: Simons

Abb. 5.6. Nettobinnenwanderungsraten der 55jährigen und älteren nach Kreisen 1991 und 1992
aus: Friedrich (1994a, 25)

➤ Die ostdeutschen Gebietskörperschaften weisen mehrheitlich negative Migrationsraten auf, während diese in den alten Bundesländern vergleichsweise selten auftreten und sich dabei auf die Kernstädte und deren angrenzende Gebietseinheiten in Ballungsräumen beschränken.

➤ Wanderungsgewinne verzeichnen im westlichen Teil Deutschlands neben landschaftlich attraktiven Regionen (wie z.B. Ostholstein, Lüneburg, Schwarzwald und Alpenvorland) vor allem die Randbereiche der Verdichtungsräume.

➤ Eine Sonderentwicklung ist die extrem hohe Fluktuation beispielsweise in den Kreisen Unna, Göttingen, Osnabrück, Plön und Rastatt. Sie läßt sich auf die Lokalisation von Erstaufnahmeeinrichtungen für Um- und Aussiedler zurückführen, die dort durch ihren Fortzug nach der Registrierung zu extrem hohen Binnenwanderungsverlusten beitragen.

Die Bilanzierung der Binnenwanderungseffekte indes ermöglicht noch keine gesicherten Aussagen über die dahinterstehenden räumlichen *Austauschprozesse*. Sie bleiben der Verknüpfung des Quell- und Zielgebietes jedes einzelnen Migranten vorbehalten. Da die bislang verfügbaren Informationen den Datenstand von 1980 repräsentieren, wurden im Rahmen der Enquete-Studie aktuelle Verflechtungsmatrizen zwischen Bundesländern sowie strukturellen Regionstypen berechnet.

Im Vergleich zu den 80er Jahre läßt das aktuelle Stromdiagramm der *großräumigen* Austauschprozesse älterer Menschen über Ländergrenzen (Abb. 5.7.) folgende Grundmuster erkennen:

➤ Die fortbestehende Südorientierung im Westen (Gewinner sind die Flächenstaaten der Mitte und des Südens, deutliche Verlierer die nördlichen Bundesländer) wird vom Phänomen eines moderat ausgeprägten Ost-West Transfers überlagert (1991 und 1992 per Saldo ca.14 000 Gewinne des Westens; alle signifikanten Wanderungsströme der neuen Bundesländer sind auf die frühere Bundesrepublik gerichtet, entsprechende Gegenströme fehlen).

➤ Wie 1980 verzeichnen Baden-Württemberg, Bayern und Nordrhein-Westfalen nennenswerte Wanderungsverflechtungen mit nichtbenachbarten Ländern. Während sich die ehemalige Insellage Berlins früher in überregionalen Abwanderungsströmen der Zielgruppe auswirkte, gilt dies heute nicht mehr.

Für die sozial- und raumplanerischen Implikationen der Migrationen im höheren Erwachsenenalter sind die Richtungen der *regionalen* Austauschprozesse von besonderer Bedeutung. Die fallweise durchgeführte Verflechtungsanalyse einer 10% Stichprobe der Migranten zwischen Strukturregionen bestätigt die Tendenz zur *Dekonzentration entgegen der metropolitanen Hierarchie* (Abb. 5.8): Die Binnenwanderungsgewinne der Umlandregionen von Verdichtungsräumen (verdichtete Kreise und solche mit Verdichtungsansätzen) gehen auf Kosten der Kernstädte (wie z.B. München, Stuttgart, Frankfurt/M., Hamburg und Braunschweig sowie derjenigen im Ruhrgebiet). Ich interpretiere dies nicht wie Kontuly (1991) als Counterurbanization sondern als verzögerte Suburbanisierung: Ältere Menschen folgen mit Zeitverzug der vorausgegangenen Kern-Rand-Wanderung junger Familien während ihrer Expansionsphase. Zwar verzeichnen auch einige periphere Räume mit hoher landschaftlicher Attraktivität Wanderungsgewinne; insgesamt jedoch sind die ländlichen Regionen weniger durch Zu- und Abwanderungen als durch intensive Binnenverflechtungen gekennzeichnet.

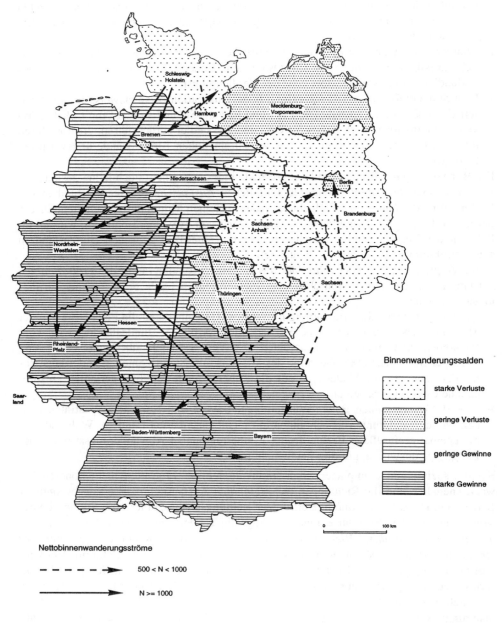

Binnenwanderungssalden

starke Verluste

geringe Verluste

geringe Gewinne

starke Gewinne

Nettobinnenwanderungsströme

- - - ➤ 500 < N < 1000

———➤ N >= 1000

Quelle: Wanderungsbänder der Stat. Landesämter 1991 und 1992.

Abb. 5.7. Binnenwanderungssalden und -ströme der 55jährigen und älteren zwischen den Bundesländern 1991/92
aus: Friedrich (1994a, 31)

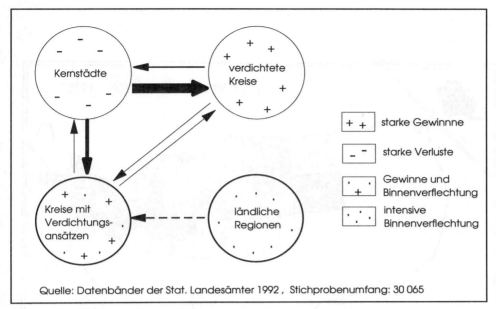

Quelle: Datenbänder der Stat. Landesämter 1992 , Stichprobenumfang: 30 065

Abb. 5.8. Binnenwanderungsverflechtungen zwischen deutschen Gebietstypen.
aus: Friedrich (1994a, 32)

Eng verknüpft mit diesen Ergebnissen ist die Frage nach der *Distanz* der Wohnstandort-
wechsel älterer Menschen (vgl. Abschn. 5.2). Die hierzu fallweise durchgeführte Berechnung der zurückgelegten kilometrischen Luftliniendistanz zwischen Herkunfts- und
Zielgebieten von ca. 11 000 Migranten unterstreicht ihre vorrangige Orientierung auf benachbarte Gebiete und geringe Entfernungszonen: Zwei Drittel aller Wohnortswechsel
finden im Radius von nur 50 km statt. Damit bestätigt sich auch für das vereinte
Deutschland das Anhalten des Trends zur gewachsenen Entfernungsempfindlichkeit, den
Friedrich & Koch (1988) bereits anhand der Daten aus den 80er Jahren als "Rückkehr
zur Normalität" kennzeichneten: Bis in die 70er Jahre hielten große Bevölkerungsseg-
mente zunächst ihre durch den Krieg und die Wiederaufbauphase geprägten relativ
mobilen Muster räumlichen Standortverhaltens bis ins Alter aufrecht. Nach Wegfall dieser externen Notwendigkeiten besitzt inzwischen wieder das für ältere Menschen hierzulande charakteristische Bestreben Priorität, die Kontinuität der Lebens- und Wohnsituation zu erhalten. Sofern Wanderungen unternommen werden, erfolgen sie in der Regel
über kürzere Entfernungen. Hierbei braucht das vertraute räumliche und soziale Akti-
onsfeld nicht völlig aufgegeben zu werden.

5.5.2 Räumliche Austauschmuster in den U.S.A.

Bekanntermaßen tendieren derzeit in den Vereinigten Staaten die Hauptströme der Binnenwanderungen zwischen den Bundesstaaten vom altindustrialisierten "frostbelt" in den
wachstumsorientierten "sunbelt". Gelten diese Grundmuster auch für ältere Menschen?
Der Vergleich der relevanten Altenwanderungsströme (≥ 10% GMR = gross migrapro-

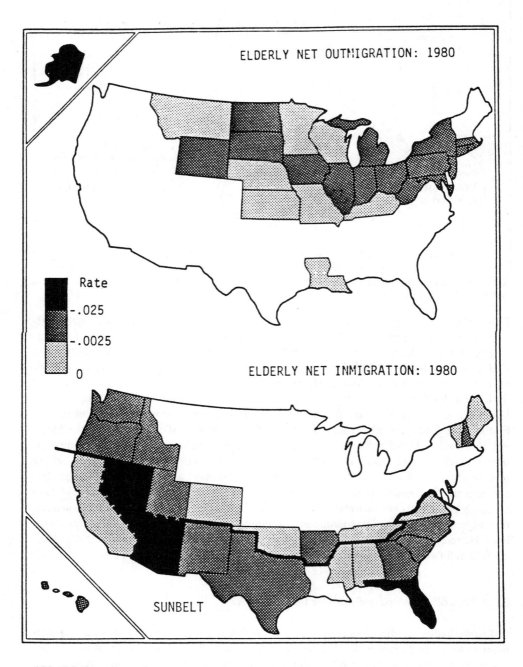

Abb. 5.9. Binnenwanderungssalden älterer Menschen nach Bundesstaaten der U.S.A.
aus: Rogers & Watkins (1986, 66)

Tab. 5.10. Die 5 führenden Herkunfts- und Zielgebiete der Altenwanderer (≥ 60 Jahre) zwischen U.S.-Bundesstaaten in den Fünfjahresperioden 1965-70, 1975-80 und 1985-90

Rang	Zielgebiete 1965-70 Staat	in %	Zielgebiete 1975-80 Staat	in %	Zielgebiete 1985-90 Staat	in %
1	Florida	24,6	Florida	26,3	Florida	23,8
2	Kalifornien	10,0	Kalifornien	8,7	Kalifornien	6,9
3	Arizona	4,2	Arizona	5,7	Arizona	5,2
4	New Jersey	4,0	Texas	4,7	Texas	4,1
5	Texas	3,5	New Jersey	2,9	North Carolina	3,4
USA insg.		1 094 014		1 554 000		1 901 105

Rang	Herkunftsgebiete 1965-70 Staat	in %	Herkunftsgebiete 1975-80 Staat	in %	Herkunftsgebiete 1985-90 Staat	in %
1	New York	14,3	New York	14,6	New York	11,7
2	Illinois	8,1	Kalifornien	8,5	Kalifornien	9,9
3	Kalifornien	6,9	Illinois	7,2	Florida	6,8
4	Ohio	5,0	Florida	5,6	Illinois	5,6
5	Pennsylvania	5,0	New Jersey	5,2	New Jersey	5,6

Quelle: Longino (1994, 24f.)

duction rate, definiert als Fläche unter dem Profil der altersspezifischen Abwanderungsraten, Rogers & Watkins 1988, 10 u. 22ff.) zeigt, daß Senioren noch *eindeutiger* auf den sunbelt orientiert sind als jüngere Gruppen: Ihre bevorzugten Zielstaaten sind Florida, Kalifornien und Arizona (vgl. auch Tab. 5.10. und Abb. 5.9). Hauptherkunftsgebiete sind die Staaten des "alten" Nordostens (vor allem New York), des mittleren Westens und - unerwartet, aber verständlich wegen des großen Bevölkerungspotentials - Kalifornien.

Die Rolle Kaliforniens als zweitwichtigste Quell- und Zielregion der überregionalen Binnenwanderung älterer Menschen ist für die vorliegende Untersuchung von Bedeutung. Deshalb werden in Tabelle 5.11. die relevanten Herkunfts- und Zielgebiete für diesen Staat gesondert vorgestellt.

Üblicherweise dominieren im Altersprofil der Binnenwanderungen (wie z.B. zwischen New York und Kalifornien) die Ausbildungs- und Arbeitsspitzen (vgl. auch Abb. 5.2). Für die Hauptzielgebiete im sunbelt dagegen bildet sich eine ausgesprochene "Ruhestandsspitze" heraus, wie das Beispiel der Wanderungsströme von New York nach Florida belegt. Jedoch gilt in der Regel - entgegen der landläufigen Meinung - auch für die Wanderungsdistanzen älterer Amerikaner das Prinzip einer deutlichen *Entfernungsempfindlichkeit*. Schon bei den allgemein als Fernwanderungen klassifizierten Migrationen zwischen Bundesstaaten sind die Hälfte bis drei Viertel aller relevanten Wanderungsströme auf benachbarte Staaten gerichtet (vgl. Abschn. 5.2).

Tab. 5.11. Die 5 führenden Herkunfts- und Zielgebiete der kalifornischen Altenwanderer 1975-80 (≥ 60 Jahre)

Rang	Herkunftsgebiete Staat	in 1000	in %	Zielgebiete Staat	in 1000	in %
1	New York	18	12,2	Oregon	17	12,0
2	Illinois	14	9,5	Arizona	16	11,8
3	Arizona	9	6,3	Washington	12	8,8
4	Michigan	7	4,8	Nevada	11	8,2
5	Florida	7	4,8	Texas	10	7,1
5 Staaten insg.			37,5			48,0

Quelle: Rogers & Watkins (1986, 49f.)

Die differenzierte Betrachtung der Wanderungsrichtungen nach *Raumkategorien* erfolgt im Rahmen der nordamerikanischen Migrationsforschung vor allem unter dem Aspekt ihrer Präferenzen für metropolitane oder nichtmetropolitane Gebiete. Am Beispiel der zwischen 1945 und 1965 geborenen "Baby-Boom-Kohorten" hat Frey (1986) deren spezifisches Wanderungsverhalten über den Lebensverlauf verfolgt. Ziel war, den Einfluß des Alterns auf die künftigen Migrationsmuster der Zielgruppe bestimmen zu können. Als Ergebnis ihres derzeitig stärker durch Dekonzentration bestimmten Wanderungsverhaltens prognostiziert der Autor bis zum Jahre 2030 einen anhaltenden Trend in den sunbelt, bevorzugt in dessen kleinere nichtmetropolitane Gebiete. Longino u.a. (1984) diskutieren anhand der Analyse der Migrationen der Zielgruppe während dreier Dekaden den sogenannten "turnaround" der Wanderungsrichtung aus metropolitanen in nichtmetropolitane Gebiete, der zwischen 1960 und 1979 ausgemacht wurde. Sie sehen für die Periode 1970 bis 1980 das Fortbestehen dieses Trends und nicht eine erneute Umkehr wie andere Autoren. Zu dem gleichen Ergebnis kommen Serow u.a. (1995, Tab. 2) auf der Grundlage aktueller Daten. Für die vorliegende Fragestellung jedoch ist das Ergebnis wichtiger, daß zu allen drei Betrachtungszeitpunkten (1960, 1970 und 1980) jeweils nur weniger als 7% der Wanderungen zu einem Wechsel zwischen metropolitanen und nichtmetropolitanen Gebieten führten. Die Schlußfolgerungen daraus werfen ein bezeichnendes Licht auf die weitgehend instrumentelle amerikanische Sichtweise der Bedeutung von Wohnsitzverlagerungen für den einzelnen: "*Migration may not represent a major change of life style. One has not made a major residential relocation, if one moves to a similar house in a similar metropolitan suburb, even if it is on the other side of the nation. The qualities of the environment of the mover have been essentially preserved*" (Longino u.a. 1984, 724).

5.5.3 Die Einzugsbereiche der Untersuchungsgebiete

Auch für die Untersuchungsgebiete stellt sich die Frage nach der Herkunft der 111 hessischen und 197 kalifornischen Befragten, die seit Erreichen ihres 60. Lebensjahres einen Wohnsitzwechsel unternommen haben.

126

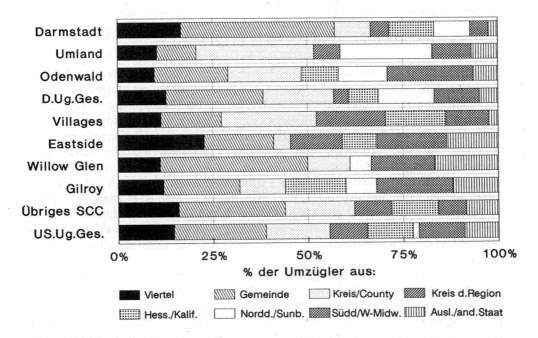

Abb. 5.10. Herkunftsgebiete der Zu- und Umzügler (z.Z. des Umzugs ≥ 60 Jahre) in die Untersuchungsschwerpunkte
Quelle: Eigene Erhebung Fragen 2

Bezogen auf die beiden Grundgesamtheiten unternahmen jeweils gut ein Drittel der mobilen Senioren Umzüge am Wohnort (Abb. 5.10). Zusammen mit den Zuzügen aus dem gleichen Kreis/County ergibt sich für über die Hälfte der Migranten ein lokaler und regionaler Einzugsbereich. Unterschiede bestehen hingegen in bezug auf entferntere Distanzen: 11,7% zogen aus anderen Gemeinden Hessens, 21,9% innerhalb Kaliforniens in die Untersuchungsgebiete. Damit stammten hierzulande 31,4%, im SCC 22,5% aus einem anderen Bundesland bzw. -staat und zählen als überregionale Wanderer. Unberücksichtigt bleiben bei dieser groben Einteilung jedoch die tatsächlich zurückgelegten Distanzen zwischen Herkunfts- und Zielgebieten, die in den U.S.A. allein wegen der territorialen Erstreckung weitaus größer sein dürften.

Differenzieren wir nach Untersuchungsschwerpunkten, liegt der Anteil innerörtlicher Umzüge in Darmstadt, Willow Glen und der Eastside besonders hoch. Ausgesprochen "regionale" Einzugsbereiche kennzeichnen demgegenüber die Zuzügler in die Villages, die bereits zu einem Großteil vorher in der Bay Area gelebt hatten sowie die südhessischen Umlandbewohner, die vornehmlich aus Darmstadt stammen. Fernwanderungen führten nach dem 60. Lebensjahr überdurchschnittlich häufig in den Odenwald sowie nach Gilroy und Willow Glen.

5.6 Multiregionale Konsequenzen demographischer Umschichtungen

5.6.1 Das Instrumentarium der multiregionalen Lebenstafeln

Die demographischen Auswirkungen der Wanderungen älterer Menschen auf die Teil-räume der Bundesrepublik und der Vereinigten Staaten werden nachfolgend mit Hilfe des multiregionalen Bevölkerungsansatzes untersucht. Das Konzept des "multiregional approach" stützt sich vor allem auf Entwicklungen durch Rogers (Rogers & Castro 1981; Rogers 1984; Rogers & Planck 1984). Nach seinen Untersuchungen zeigen die nach dem Alter differenzierten Wanderungsprofile der meisten Staaten derart viele Übereinstimmungen, daß sie mit Hilfe weniger Parameter zu bestimmen sind. Damit lassen sich "multiregionale Lebenstafeln" generieren, denen regional aufgeschlüsselte Informationen entnommen werden können (vgl. dazu z.B. Leib & Mertins 1983, 174f.; Sauberer 1981). Der Vorteil gegenüber herkömmlichen Prognoseverfahren besteht vor allem darin, daß die gleichzeitige Berücksichtigung mehrerer Regionen es gestattet, die Wechselbeziehungen und Austauscheffekte zwischen diesen räumlichen Bezugsebenen genauer abzubilden.

Die multiregionale Bevölkerungsanalyse der bundesdeutschen Situation erfolgte als gesonderte Untersuchung (Friedrich & Koch 1988) im Rahmen der erwähnten interna-tionalen Vergleichsstudie zum Wanderungsverhalten älterer Menschen (Rogers & Serow 1988). Sie verwendet auf Länderbasis Daten der BFLR mit dem Stand 1980 bzw. 1983. Die U.S.-Ergebnisse beruhen auf einer Analyse von Rogers & Watkins (1986), die sich ihrerseits überwiegend auf 1980er Censusdaten stützt.

5.6.2 Die deutsche Situation

Mit Hilfe der multiregionalen Lebenstafeln läßt sich z.B. die Frage beantworten, wie sich eine hypothetische Generation in einer gegebenen Region verändern würde, wenn sie den derzeitigen Parametern von Sterblichkeit und Binnenwanderungen unterläge. Be-rücksichtigt man die Vorgaben dieser "isolierenden Abstraktion", ergibt sich beispiels-weise, daß die verbleibende *Lebenserwartung der 60jährigen am derzeitigen Wohnort* Berlin (West) durchschnittlich 18,7 Jahre, in Baden-Württemberg dagegen 20,5 Jahre beträgt. Im Vergleich zu den 20jährigen sind ihre verbleibenden Lebensjahre durch eine weitaus geringere Wanderungsbereitschaft gekennzeichnet: Im Durchschnitt werden nur ca. 7% der Älteren, jedoch ca. 50% der Jüngeren über die Grenzen ihres Bundeslandes umziehen.

Weiterhin ermöglichen die Lebenstafeln Aussagen über die *regionale Verweildauer*, d.h. darüber, in welcher Region welcher Anteil der verbleibenden Lebenszeit verbracht wird (vgl. Tab. 5.12). Für die Senioren in den Stadtstaaten ist die Wahrscheinlichkeit am geringsten, im gleichen Bundesland zu bleiben. In Hamburg beispielsweise verbringen die 60jährigen nur 85,4% ihrer verbleibenden Lebensjahre, in Bayern dagegen 96,8%. Diese Grundmuster bestätigen sich auch hinsichtlich der *"exportierten"* und *"impor-tierten" Lebenserwartung*: Während die Stadtstaaten mit jeweils ca. 14% die höchsten Anteile exportierter Lebenserwartung aufweisen, verzeichnet der Flächenstaat Nieder-sachsen mit 25,5% den größten Zugewinn.

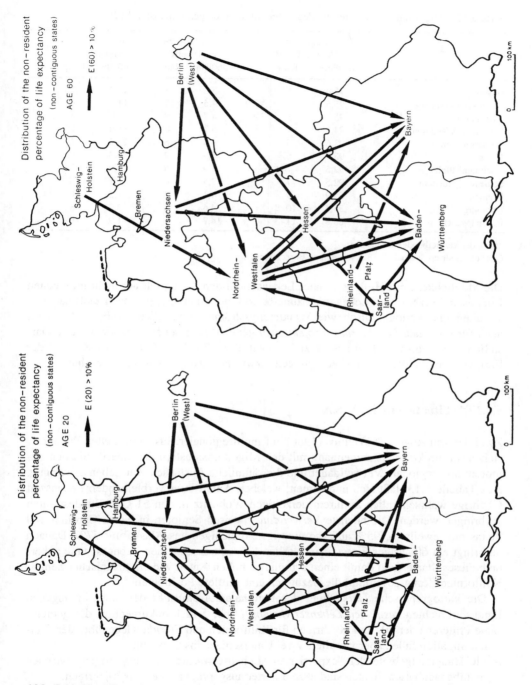

Abb. 5.11. Verteilung der "exportierten Lebenserwartung" (> 10%) der 20- und 60jährigen zwischen nicht-benachbarten Bundesländern im früheren Bundesgebiet 1980
Eigene Erhebung

Tab. 5.12. Ausgewählte Parameter der deutschen multiregionalen Lebenstafel 1983

| | Regionale Verweildauer* | | Lebenserwartung | | | |
| | | | exportierte | | importierte | |
	60jährige	Rang	≥ 60jähr.	Rang	≥ 60jähr.	Rang
Bayern	96,8	1	3,2	11	12,2	3
Baden-Württemberg	95,5	2	4,5	10	11,2	4
Saarland	95,3	3	4,7	9	1,0	11
Nordrhein-Westfalen	94,8	4	5,2	8	15,8	2
Niedersachsen	93,6	5	6,4	6	25,5	1
Hessen	93,1	6	5,9	7	9,0	6
Rheinland-Pfalz	92,5	7	7,9	5	6,9	7
Schleswig-Holstein	92,5	7	7,5	4	11,1	5
Bremen	85,9	9	14,1	3	1,5	10
Hamburg	85,4	10	14,6	2	3,9	8
Berlin (West)	85,3	11	14,7	1	1,9	9

*in % der verbleibenden Lebenszeit
Quelle: Friedrich & Koch 1988 sowie eigene Berechnungen

Die Möglichkeit, mit Hilfe regionaler Lebenstafeln den Austausch der nicht im eigenen Bundesland verbrachten Lebenserwartung bestimmter Altersgruppen nach Zielstaaten zu verteilen und kartographisch wie Wanderungsströme darzustellen (Abb. 5.11.), wird auch für regionale *Bevölkerungsprojektionen* genutzt. Hier sei auf eine detaillierte Darstellung der deutschen Befunde verzichtet (vgl. dazu Friedrich & Koch 1988), weil der Einigungsprozeß die Rahmenbedingungen inzwischen grundlegend verändert hat.

5.6.3 Die Situation in den U.S.A.

Zwei der von Rogers & Watkins (1986) auf multiregionaler Basis ermittelten Parameter stehen im direkten Zusammenhang mit den Migrationsmustern der amerikanischen Senioren: ihre regionale Verweildauer und der räumliche Austausch von Lebenserwartung. Aus Tabelle 5.13. läßt sich entnehmen, welchen Anteil ihrer verbleibenden Lebenszeit 60jährige wahrscheinlich an ihrem derzeitigen Wohnsitz in den 51 U.S.-Bundesstaaten verbringen werden. Die höchste *Verweildauer* weisen Senioren in North Carolina und Texas mit jeweils ca. 95% auf, die niedrigste diejenigen aus Alaska mit 57%. Danach verbringt ein 60jähriger Einwohner Alaskas 43% seiner restlichen Lebensspanne außerhalb dieses Staates und damit einen achtmal so hohen Anteil wie ein texanischer Senior. Kalifornien (Rang 20) nimmt diesbezüglich eine mittlere Position ein.

Die kartographische Darstellung des regionalen *Austauschs* der nicht im eigenen Land verbrachten *restlichen Lebenserwartung* (Abb. 5.12.), dokumentiert die gemeinsame Präferenz der 20- und 60jährigen für Kalifornien und Florida. Gegenüber der deutschen Situation fallen aber vor allem zwei Unterschiede ins Gewicht:

➢ die Hauptzielgebiete der "exportierten" Lebenserwartung der 60jährigen zwischen nichtbenachbarten Staaten sind akzentuierter ausgeprägt als bei den 20jährigen;

➢ beim Transfer der Lebenserwartung durch die 60jährigen existiert eine klare Trennung der überregionalen Einzugsgebiete durch die "Demarkationslinie" des Mississippi: Nahezu alle Staaten östlich davon haben Florida, die westlich gelegenen Kalifornien und mit weiterem Abstand Arizona als Ziel.

Als eine Konsequenz dieser Ergebnisse errechnen sich aus der multiregionalen Prognose bis zum Jahr 2020 für Kalifornien dramatische Zuwächse der Zahlen und Anteile älterer Menschen. Falls die implizierten Annahmen zutreffen, nähert sich dessen künftiger Altersaufbau hierdurch immer stärker demjenigen der gesamten U.S.A.

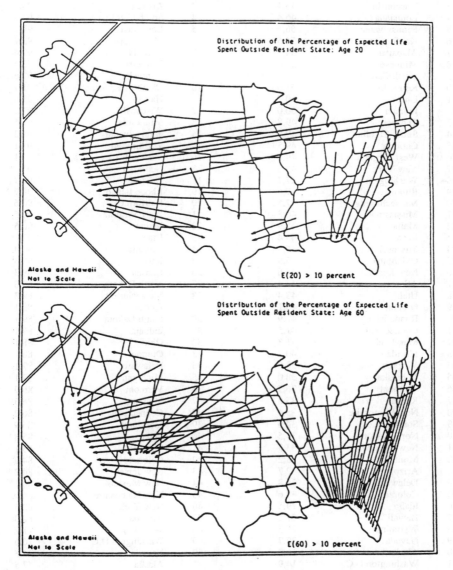

Abb. 5.12. Verteilung der "exportierten Lebenserwartung (> 10%) der 20- und 60jährigen zwischen nicht-benachbarten Bundesstaaten der U.S.A.
aus: Rogers & Watkins (1986, 77)

Tab. 5.13. Rangfolge regionaler Verweildauer der Neugeborenen und 60jährigen nach U.S.-Bundesstaaten in Prozent

Rang	Bundesstaat	Verweildauer Neugeborene	Rang	Bundesstaat	Verweildauer 60jährige
1	Texas	59,5	1	North Carolina	95,1
2	Michigan	46,5	2	Texas	95,0
3	Wisconsin	46,4	3	Alabama	94,9
4	Louisiana	46,4	4	South Carolina	94,3
5	Pennsylvania	56,1	5	Louisiana	94,2
6	Kalifornien	54,6	6	Mississippi	93,7
7	Alabama	54,1	7	Georgia	93,4
8	Minnesota	52,6	8	Tennesse	93,3
9	North Carolina	52,5	9	Kentucky	92,6
10	Kentucky	51,0	10	Oklahoma	91,7
11	Ohio	50,7	11	Hawaii	91,6
12	Indiana	50,0	12	Wisconsin	91,5
13	Tennesse	49,8	13	Minnesota	91,5
14	South Carolina	49,5	14	Pennsylvania	91,2
15	Georgia	49,5	15	Washington	91,1
16	West Virginia	49,0	16	Missouri	91,1
17	New York	48,3	17	Nebraska	91,1
18	Washington	47,7	18	Arkansas	90,7
19	Illinois	47,6	19	Rhode Island	90,7
20	Massachusetts	47,5	20	Kalifornien	90,6
21	Mississippi	46,8	21	West Virginia	90,5
22	Maine	45,9	22	Maine	90,5
23	Iowa	45,4	23	Utah	90,4
24	Missouri	45,3	24	Virginia	90,4
25	Oklahoma	45,0	25	Iowa	90,3
26	New Jersey	44,6	26	Kansas	89,3
27	Arkansas	43,4	27	North Dakota	89,3
28	Utah	43,4	28	Massachusetts	89,3
29	Oregon	43,1	29	Florida	89,1
30	Rhode Island	42,9	30	South Dakota	89,1
31	Connecticut	41,5	31	Indiana	89,1
32	Maryland	41,3	32	Ohio	88,1
33	Florida	40,2	33	Oregon	88,1
34	Virginia	38,8	34	Delaware	87,1
35	Nebraska	38,0	35	Michigan	87,1
36	Vermont	36,5	36	Vermont	86,9
37	Kansas	35,8	37	Montana	86,3
38	New Hampshire	35,4	38	Connecticut	86,2
39	South Dakota	34,0	39	Maryland	85,9
40	North Dakota	33,5	40	Idaho	85,8
41	New Mexico	33,3	41	Illinois	85,1
42	Montana	33,2	2	Colorado	84,9
43	Arizona	32,7	43	New Jersey	84,2
44	Delaware	31,8	44	New Mexico	84,1
45	Colorado	30,6	45	New Hampshire	84,0
46	Idaho	29,5	46	New York	82,5
47	Hawaii	27,1	47	Arizona	82,3
48	Wyoming	25,5	48	Wyoming	81,2
49	Nevada	22,7	49	Washington D.C.	76,6
50	Alaska	16,0	50	Nevada	74,3
51	Washington D.C.	14,9	51	Alaska	57,5

Quelle: Rogers & Watkins (1986, Tab. 8)

132

5.7 Schlußfolgerungen

Die Untersuchung der Strukturmuster, Beweggründe und Konsequenzen von Wohnortswechseln älterer Menschen erfolgt in diesem Kapitel primär unter dem Gesichtspunkt, inwieweit derartige Umwelt-Interaktionen als Komponenten selbstbestimmter räumlicher Teilhabe gelten können. Die "klassische" Frage der Migrationsforschung "wer wandert, weshalb, wohin" rückt unter diesem Erkenntnisinteresse einerseits die Akteure, andererseits auch ihre raumgebundenen Handlungsvoraussetzungen und -folgen in den Mittelpunkt.

Nach den vorgelegten Ergebnissen bestehen Übereinstimmungen im Binnenwanderungsverhalten der nordamerikanischen und deutschen Senioren: eine im Vergleich zur Gesamtbevölkerung um den Faktor 3 reduzierte, jedoch während der letzten Jahrzehnte relativ stabile Beteiligung; eine ausgeprägte Distanzempfindlichkeit und anhaltende Dekonzentration entgegen die metropolitane Hierarchie sowie eine deutliche Südorientierung der überregionalen Wohnsitzverlagerungen. Aber es existieren auch gravierende Unterschiede zwischen beiden Zielgruppen. Sie äußern sich in einem um den Faktor 3 höheren Migrationsniveau der U.S.-Senioren, ihrer ausgeprägteren Standortflexibilität und Bereitschaft, Mißständen in der räumlichen Lebensumwelt z.B. durch Abwanderung in angenehme Ruhesitzregionen zu begegnen.

Sowohl auf der Basis makroanalytischer Raumbeobachtungsverfahren als auch unter Verwendung des multiregionalen Ansatzes bestätigt sich der distanziell selektive Charakter der räumlichen Umschichtungsprozesse älterer Menschen:

➢ Überregionale Migrationen nehmen, entgegen landläufiger Ansicht und dem auf sie gerichteten Forschungsinteresse, zahlenmäßig einen geringeren Stellenwert ein als Fortzüge in die Nähe des alten Wohnstandortes. Wanderungen über große Entfernungen sind zwar in den U.S.A. häufiger anzutreffen als hierzulande, aber auch dort unter Senioren keineswegs die Regel.

➢ Dementsprechend dominieren Fortzüge innerhalb des gleichen Bundeslandes bzw. Staates. Hierzulande werden nahegelegene, suburbane und ländlich geprägte Regionen bevorzugt.

Führen wir diese Ergebnisse mit den übrigen Resultaten der raumbezogenen Migrationsanalyse sowie der soziodemographischen Profile der Beteiligten zusammen, widersprechen sie der verbreiteten Einschätzung, wonach Wohnsitzwechsel im Alter in der Regel Fernwanderungen zu attraktiven Ruhesitzregionen seien und vorrangig von aktiven und gutsituierten Senioren unternommen würden. Stattdessen ergibt die Typenbildung nach primären Migrationsmotiven auf Grundlage der in den Interviews ermittelten Beweggründe, daß hierzulande nicht einmal jede fünfte Migration im höheren Erwachsenenalter einer klassischen Ruhesitzwanderung entspricht. Stattdessen erfolgt die Mehrzahl der Standortwechsel dann, wenn Einschränkungen der Gesundheit bzw. der Verlust einer Bezugsperson die Selbständigkeit der Lebensführung gefährden oder sie zu bedrohen scheinen. Dies unterstreicht den Stellenwert netzwerkorientierter Standortentscheidungen. Unterstützung suchen die älteren Menschen bei oder nahe ihren Angehörigen, in Heimen oder in anderen altengerecht ausgestatteten "settings" in der Nähe ihres vertrauten Wohnorts. Daneben lassen sich mehr als ein Drittel der Migrationen auf exogene Anlässe zurückführen, wie z.B. auf unzulängliche Wohn- und Lebensbedingungen oder auf die Übersiedlung nach Deutschland.

Im kalifornischen Untersuchungsgebiet treten exogene Belastungen in stärkerem Ausmaß als hierzulande neben die ebenfalls wirksamen endogenen Faktoren. Diese erfahren die älteren Menschen als umweltbedingten Streß und Verdrängungsmechanismen. Sie erwachsen im Silicon Valley häufig aus der siedlungs- und sozialräumlichen Dynamik dieser Wachstumsregion. Steigende Wohnkosten, Flächennutzungskonflikte und Kriminalität können als Einflußgrößen unfreiwilliger Wohnsitzverlagerungen interpretiert werden. Andererseits erleichtert ein funktionierender Immobilienmarkt stärker als hierzulande einen Wohnungswechsel.

Es ist von forschungsleitendem Interesse, zu beurteilen, ob diese Migrationsmuster Resultat größerer Kompetenz der amerikanischen Senioren sind, ihre Lebensumwelt nach eigenen Vorstellungen zu organisieren, oder Ausdruck eines höheren Grades von Abhängigkeit, deren negative Auswirkungen man durch erhöhte Wanderungsbereitschaft kompensiert. Dies kann indes beim derzeitigen Forschungsstand ebensowenig abschließend beantwortet werden wie die Frage, ob die geringere Standortflexibilität der deutschen Senioren Ausdruck einer reduzierten räumlichen Teilhabefähigkeit ist. Festzuhalten bleibt als Zwischenergebnis, daß Wohnsitzwechsel im Alter in beiden Untersuchungsgebieten sowohl Resultat selbstbestimmter Entscheidungen als auch Reaktionen auf äußere Zwänge sind und damit Kompetenz- und Kompensationselemente beinhalten. Hierzulande allerdings scheint der Kontinuitätsaspekt in der *Abwägung zwischen objektivem und subjektivem Standortnutzen* stärker als in den U.S.A. die Entscheidung zu beeinflussen. Dabei dämpft die verbreitete Verwurzelung mit der vertrauten Wohnumwelt die Umzugsneigung häufig selbst dann, wenn objektive Faktoren den Fortzug angebracht erscheinen lassen. Die *ökologische Valenz* manifestiert sich in der Regel erst dann als Standortverlagerung, wenn Belastungen bewältigbare Schwellenwerte überschreiten. Eine Überforderung ist hierzulande erreicht, sobald die Selbständigkeit der Lebensführung gefährdet erscheint, in den U.S.A. vor allem dann, wenn die Betroffenen nicht mehr in der Lage sind, in der Konkurrenz um bessere Standorte zu bestehen. Die damit skizzierten Zusammenhänge zwischen räumlicher Nutzung und räumlicher Interpretation werden in den nachfolgenden Kapiteln aufgegriffen und vertieft.

Die sozialpolitischen und raumordnerischen Implikationen der selektiven und keineswegs immer freiwillig erfolgenden Standortentscheidungen der Zielgruppe liegen auf der Hand. Innerhalb der U.S.A. äußern sie sich beispielsweise in der Tendenz zur räumlichen Segregation älterer Menschen. Sie kann ebenso in reizvollen und mit zielgruppenorientierter Infrastruktur ausgestatteten Wohnumwelten wie beispielsweise den Villages erfolgen wie in innenstadtnahen bzw. ländlich geprägten Regionen, die konkurrierenden Flächennutzungsansprüchen unterworfen sind. Aber auch hierzulande ist die raumplanerische und sozialpolitische Diskussion durch die Ungewißheit darüber geprägt, inwieweit die in den 60er Jahren in das Umland gezogenen Bewohner im Alter künftig in die Städte zurückkehren oder am derzeitigen Wohnort bleiben werden. Für die letzte Option sprechen neben der verbreiteten Standortverbundenheit älterer Menschen, auch deren Rechtsanspruch auf finanzielle Grundsicherung im Rahmen der Sozialgesetzgebung sowie die flankierenden standortstabilisierenden Maßnahmen (Wohngeld, Mieterschutz, Sozialbindung, wohnungsnahe Infrastruktur). Sie bewahren die deutschen Senioren weitgehend vor dem "Wettbewerb" um angemessene Wohnstandorte, wie er für das SCC skizziert wurde. Die Interdependenzen zwischen lebens- und systemweltlichen Rahmenbedingungen werden an diesen Schnittstellen besonders deutlich.

In diesem Zusammenhang ist keineswegs geklärt, inwieweit die heute noch relativ jungen Umlandgemeinden den künftigen Herausforderungen einer potentiell steigenden Nachfrage nach altengerechter Infrastruktur entsprechen können. Probleme deuten sich auch für die Zuzügler in ländliche Regionen an. Diese nicht immer in das soziale Netzwerk der Einheimischen eingegliederten - inzwischen oft alleinstehenden und in ihren Erwartungen enttäuschten - Neubürger treffen häufig auf ein noch zu geringes oder zu wenig abgestimmtes altenbezogenes Infrastruktur- und Dienstleistungsangebot, um ihnen die weitgehende Selbständigkeit der Lebensführung zu sichern.

Angesichts dieser Sachlage und offenen Fragen ist es zu früh für Empfehlungen, die nordamerikanischen Senioren vor unfreiwilligen Umzügen zu schützen oder die deutschen zu ermuntern, ihren potentiellen Einfluß dahingehend zu nutzen, für weitere standortstabilisierende Verbesserungen in ihrem Wohnumfeld stärker einzutreten. Es ist denkbar, daß die Angehörigen beider Untersuchungsgruppen solche Ratschläge als unvereinbar mit *ihrem* Verständnis *räumlicher Kultur* empfinden!

6. AKTIONSRÄUMLICHE UMWELTERSCHLIESSUNG

6.1 Außerhäusliches Alltagshandeln als Forschungsanliegen

Die aktive Nutzung des siedlungsräumlichen Gefüges durch ältere Menschen gilt in der Gerontologie zunehmend als Kennzeichen ihrer Integration und als wesentliche Voraussetzung zur Aufrechterhaltung einer selbstbestimmten Lebensführung (Thomae 1976; Lehr 1988b; Kruse 1992). Mobilität zwischen den verschiedenen Funktionsstandorten ist erforderlich, um die außerhäuslichen Gelegenheiten beispielsweise der Versorgung, Kommunikation und Freizeit in Anspruch zu nehmen. Im Unterschied zu den im vorigen Kapitel behandelten eher episodisch unternommenen Migrationen sind die im kürzeren Rhythmus durchgeführten Umwelt-Interaktionen nicht an den Wechsel des Wohnorts geknüpft. Vielmehr gehen sie als regelmäßige Handlungsvollzüge von der Wohnung aus und führen wieder zu ihr zurück. Dafür haben sich in den Raumwissenschaften die Begriffe *räumliche Zirkulation* (Bähr u.a. 1992, 817ff.) oder *aktionsräumliches Verhalten* eingebürgert. Die Alternsforschung bezeichnet diese Tätigkeiten im öffentlichen Raum als "instrumental activities of daily living" (oder IADL) und grenzt sie von den persönlichen und hauswirtschaftlichen Verrichtungen des täglichen Lebens ("activities of daily living" oder ADL) ab.

Soweit das konkrete Alltagshandeln älterer Menschen bislang überhaupt als Forschungsanliegen thematisiert wurde, erfolgte dies vor allem in Form von Querschnittsanalysen und im Kontrast zu jüngeren Personengruppen, selten jedoch in Beziehung zu gerontologischen Fragestellungen. Deshalb sagen die registrierten Unterschiede weder etwas darüber aus, ob sie auf Alterns- oder Kohorteneffekte zurückzuführen sind, noch erfolgt eine Differenzierung nach regionalen Alltagswelten. Angesichts einer derartigen Fundierung können die Resultate nicht verwundern, wonach die durchschnittlichen Mobilitätsniveaus von Senioren oft unter den jeweiligen Vergleichswerten liegen. Während dies die Annahmen der Disengagmenttheorie (vgl. Abschn. 1.3.2.2) und damit der an den Rand gestellten "traditionellen Alten" zu stützen scheint, rücken die Medien zunehmend die "neuen Alten" in den Blickpunkt. Nach deren Berichten entspricht ihre Geschäftigkeit eher aktiven jungen Menschen. Angesichts dieser ambivalenten Bilder - oder Klischees - wird die Forderung nach verläßlichen Basisinformationen über die Muster der Alltagsaktivitäten im höheren Erwachsenenalter verständlich.

Die herausragende Bedeutung der *Wohnung als Knoten im Bewegungszyklus älterer Menschen* drückt sich in deren enger zeitlichen und räumlichen Ausrichtung auf den häuslichen Bereich aus. Dort halten sie sich im Bundesdurchschnitt während vier Fünftel der Tageszeit (16 Stunden) auf (Mohr 1979). Saup (1986) berichtet, daß die Bewohner von Alten- und Pflegeheimen sogar annähernd 90% eines Tages im Haus bleiben. Für die U.S.A. ermittelten Moss & Lawton (1982, 118f.) im Rahmen einer Untersuchung über das Alltagsverhalten von 535 Senioren aus Philadelphia, daß diese 75% bis 85% der Tageszeit im Haus, zwischen 3% und 8% im Hof bzw. Garten und nur 8% bis 16% außerhalb des Wohngrundstücks verbringen. Diese und andere empirische Befunde werden auch in der wissenschaftlichen Diskussion oft als Beleg für den generellen Rückgang der Aktivitäten *mit dem und durch das Alter* gesehen (z.B. Havinghurst u.a. 1968; Cantilli & Shmelzer 1971). Dementsprechend zielt Herlyns (1990, 23) Schlußfolgerung wohl vor allem auf die Theorie des Disengagement (vgl. Abschn. 1.3.2.2): "*Was nun den*

Bewegungsradius von älteren Menschen anbelangt, so läßt er sich grob durch eine Schrumpfung der Chancen zur Umwelterschließung charakterisieren, denn die selbstbestimmte, aktive Raumnutzung reduziert sich in der Regel mit der Abnahme körperlicher Kräfte und/oder sozialer Kontakte. Diese Reduktion bzw. Einengung des sozialräumlichen Radius erscheint aus der Perspektive der Angehörigen anderer Altersphasen nicht selten als eine zugemutete Erscheinung, hingegen aus der Selbstsicht alter Menschen nicht nur als ein die Lebenschancen mindernder Verlust sondern möglicherweise auch als eine wohltuende Entlastung". Schon aus methodischen Gründen jedoch verbietet sich eine solche monokausale Erklärung; sie bliebe Längsschnittsanalysen vorbehalten, die sich auf individuelle Veränderungen im Lebensverlauf stützen. Zu den wenigen derartigen Ausnahmen gehört die "Duke Longitudinal Study of Older People". Deren Resultate stützen eher das Persistenzkonzept, denn Maddox (1968) berichtet, daß nahezu 80% seiner Probanden - trotz erkennbarer Verhaltensmodifikationen - weitgehend ihren Aktivitätsstatus beibehalten haben, der sie schon vor dem Eintritt in den Ruhestand charakterisierte.

Repräsentative Daten zur *altersdifferenzierten Mobilitätsintensität* liegen für das frühere Bundesgebiet vor. Es handelt sich dabei um mehrere tausend Tagesabläufe, die im Rahmen der "kontinuierlichen Erhebung zum Verkehrsverhalten" (nachfolgend als Kontiv 82 zitiert) im Auftrag des Bundesbauministeriums erfaßt wurden (Socialdata 1984). Sie erlauben wegen ihres Querschnittcharakters ebenfalls nur den Alt-Jung-Vergleich, nicht jedoch Ableitungen auf altersbedingte Aktivitätsänderungen. Die Aufschlüsselung nach Altersgruppen ergibt - bei Progressionsmaxima der 20- bis 30jährigen - mit zunehmenden Lebensjahren, ähnlich wie im Migrationsprofil, eine kontinuierliche Abnahme des Anteils der Personen, die sich am Stichtag außer Haus aufhalten (Abb. 6.1).

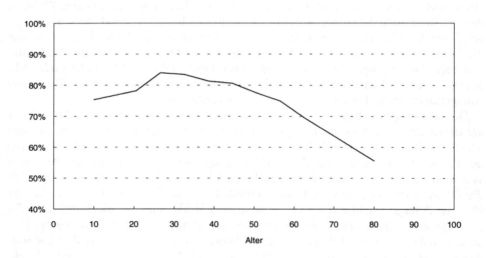

Abb. 6.1. Außerhäusliche Mobilität nach Lebensalter in der Bundesrepublik 1982.
Eigene Berechnung nach: Socialdata (1984, Tab. 0); Klassenbreite 5 Jahre, höchster Wert > 71 J.

138

Tab. 6.1. Tägliche Außerhausaktivitäten nach Tätigkeitsgruppen in Deutschland

	Außerhaus-anteil in %	Wege/ Person	Wege/ mobile Person	Außerhauszeit/ mobile Person*
Berufstätige	85,1	3,1	3,7	600
in Ausbildung	80,1	2,8	3,6	430
Hausfrauen mit Beruf	73,4	2,6	3,5	180
Hausfrauen ohne Beruf	62,4	1,9	3,1	160
Rentner	60,0	1,9	3,2	200
insgesamt	75,1	2,6	3,5	410

Stichprobengesamtheit N = 15 582; *Klassenmedian gemessen in Minuten
Quelle: eigene Auswertung nach Socialdata 1984 = KONTIV 82

Die weitere Gruppierung der Probanden nach Tätigkeitsmerkmalen und die Ausweisung der jeweiligen Außerhausquoten, der durchgeführten Wege und der dafür aufgewendeten Zeit relativieren allerdings den sich vermeintlich klar abzeichnenden Alterseffekt (Tab. 6.1): Die Mobilität der Rentner ähnelt derjenigen der Hausfrauen (vgl. auch z.B. Kutter 1973; Mohr 1979). Für beide Gruppen erübrigt sich durch den Wegfall der Erwerbstätigkeit oder der Ausbildung das regelmäßige Aufsuchen extern bestimmter Ziele. Bezieht man lediglich die am Stichtag aktiven Personen in die Betrachtung ein, weist die Wegehäufigkeit älterer Menschen keine nennenswerten Unterschiede mehr zu anderen Tätigkeitsgruppen auf.

Die Beispiele zeigen, daß ein Großteil des derzeitigen Wissens über das aktionsräumliche Verhalten älterer Menschen noch als vorläufig anzusehen ist, weil es auf theoretisch unverbundenen und teilweise widersprüchlichen Forschungserträgen beruht. Dies gilt selbst für den Freizeitbereich, dem in der Alternsforschung bisher relativ große Aufmerksamkeit geschenkt wurde (Tokarski 1989b). Wahl (1990) nimmt das weitgehende Fehlen verläßlicher Informationen über den Alltag von Senioren zum Anlaß für seine Forderung, *"die konkrete Verhaltensebene der alltäglichen Lebensgestaltung"* (Wahl & Schmid-Furstoss 1988, 24) künftig stärker in gerontopsychologische Betrachtungen einzubeziehen.

Obwohl aktionsräumliche Analysen seit den 70er Jahren hierzulande innerhalb der Geographie und Soziologie einen Forschungsschwerpunkt darstellen (Akademie für Raumforschung und Landesplanung 1980), widmen auch diese Disziplinen sich nur am Rande der Zielgruppe älterer Menschen. Nach dem Grundgedanken des *aktionsräumlichen Ansatzes* (Wolpert 1965; Friedrichs 1990) sind menschliche Tätigkeitsmuster wesentlich durch die ungleiche räumliche Anordnung der Wohnstandorte und der Tätigkeitsgelegenheiten geprägt. Die Handlungsspielräume des einzelnen werden jedoch nicht unmittelbar durch die objektive Raumstruktur bestimmt, sondern durch ein komplexes Zusammenspiel seiner Handlungsziele, dem Vorstellungsbild von der Raumstruktur und den Umwelt-Restriktionen (vgl. dazu Bähr u.a. 1992; Klingbeil 1978). Diese Sichtweise modifiziert die ehemaligen Prämissen primär zweckrationalen Verhaltens durch Integration handlungstheoretischer und phänomenologischer Elemente. Eine nach wie vor zentrale Position nimmt der von Hägerstrand (1970) formulierte *zeitgeographische Modellansatz* ein. Danach wird die zur Verwirklichung angestrebter Handlungsziele erforderliche Zeit sowohl durch die individuelle Mittelverfügung als auch durch drei Typen externer Begrenzungen (constraints) eingeschränkt:

1. *Capability constraints*: Physiologische (z.B. durch Schlafen und Essen) und technische (z.B. Verkehrsmittel) Einschränkungen.
2. *Coupling constraints*: Bindungen durch Rücksichtnahme auf Zeitpläne anderer (z.B. Öffnungs- und Arbeitszeiten, Fahrpläne).
3. *Authority constraints*: Reglementierungen der Zugänglichkeit (z.B. private Räume).

Zum Ausgleich dieser vor allem zeitlichen Einschränkungen werden zielgerichtete und gut kalkulierte Wegedispositionen der Akteure vorausgesetzt. Zwar lassen sich einige Grundsätze der Zeitgeographie nur bedingt auf die Situation älterer Menschen anwenden: Sie unterliegen nicht im gleichen Ausmaß wie berufstätige oder in der Ausbildung stehende Akteure Einschränkungen ihrer verfügbaren Alltagszeit; diese zeitliche Redundanz ermöglicht ihnen das Abweichen von optimierten Wegedispositionen. Dennoch sprechen die bisher vorliegenden Befunde dafür, die Existenz interner und externer Einflußfaktoren als vorläufige Bausteine in die Arbeitshypothesen dieses Kapitels zu übernehmen.

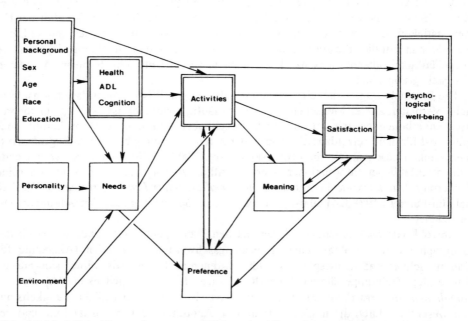

Abb. 6.2. Modell der Voraussetzungen und Folgen der Alltagsaktivitäten älterer Menschen
aus: Lawton (1983, 52)

Dies geschieht in ähnlicher Weise in Lawtons (1983) Darstellung der interdependenten Komponenten der altersspezifischen Aktivitäten in Abbildung 6.2. Auch ihm geht es nicht um den Anspruch formalisierter Modellbildung, sondern um das Ordnen der als relevant angesehenen Bestimmungsfaktoren. Seine Dreiteilung in personale und raumbezogene Voraussetzungen (linker Bereich), Aktivitäten und deren Bedeutung (Mitte) sowie Zufriedenheit bzw. Wohlbefinden (rechter Bereich) integriert behavioristische, ökologische und gerontologische Positionen. Übereinstimmend schreiben diese den personengebundenen Merkmalen (u.a. Gesundheitszustand, Status usw.) für die Phase des höheren Erwachsenenalters eine verhaltensdifferenzierende Wirkung zu (z.B. Haut-zinger & Kessel 1977; Wittenberg 1978; Regnier 1974). Demgegenüber erfährt der Stellenwert der baulichen Umwelt für das aktionsräumliche Verhalten eine unterschied-liche Einschätzung. Während sie nach Wohlfahrt (1983) und Herz (1981) keine wesent-liche Bestimmungsgröße darstellt, kommen andere Autoren (z.B. Klingbeil (1980) am Beispiel älterer Hausfrauen, Carp (1980) bei Senioren in San Antonio und San Francisco sowie Moss & Lawton (1982) anhand der Zeitbudgets von vier behavior settings älterer Bewohner aus Philadelphia) zu entgegengesetzten Befunden.

Die Verknüpfung von Interpretations- und Handlungsmustern griffen Geographen unter verschiedenen Perspektiven auf (vgl. Golledge & Stimson 1987). Aus nicht-al-tersbezogenem Blickwinkel betont Wirth (1979) vor allem den Stellenwert habituali-sierter Handlungsroutinen, unterscheidet Buttimers (1984, 75) Aktionsraumtypologie zwischen "Städtern" sowie "Ortsgebundenen" und differenziert Geipel (1989) im Rah-men langjähriger teilnehmender Beobachtung in einer Freizeitsiedlung bei Göteborg, wie deren Bewohner je nach Handlungszielen und Wertzuweisungen in einem identi-schen Milieu unterschiedlich mit ihrem Zeitbudget umgehen. Rowles (1978) unter-streicht, daß Senioren ihre Raumbezüge mit der Veränderung ihrer körperlichen Lei-stungsfähigkeit immer mehr auf das unmittelbare Wohnumfeld verengen (vgl. Abb. 6.3).

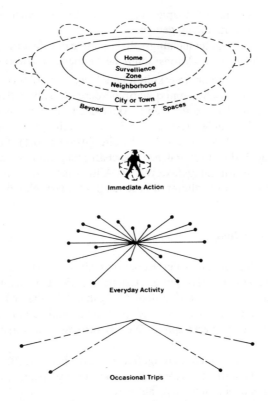

Abb. 6.3. Umwelträume und Aktionsbereiche älterer Menschen
nach Rowles (1978); aus: Wiseman (1978, 26)

Während Studien ohne explizit altersspezifischem Erkenntnisinteresse primär raumzeitliche Aspekte in den Vordergrund stellen, zielt *dieses Kapitel* auf die Erklärung der alltäglichen Aktivitätsmuster älterer Menschen durch Blick auf ihre Handlungsziele und
die Möglichkeiten zur aktionsräumlichen Teilhabe im Kontext ihrer regionalen Lebenswelten. Giddens (1988, 39) formuliert diesen Zusammenhang allgemein: "*Die Situ-
ierung sozialer Interaktion kann man sinnvoll im Verhältnis zu den verschiedenen Orten
untersuchen, durch die hindurch die Alltagsaktivitäten der Individuen koordiniert
werden. Orte (locales) sind nicht einfach Plätze (places), sondern Bezugsrahmen von
und für Interaktionen; wie Garfinkel besonders eindringlich gezeigt hat, beziehen sich
die sozialen Akteure fortwährend - und weitgehend in stillschweigender Weise - auf
diese Bezugsrahmen, um die Sinnhaftigkeit ihrer kommunikativen Handlungen zu
konstituieren. Doch Rahmenbedingungen sind zugleich in einer Weise regionalisiert,
daß sie den seriellen Charakter von Begegnungen stark beeinflussen und durch diesen
beeinflußt werden.*"

Angesichts der komplexen Wirklichkeitsstruktur räumlicher Aktivitätsmuster und
-prinzipien älterer Menschen wäre allerdings ihre analytische Segmentierung zum
Zwecke der Isolierung relevanter Einflußvariablen ein methodologisch wenig erfolgver-
sprechendes Unterfangen. Stattdessen wird auf integrative Weise zu klären versucht,
inwieweit

> die Interaktionsmuster und -prinzipien im höheren Erwachsenenalter als Gradmesser
  selbstbestimmter Umweltnutzung geeignet sind;

> der situative Kontext der Untersuchungsschwerpunkte die Handlungsziele älterer Men-
  schen und deren Chancen auf aktionsräumliche Teilhabe erweitert oder behindert.

Mit Blick auf den angestrebten interkulturellen Vergleich rücken im Aufbau dieses
Kapitels zunächst die empirischen und quantifizierbaren Muster außerhäuslicher Person-
Umwelt-Interaktionen in den Vordergrund: Aktivitäten, die sich in länger- und mittel-
fristigen Abständen wiederholen (Abschn. 6.3) sowie alltägliche Außerhaustätigkeiten
nach Beteiligung, Dauer, Verlauf und Reichweite (Abschn. 6.4). Gleichrangigen Stellenwert erhält aber auch die anschließende Beschäftigung mit der Frage, inwieweit personale und räumliche Bestimmungsfaktoren das Alltagshandeln beeinflussen und welche
subjektive Bedeutung es für die älteren Menschen besitzt (Abschn. 6.5 und 6.6).

6.2 Methodisches Vorgehen

Über die persönliche Verwendung der Außerhauszeit stellte die amtliche Statistik bislang keine Informationen zur Verfügung. Deshalb war der Erhebungsmodus der vorliegenden Studie darauf ausgerichtet, sich dem Alltagshandeln älterer Menschen möglichst
realistisch zu nähern und aktionsräumliche, personelle und raumbezogene Indikatoren
auf der Individualebene zu verknüpfen. Dies erforderte drei verschiedene Wege der
Datenerfassung:

> die Registrierung gelegentlich durchgeführter Aktivitäten (z.B. Innenstadtbesuche,
  Freizeitverhalten, Reisen) mit deren retrospektiver Auflistung für bestimmte Zeit-
  räume (z.B. letzte Woche, im letzten Jahr usw.);

> die detaillierte Ermittlung täglicher Außerhausaktivitäten durch Verlaufsbeschreibung
  des vorhergehenden Werktags (falls am Wochenende befragt wurde, vom Freitag);

➢ eine weitgehend unstrukturierte Form der teilnehmenden Beobachtung der "behavior settings" Innenstadt/Downtown.

Während Aktivitätsformen mit periodischer Aufeinanderfolge in der empirischen Sozialforschung üblicherweise im Rahmen von Interviews erfaßt werden, hat sich die Ermittlung täglicher Zeitbudgets vor allem seit der Arbeit von Kutter (1972) in den Verkehrswissenschaften durchgesetzt (vgl. hierzu auch Thiemann 1985, 68). Forschungsprojekte mit entsprechender personeller, sachlicher und finanzieller Ausstattung - wie beispielsweise die bundesdeutsche KONTIV-Erhebungen oder die internationale Zeitbudgetstudie (Szalai u.a. 1972) - können auf große Fallzahlen und Tagebucheintragungen über einen längeren Zeitraum, teilweise verbunden mit Panelstudien, zurückgreifen. Die altersdifferenzierten Ergebnisse einer zwischenzeitlich durchgeführten bundesweiten Zeitbudgeterhebung liegen derzeit noch nicht vor (Rompel 1995).

Unter den gegebenen Rahmenbedingungen wurden die Handlungsvollzüge des Werktags *vor* der Befragung ermittelt. Das sog. "Yesterday-Interview" (Moss & Lawton 1982; Wahl 1990, 18f.) erfaßt mit Hilfe eines halbstandardisierten Erhebungsbogens (Frage D38/USA34) alle außerhäuslichen Tätigkeiten jeweils nach ihrem Beginn und Ende, Art und Ort. Um jahreszeitlich bedingte Störfaktoren auszuschließen, wurde die Erhebung im deutschen Untersuchungsgebiet während einer kurzfristigen Schneefallperiode ausgesetzt. Die EDV-gerechte Aufbereitung des empirischen Materials erfolgte durch fallweise Codierung des Tätigkeitenrepertoires nach seiner zeitlichen Struktur, seiner Zuordnung zu insgesamt 16 Funktionsarten sowie nach der zurückgelegten einfachen Luftlinien-Distanz.

Nur kurz soll hier auf die Validität eines derartigen Verfahrens, vor allem im Vergleich zu kontinuierlichen Tagebuchaufzeichnungen durch die Probanden, eingegangen werden. Längerfristige Beobachtungen minimieren zweifellos die Gefahr von "Ausreißertagen" (z.B. wegen Krankheiten) oder der Auslassung von Tätigkeiten, die nur in größeren Abständen ausgeübt werden. Da derartige Tagebuchführungen im vorliegenden Fall nicht möglich waren, hätte auf retrospektive Verfahren zurückgegriffen werden müssen. Sie haben jedoch den Nachteil, daß Erinnerungslücken zu fehlerhaften Rekonstruktionen führen. Dies wird durch das hier gewählte Verfahren des gedanklichen Rückrufs nur eines Tages weitgehend ausgeschlossen. Zudem weisen die Alltagsrhythmen älterer Menschen nach dem bisherigen Wissensstand eine so weitgehende Stabilität auf, daß die Aussagen durch eine genügend große Fallzahl abgesichert sind. Die Abwägung erfolgte also zwischen dem Vorteil einer höheren zeitlichen Repräsentativität versus Genauigkeit der Ergebnisse. Eigene Erfahrungen während der Feldarbeiten sowie Berichte der Interviewer bestätigten, daß die meisten Probanden sich gut an den letzten Werktag erinnern konnten und diesen nur in Ausnahmefällen durch Nachfrage oder Mithilfe des Partners rekonstruieren mußten.

6.3 Die periodische Nutzung räumlicher Umwelt

Die vergleichende Betrachtung solcher Bewegungsrhythmen, die in größeren Zeitabständen auf außerhäusliche Gelegenheiten gerichtet sind, dient einer ersten Annäherung an den allgemeinen Aktivitätsstatus der Befragten beider Untersuchungsgebiete. Aus diesem Grund wurden die Frequentierung der Innenstädte, Fahrten zu Zielen außerhalb der Wohngemeinde, weitere Reisen und außenorientierte Freizeitaktivitäten thematisiert (Fragen D33-49 und USA31-47).

Um den Stellenwert kommunaler Teilräume im Lebensalltag einzuschätzen, werden häufig sog. "behavior settings" nach ihren spezifischen Nutzungsmustern untersucht. Dabei rücken zunehmend die *Innenstädte* als Zentren örtlichen und urbanen Lebens in das Interesse beispielsweise der Stadtsoziologie oder Stadtgeographie. Indes sind die südhessischen Senioren ungleich intensiver als die kalifornischen auf ihre Stadtzentren orientiert: Zwei von drei Probanden aus dem Rhein-Main-Gebiet suchten es während der Referenzwoche auf, im Silicon Valley jedoch nicht einmal jeder zweite. Dort reagierte ein Großteil der Befragten mit Unverständnis auf die Frage nach der Nutzungsfrequenz der Stadtmitte und weist mit der wiederholten Aussage "there is no downtown" auf den Funktionswandel und Niedergang der amerikanischen Innenstädte hin (vgl. Holzner 1985 und 1990). Wie im anderen Zusammenhang bereits erwähnt wurde (vgl. Abschn. 4.5.2), haben im SCC "malls" oder "shopping centers" weitgehend ehemalige Funktionen des Stadtzentrums übernommen mit der Folge, daß sie während der Woche nahezu doppelt so häufig aufgesucht werden wie die Innenstädte.

Diese unterschiedliche Wertschätzung der zentralen Stadtbereiche bestätigte sich ebenfalls bei systematischen Beobachtungen im Rahmen der Feldarbeiten. Während beispielsweise die Downtown von San Jose auch tagsüber kaum von Fußgängern - insbesondere älteren Menschen - frequentiert ist, prägen diese vor allem in den Vormittagsstunden nachhaltig das Bild der Darmstädter Innenstadt. Im Rahmen eines Geländepraktikums erfolgten hier im April 1986 unter besonderer Berücksichtigung von Senioren eine Fußgängerkartierung, eine Fahrgastzählung des öffentlichen Personennahverkehrs sowie eine Erhebung der Nutzung von öffentlichen und halböffentlichen Treffpunkten. Dabei bestätigte sich der obige Eindruck auch quantitativ:

➢ An einem regnerischen Vormittag wurden an 11 Zählpunkten, die nahezu lückenlos an den wichtigsten Zugängen in die Innenstadt angeordnet waren, innerhalb von zwei Stunden 4 490 ältere Menschen erfaßt.

➢ Eine Kartierung der Zu- und Ausstiege älterer Fahrgäste an den Haltestellen der Busse und Straßenbahnen im Stadtgebiet dokumentiert ebenfalls die besondere Bedeutung der Stadtmitte als Zielpunkt für Senioren (Abb. 6.4).

➢ Cafes und Restaurants sind beliebte Treffpunkte am Nachmittag; der Luisenplatz, das Luisencenter und die Sparkasse dagegen während des ganzen Tages.

Legt man die Durchführung von *Fahrten* (über die Grenzen der Wohngemeinden) zugrunde, unternehmen vier Fünftel der kalifornischen, aber nur zwei Drittel der südhessischen Senioren im Monat eine derartige Aktivität. In vergleichbarer Rangfolge dominieren als Fahrtzwecke Erholung und Freizeit vor Besuchen und Einkäufen. In der Beteiligung an *Reisen* (definiert durch eine mindestens fünftägige Dauer), unterscheiden sich die beiden Vergleichsgruppen indes kaum mehr (jeweils ca. zwei Drittel sind im jährlichen Durchschnitt aktiv). Die Häufigkeit der durchgeführten Reisen und Fahrten je Teilnehmer allerdings liegt hierzulande deutlich über dem kalifornischen Vergleichswert. Diejenigen, die keine Reisen unternahmen, führen dafür im SCC primär finanzielle, hierzulande gesundheitliche Gründe an. Etwa ein Drittel der kalifornischen und knapp die Hälfte der hessischen Befragten hatten in den vergangenen zwei Jahren Auslandsreisen unternommen. Abweichend von dieser weitgehenden Übereinstimmung können sich nur knapp ein Drittel der südhessischen, aber mehr als die Hälfte der kalifornischen Se-

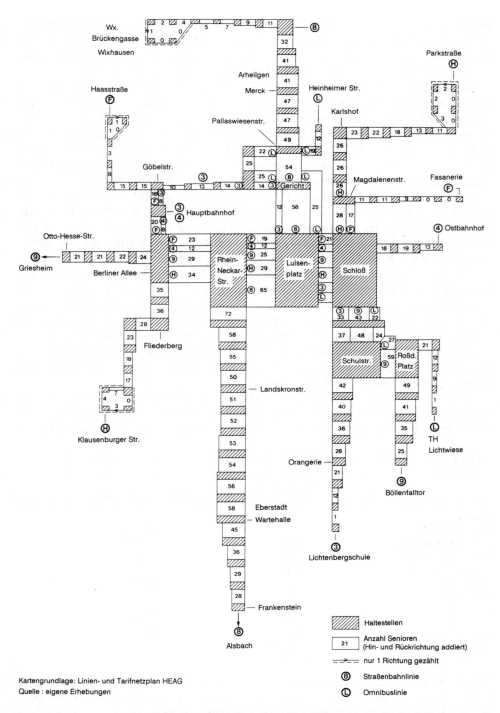

Abb. 6.4. Nutzung d. öffentlichen Personennahverkehrs durch Senioren im Stadtgebiet Darmstadt (dargestellt nach Anzahl älterer Fahrgäste am 11.4.86 zwischen 10.30 und 12.30 Uhr)

145

nioren vorstellen, im Ausland zu "überwintern". Hierzulande scheint damit die Bereitschaft einer saisonalen Bindung an andere Kulturbereiche geringer zu sein, als es die Berichte und Erwartungen über Seniorenaufenthalte in Spanien und anderen Mittelmeerregionen vermuten lassen (vgl. dazu Krout 1983; Europäisches Parlament 1985).

Die Abgrenzung dessen, was im Ruhestand unter *Freizeit* zu verstehen ist, erscheint im Vergleich zur Erwerbsphase problematisch, da der Begriff üblicherweise als Gegensatz zur Berufstätigkeit definiert wird. Es lag nahe, von den Senioren selbst die Aktivitäten zu erfahren, die sie ihrer Freizeit zurechnen (Tab. 6.2). Da dieser Bereich empirisch recht umfassend dokumentiert ist (vgl. z.B. Tokarski & Schmitz-Scherzer 1985; Blaschke & Franke 1982; Bundesforschungsanstalt für Landeskunde und Raumordnung 1992b), braucht hier nur auf *solche* Aktivitäten eingegangen zu werden, die außer Haus stattfinden. Während in Südhessen die Nennung von Gartenpflege und Spaziergängen/Reisen dominiert, sind bei den kalifornischen Probanden Besuche und Kirchenbesuche die beliebtesten Aktivitäten in der freien Zeit. Auffallend ist aber auch, daß sich die Angaben der deutschen Senioren auf "typische" Freizeitbeschäftigungen konzentrieren, während sich bei der amerikanischen Vergleichsgruppe eine stärkere Vielfalt zeigt.

Um einen Vergleichswert für das außerhäusliche Mobilitätsniveau der hessischen und kalifornischen Probanden zu erhalten, wird zunächst ein *Aktivitätsindex* gebildet. Berücksichtigung finden die fünf Variablen: Außerhaustätigkeiten während der letzten Woche, Zahl der Innenstadt-/shopping center-Besuche, Auswärtsfahrten, außerhäusliche Hobbys und Dauer der außer Haus verbrachten Zeit. Die Tertile der mittleren Häufigkeitsverteilung jeder Variable bilden die Schwellenwerte für die Aktivitätsabstufungen. Durch deren additive Verknüpfung kann der Summenindex in beiden nationalen Stichproben den maximalen Wert 14 erreichen.

In Tabelle 6.3. kommt die signifikant stärkere aktionsräumliche Beteiligung der nordamerikanischen Senioren zum Ausdruck: Jeder zweite kalifornische, aber nur jeder vierte südhessische Befragte gehört zur Gruppe der sehr und äußerst aktiven Senioren. Dieses

Tab 6.2. Bevorzugte Freizeitaktivitäten der kalifornischen und südhessischen Senioren*

	Deutsches Untersuchungsgebiet	Amerikanisches Untersuchungsgebiet
Besuche	12,3	29,6
Gartenpflege	37,4	21,6
Sportliche Betätigung	11,5	14,5
Hobby/Weiterbildung	37,4	22,5
Vereinsaktivitäten	6,0	12,9
Kirchenbesuch	5,9	24,1
Kino/Kulturelles	4,1	3,6
Fernsehen	31,1	20,3
Lesen/Musik hören	50,5	17,8
Spaziergänge/Reisen	36,8	20,9
Sonstiges	15,2	5,1
Haustiere	5,7	k.A.
Zahl gültiger Fälle	748	449

* Mehrfachnennungen möglich; Prozentangaben beziehen sich auf Antwortgebende, sie addieren sich nicht auf 100%: Quelle: Eigene Erhebung Deutschland: Frage 42; USA: Frage 40

Tab. 6.3. Aktivitätsindex als Kennzeichen des Mobilitätsniveaus*

| | Indexwert | Deutsches Untersuchungsgebiet | | | | Nordamerikan. Untersuchungsgebiet | | | | |
		Darm-stadt	Um-land	Oden-wald	Gesamt	Vil-lages	Will. Glen	Gil-roy	Übr. SCC	Gesamt
Inaktive	(< 1)	3,0	3,1	3,9	3,3	0,0	0,0	0,0	0,0	0,0
Gering Aktive	(1 - < 3)	8,5	13,4	12,1	10,7	0,0	2,9	1,9	1,3	1,5
Mäßig Aktive	(3 - < 6)	23,2	29,7	38,1	28,5	9,1	21,4	14,8	14,3	15,1
Aktive	(6 - < 9)	36,0	32,3	24,9	32,4	36,4	35,7	31,4	33,5	33,9
Sehr Aktive	(9 - < 12)	22,6	19,5	18,8	20,8	31,8	35,7	42,6	38,8	38,0
Äußerst Aktive	(12 - < 14)	6,6	2,0	2,2	4,3	22,7	4,3	9,3	12,1	11,5
Mittlerer Indexwert		6,7	5,7	5,6	6,2	8,9	7,4	8,3	8,3	8,2
Zahl gültiger Fälle		362	195	181	738	44	70	54	224	392

* Prozentangaben beziehen sich auf Antwortgebende
Quelle: Eigene Erhebung Deutschland: Fragen 34,36,39,38,42; USA: Fragen 32,33,37,40,34

Ergebnis deckt sich in der Tendenz mit der Selbsteinschätzung der Akteure: Danach bezeichnen sich drei von fünf befragten Amerikanern, jedoch nur einer von fünf befragten Deutschen als außenorientiert (Frage D33/USA31). Innerhalb des amerikanischen Untersuchungsgebiets sind die Bewohner der Rentnersiedlung durch ausgesprochen hohe, die von Willow Glen durch niedrige Indexwerte charakterisiert. Im deutschen Erhebungsgebiet liegt das Mobilitätsniveau der städtischen Befragten deutlich über den nichtstädtischen Vergleichswerten.

6.4 Die raumzeitliche Organisation des Alltags im Spiegel außerhäuslicher Zeitbudgets

Ältere Menschen pflegen ihren Alltag in räumlicher und zeitlicher Hinsicht durch Tätigkeitsroutinen zu strukturieren. Die Muster dieser *Außerhausaktivitäten* eignen sich nach den eingangs formulierten Prämissen angemessener als die zuvor betrachteten periodischen Handlungsvollzüge als Gradmesser selbstbestimmter Umweltaneignung. Intensität, Dauer, Abfolge, Zweck und Reichweite dienen nachfolgend als wichtige Bestimmungsgrößen zur Charakterisierung jener Interaktionen.

6.4.1 Beteiligung an Außerhausaktivitäten

Die bereits betonte Einbindung der älteren Menschen in das aktionsräumliche Geschehen bestätigt sich auch hinsichtlich ihrer Beteiligung an *Ausgängen*: Drei Viertel der befragten kalifornischen Senioren und zwei Drittel der hessischen Vergleichsgruppe waren am jeweiligen Stichtag außer Haus aktiv (mit mindestens einem Ausgang). Damit sind die Beteiligungsquoten im SCC (78%) nicht nur höher als im südlichen Rhein-Main-Gebiet (68%), sie streuen auch in geringerem Umfang zwischen den Untersuchungsschwerpunkten. Während die Unterschiede zwischen den Odenwälder (58%) und den städtischen Befragten (79%) 21 Prozentpunkte ausmachen, sind es zwischen dem ländlichen Gilroy (73%) und dem zentrumsnahen Willow Glen (82%) lediglich 9 Prozentpunkte.

Tab. 6.4. Umfang werktäglicher Außerhaustätigkeiten nach Untersuchungsschwerpunkten

	Deutsches Untersuchungsgebiet				Nordamerikan. Untersuchungsgebiet				
	Darm-stadt	Um-land	Oden-wald	Ges.	Vil-lages	Will. Glen	Gil-roy	Übr. SCC	Ges.
aktive Senioren	283	122	109	514	40	64	49	205	358
davon mit 1 Tätigkeit in %	51,3	73,0	67,0	59,7	22,5	34,4	49,0	38,5	37,4
davon mit 2 Tätigkeiten in %	34,6	21,3	21,1	28,6	25,0	42,2	24,5	28,3	29,9
davon mit 3 Tätigkeiten in %	8,8	5,7	8,2	8,0	32,5	12,5	16,3	25,9	22,9
davon mit 4 Tätigkeiten in %	5,3	0,0	3,7	3,7	20,0	10,9	10,2	7,3	9,8
Außerhaustätigkeiten insges.	476	162	162	800	100	128	92	414	734
Außerhaustätigkeiten/Befragte	1,3	0,8	0,9	1,1	2,0	1,6	1,4	1,6	1,6
Außerhaustätigkeiten/Aktive	1,9	1,3	1,5	1,6	2,5	2,0	1,9	2,0	2,1

Quelle: Eigene Erhebung Frage D38/USA34

Als weiterer wichtiger Kennwert wird die Häufigkeit der durchgeführten *Außerhaustätigkeiten* (nachfolgend verwendet für die mit dem Ausgang verbundenen einzelnen Tätigkeiten oder Aktionen) herangezogen. Dabei bestätigt sich das bereits herausgestellte Mobilitätsgefälle: So üben die kalifornischen Senioren im Durchschnitt eines Werktages 1,6 Aktionen, die südhessischen jedoch nur 1,1 Aktionen aus. Bezieht man lediglich die am Stichtag Aktiven in die Berechnung ein, beträgt das Verhältnis 2,1 zu 1,6. Von diesen erledigen im südhessischen Erhebungsgebiet gut ein Drittel, im kalifornischen jedoch fast zwei Drittel mehr als eine Tätigkeit. Auch hinsichtlich dieser Merkmale bestätigen sich die zuvor skizzierten Unterschiede zwischen den Untersuchungsschwerpunkten: Hierzulande besteht eine Polarität zwischen städtischen und nichtstädtischen Senioren; innerhalb des SCC manifestiert sich der Gegensatz zwischen den hochmobilen Bewohnern der Rentnersiedlung einerseits sowie denjenigen aus Willow Glen und dem ländlichen Gilroy andererseits.

6.4.2 Dauer und tageszeitliche Verteilung der Ausgänge

Die zeitliche Dimension der bisher in hochaggregierter Weise vorgestellten Zeitbudgets älterer Menschen erschließt sich unter Berücksichtigung der *Dauer* ihrer Ausgänge. Im Durchschnitt verbringen alle befragten nordamerikanischen Senioren 243 Minuten oder 16,9% eines Werktags (bezogen auf 24 Stunden) außer Haus, die deutsche Vergleichsgruppe dagegen nur 164 Minuten bzw. 11,4%. Berücksichtigt man lediglich die Personen, die am Stichtag tatsächlich ihre Wohnung verlassen haben, betragen die Werte für das kalifornische Untersuchungsgebiet 311 Minuten (21,6%) gegenüber 239 Minuten (16,6%) für das südhessische. Damit halten sich die Älteren im SCC jeweils weit über eine Stunde länger im außerhäuslichen Umfeld auf. Verglichen mit den Ergebnissen der eingangs vorgestellten (nicht repräsentativen) Aktivitätsstudie von Moss & Lawton (1982), in der die durchschnittlich außer Haus verbrachte Zeit der Senioren aus Philadelphia 153 Minuten betrug, erweisen sich die kalifornischen Probanden als ausgesprochen außenorientiert. Dagegen liegen die in der bundesweiten KONTIV-Erhebung ermittelten werktäglichen Durchschnittswerte mit 211 Minuten nahe bei denen der südhessischen Stichprobe (Mohr 1979, 321).

In den kalifornischen Untersuchungsschwerpunkten übertreffen die Bewohner der Rentnersiedlung die Durchschnittswerte am deutlichsten um ca. 30 Minuten. Nicht erreicht werden diese dagegen im ländlichen Gilroy sowie in Willow Glen. Die letztgenannte Tendenz ist allerdings insofern uneinheitlich, als die am Stichtag aktiven Bewohner Gilroys um fast eine halbe Stunde länger auswärts waren als diejenigen in Willow Glen. Noch akzentuierter tritt diese Uneinheitlichkeit in Deutschland zutage: Wird die Dauer der Außerhauszeit aller Befragten zugrundegelegt, zeigt sich das bekannte Gefälle von der städtischen zur suburbanen und ländlichen Gebietskategorie. Berücksichtigt man aber nur die am Stichtag Aktiven, ergibt sich ein gegenläufiges Bild: Die Odenwälder Senioren sind etwa eine dreiviertel Stunde länger außerhalb ihrer Wohnung als die Darmstädter. Ohne den nachfolgenden Analysen vorgreifen zu wollen, zeichnen sich darin in Verbindung mit den bereits registrierten geringeren Aktivitätsgraden in peripheren Regionen die Effekte standortbedingter Erreichbarkeitsbarrieren ab.

Die tageszeitliche Verteilung der Außerhausaufenthalte nach der jeweiligen Quote aktiver Senioren läßt sich insgesamt als *Aktionsrhythmus* interpretieren (Abb. 6.5). Im interkulturellen Vergleich ergeben sich neben Parallelen auch signifikante Unterschiede. Ähnlich sind die Verlaufsmuster der Amplituden: Beide Untersuchungsgebiete verzeichnen etwa ab 7 Uhr einen steilen Anstieg der außerhäuslichen Aktivitäten bis zum Tagesmaximum zwischen 10 und 11 Uhr. Danach zeigt sich ein - allerdings in Deutschland viel akzentuierter ausgeprägtes - "Mittagsloch" verantwortlich für das Auftreten einer zweigipfligen Verteilung. Dem erneuten Aufschwung folgt dann etwa ab 15 Uhr ein kontinuierlicher Abfall. Zwei signifikante Unterschiede bestehen jedoch zwischen den amerikanischen und deutschen Aktionsprofilen:

➢ Die Beteiligungsquote der kalifornischen Senioren liegt im Zeitraum zwischen 8 und 17 Uhr deutlich über den südhessischen Vergleichswerten.

➢ Während der Mittagszeit halten sich die Befragten im SCC doppelt so häufig wie die südhessischen Älteren außer Haus auf. Gegenüber dem moderaten "Abschwung" deutet das "Mittagsloch" hierzulande auf grundsätzlich unterschiedliche Verhaltensmuster (Schlafpause) während dieser Tageszeit.

In der regionalen Differenzierung fällt im SCC während des Nachmittagsgipfels besonders die ausgeprägte Außerhäusigkeit der Villages-Bewohner im Unterschied zu den ländlichen Senioren aus Gilroy auf. Im deutschen Untersuchungsgebiet werden beide Außerhausgipfel signifikant durch die überdurchschnittliche Beteiligung der Darmstädter Senioren mitbestimmt.

6.4.3 Ausgeübte Beschäftigungen im Tagesverlauf

Um die sich bislang abzeichnenden Unterschiede im Alltagshandeln der Befragten beider Erhebungsgebiete besser einordnen zu können, soll nun aus ihren Angaben rekonstruiert werden, welche *Funktionen* sie mit welcher *Intensität* zu welchem *Zeitpunkt* ausüben. Einen ersten Einblick in die Bandbreite des außerhäuslichen Tätigkeitsspektrums ermöglicht die Zusammenstellung der zehn wichtigsten "instrumental activities of daily living" nach mittlerer Beteiligungsquote und Dauer der Ausübung (Tab. 6.5). Im SCC erklären sie 84%, im Rhein-Main-Gebiet 80% aller externen Aktivitäten.

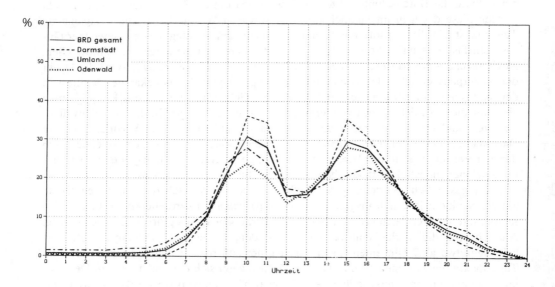

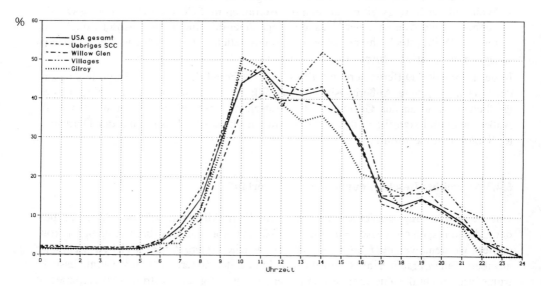

Abb. 6.5. Verlaufsmuster werktäglicher Außerhausaufenthalte älterer Menschen
(dargestellt nach Anteilen außerhäuslich Aktiver je Zeitschnitt in %)
Quelle: Eigene Erhebung

150

Tab. 6.5. Rangfolge der zehn wichtigsten Außerhaustätigkeiten nach mittlerer Beteiligungshäufigkeit und Dauer der Ausübung*

Deutsches Untersuchungsgebiet			Nordamerikan. Untersuchungsgebiet		
	Aktive in %	Dauer in Minuten		Aktive in %	Dauer in Minuten
1. Einkauf	29	92	1. Einkauf	27	81
2. Spaziergang	12	127	2. Erledigung	20	87
3. Erledigung	12	110	3. Arbeit	15	410
4. Besuch	10	216	4. Besuch	12	142
5. Arbeit	8	429	5. Sozialkontakt	11	214
6. Arzt	6	120	6. Spaziergang	11	65
7. Sozialkontakt	4	164	7. Hobby	11	216
8. Sport	3	129	8. Restaurant	10	86
9. Restaurant	2	155	9. Sport	9	149
10. Hobby	2	237	10. Seniorenzentrum	8	163

* Mehrfachangaben möglich; Werte beziehen sich auf die am Stichtag aktiven 511 südhessischen und 358 kalifornischen Senioren; Quelle: Eigene Erhebung Deutschland: Frage 38; USA: Frage 34

Übereinstimmend besitzen Einkauf (nach Beteiligung) und Arbeit (nach Dauer) den größten Stellenwert. Im interkulturellen Vergleich fallen jedoch zwei Besonderheiten auf: Der Alltag der kalifornischen Senioren ist durch eine größere Tätigkeitenvielfalt und ein ausgeprägteres Bedeutungsgefälle von reproduktiven (Ränge 1 bis 3) über kommunikative (Ränge 4 bis 5) bis zu regenerativen (Ränge 6 bis 10) Außerhaustätigkeiten charakterisiert.

In der regionalen Differenzierung der südhessischen Untersuchungsschwerpunkte zeigt sich eine deutliche Abfolge charakteristischer Tätigkeitsmuster. Typisch für die städtischen Senioren ist danach beispielsweise der hohe Stellenwert von Einkäufen, Spaziergängen, Hobbys und Sozialkontakten. Im suburbanen und ländlichen Raum treten diese Beschäftigungen gegenüber der Arbeit deutlich zurück. Sie ist für die "jungen Alten" im Umland oft noch die eigene Berufstätigkeit, im Odenwald jedoch häufig die Mithilfe in der Landwirtschaft. Im Silicon Valley sind Relikte traditioneller Verhaltensmuster vor allem in Gilroy und Willow Glen nachvollziehbar: Am ländlichen Wohnstandort besitzen Arbeit, der Besuch von Seniorenzentren und Kirchen sowie Sozialkontakte einen hohen Stellenwert. Bei den älteren Menschen des innenstadtnahen Quartiers rangieren Einkäufe, das Aufsuchen von Seniorenzentren und Ärzten sowie die Durchführung von Besuchen an oberster Stelle. Moderne Lebensstile werden demgegenüber sehr ausgeprägt in den Villages gelebt. Viel Zeit werden hier für Sport und Hobbys (täglich im Mittel 103 Minuten gegenüber beispielsweise 25 Minuten in Gilroy) und darüber hinaus für Erledigungen, Sozialkontakte sowie Restaurantbesuche erübrigt.

Bezieht man die relative Bedeutung der einzelnen Funktionen im Tagesverlauf in die Betrachtung ein, läßt sich hierzulande deutlicher als bei der kalifornischen Vergleichsgruppe eine *Zweiteilung des Tages* erkennen (vgl. Abb. 6.6): Am Vormittag werden vor allem (mit einem Anteil von etwa 50%) die reproduktiven "Pflichten" (Arbeit, Einkauf, Erledigungen, Arzt), am Nachmittag mit zunehmender Tendenz die disponiblen kommunikativen und regenerativen Beschäftigungen durchgeführt. Hierzu gehören regelmäßige Spaziergänge, Friedhofsbesuche oder das Ausführen des Hundes. Dieser Rhythmus stimmt mit den Ergebnissen anderer Aktivitätsstudien überein und legt es nahe, ihn

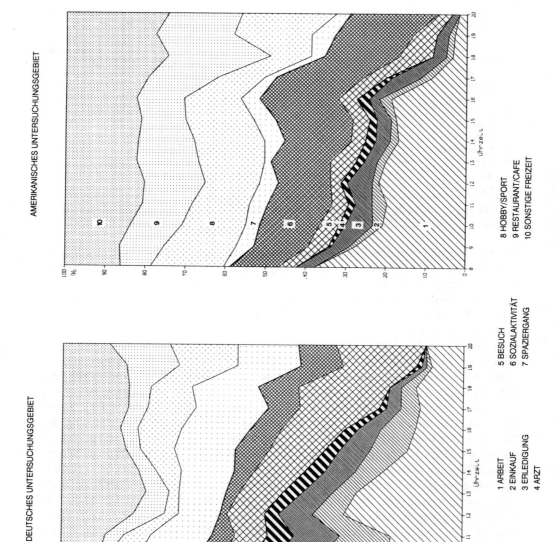

Abb. 6.6. Werktägliche Aktionsprofile älterer Menschen in den Untersuchungsgebieten (Außerhausaktivitäten im Tagesverlauf nach kumulierten prozentualen Tätigkeitsanteilen je Zeitabschnitt); Quelle: Eigene Erhebung

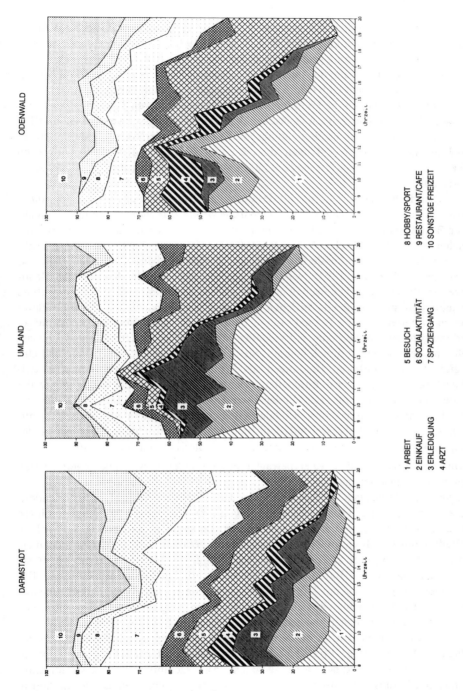

Abb. 6.7. Werktägliche Aktionsprofile Älterer in den deutschen Untersuchungsschwerpunkten (Außerhausaktivitäten im Tagesverlauf nach kumulierten prozentualen Tätigkeitsanteilen je Zeitabschnitt); Quelle: Eigene Erhebung

153

gleichsam als prototypischen Alltagsablauf im Alter zu kennzeichnen (z.B. Wahl & Schmid-Furstoss 1988; Schmitz-Scherzer & Tokarski 1982). Er hat hierzulande auch in der regionalen Differenzierung grundsätzlich Bestand.

Diese deutliche Gliederung der Funktionsausübungen nach dem Tagesverlauf besteht im Falle des kalifornischen Untersuchungsgebiets (mit Ausnahme der Arbeit) nicht: Bereits am Vormittag nehmen die kommunikativen und regenerativen Tätigkeiten mehr als zwei Drittel der Außerhauszeit ein. Zwischen den Untersuchungsschwerpunkten im SCC zeigt sich jedoch wiederum ein Bedeutungsgefälle regenerativer/kommunikativer zu reproduktiven Aktivitätstypen (vgl. dazu Moss & Lawton 1982). In dieser Hinsicht weisen die Tendenzen in der Erwachsenengemeinde und der Stadt Darmstadt durchaus Ähnlichkeiten auf.

Aus diesen Befunden spricht im Fall des deutschen Untersuchungsgebiets eine *raumbezogene*, in den U.S.A. dagegen eine *lebensstilbezogene Handlungsorientierung*. Während die Tätigkeitsmuster hierzulande eine relativ stabile Affinität zu den spezifischen städtischen und nichtstädtischen Wohnstandortkontexten auszeichnet, treten diese Bezüge in den U.S.A zugunsten moderner versus traditioneller Lebensstile zurück. Tokarski (1989b) und Guillemard (1973) weisen darauf hin, daß sich die Vielfalt der Handlungsweisen älterer Menschen nach dem Lebensstilkonzept typologisieren läßt. Während Guillemard sich stark an der beruflichen und damit auch finanziellen Position älterer Menschen orientiert, betont Tokarski deren Fähigkeit zur permanenten Anpassung an Veränderungen der Umwelt oder individueller Merkmale. Im ersten Fall sind Lebensstile eher modern oder traditionell geprägt: Sie bevorzugen Freizeit, Autonomie und Unabhängigkeit von familiären Bindungen als Wertorientierungen der "neuen Mittelschichten" bzw. im Falle der traditionellen Orientierung z.B. die Rückwanderung in die Heimatregion oder in die Nähe der Kinder sowie Kirchenbindungen. Im Unterschied dazu geht das Anpassungskonzept von labilen Gleichgewichten aus und integriert Kontinuität und Diskontinuität als zwei Möglichkeiten der Lebensstilbildung. Elemente beider Typologien kennzeichnen die außenorientierten Verhaltensweisen der Akteure.

Die typischen Tagesabläufe zweier befragter Frauen sollen diese stark generalisierten Aussagen veranschaulichen:

1. Margarete L., Darmstadt, 77 Jahre, seit vier Jahren Witwe, rüstig, familienorientiert: Die zu Lebzeiten ihres Mannes weitgehend von ihm oder gemeinsam durchgeführten Außerhausaktivitäten organisiert sie nun allein. Da sie nicht motorisiert ist, wird sie im Bedarfsfall von ihrer am Ort lebenden Tochter gefahren. Üblicherweise jedoch erledigt sie ihre Ausgänge zu Fuß. Ihr typischer Alltag: Am Morgen wird die wichtigste Hausarbeit abgewickelt. Bald nach dem Frühstück erledigt sie ihre Einkäufe und Besorgungen. Wegen einer nur kleinen Rente achtet sie in den Anzeigen auf günstige Angebote. Dafür "macht" sie sich fast täglich einen Weg zum ca. 2 km entfernten Großmarkt oder dem näher gelegenen Stadtteilzentrum. Etwa zweimal in der Woche besucht sie die Innenstadt. In mittleren Abständen kommen Arztbesuche und Friedhofsgänge hinzu. Diese "Pflichten" dauern spätestens bis zur Mittagszeit. Danach wird regelmäßig eine Ruhepause eingehalten. Am Nachmittag verläßt sie im unregelmäßigen Turnus das Haus zu Spaziergängen oder gelegentlichen Besuchen ihrer in der Region lebenden Kinder.

2. Ruth D., Villages, 73 Jahre, verheiratet mit einem Computerspezialisten, rüstig, enge Partnerbeziehung, eine Tochter lebt in Oregon: Das Ehepaar wohnt in einem Eigen-

heim in der Erwachsenengemeinde und besitzt zwei Pkw. Als ehemalige Kranken-
schwester engagiert sich Ruth D. ehrenamtlich im sozialen Bereich. Sie kümmert sich
um die Versorgung, Pflege und Sterbebegleitung krebskranker Frauen in deren Heim.
Tagesablauf: Nach dem Frühstück bricht sie mit dem Pkw zu ihren Krankenbesuchen
auf. Dafür benötigt sie zwischen zwei und drei Stunden. Mittags trifft sie sich mit ihrem Mann in einem Restaurant in San Jose. Am frühen Nachmittag besucht sie Kurse
im Gemeinschaftszentrum der Siedlung oder die Proben des Kirchenchors. Häufig
folgt sie anschließend Einladungen. Während ihr Mann Golf spielt, besucht sie oft das
Schwimmbad der Villages. In regelmäßigen Abständen erfolgen am Abend Theater-
bzw. Konzertbesuche in San Jose oder San Francisco.

6.4.4 Reichweiten der Aktionsräume

Mit der Einbindung menschlichen Handelns in Raum und Zeit befassen sich Arbeiten
zur Konstitution spezifischer Aktionsräume im Lebensverlauf (vgl. hierzu Friedrichs
1990). Komponenten wie der subjektive oder objektive Stadtplan, die Lokalisation der
Tätigkeitsgelegenheiten und Personenmerkmale beeinflussen nach den Vorstellungen
dieser Aktionsraumforschung in analytisch noch nicht ausreichend erfaßter Weise die
erkennbar selektive Nutzung räumlicher Umwelt. Auch unter gerontoökologischen Gesichtspunkten rückt die distanzielle Komponente der Außerhausaktivitäten mit der Frage
in den Vordergrund, ob in der nachberuflichen Phase die Aktionsräume schrumpfen
bzw. ob zu große Entfernungen einer angemessenen Umweltnutzung im Wege stehen.
Aktions- oder Handlungsräume werden hier im Sinne eines Feldes häufiger und regel-
mäßiger Interaktionen verstanden. Ihre dynamischen Grenzen sind durch die jeweilige
Reichweite der ausgeübten Beschäftigung bestimmt.

Die fallweise Zuordnung der einzelnen Außerhaustätigkeiten nach der einfachen
Luftliniendistanz zwischen Wohnstandort und Aktionsziel ermöglicht die Ausweisung
von *Aktionsräumen* (Abb. 6.8). Offensichtlich erfolgt deren Konstitution vom Lebensmittelpunkt der Wohnung aus zu Arealen innerhalb der Gemeinde, während die in der
beruflichen Phase wichtige Achse zur Arbeitsstätte ihre Bedeutung verliert. Dabei erschließt sich im Falle der Alltagsroutinen der südhessischen Senioren die überragende
Bedeutung des Stadtteils: In seiner Reichweite finden nahezu zwei Drittel der Werk-
tagserledigungen statt, im SCC dagegen lediglich ca. 40%. Dort kommt dafür dem
unmittelbaren Nahbereich der "kleinen Nachbarschaft" sowie der Region ein vergleichsweise großes Gewicht zu. Die weitere Aufschlüsselung der Ergebnisse nach jüngeren
und älteren Senioren stützt lediglich ansatzweise die These der mit dem Alter
schrumpfenden Aktionsradien.

Bei der Errechnung der Distanzsummen jedes einzelnen Akteurs wurde darauf geach-
tet, daß gleiche Wege bei *Kopplungsaktivitäten* nicht doppelt berücksichtigt wurden. Derartige Kopplungen werden seitens des aktionsräumlichen Ansatzes als Möglichkeit zur
Optimierung der Wegedisposition postuliert, um zeitliche Belastungen auszugleichen.
Bähr u.a. (1992, 841) berichten, daß nach einer Prognos-Studie aus dem Jahre 1978 insgesamt ca. 40%, bei Rentnern weniger als 30% aller Außerhaustätigkeiten gekoppelt waren. Diese Werte werden in beiden Untersuchungsgebieten deutlich unterschritten: Lediglich jeweils 18% der aktiven Senioren verbinden ihren Ausgang mit mehr als einer

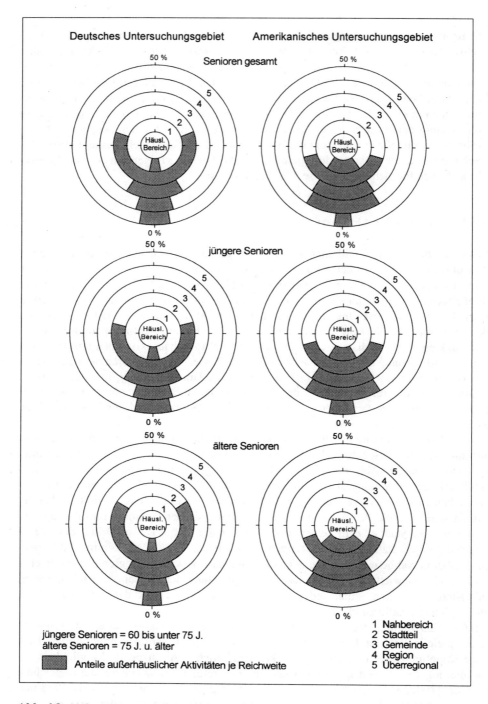

Abb. 6.8. Aktionsräume nach Reichweiten werktäglicher Aktivitäten und Altersgruppen in den Untersuchungsgebieten
Quelle: Eigene Erhebung Deutschland:Frage 38; USA: Frage 34

Tab. 6.6. Zurückgelegte Entfernung je Akteur nach Untersuchungsschwerpunkten*

	Deutsches Untersuchungsgebiet				Nordamerikan. Untersuchungsgebiet				
	Darm-stadt	Um-land	Oden-wald	Ges.	Vil-lages	Will. Glen	Gil-roy	Übr. SCC	Ges.
bis unter 1,5/1,6 km in %	25,4	40,2	27,5	29,4	18,4	22,6	41,7	15,5	20,1
bis unter 5,5/5,6 km in %	45,0	25,4	28,9	35,6	39,5	27,4	29,1	24,5	27,6
bis unter 10 /9,6 km in %	16,7	9,8	10,6	15,0	6,6	24,2	8,4	18,5	17,0
bis unter 20 km in %	5,4	11,5	9,1	7,7	10,0	13,7	6,8	20,0	15,8
20 und mehr km in %	7,5	13,1	23,9	12,3	25,5	12,1	14,0	21,5	19,5
Mittlere Distanz in km	8,7	12,0	21,5	12,2	17,1	11,3	12,6	17,2	15,4
Median in km	3,0	2,0	4,0	3,0	5,1	6,0	3,2	8,0	6,4
Zahl gültiger Fälle	280	122	109	511	38	62	48	200	348

* Die in km umgerechneten Klassengrenzen stimmen wegen den unterschiedlichen Längeneinheiten nicht in allen Fällen überein; Quelle: Eigene Erhebung Deutschland: Frage 38; USA: Frage 34

Tätigkeit; hierzulande erreichen derartig gekoppelte Aktivitäten eine Quote von eben-falls 18%, in Kalifornien von nur 11%.

Im Durchschnitt legen die am Stichtag aktiven kalifornischen Senioren 15,4 km, die südhessischen 12,2 km zurück (Tab. 6.6). Aus diesen *Distanzsummen* allein lassen sich indes noch keine Schlußfolgerungen über Aktivitätsvorsprünge ziehen, denn im SCC sind die Distanzen zwischen den Tätigkeitsgelegenheiten üblicherweise größer und die Pkw-Nutzung unter älteren Menschen häufiger als hierzulande. Aus dem gleichen Grund werden im Odenwald und Umland zwar weniger Aktivitäten, dafür aber notwendiger-weise solche über längere Distanzen unternommen. Dies führt zu extremen zeitlichen und physischen Belastungen bzw. zum Wegfall wichtiger Ausgänge oder Fahrten (z.B. zu Fachärzten in der Stadt), wenn Mitfahrgelegenheit oder Substituierungsmöglichkeiten fehlen. Im kalifornischen Untersuchungsgebiet fällt dieser Effekt kaum ins Gewicht. Darüber hinaus streuen dort die von den Bewohnern der Untersuchungsschwerpunkte zurückgelegten Distanzen - mit Ausnahme der eher im traditionellen Sinne auf das unmittelbare Wohnumfeld bezogenen Senioren von Willow Glen und Gilroy - im weit-aus geringerem Ausmaß.

6.5 Aktivitätsbehindernde Effekte

Bislang ging es in diesem Kapitel vor allem darum, die Mobilitätsmuster älterer Men-schen nach den Kriterien des aktionsräumlichen Ansatzes zu evaluieren. Dabei zeichnen sich aus der regionalen Differenzierung bereits unterschiedliche Kontextvariablen als potentielle Einflußgrößen ab. Anliegen dieses Abschnitts ist es nun, Zusammenhänge zwischen *einzelnen* umweltbedingten und individuellen Restriktionen sowie dem Aus-maß der Aktionsbeteiligung zu analysieren. Da bei der Zielgruppe im allgemeinen keine Zeitknappheit vorausgesetzt werden kann, werden hier vor allem solche "constraints" in die Betrachtung einbezogen, die als Barrieren und Zugangsbeschränkungen zu Raumpo-tentialen und Funktionsstandorten, als individuelle Flexibilität und Rüstigkeit sowie als sozioökonomische Ressourcen beschreibbar sind.

Tab. 6.7. Rangkorrelationen zwischen aktionsräumlichem Index und ausgewählten Variablen der Wohnumwelt sowie individuellen und sozioökonomischen Ressourcen*

| | Deutsches Untersuchungsgebiet | | | | Nordamerikan. Untersuchungsgeb. | | | | |
	Darm-stadt	Um-land	Oden-wald	Ges.	Vil-lages	Will. Glen	Gil-roy	Übr. SCC	Ges.
Räumlicher Kontext:									
Infrastrukturbarrieren(16/14)	-.27	-.28	-.22	-.26	/	/	/	/	/
Einkaufsdistanz (16/14)	/	/	/	/	/	-.24	/	/	/
Citydistanz (35/35)	/	/	/	/	/	/	/	/	/
Individuelle Ressourcen:									
SES Gesundheit (70/65)	+.23	/	+.21	+.22	+.36	/	+.24	/	/
SES Häuslichkeit (33/31)	-.29	-.28	/	-.23	/	-.29	-.50	-.24	-.29
Bedarf an Diensten (24/22)	/	/	/	/	-.23	+.25	/	/	/
Vertrautes Umfeld (67/68)	+.25	/	+.20	/	/	+.24	/	+.27	+.20
Alter (73/70)	/	-.31	-.43	-.27	/	/	/	/	/
Sozioökonom. Ressourcen:									
Pkw-Verfügbarkeit (80/77)	/	+.29	+.36	+.21	/	/	+.37	/	/
Einkommenshöhe (76/72)	+.27	+.36	+.45	+.37	/	/	+.36	+.29	+.22
Schulabschluß (79/76)	/	/	/	/	/	+.34	+.40	/	+.22
Berufsstatus (78/75)	/	+.28	/	/	/	/	+.37	/	/

*dargestellt sind signifikant von 0 verschiedene Werte bei r ≥ |0.2|
Quelle: Eigene Erhebung

Die durchgeführte Korrelationsanalyse ermittelt bivariate statistische Zusammenhänge zwischen dem aktionsräumlichen Index (vgl. Abschn. 6.3) und 12 ausgewählten Variablen auf der Individualebene. Vor der Interpretation der in Tabelle 6.7. dargestellten Ergebnisse sei jedoch ausdrücklich darauf hingewiesen, daß die Isolierung derartiger verhaltensrelevanter Indikatoren gerade im Hinblick auf die Zielgruppe nicht unproblematisch ist. So kovariieren mit dem Prozeß des Alterns und der Anzahl der Jahre ein ganzes Bündel von Faktoren, die untereinander wiederum in deutlicher Abhängigkeit stehen (z.B. Frauenanteil, Berufstätigkeit, Einkommen, Pkw-Verfügbarkeit, Behinderungen). Leicht besteht - vor allem bei Aggregatanalysen - die Gefahr, daß statistische als kausale Zusammenhänge interpretiert werden. Da zudem die vielfältigen Rahmenbedingungen individueller Verhaltensentscheidungen noch nicht hinreichen bekannt sind, wird hier statt von Determinanten von Effekten aktionsräumlichen Verhaltens gesprochen.

Grundsätzlich bestätigt sich im deutschen Erhebungsgebiet der vermutete Zusammenhang zwischen einschränkenden Umwelt-, Persönlichkeits- und Statusbedingungen und der Ausübung von Alltagsroutinen; in vermindertem Ausmaß und geringerer Einheitlichkeit trifft dies auch für das amerikanische Untersuchungsgebiet zu.

Während hierzulande in fast allen Untersuchungsschwerpunkten beispielsweise Infrastrukturbarrieren und Alter negativ, dagegen Gesundheitszustand, Pkw-Verfügbarkeit und Einkommenshöhe positiv mit dem Aktivitätsgrad korrelieren, fehlen diese Effekte in einigen der U.S.-Teilgebiete völlig. Allgemein fällt im SCC die relativ geringe Bedeutung der Umweltvariablen im Unterschied zu den personalen und sozioökonomischen Ressourcen auf. Übereinstimmend ist in beiden ländlichen Untersuchungsschwerpunkten der statistische Zusammenhang zwischen der Aktivitätsbeteiligung einerseits und Alter bzw. Häuslichkeitsgrad, Einkommen sowie Pkw-Verfügbarkeit andererseits. In der

Ruhestandssiedlung allerdings fehlen solche restriktiven Effekte fast völlig, sehen wir von der Gesundheit als allgemeinster Handlungsvoraussetzung ab. Hier haben offensichtlich selbst auftretende Behinderungen keinen Einfluß auf das Aktivitätsniveau der Bewohner.

Im Rahmen einer Clusteranalyse - deren Ergebnisse hier nicht im einzelnen dokumentiert werden - erfolgt anschließend der Versuch einer inhaltlichen Typisierung der unterschiedlich aktiven Gruppen älterer Menschen. Gezielt geht es dabei um die Identifizierung der *charakteristischen Konstellationen* aktivitätsrelevanter Komponenten (zum Verfahren vgl. Abschn. 7.4):

1. In beiden Untersuchungsgebieten ist eine deutliche Assoziation zwischen Gesundheitszustand, Einkommenshöhe und Grad der aktionsräumlichen Beteiligung gegeben: So sind die Merkmalskonstellationen der immobilsten Gruppen durch das Zusammentreffen von schlechtem Gesundheitszustand, niedrigem Einkommen, geringer Pkw-Verfügbarkeit und starker Hausgebundenheit geprägt.
2. Der Einfluß des Alters als aktivitätsrestringierende Größe wird im SCC stärker als in Südhessen durch Einkommen, Pkw-Verfügbarkeit und einer zum Prinzip erhobenen Außenorientierung kompensiert.

Auf ein Ergebnis, das sich im Rahmen zahlreicher Gespräche mit den Probanden sowie in der weiteren Auswertung des Erhebungsmaterials als signifikant erwies, soll hier kurz eingegangen werden. Dazu zählt das mangelnde Vertrauen in die *Sicherheit* im öffentlichen Raum. Die Angst, Opfer krimineller Gewalt zu werden, lähmt in entscheidender Weise die Spielräume älterer Menschen zur unbesorgten Erschließung ihrer räumlichen Umwelt. Anläßlich meines Besuchs bei Lawton im Jahre 1991 wies er darauf hin, daß der soziale und bauliche Niedergang der unmittelbaren Nachbarschaft des Philadelphia Geriatric Center innerhalb der letzten Dekade eine drastische Verringerung der ehemals sehr regen außerhäuslichen Aktivitäten der Bewohner zur Folge hat.

6.6 Schlußfolgerungen

Im derzeitigen Stadium raumbezogener Alternsforschung wäre es verfrüht, den Stellenwert der analysierten Interaktionsmuster für den Alternsprozeß abschließend zu bewerten. Die wenigen ökologisch fundierten Theoriebausteine diskutieren Außerhausaktivitäten als Formen der Auseinandersetzung mit den alltäglichen Anforderungen in der Spannweite zwischen Kompetenz oder Anpassungsleistung. Ebenso bleibt es weiterer Forschung vorbehalten zu klären, ob und in welcher Weise die personalen Voraussetzungen älterer Menschen und/oder die Rahmenbedingungen ihrer spezifischen räumlichen Umwelten die Gestaltung ihres Alltags beeinflussen. Schließlich dürfen die hier in den Vordergrund gestellten quantitativen - oft hochaggregierten - Fakten nicht den Blick darauf verstellen, daß derartige Handlungen von Individuen vollzogen werden und für diese jeweils unterschiedliche Valenzen aufweisen.

Dennoch ist es angesichts dieser offenen Fragen und Einschränkungen möglich - ohne der Gefahr unangemessener Reduktion zu unterliegen - relevante *Prinzipien* ihrer aktionsräumlichen Bezüge zu identifizieren. So unterstreichen die vorgelegten Befunde, daß sich das Alltagshandeln der Älteren mehrheitlich nicht mit Rückzug und Disengagement charakterisieren läßt. Es ist eher Ausdruck einer intensiven Außenorientierung auf und Teilhabe an ihren Alltagsumwelten. Zwar verliert die in der Erwerbsphase wichtige Achse Wohnort-Arbeitsstätte im höheren Erwachsenenalter ihre Bedeutung. Dafür gewinnen Areale innerhalb der Gemeinde im enger gewordenen Aktionsradius an Gewicht: Die Konstitution der Aktionsräume erfolgt vom Lebensmittelpunkt Wohnung aus.

Im Verlauf der Interviews und der weiterführenden Analysen wurde deutlich, daß diese Handlungsvollzüge im höheren Erwachsenenalter selten Selbstzweck oder das Ergebnis von Zufälligkeiten und zeitlichen Beliebigkeiten sind. Sie entsprechen auch nicht dem Klischee sinnentleerter Geschäftigkeit oder lassen sich allein instrumentellen Erfordernissen beispielsweise der Versorgung zuordnen. So mögen die Gewohnheiten des täglichen Einkaufs weniger Lebensmittel oder des "sich Wege machen" zwar nach dem Kriterium der Wege-/Zeit-Optimierung als unrationell erscheinen. Unter dem Gesichtspunkt einer als sinnvoll erachteten Aufgabenstellung und Strukturierung des Alltags besitzen derartige, weitgehend habitualisierte, Handlungsroutinen für die betroffenen älteren Menschen jedoch durchaus eine andere Plausibilität und Valenz als für jüngere Personengruppen. Antriebskräfte der Aktivitäten, die sie außerhalb des häuslichen Umfeldes durchführen, sind nach vorliegender Interpretation auch symbolischer, expressiver Natur: Sie dienen der permanenten Bestätigung eigener Leistungsfähigkeit im lebensweltlichen Kontext sowie individueller Sinnerfüllung. Auf diesen Aspekt, der mit der Entwicklung und Stabilisierung eigener Identität im Zusammenhang steht, gehen die beiden nächsten Kapitel näher ein.

Nach den vorliegenden gerontoökologischen Theorieansätzen sind ältere Menschen bestrebt, ihr außenorientiertes Handeln mit den Herausforderungen der jeweiligen Umweltgegebenheiten in Übereinstimmung zu bringen. Regionale Disparitäten im Gelegenheitspotential und unterschiedliche personelle Ressourcen erfordern dabei unterschiedliche Anstrengungen, Kompetenzen. Ein bewältigbarer Anforderungscharakter der räumlichen Umwelt stimuliert die älteren Menschen zu Anpassungsleistungen und beeinflußt dadurch den individuellen Alternsprozeß positiv. Planungsorientierte Studien nehmen demgegenüber jene einschränkende Wirkung der räumlichen Alltagswelt häufig zum Anlaß, die Schaffung barrierefreier Stadträume bis hin zum "altengerechten" Städteumbau zu fordern. Dies geschieht, obwohl seitens der Grundlagenforschung noch keineswegs ausreichende empirische und theoretische Erkenntnisse über ein Anforderungsprofil aus der Sicht der Betroffenen an die Nutzbarkeit und Aufenthaltsqualität öffentlicher Räume vorliegen. Ebenso wie der Abbau mobilitätsbehindernder Barrieren generationsübergreifend im Sinne eines humanen Städtebaus zu begrüßen ist, widerspräche eine "Sonderrolle" dem verbreiteten Wunsch der Senioren nach Integration in das normale Alltagsleben.

Es ist ein geographisches Anliegen, die Unterschiedlichkeit der kultur- und regionsgebundenen *Tätigkeitsmuster* älterer Menschen zu betonen, die sich in räumlicher, zeitlicher und funktionaler Hinsicht im system- und lebensweltlichen Bezugsrahmen der Untersuchungsgebiete abzeichnet:

➢ die kalifornischen Befragten sind sowohl nach der Beteiligung und Dauer als auch nach der Vielfalt der ausgeübten Aktivitäten deutlich mobiler;

➢ im SCC, nicht jedoch hierzulande, besteht durchgängig eine Hierarchisierung reproduktiver vor kommunikativen und regenerativen Außerhaustätigkeiten;

➢ lediglich die deutschen Senioren nehmen eine klare Zweiteilung des Tages in einen "Pflichtteil" am Vormittag und einen stärker disponiblen Nachmittag vor;

> im südlichen Rhein-Main-Gebiet werden öffentliche (die Innenstädte), im Silicon Valley dagegen halböffentliche Räume (malls, shopping centers) als Begegnungsorte präferiert;
> die Aktivitätsmuster der Älteren folgen hierzulande signifikant einem Kern-Rand-Gefälle der Untersuchungsschwerpunkte.

Damit prägen im deutschen Untersuchungsgebiet die Voraussetzungen der siedlungs- und haushaltsbezogenen Infrastruktur sowie die Verfügbarkeit angemessener Transportmittel in entscheidender Weise den *Standortbezug des aktionsräumlichen Verhaltens*. Er wird allerdings bei den städtischen Senioren bereits ansatzweise überlagert von Orientierungen, die durch sozioökonomische Mittelverfügungen bestimmt sind. Ihnen gelingt es leichter als den älteren Menschen aus den ländlichen Ortschaften und den Umlandgemeinden, ihre Chancen zur Nutzung der räumlichen Tätigkeitsgelegenheiten auch wahrzunehmen. Vor allem die Bewohner schlecht erschlossener peripherer Wohnstandorte erfahren im Falle eingeschränkter Verfügbarkeit personeller Ressourcen und fehlender Möglichkeiten zur Substituierung oder Umorganisation die objektiven Grenzen möglicher Handlungsvollzüge und Teilhabechancen. Sie sind häufig zu einer Reduzierung entfernungsempfindlicher Außerhausaktivitäten auf das notwendigste Ausmaß gezwungen. Damit konstituieren hierzulande die lebens- und systemweltlichen Kontextbedingungen die Spielräume der Handlungsträger. Konzentrationskriterien und nicht allein die zuvor diskutierten individuellen Handlungsziele und Bedeutungszuweisungen bestimmen damit nachhaltig die regionalen Interaktionsfelder im Alter.

Im kalifornischen Untersuchungsgebiet erreichen limitierende ökologische Rahmenbedingungen üblicherweise nicht einen derart kritischen Schwellenwert. Sie fallen bei der Erschließung der räumlichen Umwelt weniger ins Gewicht als das Fehlen individueller Ressourcen. Aufgrund der kleinräumigen sozioökonomischen Segmentierung auch der Älteren in den Quartieren innerhalb des SCC bilden sich dort anstelle regionaler Bezüge *lebensstilgeprägte Aktivitätsmuster* heraus. Raum wird weitgehend zum "ubiquitären" Gut im Sinne der Standorttheorie und damit relativ unbedeutend für die konkreten Raumnutzungsentscheidungen der älteren Kalifornier. Größere Distanzen zwischen der Wohnung und dem Standort der Tätigkeitsgelegenheiten werden beispielsweise durch die bis ins hohe Alter vorherrschende Motorisierung der Zielgruppe kompensiert. In den Villages vor allem kommt der Einsatz sozioökonomischer Ressourcen und eine bewußt zum Prinzip erhobene Außenorientierung hinzu.

Ohne aus unterschiedlichen Mobilitätsniveaus Schlüsse auf einen "besseren" Beitrag zum erfolgreichen Altern ziehen zu wollen, bleibt der erwähnte *Dualismus* von raumgebundenen und lebensstilorientierten Verhaltensmustern festzuhalten. Er folgt dem gesellschaftlichen "Modernitätsgefälle" zwischen dem kalifornischen und südhessischen Erhebungsgebiet ebenso wie hierzulande zwischen städtischen und nichtstädtischen Umweltkontexten. Es hieße jedoch die Stabilität derartiger regionaler Effekte zu unterschätzen, wenn man aus diesen Befunden bereits die *konvergenztheoretisch* begründete Annahme träfe, daß sich die Raumbezüge der deutschen Senioren unausweichlich denjenigen in den U.S.A. angleichen werden.

7. RAUMBEZOGENE EINSTELLUNGS- UND ORIENTIERUNGSMUSTER

7.1 Ansatz und Fragestellungen

Die Spielräume raumbezogener Partizipation älterer Menschen lassen sich nur unzureichend allein aus dem Studium ihrer Organisationsmuster und Handlungsvollzüge erschließen, die im Mittelpunkt der vorhergehenden Kapitel standen. Nach klassischer sozial- und umweltpsychologischer Sichtweise, die in wesentlichen Grundzügen von kognitions- und verhaltensorientierten Ansätzen adaptiert wurde, kommt darüber hinau den *mentalen Strukturen menschlicher Umwelterfahrung* ein besonderes Gewicht für den sozialräumlichen Aneignungsprozeß zu (vgl. z.B. Thomale 1974; Meinefeld 1977; Triandis 1975). Deshalb befaßt sich dieses Kapitel schwerpunktmäßig mit den Einstellungen der Probanden gegenüber den Kontextbedingungen ihrer räumlichen Alltagsumwelt und vor allem damit, inwieweit die häuslichen und außerhäuslichen Anforderungen des Wohnens mit dem Selbstverständnis der Betroffenen korrespondieren.

Üblicherweise versteht man unter *Einstellungen* oder Attitüden die sozial vermittelte oder erlernte latente Bereitschaft von zeitlich relativer Beständigkeit, mit bestimmten Objekten und Situationen in bestimmter Weise umzugehen. Nach Weichhart (1993, 106) stellen sie für das Individuum *"ein Repertoire jederzeit verfügbarer Wahrnehmungs- und Interpretationsstile von Umwelt dar und ermöglichen damit die problemlose alltägliche Auseinandersetzung mit der Realität"*. Während die verhaltenswissenschaftlich ausgerichtete Sozialgeographie die mentale Repräsentation sozialer Existenz anfänglich vor allem unter Stimulus-Reaktionsgesichtspunkten interpretierte, rückten mit der Einbeziehung kognitiver Konzepte stärker Bewußtseinsprozesse als Grunddimensionen der subjektiven Lebenswelt in den Vordergrund. Beide Forschungsrichtungen interpretieren die ermittelten kognitiven und affektiven Komponenten als Prädispositionen raumbezogenen Verhaltens, ohne daß dieser Zusammenhang bislang empirisch schlüssig belegt ist (vgl. Tzschaschel 1986, 51ff.).

Als zentraler Kritikpunkt am Einstellungskonzept gilt das vielfach beobachtete Auseinanderklaffen von geäußerter Verhaltensabsicht und tatsächlichem Handeln (z.B. Spada 1990; Hard 1983). Je nach wissenschaftstheoretischer Perspektive wird diese Inkonsistenz beispielsweise mit der fehlenden Verhaltenswirksamkeit von Einstellungen (Beck 1982), der Ausklammerung systemweltlicher Tatbestände (Sedlacek 1982; Werlen 1987a) oder gerade umgekehrt damit begründet, daß das situative Eingebundensein des Individuums nomologischen Erklärungsansätzen widerspräche, die dem Einstellungskonzept zugrundelägen (Buttimer 1984).

Die hier intendierte Forschungsperspektive betrachtet raumbezogene Einstellungs- und Orientierungsmuster älterer Menschen als wichtige Komponenten ihrer interpretativen Raumaneignung, ohne sie als quasi unabhängige Persönlichkeitsdeterminanten zur unmittelbaren Verhaltenserklärung oder -vorhersagbarkeit im Sinne kausaler Denkmodelle bzw. von Reiz-Reaktions-Schemata heranzuziehen. Es wurde bereits im ersten Kapitel diskutiert, daß raumgebundene Interaktionen nicht allein vom Gestaltungswillen der Akteure - im vorliegenden Fall der älteren Menschen - abhängig sind, sondern selbstverständlich auch von der Einbindung in gesellschaftliche Systemzusammenhänge und die durch sie festgelegten Gestaltungsmöglichkeiten. Die in diesem Rahmen engen Spielräume interpretativer Aneignung räumlicher Umwelt beruhen nach den vorliegenden Ergebnissen sozialwissenschaftlicher Identitätsforschung auf situativer Erfahrung, welche übersituativ verarbeitet und generalisiert wird (Frey & Hausser 1987a, 21). In ähnlicher Weise interpretiere ich die Standpunkte von Bourdieu (1991) und Thomae (1987), die aus unterschiedlichen Positionen menschliches Alltagshandeln weniger als Ergebnis permanenter reflektiver Überprüfung der Übereinstimmung zwischen Einstellungen und Lebensentwürfen, denn als konkrete Antwort auf bestimmte Situationsanforderungen auf der Grundlage eines habitualisiert verfügbaren Wissensvorrats sehen (vgl. auch Abschn. 8.1). Dieser vermag als Disposition für Handeln wirksam werden, indem er der Selbstvergewisserung nach innen und der Abgrenzung nach außen dient. Dies legt nahe, im Rahmen jenes Interpretationsprozesses beispielsweise Gewohnheiten, Wertvorstellungen, Handlungsabsichten und Gruppennormen ein besonderes Augenmerk zu schenken.

Nach sorgfältiger Aufarbeitung diesbezüglicher Befunde vor allem der Sozial-, Persönlichkeits-, Kognitions- und Umweltpsychologie äußern sich für Weichhart (1990, 30ff.) *Sinn und Nutzen* derartiger interpretativer/mentaler Raumaneignungen in ihrem Beitrag zur Selbsterhaltung personaler Systeme vor allem in vier Formen: 1. Sicherheit; 2. Soziale Interaktion/Symbolik; 3. Aktivität/Stimulation; 4. Identifikation und Individuation.

Während sich das nachfolgende Kapitel 8 mit den ersten beiden affektiven Komponenten territorialer Bindungen auseinandersetzt, akzentuiert *dieses Kapitel* die beiden letztgenannten eher kognitiven bzw. konativen (intentionalen) Bezugsebenen. Dies soll dazu beitragen, die Orientierungsmuster und subjektiven Sinngehalte derartiger Raumbezüge älterer Menschen besser zu verstehen und die individuelle Konstitution ihrer Alltagswelt nachzuvollziehen. Der Aufbau des Kapitels folgt zunächst der vorhergehenden Klassifizierung in die beiden, für die mentalen Umwelt-Interaktionen im höheren Erwachsenenalter relevanten Bezugsebenen und fragt:

➢ ob die mentale Bewältigung der kontextuellen Anforderungen eher durch individuelle oder kollektive Muster der Identitätsfindung geprägt ist;
➢ inwieweit Umweltanforderungen, Integrationsneigung und Konfliktbereitschaft das territorialbezogene Interpretationsprofil gegenüber vorgefundenen und erwünschten Lebens- und Wohnbedingungen abbilden.

Schließlich erfolgt in Abschnitt 7.4 der Versuch, die angetroffenen Einstellungs- und Orientierungsmuster nach dem Grad des vorhandenen Teilhabepotentials zu typisieren und deren Bestimmungsgrößen zu identifizieren.

7.2 Methodisches Vorgehen

Individualbezogene Ansätze und Verfahren vermögen komplexe Persönlichkeitsbilder z.B. auf der Basis einer ausgereiften sozial- und entwicklungspsychologischen Forschungsmethodologie nachzuzeichnen (z.B. Frey & Irle 1984 u. 1985; Thomae 1983). Für den Bereich der interpretativen Person-Umwelt-Interaktion indes sind derartige Meß- und Erfassungsinstrumente, beispielsweise in Form experimentell erprobter und akzeptierter Skalen, noch die Ausnahme (Lalli 1988; Nöldner 1990). Deshalb erfolgt hier die stärker generalisierende empirische Bestimmung der *sozialgeographisch* relevanten Einstellungsmuster auf der Grundlage der im Fragebogen erhobenen Informationen. Bei dessen hypothesengeleiteter Konzipierung wurden sowohl lebensgeschichtlich geprägte Erfahrungen, Motive, Erwartungen, Einstellungen und Wertsysteme (z.B. kritische Lebensereignisse, Wendepunkte der Wohnbiographie), als auch Stellungnahmen angesprochen, die Rückschlüsse auf die Bewertung und Nutzung derzeitiger und künftiger Wohnumweltbedingungen zulassen.

Es liegt in der Natur von geäußerten Meinungen, daß sich deren Realitätsgehalt im Rahmen dieser Arbeit kaum überprüfen läßt. Hinzu kommt, daß Einstellungen keine widerspruchsfreie und invariante Realzusammenhänge sondern mentale Konstrukte oder Artefakte repräsentieren. Dennoch ist nach den vorliegenden sozial- und entwicklungspsychologischen Erkenntnissen davon auszugehen, daß dieser Auslegung der Wirklichkeit realitätsprägende Wirkung zukommt (vgl. z.B. Frey 1984). Gravierender erscheint aus methodologischer Sicht, ob sich deren Bedeutung für den einzelnen im Rahmen von Interviews, also ohne den Bezug zu konkreten Anforderungssituationen, isolieren läßt. Thomae (1987, 92ff.) empfiehlt in diesem Zusammenhang, sich nicht der Untersuchung von Lebensentwürfen sondern dem Alltagshandeln zuzuwenden.

Das *analytische* Vorgehen erfolgt - entsprechend der zunehmenden inhaltlichen Komplexität - in drei aufeinander bezogenen Schritten:
1. Indexbildung für die fünf betrachteten Einstellungsformen im Rahmen der beiden übergeordneten Einstellungsebenen (vgl. hierzu Abschnitt 7.3).
2. Clusteranalyse der Assoziationsmuster dieser Einstellungsformen.
3. Typenbildung der relevanten Einstellungsmuster.

Die Indexbildung basiert auf der Prämisse kumulativer Effekte der vermuteten Wirkungszusammenhänge und damit der Addierfähigkeit der gereihten Indikatorwerte innerhalb der jeweiligen Einstellungsformen. Dies erscheint wegen der Verwendung mehrstufiger ordinal skalierter Variablen vertretbar. So erfolgt beispielsweise beim "Selbstbewußtsein" die Einstufung der Items in aufsteigender Richtung nach dem Grad ihrer identitätsfördernden Wirkung: Kontinuität gegenüber Brüchen im Lebensverlauf, Zufriedenheit mit den Wohnbedingungen gegenüber empfundenen Belastungen usw. In vergleichbarer Weise wurde bei den anderen Einstellungsformen verfahren.

Für die Identifizierung und Klassifizierung von Einstellungskollektiven nach dem Grad ihres Teilhabepotentials bot sich methodisch der Einsatz von Clusterverfahren an. Im Rahmen dieses Instruments zur Gruppierung ähnlicher Objekte (Späth 1977) konnte auf SPSS-X Prozeduren zurückgegriffen werden. Als Verfahren wurde "Quick Cluster" gewählt (Schubö & Uehlinger 1984, 341ff.).

7.3 Einstellungsebenen und -formen

In dem Maße, in dem beim Individuum die Bereitschaft zur aktiven Auseinandersetzung mit den alltagsweltlichen Gegebenheiten wächst, gewinnen - entsprechend der forschungsleitenden Hypothese - bestimmte mentale Bezüge gegenüber seiner Umwelt an Bedeutung. Hierzu zählen die beiden Einstellungsebenen der individuellen/kollektiven Identität sowie des internalisierten Territorialprofils mit ihren insgesamt fünf Ausprägungsformen.

Der Aufforderungscharakter oder die Valenz von Umwelt (Lewin 1926) erschließen sich dem einzelnen in Form von Differenzbildungsprozessen mit dem Ziel der Identifizierung subjektiv bedeutsamer Nutzungspotentiale. Sofern Umweltausschnitte den eigenen Zielsetzungen als förderlich erscheinen, können sie Erlebnisse stimulieren und zu Handlungen anregen (Kruse & Graumann 1978). Dieser Interpretationsprozeß fordert vom Individuum Stellungnahmen gegenüber vorgefundenen und präferierten Umweltbezügen. Das Set jener subjektiven und gruppenspezifischen Deutungsmuster wird nachfolgend als *Territorialprofil* bezeichnet, um nicht zu enge begriffliche Analogien zum Territorialitätskonzept aufkommen zu lassen (vgl. z.B. Malmberg 1980; Eibl-Eibesfeldt 1978; Miller 1990). Sack (1986, 1) beispielsweise definiert den zweckbestimmten Aspekt im Mensch-Umwelt-Verhältnis: *"Territoriality in humans is best understood as a spatial strategy to affect, influence or control resources and people by controlling area"*. Rowles (1978) greift diese Perspektive der Kontrolle für die Zielgruppe ebenfalls auf, wenn er in seiner Arbeit mit dem Titel "Prisoners of Space?" resümiert, daß im Rahmen der alltäglichen Austauschbeziehungen älterer Menschen mit ihrer physischen Umwelt neben der Wohnung der sogenannten "Kontrollzone" (surveillance zone) der unmittelbaren Nachbarschaft die größte Bedeutung zukommt. Danach ist die Nahumwelt jener Bereich, den der einzelne potentiell in emanzipatorischer Weise aktiv nutzen, beeinflussen und gestalten kann. *"Er ist damit Gegenstand und Medium personaler Selbstverwirklichung"* (Weichhart 1989, 11). In diesem Fall ist das Individuum *Teil* der Welt und nicht mehr nur Objekt in ihr. Dies ist eine wichtige Voraussetzung für die nächste Ebene territorialer Beziehung, der *Identität*. Als Ergebnis reflexiver Selbsterfahrung kann zu deren Bestimmungsfaktoren neben Geschlecht, Alter, Rasse, Fähigkeiten und Status (Frey & Hausser 1987a, 14) u.a. auch die Zugehörigkeit zu einem bestimmten Raum gehören. Identität wird innerhalb sozialer Systeme als individuelles Kennzeichen der Angehörigen (Wir Ostfriesen) oder Außenstehenden (Die Katholiken) angesehen. *" 'Identität' bezieht sich in diesen beiden Begriffsverwendungen also auf ein individuumbezogenes 'Ich-' oder ein gruppenbezogenes 'Wir-' bzw. 'Sie-Gefühl' "* (Weichhart 1989, 12f.).

Die Darstellung der Ergebnisse erfolgt in diesem Abschnitt in der Weise, daß innerhalb jeder betrachteten Einstellungsform zunächst die verwendeten Variablen in ihren relevanten Merkmalsausprägungen vorgestellt werden. Dann erfolgt die Interpretation der aggregierten Indikatoren und Summenindizes. In den Tabellen 7.1. bis 7.5. zeigen hohe Werte eine starke, niedrige dagegen eine geringe Ausprägung an.

7.3.1 Individuelle und kollektive Identität

7.3.1.1 Selbstbewußtsein

Selbstbewußtsein als individuelle Ressource raumbezogener Teilhabe wird hier sehr pragmatisch als Teil der Selbstidentität einer Person definiert. Diese "self-identity" wiederum ist nach Lalli (1989) Substruktur eines umfassenderen Selbstkonzepts, der subjektiven Repräsentation des Selbst (Frey & Hausser 1987b; Proshansky u.a. 1983, 58). Seine theoretischen Wurzeln liegen in den modernen Selbstkonzepttheorien: *"Das Selbst wird als Ergebnis eines sozialen Differenzierungsprozesses betrachtet, der durch soziale Erfahrungen vermittelt wird und die Person befähigt, zwischen sich und der Außenwelt und anderen Personen zu unterscheiden. Das Selbstkonzept kann somit als komplexe kognitive Struktur angesehen werden, in der selbstbezogene Kognitionen, Bewertungen,*

166

Überzeugungen usw. organisiert sind. Demgegenüber umfaßt 'self-identity' im engeren Sinne spezifische und bewußte persönliche Überzeugungen, Interpretationen und Bewertungen über die eigene Person" (Lalli 1988, 3).

Im vorliegenden Fall wird ein höheres Ausmaß von positiv geprägtem Selbstbewußtsein postuliert, je gegenwartsbezogener das eigene Alter interpretiert wird und je geringer die Lebens- und Wohnbiographie aus der Sicht der Betroffenen von gravierenden Schicksalsschlägen bestimmt wurde (vgl. hierzu zusammenfassend Kohli 1978; Fooken 1984). Beide Erlebensweisen haben nach den vorliegenden Ergebnissen entwicklungspsychologischer Forschungen einen wesentlichen Einfluß darauf, ob Alter als Funktionsverlust, Deprivation, Marginalisierung oder als Funktionskontinuität, als Möglichkeit zur Erschließung neuer Handlungsfelder und damit als Gewinn empfunden wird.

Im *Polaritätsprofil derzeitiger Befindlichkeit* zeichnen die beiden Vergleichsgruppen ein weitgehend übereinstimmendes Bild, was die *Bedeutsamkeitsrangfolge* der zur Operationalisierung dieses Konstrukts verwendeten Aussagen anbelangt (Abb. 7.1). Jedoch lassen die kalifornischen Senioren eine vergleichsweise positivere Einschätzungen ihrer *biographischen und persönlichen Erfahrungen* erkennen. Es läge nahe, dies u.a. mit dem Bestreben zu erklären, dem ausländischen Forscher ein "günstiges" Selbstkonzept zu präsentieren. Im Vergleich der vom Verfasser und durch amerikanische Studenten durchgeführten Interviews bestätigt sich diese Vermutung aber nicht. Die positiven Selbstbilder sind nach der bereits begründeten Ansicht konstitutive Bestandteile des Selbstwertgefühls. Dabei ist jedoch nicht auszuschließen, daß darin auch Elemente des individuellen Bedürfnisses nach sozialer Zuwendung und Anerkennung (Deusinger 1987), nach Selbstschutz und Selbsterhöhung (Stahlberg, Osnabrügge & Frey 1985) oder nach Reduzierung kognitiver Dissonanzen (Frey 1984) enthalten sind.

Diese insgesamt optimistischere Situationseinschätzung der Probanden aus dem SCC bestätigt sich auch bei der Auswertung der Indexvariablen. Sie äußert sich beispielsweise darin, daß dort häufiger als hierzulande in allen angesprochenen Bereichen Verbesserungen seit Eintritt in den Ruhestand zu Protokoll gegeben werden. In ähnlicher Weise wird rückblickend der Einfluß einschneidender Ereignisse auf ehemalige Lebensentwürfe in der offenen Frage 59/57 interpretiert. So liegt der Anteil der amerikanischen Senioren, die hierin eine Wende zum Besseren sehen, mit 30% etwa dreimal so hoch wie derjenige der deutschen. Bei der Durchsicht der Antworten fällt auf, daß fast jeder fünfte kalifornische, aber nur jeder zehnte südhessische Befragte unter diesem Gesichtspunkt wohnungs- und wohnumfeldbezogene Gründe (z.B. Wechsel der Wohnung, der Nachbarschaft; Zuzug ins Untersuchungsgebiet) anführt. Länderübergreifend läßt sich eine hohe Wohnzufriedenheit belegen. Während hierzulande etwa jeder Zweite angibt, durch die Epoche tiefgreifender politischer und gesellschaftlicher Umbrüche wie Krieg, Vertreibung und wirtschaftliche Not negativ geprägt worden zu sein, teilt im SCC nur knapp jeder siebte Senior diese Erinnerung. Dort steht dagegen der Verlust der vertrauten Bezugspersonen (Partner, Kind, Freunde) im Vordergrund. Nur 12% bzw. 13% der Befragten aus beiden Untersuchungsgebieten sehen in der Retrospektive ihre Erwartungen an das Leben enttäuscht. Aus der Vielfalt der Varianten zur Bewältigung von Alltagssituationen nimmt Selbstverwirklichung als Daseinsprinzip in der Wertehierarchie der älteren Menschen hierzulande einen unteren Rang, im kalifornischen Untersuchungsgebiet dagegen einen wichtigen Mittelplatz ein. Deutlich mehr Amerikaner (87% gegenüber 68% hierzulande) sehen die Möglichkeit, durch eigene Anstrengungen ihre Lebenssitua-

Veränderungen seit Eintritt in den Ruhestand (Frage 58/56)

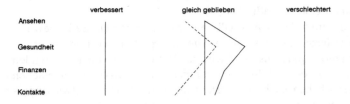

Empfindung der gegenwärtigen eigenen Situation (Frage 61/59)

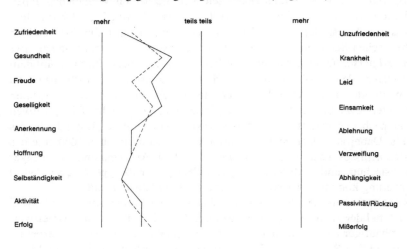

Bedeutung von Werten (Frage 62/60)

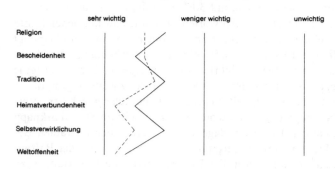

———— Deutsches Untersuchungsgebiet   ------ Amerikanisches Untersuchungsgebiet

Abb. 7.1. Polaritätsprofil derzeitiger Befindlichkeit der befragten Senioren
Quelle: Eigene Erhebung

Tab. 7.1. Selbstbewußtseinsindex, Komponenten und Ausprägungen

	Erreichbares Maximum	Mittlere Ausprägung	
		Deutsches Untersuchungsgebiet	Amerikanisches Untersuchungsgebiet
Verbesserungen seit Ruhestand (58/56)	4	0,29	0,96
Prägende Lebensereignisse (59/57)	3	1,61	2,14
Erfüllung der Lebenserwartungen (60/58)	5	3,60	3,61
Gegenwartsbezogenes Selbstbild (61/59)	9	5,56	5,02
Wohnzufriedenheit (13/11)	5	4,47	4,33
Bereitschaft z. Daseinsoptimierung (51/49)	3	2,58	2,79
Bedeutung von Selbstverwirklichung (62/60)	3	2,41	2,71
Selbstbewußtseinsindex	32	20,35	22,20

Quelle: Eigene Erhebung

tion zu verbessern. Unter den südhessischen Senioren ist demgegenüber eine durch Genügsamkeit/Bescheidenheit gekennzeichnete Grundhaltung überdurchschnittlich häufig anzutreffen.

Auf der Basis einer stärker aggregierten Zusammenfassung der Ergebnisse in Form von Mittelwerten und Indexausprägungen in Tabelle 7.1. bestätigt sich das hohe Ausmaß von Selbstbewußtsein in beiden Vergleichsgruppen. So liegen die beobachteten mittleren Merkmalsausprägungen bei den meisten Variablen über 50% der theoretisch erreichbaren Werte. Der Selbstbewußtseinsindex der älteren Kalifornier übertrifft denjenigen der Südhessen.

7.3.1.2 Wir-Bewußtsein

Die Frage, ob sich ältere Menschen stärker als Angehörige einer durch gemeinsame Merkmale oder Erfahrungen geprägten Gruppe verstehen (z.B. kollektives Schicksal der Pensionierung, Witwenschaft) oder als Individuen, die durch andere Parameter als das Alter definiert sind (beispielsweise durch Geschlecht, Status, Mobilitätsfähigkeit), hat für die Abschätzung des Einflusses derzeitiger und künftiger Raumnutzungskompetenz der Zielgruppe entscheidendes Gewicht. Besteht nämlich ein Verständnis gemeinsamer Vergangenheit, Gegenwart und Zukunft, dann ist in stärkerem Maße zu erwarten, daß sich auch Ziele und Strategien einer solidarischen Daseinsbewältigung manifestieren.

Im Rahmen der Regionalismus- und Regionalbewußtseinsforschung werden vor allem hierzulande derartige *kollektive raumbezogene Orientierungsmuster* diskutiert. Ansätze, die "regionale Identität" (vgl. z.B. Kapitel 8 sowie Meier-Dallach 1987), ein "kollektives Gedächtnis" (Halbwachs 1967) oder beispielsweise einen "gemeinsamen Erfahrungsschatz" zu identifizieren suchen, stehen noch am Beginn. In der Gerontologie werden ähnliche Deutungsinstrumente mit dem Generations- und Kohortenansatz erarbeitet: "*Während Kohorte eine historische Einheit mit Erlebnisparallelität darstellt, zielt der Generationenbegriff auf eine Erlebnisgemeinsamkeit ab*" (Rosenmayr 1984, 179). Im Falle des Wir-Bewußtseins besteht durchaus Konsens darüber, daß diesem keineswegs allein zweckrationale Erwägungen zugrunde liegen müssen, sondern durchaus auch emotionale, subrationale und affektive Elemente wirksam werden. Nicht allein die

Analyse der Wirklichkeit, sondern auch ihre Auslegung und Interpretation durch die Betroffenen können darin konstitutive Bestandteile darstellen.

Als Deskriptoren eines derart definierten Bewußtseins werden Aussagen herangezogen, die sich mit der konkreten oder antizipierten Möglichkeit kollektiver Raumorganisation im Erfahrungsbereich älterer Menschen auseinandersetzen. Hierzu zählen die Position gegenüber Wohngemeinschaften ebenso wie die wahrgenommene Akzeptanz älterer Menschen durch die Gesellschaft, die Teilnahme an Seniorenveranstaltungen, die Ausübung kommunikativer Hobbys sowie die Organisation in Vereinen, Parteien und Gewerkschaften. Je stärker die praktizierte oder geäußerte Bereitschaft zur Abkehr von individuellen und Hinwendung zu kollektiven Urteils- und Handlungsstrukturen erkennbar ist, desto höher ist die jeweilige Werteausprägung der zur Indexbildung herangezogenen Indikatoren.

Die Auswertung der Einzelvariablen unterstreicht die Tendenz einer stärker kollektiven Orientierung der befragten nordamerikanischen Senioren gegenüber einer eher individuell geprägten der deutschen. Zwar findet das Konzept der Wohngemeinschaften in beiden Untersuchungsgebieten eine vergleichbar geringe Resonanz, jedoch ist die Ablehnung in den U.S.A. weniger kraß und die Quote der Unentschiedenen höher als hierzulande. Die angebotenen Seniorenveranstaltungen werden im SCC von fast der Hälfte aller Befragten positiv aufgenommen, in Südhessen dagegen nahezu einhellig abgelehnt (vgl. auch Abschn. 4.6.1). Dieses Grundmuster zeigt sich ebenfalls in der Beteiligung an Tätigkeiten, die kommunikative Bezüge aufweisen: Besuche, Vereinsaktivitäten und Kirchgänge haben im kalifornischen Untersuchungsgebiet einen höheren Stellenwert als hierzulande. So ist dort auch die Organisationsquote in Vereinen, Parteien oder Gewerkschaften mit 81% gegenüber 57% deutlich höher als in Deutschland. Das Empfinden, als Angehöriger der Gruppe älterer Menschen in der Gesellschaft akzeptiert zu werden, wird zwar von beiden Populationen überwiegend geteilt, hierzulande jedoch etwa dreimal so häufig wie in Kalifornien verneint.

Diese unterschiedliche Grundtendenz bestätigt sich auch bei Berücksichtigung der Indexergebnisse. So spiegelt sich das deutlich ausgeprägtere Wir-Bewußtsein der befragten Senioren aus dem SCC in einem höheren Indexwert wider.

Tab. 7.2. Wir-Bewußtseinsindex, Komponenten und Ausprägungen

	Erreichbares Maximum	Mittlere Ausprägung	
		Deutsches Untersuchungsgebiet	Amerikanisches Untersuchungsgebiet
Akzeptanz von Wohngemeinschaften (23/21)	3	1,60	1,56
Akzeptanz von Seniorenveranstaltungen (43/41)	3	1,59	2,31
Mitgliedschaft in Organisationen (57/55)	4	0,80	1,86
Kommunikative Hobbys (42/40)	2	1,16	1,27
Wahrgenommene gesellsch. Respektierung (50/48)	3	2,66	2,91
Wir-Bewußtseinsindex	15	7,82	10,02

Quelle: Eigene Erhebung

7.3.2 Territorialprofil

In Abschnitt 7.3 wurde aufgezeigt, daß Einstellungen gegenüber physischen Umge-
bungskomponenten wesentlich dadurch mitbestimmt werden, ob diese mit den aktuellen
oder antizipierten Handlungszielen korrespondieren. Menschliches Handeln dient nach
Boesch (1984) der Herstellung konsistenter Ordnungen (oder Passungen, Kongruenzen)
in bezug auf die Ich-Umwelt-Beziehungen als eine wichtige Voraussetzung des "Einrichtens in dieser Welt". Dieses "Synomorphieprinzip" (Barker 1968) gilt zweifellos
auch für die Phase des höheren Erwachsenenalters. Interpretative Raumaneignung erfolgt damit durch Überprüfung der jeweiligen örtlichen Nutzungseignung mit den individuellen Intentionen.

Für die Ermittlung des Territorialprofils - also der Grundrichtung des Anforderungsspektrums älterer Menschen an eine lebenswerte Umwelt - sind deshalb primär jene
Aspekte von Interesse, die bisher im Hinblick auf Ältere als bedeutsam erschienen und
zu widersprüchlichen Befunden führten. Dazu zählen folgende drei Fragestellungen:
1. Sehen sich ältere Menschen einem Veränderungsdruck durch ihre Alltagsumwelten
   ausgesetzt?
2. Sind ihre raumbezogenen Dispositionen stärker dem Konzept der Integration oder
   dem der Segregation verpflichtet?
3. Sind ihre raumbezogenen Einstellungen eher durch Konfliktbereitschaft oder durch
   eine Akzeptanzhaltung geprägt?

7.3.2.1 Umweltanforderungen

In diesem Kontext wird thematisiert, inwieweit sich ältere Menschen mit Anforderungen
ihres Wohnstandortes konfrontiert sehen und diese als Belastungen wahrnehmen. Die
Einschätzung in einem sicheren, kontrollierbaren und altersgerechten Wohnumfeld zu
leben, stellt nach den vorliegenden Ergebnissen gerontoökologischer Forschung für die
Zielgruppe ein wichtiges stabilisierendes Kriterium dar. Umgekehrt bedeutet das Gefühl
einem auch nur latenten Druck zu unterliegen - der möglicherweise später dazu führt,
die gewohnte Lebensumwelt verlassen zu müssen - eine enorme Belastung und Destabi-
lisierung im alltäglichen Wohngeschehen.

Während die Befragten ihre Wohnumfeldsituation mehrheitlich sehr positiv darstellen
(vgl. Abschn. 4.5.1), wird nachfolgend die Wahrnehmung und kognitive Verarbeitung
belastender Wohnumweltanforderungen anhand von vier Indikatoren thematisiert: So
werden die gewünschten quartiersbezogenen Verbesserungsmaßnahmen danach bewertet, ob sie eher allgemeiner Natur sind oder auf Fehlentwicklungen im direkten
Wohnumfeld hindeuten (z.B. Verhinderung städtebaulicher Eingriffe oder Wohngarantie); hinzu kommen das Ausmaß des Empfindens, durch kriminelle Handlungen bedroht
oder durch Umweltbelastungen beeinträchtigt zu werden sowie die Einschätzung des
Zwangscharakters des letzten Umzugs.

Die Merkmalsbesetzungen der einzelnen Komponenten ergeben insgesamt ein unein-
heitliches Bild, das sich zudem nicht immer in den Indexergebnissen widerspiegelt. So
formulieren die kalifornischen Befragten häufiger als die südhessischen Wünsche nach
quartiersbezogenen Verbesserungsmaßnahmen. Übereinstimmend werden dagegen in bei-

Tab. 7.3. Umweltanforderungsindex, Komponenten und Ausprägungen

	Erreichbares Maximum	Mittlere Ausprägung Deutsches Untersuchungsgebiet	Amerikanisches Untersuchungsgebiet
Forderung quartiersbezog. Verbesserungen (52/50)	3	2,03	1,97
Empfinden krimineller Bedrohung (65/63)	3	1,72	1,61
Empfinden ökologischer Belastung (66/64)	5	2,85	2,97
Unfreiwilliger Umzug (2/3)	3	0,65	1,11
Umweltanforderungsindex	14	7,39	7,62

Quelle: Eigene Erhebung

den Untersuchungsgebieten der bessere Schutz vor Kriminalität und zwangsweisem Auszug mit höchster Priorität gefordert; bei den nordamerikanischen Senioren allerdings rangiert dieses Sicherheitsbedürfnis mit deutlicherem Abstand vor allen anderen Wünschen als hierzulande. Wichtiges Anliegen für viele ältere Menschen im deutschen Untersuchungsgebiet ist ebenfalls die Verhinderung störender städtebaulicher Veränderungen (z.B. Discos, Straßen) im Wohngebiet. Auch die Sensibilität gegenüber belastenden ökologischen Rahmenbedingungen ist durch eine gewisse Ambivalenz gekennzeichnet: So werden im SCC Luftverschmutzung und Verunreinigungen kritisiert, weniger dagegen der allgegenwärtige Verkehrs- und Fluglärm. Leider wurde nicht erhoben, ob das hohe Erdbebenrisiko dort als Gefährdung internalisiert wird. Von den südhessischen Senioren werden vor allem Lärm und Straßenverkehr beklagt. Die Einschätzung der protokollierten Migrationsursachen unterstreicht deutlich, daß Wohnsitzverlagerungen im Alter hierzulande zwar seltener erfolgen, jedoch stärker als im nordamerikanischen Untersuchungsgebiet durch Zwänge bestimmt werden.

Der letztgenannte Aspekt wird wegen der hierzulande geringen Umzugsbeteiligung im Alter für den deutschen Untersuchungsraum statistisch unterbewertet. Dies ist bei der Interpretation der ermittelten Indexwerte zu berücksichtigen, denen zufolge die kalifornischen Senioren geringfügig stärker belastenden Anforderungen in ihrer Wohnumwelt ausgesetzt sind als die südhessische Vergleichsgruppe.

7.3.2.2 Integrationsneigung

Bereits die frühen alternstheoretischen Ansätze diskutierten die Frage kontrovers, ob mit der Zunahme der gelebten Jahre der Wunsch nach Rückzug aus dem oder nach Integration in das gesellschaftliche Gefüge überwiegt (vgl. Abschn. 1.3.2.2). Auch im Rahmen unserer Beschäftigung mit territorialen Orientierungsmustern kommt diesem Aspekt ein zentraler Stellenwert zu. Der Einschätzung, ob sich ältere Menschen als abgesondert, ausgegliedert empfinden bzw. dies anstreben oder umgekehrt das Zusammenleben mit anderen Altersgruppen wünschen bzw. realisiert sehen, wird ein nachhaltiger Einfluß auf ihr territoriales Verhalten beigemessen.

Als Indikatoren für die jeweilige Zuordnung zu einer mehr auf residentielle Integration bzw. Segregation bezogenen Einstellung dienen vier Variablen, die sich mit der gewünschten Alterszusammensetzung der unmittelbaren Nachbarschaft, der Beurteilung

Tab. 7.4. Integrationsindex, Komponenten und Ausprägungen

	Erreichbares Maximum	Mittlere Ausprägung Deutsches Ug.	US. Untersuchungsgeb.
Gewünschtes Alter Nachbarschaft (17,18/15,16)	3	2,48	2,39
Befürwortung Generationenmischung (19/17)	3	2,56	2,12
Ablehnung Generationentrennung (20/18)	3	2,53	2,19
Bewertung heutige Jugend (64/62)	3	1,97	1,98
Integrationsindex	12	9,55	8,71

Quelle: Eigene Erhebung

der Konzepte eingestreuter Altenwohnungen (Generationenmischung) und der Rentner-siedlungen (Generationentrennung) sowie der heutigen Jugend befassen. Hier kann auf eine detaillierte Darstellung der Einzelergebnisse verzichtet werden, weil darauf bereits unter 4.4 und 4.6.2 Bezug genommen wurde. Es sei jedoch nochmals erwähnt, daß bei grundsätzlich überwiegendem Wunsch auf ein Zusammenleben der Generationen hier-zulande das Konzept der Integration, in den U.S.A. dasjenige der Segregation etwas stärker befürwortet wird. Ebenso tendieren mehr kalifornische als südhessische Befragte zu einer Änderung in Richtung einer altershomogenen Zusammensetzung ihrer Nach-barschaft. Die Bewertung der heutigen Jugend ist in beiden Untersuchungsgebieten überwiegend positiv, im SCC jedoch akzentuierter als im südlichen Rhein-Main-Gebiet durch eine Besetzung der Gegenpositionen (Übereinstimmung/Ablehnung) gekenn-zeichnet. Entsprechende Kreuztabellierungen zeigen, daß die kleine Gruppe derjenigen, die mit dem Konzept der Rentnersiedlungen auch die Alterssegregation befürworten, ebenfalls ein deutlich negativeres Jugendbild aufweisen.

Die quantitative Gegenüberstellung der Ergebnisse in Tabelle 7.4. zeigt, daß bei den befragten Senioren in beiden Untersuchungsgebieten die Tendenz zur Integration deut-lich überwiegt. Erstmalig übertrifft dabei der entsprechende Index im südlichen Rhein-Main-Gebiet denjenigen im Silicon Valley.

7.3.2.3 Konfliktbereitschaft

Die Fähigkeit oder Neigung, sich mit auftretenden Anforderungen im räumlichen Um-feld aktiv auseinanderzusetzen, wird älteren Menschen oft abgesprochen. Diese Kon-fliktbereitschaft kann jedoch als wichtige Voraussetzung dafür angesehen werden, eige-ne Interessen im Bedarfsfall auch erfolgreich durchzusetzen.

Deskriptoren für diese Einstellungsform sind Äußerungen der Probanden darüber, ob sie zur Durchsetzung eigener Interessen gegebenenfalls auch bereit wären, einen Wech-sel der traditionell gewählten Partei vorzunehmen, welchen Durchsetzungsgrad der von ihnen bevorzugte Modus der Interessenvertretung aufweist und ob sie die oft spektaku-läre Art des Vorgehens der Grauen Panther als gangbaren Weg für ältere Menschen ak-zeptieren.

Die Interpretation der Einzelergebnisse belegt, daß hierzulande die Neigung, eigene Interessen offensiv zu vertreten, weitaus seltener anzutreffen ist als im amerikanischen Untersuchungsgebiet. Dies äußert sich beispielsweise darin, daß nur etwa ein Fünftel der

Tab. 7.5. Konfliktbereitschaftsindex, Komponenten und Ausprägungen

	Erreichbares Maximum	Mittlere Ausprägung Deutsch.Ug.	US. Untersuchungsgeb.
Erwägung eines Parteienwechsels (53/51)	3	1,64	2,25
Grad eigener Interessendurchsetzung (54/52)	8	4,37	6,41
Interessenrepräsent. durch Graue Panther (56/54)	5	2,75	3,56
Konfliktbereitschaftsindex	16	8,73	12,26

Quelle: Eigene Erhebung

südhessischen, jedoch fast die Hälfte der kalifornischen Befragten bereit wäre, ihre traditionelle Parteienbindung aufzugeben, falls dadurch ihre spezifischen Interessen gewahrt würden. Ebenso ist dort die Bereitschaft zur persönlichen Einflußnahme weitaus stärker verbreitet als unter den südhessischen Senioren, bei denen die erwähnte Tendenz zur Genügsamkeit häufig dazu führt, die Wahrnehmung eigener Interessen als aussichtslos oder sogar als nicht notwendig anzusehen. So überrascht auch die jeweils unterschiedliche Bewertung der oft spektakulären Artikulationsformen der Grauen Panther nicht: Im SCC erfährt diese Interessenrepräsentation bei etwa der Hälfte, hierzulande lediglich bei einem Drittel der Probanden Zustimmung.

Genügsamkeit und Harmoniebedürfnis hierzulande drücken sich auch in entsprechend niedrigen Indexwerten aus und stehen damit in deutlichem Kontrast zum erheblich stärker ausgeprägten Konfliktbewußtsein der älteren Menschen im nordamerikanischen Untersuchungsgebiet. Die dortige Bereitschaft, eigene Interessen zu formulieren und durchzusetzen, dürfte auch ein Ergebnis des unterschiedlichen Wirksamwerdens von Lern- und Verstärkungsbedingungen im Rahmen der Sozialisation (z.B. durch das Schulsystem) sein. Die Nordamerikaner sind seit Geburt zur Konfliktfähigkeit erzogen worden!

7.4 Typologie der Einstellungs- und Orientierungsmuster

Die angestrebte Einsicht in das Beziehungsgeflecht der 23 erhobenen Variablen und der fünf Indizes erfordert eine systematische Informationsverdichtung als Voraussetzung für die Typisierung der Grundeinstellung der Befragten gegenüber den Gegebenheiten ihrer räumlichen Lebensumwelt. Sie erfolgt mit Hilfe der Clusteranalyse. Mit ihr ist es möglich, die Probanden, die durch das zuvor angeführte Set ihrer Einstellungsitems beschrieben werden, in iterativer Vorgehensweise zusammenzufassen. Dabei stehen zunächst nicht die Ergebnisse der Gruppenbildung im Vordergrund sondern deren charakteristische *Assoziationsmuster*.

Hierzu wurden die *individuellen* Indexausprägungen - nach erfolgter Standardisierung der Werte - einer Clusteranalyse unterzogen. Die gewählte Gruppenzahl orientierte sich an der Forderung nach möglichst homogenen Einheiten, die sich gut voneinander unterscheiden, eine ausreichende Besetzung aufweisen und interpretierbar sind. Die Ergebnisse sind, getrennt nach den beiden Untersuchungsgebieten, in den Tabellen 7.6. und 7.7. dargestellt. Die Intensität der Ausprägung der fünf Indizes innerhalb der sieben Clustergruppen wird durch die Abweichung der Gruppenmittelwerte vom Mittelwert der

Tab. 7.6. Charakterisierung der Clustergruppen nach der Ausprägung der Indexwerte im deutschen Untersuchungsgebiet

Gruppe/Fälle	Konflikt-bereitschaft	Umwelt-anforderung	Einstellungsindizes Integrations-neigung	Selbst-bewußtsein	Wir-Bewußtsein
1/100	++	++	o	+	++
2/45	++	-	--	++	+
3/211	+	-	+	+	-
4/62	+	o	--	--	-
5/81	-	--	+	++	++
6/82	-	++	o	--	--
7/167	--	-	+	-	o

Quelle: Eigene Erhebung

Gesamtstichprobe jedes Erhebungsgebietes charakterisiert. Dies wird durch die verwendeten Symbole gekennzeichnet: "+" zeigt eine positive, "-" dagegen eine negative Abweichung an, "o" steht für eine durchschnittliche Ausprägung. Die Anzahl der "+" und "-" Zeichen signalisiert die Stärke der Abweichung.

Die einzelnen mit diesem Verfahren gebildeten Cluster lassen erkennen, daß die typischen Konstellationen, vor allem der Zusammenhang zwischen dem Anforderungscharakter der Lebensumwelten und dem Bewältigungsverhalten bei den südhessischen und kalifornischen Senioren *selten in gleichsinniger Weise* zutage treten: Hohe bzw. niedrige Belastungen durch Umweltanforderungen gehen hierzulande nur bei Gruppe 1 sowie in den U.S.A. in den Gruppen 1 und 7 mit nahezu entsprechend ausgeprägter Konfliktbereitschaft, Integrationsneigung sowie Selbst- und Wir-Bewußtsein einher. Derartig unmittelbare Zusammenhänge sind jedoch in den anderen Gruppen weder bei Umkehrung der Beziehungsrichtungen noch bei Berücksichtigung weiterer Indizes notwendigerweise gegeben. So ist üblicherweise weder die Stärke der wahrgenommenen Belastungen noch die der Integrationsneigung mit der Konfliktorientierung unmittelbar assoziiert.

Eine *Regelhaftigkeit* ergibt sich aber insofern, als die spezifische Ausprägung der Konfliktbereitschaft in entscheidender Weise durch das Zusammenspiel individueller bzw. kollektiver Identität (Selbst-, Wir-Bewußtsein) und dem jeweiligen Umweltanforderungscharakter gesteuert wird. Diese Parameter sind in der Art assoziiert, daß

➤ hohe Umweltanforderungen nur dann mit hoher Konfliktbereitschaft einhergehen, wenn gleichzeitig Selbst- oder Wir-Bewußtsein positiv ausgeprägt sind;

➤ Konfliktbereitschaft bei mittleren oder leicht unterdurchschnittlichen Belastungssituationen auftritt, im letzten Fall jedoch vorrangig dann, wenn die Betroffenen wiederum ein entsprechendes Selbst- oder Wir-Bewußtsein auszeichnet.

Die Existenz von z.T. gegensinnig ausgeprägten Einstellungskomponenten erschwert die *Typenbildung* auf der Grundlage der durch das Suchinstrument Clusteranalyse ermittelten Assoziationsmuster. Thomae (1983, 1988a) hat in seinen Beiträgen zur Persönlichkeitstheorie und Differentiellen Gerontologie das Problem der Klassifikation personaler Lebensstile mit ihrer hohen interindividuellen Variabilität durch systematische Anwendung von vier Ordnungssystemen der Psychologie gelöst. Darunter subsumiert er auch erlebte Belastungen (Streß) und die Formen der Auseinandersetzung damit. Hierdurch gelangt er zu einem deskriptiven Klassifikationssystem von Reaktionsformen und Alterns-

Tab. 7.7. Charakterisierung der Clustergruppen nach der Ausprägung der Indexwerte im amerikanischen Untersuchungsgebiet

| Gruppe/Fälle | Einstellungsindizes | | | | |
	Konflikt-bereitschaft	Umwelt-anforderung	Integrations-neigung	Selbst-bewußtsein	Wir-Bewußtsein
1/83	++	++	+	+	+
2/85	+	o	o	--	-
3/93	o	--	+	+	+
4/74	o	-	--	+	+
5/20	-	++	--	--	--
6/60	--	++	+	-	-
7/40	--	--	-	o	--

Quelle: Eigene Erhebung

stilen, dessen Validität er u.a. im Rahmen der BOLSA belegen konnte. Orientieren wir uns an seinem Vorgehensprinzip und legen die aus kulturgeographischer Sicht wichtigen Dimensionen des alltagsweltlichen Anforderungscharakters, des Durchsetzungsgrades der Bewältigungsstrategien und des verfügbaren Ausmaßes persönlicher Ressourcen in Form individueller/kollektiver Identität zugrunde, lassen sich die raumbezogenen Einstellungsdispositionen auf sechs Grundmuster zurückführen. Sie repräsentieren in ihrer Reihung den abfallenden Grad räumlicher Aneignungspotentiale.

I. Prospektiv: Primäre Daseinstechnik = Aktive Auseinandersetzung/Leistung
  1. Widerstand   (konfliktorientiert/belastet)
  2. Indiv. Engagement   (konfliktorientiert/unbelastet)

II. Akzeptanz: Primäre Daseinstechnik = Kontinuitätsbewahrung
  3. Anpassung   (durchschn.konfliktorientiert/belastet/niedrige Identität)
  4. Zufriedenheit   (durchschn.konfliktor. bis konfliktmeidend/unbelastet)

III. Eskapismus/Evasiv: Primäre Daseinstechnik = Rückzug
  5. Fügung/Resignation   (konfliktmeidend/belastet)
  6. Teilnahmslosigkeit   (konfliktmeidend/unbelastet/niedrige Identität)

Im letzten analytischen Schritt werden die Probanden fallweise den sechs definierten Einstellungstypen zugeordnet. Dies erfolgt unter Berücksichtigung der in der Clusteranalyse angetroffenen Merkmalsassoziationen. Um die Vergleichbarkeit beider Erhebungsgebiete zu gewährleisten, erfolgt die Bestimmung der Klassengrenzen für die vorkommenden Wertebereiche auf der Basis der standardisierten Indexwerte. Werte größer als die Standardabweichung Sigma entsprechen dabei einer hohen, Werte +/- Sigma einer mittleren und Werte kleiner minus Sigma einer niedrigen Ausprägung. Die Ergebnisse in Tabelle 7.8. zeigen, daß sich die überwiegende Mehrheit der Befragten mit dieser Typologie beschreiben läßt.

Ins Auge fallen beim Vergleich der Ergebnisse beider Untersuchungsgebiete vor allem die *Gemeinsamkeiten*: So gehören nach den hier verwendeten Zuordnungskriterien sowohl im südlichen Rhein-Main-Gebiet als auch im SCC nahezu zwei von drei Befragten den beiden mittleren Gruppen an. Ihre raumbezogenen Einstellungsmuster sind durch eine zufriedene oder anpassungsbereite Grundhaltung geprägt, bei der das Be-

176

Tab. 7.8. Klassifikation der Befragten nach Einstellungstypen

	Deutsches Untersuchungsgebiet		Amerikanisches Untersuchungsgebiet	
	N	%	N	%
Widerstand	46	8,9	57	18,8
Individuelles Engagement	51	9,8	24	7,9
Anpassung	114	22,0	79	26,1
Zufriedenheit	222	42,9	101	33,3
Fügung/Resignation	48	9,3	20	6,6
Teilnahmslosigkeit	37	7,1	22	7,3
Zahl gültiger Fälle	518		303	

Quelle: Eigene Erhebung

streben nach Wahrung des Status quo im Vordergrund steht. Von den anteilsmäßig geringer vertetenen Gegenpositionen ist übereinstimmend die prospektive, zur aktiven
Auseinandersetzung bereite Gruppe stärker besetzt als diejenige, bei der eskapistische
Konfliktvermeidung und Rückzug vorherrschen (vgl. die übereinstimmende Besetzung
dieser Gruppe mit den Ergebnissen der repräsentativen Infratest-, Sinus- & Becker-Stu-
die = Karl 1991). Im Silicon Valley ist dieser zahlenmäßige Abstand akzentuierter ausgeprägt als hierzulande; dort sind ältere Menschen mit aktiver Grundhaltung doppelt so
häufig vertreten wie solche mit passiver Orientierung.

7.5 Schlußfolgerungen

Dieses Kapitel wendet seine Aufmerksamkeit den Einstellungsmustern als Modalitäten
interpretativer Raumaneignung aus der Binnenperspektive älterer Menschen zu. Diese
mentalen Formen der Mensch-Umwelt-Interaktionen beruhen nach der hier zugrunde
liegenden Auffassung auf einem komplexen Wirkungsgefüge spezifischer lebensge-
schichtlicher Erfahrungen und Wertsystemen sowie objektiv bestimmter und subjektiv
geprägter Befindlichkeiten bzw. Chancen im Prozeß der Auseinandersetzung mit alltagsweltlichen Raumbezügen. Bisher ist es jedoch weder gelungen, die Komponenten
dieses Wirkungsgefüges hinreichend nach ihren Bestimmungsgrößen zu isolieren, noch
deren postulierte interdependente Wirkung in bezug auf alltagsweltliche Handlungsfolgen zu belegen (vgl. hierzu Kapitel 9). Die unter *humanökologischen* Gesichtspunkten
erhobenen und interpretierten "Bewußtseinsinhalte" wurden nach ihrem umweltbezogenen Bedeutungsgehalt ausgewählt. Als relevante Bezugsebenen im Alter werden danach
sowohl individuelle/kollektive Identitätsfindungen, als auch territorialgeprägte Interpretationsmuster im Kontext raumbezogener Erfahrungen erachtet.

Insgesamt lassen die Antworten der älteren Bewohner des kalifornischen Untersuchungsgebiets - bei weitgehenden Übereinstimmungen mit der südhessischen Vergleichsgruppe hinsichtlich der protokollierten Bedeutsamkeitsrangfolge - eine positivere
und gegenwartsorientiertere Einschätzung ihrer raumbezogenen Erfahrungen erkennen.
Es ist bemerkenswert, daß sie - bis auf eine Ausnahme - in allen untersuchten Einstellungsformen eine höhere Indexausprägung aufweisen als die hessischen Senioren: Sie
sind durch ein positiveres Selbst- und größeres Wir-Bewußtsein gekennzeichnet, fühlen
sich in höherem Maße durch den Anforderungscharakter der Lebensumwelten belastet

und sind weitaus stärker konfliktorientiert. Allerdings neigen sie in geringerem Umfang als die südhessischen Senioren dem Konzept der altersübergreifenden Integration zu. Diese Einzelbefunde zusammenzuführen war Anlaß für den Versuch, die kognitiven Orientierungsformen nach der Art ihres Assoziationszusammenhangs zu klassifizieren.

Übereinstimmend sind nach den zugrundegelegten Zuordnungskriterien sowohl im südlichen Rhein-Main-Gebiet als auch im SCC die Einstellungsmuster der überwiegenden Mehrheit der Befragten durch eine zufriedene Grundhaltung und dem Bestreben nach Wahrung des Status quo geprägt. Des weiteren zeigen sich jedoch hierzulande eher passive, im Silicon Valley dagegen eher aktive Dispositionen im Rahmen ihrer mentalen Person-Umwelt-Interaktionen. Ausdrücklich sei nochmals betont, daß es sich hierbei um Momentaufnahmen zum Zeitpunkt der Interviews handelt und es nicht intendiert war, die Frage der Stabilität derartiger Orientierungsmuster zu klären (vgl. hierzu Tokarski 1989b, 245ff.). Vieles spricht dafür, daß sich ihre Bedeutungen im konkreten Handlungszusammenhang zwar verändern können, eine gewisse Konstanz aber dennoch anzunehmen ist.

Die weitere Beobachtung, wonach Konfliktbereitschaft weder unter extrem hohen noch extrem niedrigen, sondern vor allem bei durchschnittlichen oder unterdurchschnittlichen Belastungssituationen auftritt, wenn gleichzeitig Selbst- oder Wir-Bewußtsein positiv ausgeprägt sind, scheint die Grundzüge der ökologischen Alternstheorie Lawtons zu stützen (vgl. Abschn. 1.3.4): Danach wirken Umweltanforderungen in für das Individuum bewältigbarer Größenordnung stimulierend auf Reaktionen zur Belastungsüberwindung. Dagegen überfordert ein im Verhältnis zu den persönlichen (hier mentalen) Ressourcen zu hoher Druck; ist er allerdings zu niedrig, gibt er keinen Anlaß für Bewältigungsbemühungen.

An unserem Beispiel der ermittelten Formen raumbezogener Aneignung lassen sich erste Anhaltspunkte dafür finden, in welchem Maße diese Einstellungs- oder Orientierungsdispositionen durch individuelle bzw. gruppenspezifische oder kultur- und gesellschaftsgebundene Rahmenbedingungen beeinflußt werden. So stellt sich den kalifornischen Senioren die Einbindung in den systemweltlichen Zusammenhang des Silicon Valley nachhaltig in Form gesellschaftlicher Barrieren von Aneignungsprozessen dar (höherer Umweltanforderungscharakter als hierzulande). Sie trifft andererseits auf ein etwas stärker ausgeprägtes Konfliktbewußtsein der älteren Menschen, die es unter den dort geübten Sozialisationsbedingungen eher als die deutschen Senioren gelernt haben, ihre Interessen kontrovers zu formulieren und durchzusetzen. Innerhalb der im hochgradigen Wandel begriffenen Wohnumwelten manifestiert sich die Bildung gemeinsamer Einstellungs- und Orientierungsmuster eher als hierzulande, wo Altern von den davon Betroffenen noch häufig als individuelles Schicksal verstanden wird. Als ein Resultat davon ist die Bereitschaft der kalifornischen Probanden größer, ihre Belange auch *ohne* und im Extremfall *gegen* andere Generationen zu verfolgen. Bestätigen sich diese Ergebnisse in anderen Untersuchungsräumen und in bezug auf andere Fragestellungen, ist dies von Planungsrelevanz; denn die stärker durch Gegenwartsbezug und Aktivität gekennzeichneten mentalen Reaktionsformen eines Teils der kalifornischen Senioren lassen die erforderliche Flexibilität erkennen, räumlichen Mißständen beispielsweise durch einen Umzug auszuweichen. Dagegen reagieren die eher durch traditionelle Dispositionen geprägten deutschen Senioren auf tatsächliche oder befürchtete Veränderungen ihrer alltäglichen Umwelt durch defensive Strategien oder den Rückzug in die "eigenen vier Wände".

Sind die amerikanischen Befragten angesichts dieser Unterschiede und der zuvor erwähnten stärkeren Ausprägung ihres persönlichen und kollektiven Selbstwertgefühls gegenüber der deutschen Vergleichsgruppe mit "besseren" individuellen Ressourcen für den Prozeß der alltagsbezogenen Umweltaneignung ausgestattet? Führt das dort stärkere Wir-Bewußtsein quasi automatisch zu größerer Gruppenkohäsion und solidarischem Handeln? Es ist in diesem Stadium der empirischen und theoretischen Auseinandersetzung noch zu früh, den hier angesprochenen und weithin vermuteten Zusammenhang zwischen raumbezogener Interpretation älterer Menschen und ihrem räumlichen *Handeln* abschließend zu bestätigen (vgl. Kapitel 9). Ebensowenig kann bisher mit letzter Bestimmtheit die Bedeutung von Einstellungsmustern oder Verhaltensabsichten als konstitutive Voraussetzung für die Ausprägung unterschiedlicher Lebensstile der Zielgruppe belegt werden. Jedoch sprechen zahlreiche Tatbestände in Analogie zu abgesicherten entwicklungspsychologischen Befunden der Altersforschung dafür, daß sich auch in dieser Phase des Lebenszyklus weder raumbezogene Handlungen noch menschliche Einstellungen als Selbstzweck konstituieren. Es zeichnet sich vielmehr eine Tendenz zur intentional ausgerichteten Form kognitiver Umweltaneignung im höheren Erwachsenenalter ab. Danach scheint mir als wesentliches Spezifikum älterer Menschen ihr Bestreben zur *Stabilisierung und Kontrolle* der Bedingungen ihrer vertrauten räumlichen Umwelt zu sein. Sie sind mehrheitlich durch eine inkrementalistische Grundhaltung geprägt, die allenfalls einen graduellen, sich allmählich vollziehenden Wandel der bestehenden Verhältnisse zuläßt. Die Relevanz wahrgenommener Beständigkeit der Umwelt ergibt sich für das Individuum nicht zuletzt in der dadurch ermöglichten Leichtigkeit des Handelns im vertrauten Milieu. Dieses Kontinuitätsbestreben steht im deutlichen Kontrast zu jüngeren Menschen, deren Einstellungen stärker durch Optimierungs- und Wettbewerbskriterien beschrieben werden können, wie sie beispielsweise in sozialökologischen Ansätzen formuliert werden.

Es würde allerdings die vorliegenden empirischen Ergebnisse fehldeuten, die mentalen raumbezogenen Aneignungsmuster älterer Menschen primär als statische, konservative, rückwärtsgewandte Prädispositionen zu interpretieren. Die Vielfalt ihrer individuellen Deutungskonzepte, deren Erörterung hier der angestrebten Typisierung wegen zurückgestellt werden muß, und die starke Variabilität der Dimensionsassoziationen belegen vielmehr, daß sie ihre Handlungsziele auf durchaus unterschiedliche Weise zu erreichen suchen. Adaptation, wie sie vor allem in der angelsächsischen gerontoökologischen Diskussion als Grundprinzip der Raumbezüge älterer Menschen formuliert wird, ist in diesem Sinn nicht durchgängig, sondern nur für eine bestimmte Teilgruppe Anpassung (coping), für andere jedoch Gestaltung und Kontrolle. Mögliche Antworten auf die eingangs dieses Kapitels gestellte Frage nach den Spielräumen älterer Menschen im Kontext interpretativer Mensch-Umwelt-Interaktionen haben diese - auch situationsbezogene - Vielfalt zu berücksichtigen!

8. RAUMBEZOGENE IDENTIFIKATION

8.1 Problemstellung und theoretischer Ansatz

Im Zuge der unaufhaltsamen Dynamik von Modernisierungs- und Globalisierungsprozessen innerhalb postindustrieller Gesellschaften werden die Quellen der Orientierung vielfältiger. Gleichzeitig mit dem damit verbundenen Wertewandel zerfällt das Gefüge der gebauten Umwelt in eine Addition von teils in sich gestalthaften, andererseits aber auch gestaltschwachen oder gestaltlosen Bereichen und Elementen (Sieverts 1983, 119; Durth 1988, 41ff.). Der Verlust ihrer Unverwechselbarkeit bedroht nach Befunden der ökologischen Psychologie in Verbindung mit einer stärkeren Ausdifferenzierung und Pluralität der Lebensstile die Ausbildung raumbezogener Identität (Graumann 1990; Lipp 1984). Im vermeintlichen Widerspruch dazu manifestieren sich in zunehmendem Ausmaß *Bindungen von Individuen an ihre jeweiligen Lebenswelten.* Die hierzu inzwischen vorliegenden Veröffentlichungen aus unterschiedlichen Disziplinen umschreiben jenes mentale Phänomen territorialer Aneignung begrifflich beispielsweise als Ortsbezogenheit, Regionalismus, Regionalbewußtsein, Regionalität, regionale Identität oder Territorialität und die räumliche Bezugsebene als Heimat, Umwelt, Region oder Satisfaktionsraum. Standen im vorigen Kapitel Einstellungs- und Orientierungsmuster *über* den konkreten lebensweltlichen Bezugsrahmen im Vordergrund, richtet sich die Aufmerksamkeit nachfolgend auf das emotional-affektive Verhältnis der Individuen *zum* Raum. Derartige Person-Umwelt-Interaktionen fokussieren nach den vorliegenden Befunden nicht den "Raum als solchen" sondern seine zugeschriebene Bedeutung und Symbolik für den einzelnen (vgl. hierzu z.B. Weichhart 1990; Neumeyer 1992). Er fungiert damit primär als Kulisse und Erlebnishintergrund raumbezogener Identifikation (vgl. hierzu Abschn. 1.2.2).

Bisher wird vor allem aus *kulturgeographischer Sicht* ein Erkenntnisinteresse an diesem materiellen und psychischen Wirkungszusammenhang zur Herstellung von Lebensqualität formuliert. Dabei stehen Bestimmungsgründe, Ausmaß und Reichweite raumbezogener Identifikation im Vordergrund. Bartels (1984, 3) spricht in diesem Zusammenhang vom "Satisfaktionsraum" Heimat, der fast immer geschichtlich gewachsener Traditionsraum sei: *"Es handelt sich durchweg um die Projektion derjenigen Sozialumwelt, in der man selbst 'großgeworden' ist, deren notwendigerweise ältere Strukturen und historisches Schicksal man folglich als mehr oder weniger gegeben akzeptiert, ja als essentiell bewertet".* Andere identitätsstiftende Faktoren bzw. ihre Wirkung seien stellvertretend aus der Vielzahl der vorliegenden Forschungserträge (vgl. Bundesforschungsanstalt für Landeskunde und Raumordnung 1987b u. c) aufgeführt: Haus- und Grundbesitz (Marx 1983), Wohndauer und Alter (Schmied 1987), symbolischer Ortsbezug (Treinen 1974), regional geprägte Werteorientierungen und Eingebundensein in spezifische Stadien des Lebenszyklus (Friedrich & Wartwig 1984), Abwehrhaltung gegen Fremdbestimmtheit und drohende Gefährdung der natürlichen und sozialen Umwelt (Geipel 1984; Pohl & Geipel 1983), Reaktion gegen Stigmatisierung (Weichhart & Weixlbaumer 1988), Integration in das Selbstkonzept (Lalli 1989).

Das inzwischen gestiegene wissenschaftliche Interesse an derartigen raumbezogenen kognitiven Repräsentationen führte zur Gründung eines geographischen Arbeitskreises "Regionalbewußtsein" im Zentralausschuß für deutsche Landeskunde. Er befaßt sich mit den methodologischen Voraussetzungen und wissenschaftstheoretischen Implikationen dieses Forschungsfeldes (Blotevogel, Heinritz & Popp 1986 u. 1989). Es liegt inzwischen ein Fundus abgeschlossener Projekte von Arbeitskreismitgliedern vor (z.B. Fichtner 1988; Haus 1989; Kerscher 1992; Krüger, Pieper & Schäfer 1989; Wolf & Otto 1989; Wirth 1987; Pohl 1993). Je nach Erkenntnisinteresse und angewandter Methodik richtet sich die *Dimensionierung des räumlichen Bezugssystems* territorialer Identifikation auf das Orts-, Regional- oder Heimatbewußtsein. Damit spannt sich der Maßstab von der lokalen bis zur überregionalen Reichweite, von der Mikro- zur Meso- und Makroebene. Die Einbeziehung von Nachbardisziplinen wie beispielsweise der Kulturanthropologie (Greverus 1979), Soziologie (Pieper 1987), Politologie und Geschichte (Schneider 1985) öffnete den Blick für weiterführende Fragestellungen. Vor allem auf der 1989er Tagung in Darmstadt rückte der Zusammenhang zwischen System und alltagsweltlichen Komponenten raumbezogener Identifikation in den Vordergrund. Intensiv wurde in diesem Kontext diskutiert, inwieweit regionale Images durch Identitätsmanagement "gemacht" werden können (Heinritz 1992).

Die Heterogenität der bislang vorliegenden Ansätze und Befunde läßt sich am Beispiel der vermuteten *Intensitätsstufen* raumbezogener Identifikation verdeutlichen: So unterscheidet Schöller (1984) eine hierarchische Anordnung von latentem bis manifestem Raumbewußtsein, Identifikation und Zugehörigkeitswillen. Meier-Dallach (1980) geht von konzentrischen Intensitätsstufen eines diffusen, bewußten, artikulierten und praktizierten Regionalbewußtseins aus. Krüger (1987) beschreibt die angetroffene Bandbreite zwischen eskapistischer und prospektiver Ausprägung. Pohl (1993, 96 ff.) betont das Ineinandergreifen von systemintegrativem Regionalismus (politisches Regionalbewußtsein) und stärker sozialintegrativem lebensweltlichen Regionalbewußtsein. Folgen wir seiner Differenzierung, wäre die hier in den Mittelpunkt gestellte emotionale Bindung älterer Menschen an regionale Lebenswelten der letztgenannten Ebene zuzuordnen.

Aus der Sicht analytisch ausgerichteter sozialwissenschaftlicher Forschung zur Mensch-Umwelt-Interaktion bereitet die Erklärung der *Intentionalität* derartiger Orientierungsmuster Schwierigkeiten. Sie betrachtet raumwirksames Verhalten nämlich weitgehend als Ergebnis abgewogener, zweckrationaler Entscheidungsprozesse (vgl. z.B. das Konzept der test-operate-test-Schleifen von Stokols 1977). Daß diese Ansätze zu kurz greifen, belegen zahlreiche Befunde der empirischen Entscheidungsforschung, wonach sich menschliches Handeln nicht nur an zweckbestimmten Optimierungskalkülen orientiert, sondern häufig mit marginalen Nutzenzuwächsen zufrieden ist (Klingbeil 1978; Heuwinkel 1981; Akademie für Raumforschung und Landesplanung 1980). Wirth (in Blotevogel & Popp 1988, 213) stellt in einem Diskussionsbeitrag das "Bewußte" regionaler Verbundenheit in Frage: *"Im gewohnten, vertrauten, 'nachbarschaftlichen', 'heimatlichen' Aktionsraum sind die Handlungsabläufe und die Handlungszusammenhänge fast aller Menschen so eingespielt, daß die Auslösung und Steuerung des Handelns oft auf einer Ebene unterhalb des wachen Bewußtseins abläuft - unterbewußt, unbewußt, 'automatisch', 'wie im Schlaf'. Regionale Verbundenheit ermöglicht also habitualisiertes Handeln in einem mir vertrauten Handlungsrahmen".* Ähnlich sieht Pohl (1993, 102) die Rolle dieses Handlungsrahmens: *"Der Raum allein bewirkt noch keine soziale Verbundenheit, aber eine alltägliche Lebenswelt kann im räumlichen Milieu eine sichere Basis haben".*

182

Zum besseren Verständnis, weshalb in bestimmten Lebenssituationen Ortsbezüge aufrechterhalten werden, obwohl Nützlichkeitserwägungen Standortveränderungen als geboten erscheinen lassen, seien nachfolgend je ein wirtschaftswissenschaftlicher und humanökologischer Erklärungsansatz skizziert:

> als Konstrukt der Arbeitsmarkttheorie wird der *Humankapitalansatz* vor allem auf Mincer (1981) zurückgeführt (vgl. dazu Scheuer 1987, 74ff.). Danach zählen zu den lohnenden Investitionen u.a. auch Aufwendungen für Aus- und Weiterbildung, Gesundheit und Ortswechsel. Sie erhöhen langfristig das "Fähigkeitsniveau" des Individuums. So kann es sich für den einzelnen bezogen auf die gesamte Lebensspanne letztlich als sinnvoll erweisen, bestimmte im Augenblick profitabel erscheinende Entscheidungen nicht auszuführen, sondern sie unter dem Kalkül der Nutzenoptimierung von Humankapital zurückzustellen;

> aus *humanökologischer* Sicht beschreibt Weichhart (1990, 30ff.) die im vorigen Absatz gestellte Frage nach der Sinnhaftigkeit mentaler Raumbezüge u.a. mit Sicherheit und Symbolik. Sicherheit meine nicht nur das Fehlen physischer Bedrohung sondern beziehe sich auch *"auf die psychische Reduktion von Komplexität in der Wahrnehmung und Wertung der Umwelt, auf die Herstellung von Konstanz und handhabbarer Struktur der Welterfahrung"*. Nach der Ankerpunkttheorie und dem Konzept des leibzentrierten Raumes werde die Außenwelt vom Wohnstandort aus beurteilt. *"Diese kognitive Zentrierung der Welterfahrung auf die unmittelbare Nahumgebung und die damit gewonnene Erfahrungssicherheit sind wesentliche Voraussetzungen dafür, daß die räumliche Umwelt nicht als bedrohender Streßfaktor, sondern als Stimulations- und Satisfaktionsraum erfahren werden kann"*. Im Rahmen dieser räumlichen Identifikationsprozesse erlebe der einzelne seine Zugehörigkeit. *"Der physische Raum wird hier als territoriale Projektionsfläche von Werten, Sinnkonfigurationen und sozialen Bezügen dargestellt, er gilt als symbolische Repräsentation sozialer Interaktionen und sozialer Werte"*.

Für ältere Menschen gilt die *Verwurzelung mit dem vertrauten Standort* geradezu als Charakteristikum. Sie ist u.a. ablesbar an langer Wohndauer und gering ausgeprägter Umzugsneigung. Die Befunde der einschlägigen Erhebungen stimmen darin überein, daß die Betroffenen hierzulande (in geringerer Intensität in den U.S.A., vgl. Kap. 5) geprägt sind durch das Streben nach Beibehaltung der vertrauten Wohnung und Wohnumwelt, selbst wenn diese nach ihren subjektiven und nach objektiven Maßstäben allzuoft nicht altengerecht ausgestattet sind (vgl. Dieck 1979; Schenk 1975; Friedrich 1988a, 233ff.). Aus planungsbezogener Perspektive wird dieses "Zufriedenheitsparadoxon" häufig durch das niedrige Anspruchsniveau z.B. aus den Kriegs- und Nachkriegserfahrungen der derzeit älteren Generation erklärt (Hemmer 1983). Nur randlich hat sich bisher die Alternsforschung mit dem Phänomen Standortverbundenheit befaßt. Im Rahmen der Auswertung von Befunden der BOLSA Längsschnittstudie identifizieren Oswald & Thomae (1989) Reaktionsformen auf erlebte Wohnbelastungen als komplementäres Zusammenspiel von aktiver Auseinandersetzung mit und kognitiver Umdeutungen der jeweiligen Situation. Für die älteren Menschen seiner Untersuchungsregion in den Appalachen interpretiert Rowles (1983a,b und 1987) Bindungen an Orte und Räume primär als autobiographische Dazugehörigkeit (insideness). In Übereinstimmung mit Rowles (1986, 529) betrachte ich es als zentrales Anliegen geographischer Alternsforschung, zu klären *"how does emotional attachment to place in old age vary among cultures?"*

Die *Aufgabenstellung dieses Kapitels* besteht darin zu überprüfen, in welchem Ausmaß und in welcher Ausprägung regionsgebundene Identifikationsmuster Bestandteile interpretativer Raumaneignung älterer Menschen sind. Vor dem Erlebnishintergrund des eingangs apostrophierten dramatischen sozialräumlichen Wandels ist denkbar, daß die Unverwechselbarkeit und der identitätsstiftende Symbolwert ihrer Lebenswelten zurücktreten gegenüber der Prägekraft sozialer Positionen. Die postulierte Wechselbeziehung zwischen regionalen Lebensbedingungen sowie ihrer Perzeption und Interpretation durch Individuen wird anhand der folgenden vier miteinander verschränkten Fragestellungen thematisiert:

> ➢ Existiert bei älteren Menschen eine Verbundenheit mit ihrer räumliche Lebensumwelt in interpretierbarer Größenordnung?
> ➢ Wenn ja, wie definieren sie diesen vertrauten Handlungsrahmen, wie grenzen sie ihn ab?
> ➢ Welchen Stellenwert hat der emotional/identifikatorische Raumbezug in den jeweiligen Untersuchungsgebieten und -schwerpunkten (Kultur-, Regionsspezifika)?
> ➢ Inwieweit können derartige Standortbezüge als sinnhafte Kalküle raumbezogenem Alltagshandeln aus der Sicht der Zielgruppe interpretiert werden?

8.2 Methodische Grundlagen

Die empirische Erfassung raumbezogener Identifikation nach ihrer inhaltlichen und raumzeitlichen Substanz bildet einen methodischen Schwerpunkt des vorliegenden Kapitels. Derartige Fragestellungen haben in der angelsächsischen Wissenschaft zur Herausbildung wahrnehmungszentrierter Forschungsrichtungen mit spezifischen Erhebungsinstrumenten geführt. Raumbezogene Vorstellungsbilder oder Wahrnehmungsräume können z.B. mittels Befragungen aus Präferenzen bzw. Abneigungen, Verfahren der Gewinnung semantischer Polaritätsprofile, dem Vergleich euklidischer und subjektiver Distanzen oder der verbalen bzw. graphischen Beschreibung wahrgenommener Raummerkmale abgeleitet werden. Lynch (1960) ließ sich erstmals in Boston die Wahrnehmung städtischer Umwelt derart beschreiben. Die zusammengefaßten Ergebnisse stellte er in Karten, sog. "mental maps" dar, in denen die Häufigkeit der Nennungen bestimmter gestaltpsychologisch relevanter Merkmale wiedergegeben werden.

Im Rahmen eines eigenen von der Deutschen Forschungsgemeinschaft (DFG) geförderten Projektes stand die Erfassung regionaler Zugehörigkeit von Bewohnern der ländlichen Räume Rhön und Vogelsberg als Komponente regionsorientierter Raumordnungskonzeptionen im Mittelpunkt (May, Friedrich & Wartwig 1984). Regionale Identität ließ sich empirisch sowohl nach konstitutiven Merkmalen, als auch nach Intensität und Reichweite abgrenzen. Dabei zeigte sich, daß die Bewohner der Rhön ein engeres Vorstellungsbild von ihrer Region besaßen als diejenigen im Vogelsberg. Hinzu kam eine Variabilität der "mental maps" je nach Position im Lebenszyklus. Noch nicht zufriedenstellen konnte im damaligen Projekt allerdings die Kontrolle des "Lokalisationseffektes": Die Größe und Abgrenzung der ausgewiesenen Identifikationsareale berücksichtigten nicht ausreichend die jeweiligen Wohnstandorte der Befragten.

In die vorliegende Arbeit konnten methodologische Erfahrungen aus dem DFG-Projekt und der Mitarbeit im Arbeitskreis "Regionalbewußtsein" einfließen. Zu Beginn dieser Untersuchung fiel die Entscheidung, die Ausprägung regionaler Verbundenheit mit

Hilfe von Interviews und mental maps zu ermitteln. Sie war getragen von der Überzeugung, trotz der bekannten Grenzen dieses Instrumentes (vgl. hierzu im einzelnen Pohl 1993, 129ff.), damit angemessene Zugänge für die komparative Erfassung von kollektiven Lebensgefühlen und Orientierungen zu erhalten. Im weiteren Verlauf des methodologischen Diskurses innerhalb des Arbeitskreises erwies sich die Ergänzung des klassischen analytischen Methodenspektrums durch stärker qualitativ ausgerichtete Verfahren der Datengewinnung und -interpretation als Weiterentwicklung und Bereicherung (Krüger 1987; Sedlacek 1989; Lamnek 1988; Witzel 1982).

Die Operationalisierung erfolgte in zweifacher Weise:

> im Rahmen der offenen Frage 69/67 wurde die stärker idiographische/emotionale Komponente raumbezogener Identifikation über deren begriffliche Abgrenzung seitens der Probanden erfaßt: In Deutschland sollten diese angeben, was sie als ihre *Heimat* ansehen, in Kalifornien wurde die Frage gestellt: *"where is your home?"*;

> im nächsten Schritt erfolgte die Konkretisierung ihrer eigenen Zuordnung, die Abgrenzung des Raumes, in dem sie sich *heimisch* fühlen, über das Verfahren der zeichnerischen Fixierung. Nach den bisherigen Erfahrungen und den Ergebnissen der Pretests konnte davon ausgegangen werden, daß die Befragten ihr Identifikationsareal auf eine vorgelegte Karte projizieren können. Im deutschen Untersuchungsgebiet erfaßt der Kartenausschnitt etwa den südhessischen Raum zwischen Rhein, Main und Neckar, im Silicon Valley deckt er einen großen Teil Kaliforniens ab (Frage 68/69).

In beiden Fällen wurde bewußt vom ansonst gültigen Prinzip abgewichen, Fragen und Antwortkategorien für die Untersuchungsgebiete direkt vergleichbar zu halten. Im ersten Fall war dies nicht möglich, im zweiten nicht sinnvoll. So war vor der Erhebung klar, daß die vorgehend skizzierte Bindung an identitätsstiftende Satisfaktionsräume, welche u.a. durch Geborgenheit, Sicherheit, Kontinuitätserfahrungen, Überschaubarkeit und "zu Hause sein" gekennzeichnet sind, sich in beiden Untersuchungsräumen sprachlich nicht deckungsgleich abbilden läßt. Während hierfür "Heimat" in Deutschland - trotz ideologischem Mißbrauchs in jüngerer Vergangenheit sowie offensichtlicher Vielschichtigkeit - den entsprechenden Symbolgehalt aufweist, existiert in den U.S.A. kein mit vergleichbaren Inhalten versehener Begriff. Da indes nicht eine Klärung der unterschiedlichen semantischen Besetzung von Heimat intendiert war, sondern Stimuli für Assoziationen raumbezogener Verbundenheit vorgegeben werden sollten, erfolgte die Entscheidung für die obige sprachliche Annäherung (und nicht etwa für das leichter zu übersetzende "zu Hause"). Die zeichnerische Abgrenzung der Identifikationsareale ist ganz auf den jeweiligen *regionalen Kontext* als Handlungsrahmen abgestellt. Nach den hier vertretenen Prämissen erweist sich nämlich individuelle Zugehörigkeit als zu "sensibel" für allzugroße Aggregationen, wie dies bei der jeweiligen Zusammenfassung der deutschen und nordamerikanischen Befragtengruppe der Fall wäre. Deshalb ist auch hier der unmittelbare Vergleich zwischen beiden Untersuchungsräumen nicht möglich und nicht gewollt (die vorgelegten Karten wurden begründet in unterschiedlichem Maßstab gewählt; sie sind bewußt nicht auf das engere deutsche bzw. amerikanische Untersuchungsgebiet fokussiert). Einsichten sollen auch in diesem Fall primär durch den Vergleich der Untersuchungsschwerpunkte *innerhalb* der Erhebungsgebiete gewonnen werden.

8.3 Das Analyseverfahren

Die angestrebte Vergleichbarkeit zwischen den Untersuchungsschwerpunkten innerhalb des hessischen und innerhalb des kalifornischen Erhebungsgebiets erfordert die Standardisierung der individuellen Identifikationsareale durch deren Transformation in Polarkoordinatendiagramme und Standardabweichungsellipsen.

Die Auswertung der in die Karten eingezeichneten Identifikationsareale (Frage 68 in Deutschland und 69 in den U.S.A.) erfolgte in der Weise, daß jeweils ein System von Polarkoordinaten (Zentrum=Wohnort) mit den acht Haupthimmelsrichtungen aufgelegt wurde. Die Schnittpunkte dieser acht Strahlen mit der Grenze des eingezeichneten Areals wurden für die EDV-gerechte Aufbereitung erfaßt. Jedes Areal ist bestimmt durch:
- Abstand der acht Punkte zum Koordinatenursprung (Wohnort) in Längeneinheiten
- Himmelsrichtung der acht Strahlen (N, NO, O, SO, S, SW, W, NW)

Die Ergebnisse können dann als Polarkoordinatendiagramme beispielsweise getrennt nach Gruppen oder Untersuchungsschwerpunkten kartographisch dargestellt werden. Um die Größe und weitere Merkmale der Identifikationsareale quantitativ zu bestimmen, wurden zwei Verfahren gewählt:

1. Berechnung der Distanzsummen (Summenreichweiten): Hierbei werden die Abstände der acht Punkte zum Wohnort addiert.

$$\text{Distanzsumme SRW} = \sum_{i=1}^{8} s_i$$

2. Berechnung der Ellipsen aus den Standardabweichungen: Das Verfahren zur Ellipsenberechnung wird detailliert von Ebdon (1985, 135ff) beschrieben. Deshalb soll im folgenden nur auf die zum Verständnis notwendigen Grundzüge eingegangen werden.

Die Entscheidung für die Ellipse ging von der Überlegung aus, daß sie gegenüber z.B. unregelmäßigen Vielecken die Vorteile hat, nicht nur ein Maß für Flächenvergleiche darzustellen, sondern darüber hinaus Hinweise auf eine Ausrichtung zu liefern. Die gewählte "standard deviation ellipse" (Ellipse aus den Standardabweichungen) ist ein Maß für die Dispersion von Punkten in einer Fläche. Mit Hilfe der Koordinaten der aus den mental maps ermittelten acht Punkte wird die Ellipse konstruiert:
- Zentrum der Ellipse ist das "mean centre" (Ellipsenmittelpunkt)
- die große Halbachse zeigt in Richtung der größten Streuung
- die kleine Halbachse zeigt in Richtung des Minimums der Streuung.

Mathematisch kann gezeigt werden, daß die Richtung der maximalen Streuung stets senkrecht zur Richtung der minimalen Streuung steht. Damit ist die Ellipse eine für die vorliegenden Fragestellungen geeignete Darstellungsform.

Zur Konstruktion der Ellipse sind folgende Voraussetzungen erforderlich bzw. folgende Bestimmungen vorzunehmen:
1. Transformation der Polarkoordinaten in karthesische Koordinaten
2. Bestimmung des "mean centres"
3. Transformation der acht Punkte in das Koordinatensystem der Ellipse
4. Bestimmung der Ausrichtung der Ellipse
5. Bestimmung der Länge der kleinen Halbachse
6. Bestimmung der Länge der großen Halbachse.

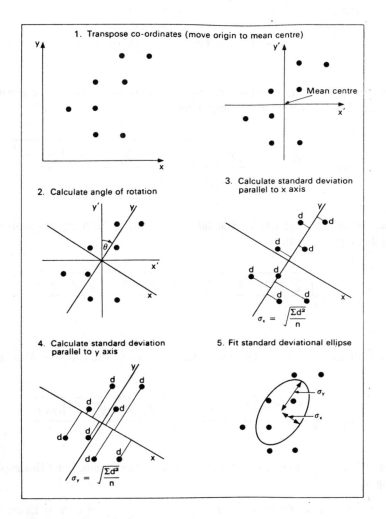

Abb. 8.1. Schritte zur Entwicklung einer Ellipse der Standardabweichungen
aus: Ebdon 1985, 137

zu 2:
Das "mean centre" M hat die Koordinaten $(\bar{x}/\bar{y})$

$$\bar{x} = \left(x_1 + x_2 + \cdots + x_8\right) \cdot \frac{1}{8}$$

$$\bar{y} = \left(y_1 + y_2 + \cdots + y_8\right) \cdot \frac{1}{8}$$

d.h. das Zentrum M der Ellipse ist um $\bar{x}$, $\bar{y}$ gegen den Wohnort des Befragten verschoben.

zu 3:

Die transformierten Koordinaten x_i' , y_i' ergeben sich zu

$$x_i' = x_i - \bar{x} \qquad \text{bzw.} \qquad y_i' = y_i - \bar{y}$$

zu 4:

Die Ausrichtung der Ellipse ergibt sich aus dem Rotationswinkel θ bezogen auf die Nordrichtung. Dabei zählt θ im Uhrzeigersinn.

$$\tan\theta = \frac{\left(\sum x'^2 - \sum y'^2\right) + \sqrt{\left(\sum x'^2 - \sum y'^2\right)^2 + 4\left(\sum x'y'\right)^2}}{2\sum x'y'}$$

zu 5:

Die kleine Halbachse ist gleich der Standardabweichung in Richtung des Minimums der Streuung. Sie ergibt sich als

$$\sigma_x = \sqrt{\frac{\left(\sum x'^2\right)\cos^2\theta - 2\left(\sum x'y'\right)\sin\theta\cos\theta + \left(\sum y'^2\right)\sin^2\theta}{n}}$$

zu 6:

Die große Halbachse ist gleich der Standardabweichung in Richtung des Maximums der Streuung.

$$\sigma_y = \sqrt{\frac{\left(\sum x'^2\right)\sin^2\theta + 2\left(\sum x'y'\right)\sin\theta\cos\theta + \left(\sum y'^2\right)\cos^2\theta}{n}}$$

Abschließend sei noch kurz auf die Verfahren zur Berechnung der Ellipsenparameter eingegangen:

➤ *Reichweite* $\overset{\wedge}{=}$ Ellipsenfläche $F = a \cdot b \cdot \pi$ $\qquad\qquad$ (a, b $\overset{\wedge}{=}$ Halbachsen)

➤ *Form* wird bestimmt durch:

a) Achsenverhältnis = a/b = Länge der kleinen Halbachse / Länge der großen Halbachse

$$\begin{aligned}
\text{ist } a/b &= 1 &\Rightarrow\quad &\text{Kreis}\\
\text{ist } a/b &\to 0 &\Rightarrow\quad &\text{gestreckte Ellipse}
\end{aligned}$$

b) Exzentrizität

$$e = \frac{\sqrt{b^2 - a^2}}{b}$$

je größer die Exzentrizität ist, desto gestreckter ist die Ellipse. Strebt die Exzentrizität e gegen 0, nähert sie sich der Form des Kreises.

188

> *Kongruenz* von tatsächlicher Lokalisation und Identitätsareal. Sie wird hier als "Lokalisations-/Kognitionsvektor" bezeichnet und dargestellt als gerichtete relative Abweichung zwischen Wohnort und Zentrum des Identifikationsareals.

> *Richtung* ist in vorliegendem Fall der Rotationswinkel θ der Ellipse, d.h. der Winkel zwischen Nordrichtung und großer Halbachse (vgl. Abb. 8.2). Der Winkel wird dabei positiv im Uhrzeigersinn gerechnet. Der Wertebereich liegt zwischen -90 und +90 Grad.

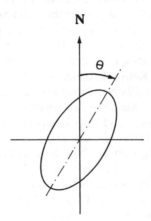

Abb. 8.2. Skizze zur Bestimmung des Rotationswinkels θ

8.4 Die begrifflich-interpretative Bestimmung räumlicher Zugehörigkeit

In der Beurteilung des Stellenwerts raumbezogener Identität sind sich die älteren Menschen beider Länder sehr nahe: 77% der befragten Deutschen halten *Heimatverbundenheit* und 87% der Amerikaner *home ties* für einen "sehr wichtigen" Wert (Frage 62/60). Bei der Definition jedoch, wie Heimat/Home konkret zu bestimmen und lokalisieren seien, zeigen sich deutliche Unterschiede. Auf die offene Frage "was ist Ihre Heimat" bzw. "where is your home" wurden u.a. die Antworten aus Tabelle 8.1. zu Protokoll gegeben.

Bei der Durchsicht *aller* Antworten (nicht nur der in Tab. 8.1. aufgeführten) fällt zunächst auf, daß *hierzulande Orts- oder Regionsbezeichnungen* überwiegen, wohingegen *im SCC* häufiger auch *inhaltliche Erläuterungen territorialer Zugehörigkeit* erfolgen. Während in den südhessischen Untersuchungsschwerpunkten beispielsweise immer wieder die Antworten "Darmstadt", "Weiterstadt", "Odenwald" oder "Deutschland" auftreten, sind es im kalifornischen Untersuchungsgebiet typisch solche wie "where I hang my hat"; "where I am living"; "in a nice, well located, small community". Auffallend ist auch der vergleichsweise stärkere Aktualitätsbezug der kalifornischen Befragten: sie formulieren häufiger als die deutschen Senioren z.B. den vorübergehenden Charakter ihres Aufenthaltes, die Besonderheiten der heimischen Umgebung, die Spezifika des sozialen Umfeldes ("at present location"; "in lovely San Francisco Bay Area"; "near the stone church"; "with my family"). In Deutschland dagegen wird stärker die Dichotomie zwischen Gebürtigen und Zugezogenen thematisiert: So ist Heimat in beiden Fällen überwiegend der Geburts- oder Herkunftsraum/-ort. Für die Einheimischen sind damit die Befragungsregion oder der Wohnort die räumliche Bezugsebene, für die Zugezogenen ihre "alte Heimat" ("Schlesien"; "Sachsen"; "der Böhmerwald"; "Göttingen/Niedersachsen"), ihre "neue Heimat" ("da wo ich jetzt wohne und lebe, Darmstadt") oder deren Nebeneinander ("Weiterstadt, aber ich fühle mich als Überrheiner"; "Berlin, aber ich wohne jetzt hier"). Vor allem bei den Zuzüglern in das Umland aber auch den Odenwald tritt dieses ambivalente und spannungsreiche Verhältnis von alter und neuer Heimat, von ursprünglichen Wurzeln und gewonnenen Bindungen häufiger auf. Das weitgehende Fehlen solcher Orientierungen in Darmstadt könnte darauf hindeuten, daß hier die Assimilierung der Betroffenen stärker erfolgt ist. Zumindest wird deutlich, daß sich die oft vermutete *allgemeine* Rückwärtsorientierung älterer Menschen, selbst bei diesem dafür potentiell prädestinierten Konstrukt mentaler Repräsentation, nicht bestätigt.

Der Versuch, neben diesen qualitativen Zugängen auch einen Überblick über die quantitative Verteilung der ermittelten Antworten zu erhalten, war Anlaß, sie nach dem Kriterium ihrer räumlichen Zuordnung zu klassifizieren (Tab. 8.2). Die überwiegende Mehrzahl, nämlich vier Fünftel der kalifornischen Senioren, sehen ihre Wohngemeinde oder Teile davon als vertraute Alltagswelt an. 20% beziehen sie gar ausschließlich auf den Standort ihres Hauses. Die "spaces beyond" in der Terminologie von Rowles (1978) werden von ihnen weitgehend ignoriert. Diese *lokale Orientierung* wird demgegenüber in Deutschland von weit weniger als der Hälfte der Befragten geteilt. Bei ihnen fehlt jene häuslich zentrierte Heimatassoziation. Stattdessen weist die südhessische Stichprobengruppe mit über der Hälfte der gültigen Antworten (56% gegenüber nur 7% der Kalifornier) ein Verständnis von Heimat auf, das sich über den Bereich der Gemeinde hinaus erstreckt und damit *regionale* bzw. *überregionale* Einheiten einbezieht. Diese letztgenannten Zuordnungen umfassen nahezu gleichgewichtig Teilregionen Deutschlands, im Falle von Heimatvertriebenen ehemalige Ostgebiete und ebenso ganz Deutschland. Die Quote von ca. 10% der Befragten aus dem SCC ohne erkennbare räumliche Orientierung bzw. mit einer persönlichen oder instrumentellen Definition raumbezogener Zugehörigkeit übertrifft diejenige im südlichen Rhein-Main-Gebiet um den Faktor 2.

Tab. 8.2. Lokalisation und Abgrenzung von Heimat/Home*

	Deutsches Untersuchungsgebiet				Nordamerikanisches Untersuchungsgebiet				
	Darmstadt	Umland	Odenwald	Ges.	Villages	Will. Glen	Gilroy	Übr. SCC	Ges.
Haus	0,0	0,5	0,0	0,1	8,2	14,9	25,4	23,4	20,4
Wohnviertel	0,3	3,0	4,8	2,2	38,8	27,0	18,6	15,9	20,9
Wohnort	44,9	35,7	25,7	37,6	40,8	44,6	40,7	41,4	41,8
Untersuchungsregion	1,1	7,5	32,6	10,8	2,0	1,4	1,7	0,4	1,0
überregionaler Bezug	49,8	47,8	31,6	44,6	2,0	1,2	6,8	8,5	6,1
persönlicher Bezug	2,5	0,5	1,6	1,8	4,1	2,7	5,1	2,9	3,3
instrumenteller Bezug	0,0	0,0	0,5	0,1	0,0	6,8	1,7	2,9	3,1
ohne Raumbezug	1,4	5,0	3,2	2,8	4,1	1,4	0,0	4,6	3,3
Zahl gültiger Fälle	356	199	187	742	49	74	59	239	421

* Antworten in % der Befragten

Quelle: Eigene Erhebung Deutschland: Frage 69; USA: Frage 67

Tab. 8.1. Auswahl protokollierter Formulierungen der eigenen räumlichen Zugehörigkeit (Heimat/Home)

Deutsches Untersuchungsgebiet	Amerikanisches Untersuchungsgebiet
Untersuchungsschwerpunkt Darmstadt:	right here in Los Gatos
Berlin	I born in Okla., but only people I knew there deceased
Deutschland	where you live at present
Thüringen=Geburtsort	California
schwer zu sagen, weil viel umgezogen	Santa Clara
eigentlich da, wo ich aufgewachsen bin, aber auch da, wo ich jetzt wohne	180 Bannf Springs Way, San Jose, California
Eberstadt, eigenes Haus	my home is San Jose, California where I reside and am active in community life
Sachsen	the Villages, San Jose, California
dort, wo man sich wohl fühlt, Saargebiet	my mobile home
wo ich für meine Familie und meine Mit- menschen etwas tun kann	with my son
	Massachusetts
große Heimat ist Europa, nach Deutschland	Eastside San Jose, Ca.
Arheilgen, Geburtsort, Geburtsland	where I spend most of my time
da, wo die Familie lebt	in my house with my spouse
da, wo ich jetzt wohne und lebe, Darmstadt	Mt. View, where I live now
jetzt Darmstadt, früher Schlesien, Neumark	have a studio apartment near town in a safe district
Sitz der Familie	in the Saratoga Hills
Deutschland, Darmstadt	right here
	Old Willow Glen, San Jose, California
Untersuchungsschwerpunkt Umland:	would depend, probably - Rose Garden subdivision
Oberfranken	my home is, where I enjoy being most
Ostpreußen	more at home in present place
Weiterstadt	in heaven
Bergstraße	best location in California Gilroy
früher Lichtenberg, heute Alsbach	200 South Market Str. Aptm. 615, my wife`s apartment
da, wo ich mit meiner Familie lebe	where I have to be I must consider home
Bundesrepublik, Hessen, Darmstadt	Willow Glen Area, San Jose
da, wo ich jetzt bin	my apartment
Berlin, aber ich wohne jetzt hier	where my heart is
Weiterstadt, aber ich fühle mich als Überrheiner	somewhere around here
	where I live in the Villages
überall ein bißchen	where my books and paintings are
wo es mir gut geht ist mein Heimatland	present address
hier (gute Integration)	San Jose though I still call Chicago home
Vogelsberg	in lovely San Francisco Bay Area
Alsbach, etwas Würzburg	San Jose, south of San Francisco
Bayern	outskirts of large city
	Mt. Springs mobile park
Untersuchungsschwerpunkt Odenwald:	right here in Gilroy Madonna Village
Siedelsbrunn und Berlin	where my heart is - area isn`t important
Kreidach	Eastside of San Jose, close to Eastridge shopping mall
Odenwald	
Erzgebirge	where my hat is, I can be at home anywhere
wo ich mich wohlfühle, hier	in our house we had built just as we wanted it
Hammelsbach, Odenwald	at present location
1. Wuppertal, 2. Odenwald	wherever I have family roots
meine Heimat ist droben im Licht	in a nice, well located small community
Sudetenland, Beerfelden	The Villages - but I was born in Illinois
wo ich wohne	where I currently live in San Jose in a rented house
Berlin	I'll give the person who asks my address
da, wo ich geboren und aufgewachsen bin	in Sunnyvale on Heatherstone Way
mein Leben, mein Zuhause	where I am living
dort, wo die Angehörigen leben	in the rural country
Mossau, dort bin ich geboren	The Villages, a retirement community in San Jose, Ca.
Wald-Michelbach, der Odenwald	physical home San Jose - eternal home heaven
wo es einem gut geht ist man zuhause	wherever I am with family or friends
der Odenwald, Weiten-Gesäß	where I hang my hat
habe keine Heimat	

Quelle: Eigene Erhebung Deutschland: Frage 69; USA: Frage 67

Bemerkenswerte Variationen dieser allgemeinen Grundmuster zeigen sich in der regionalen Differenzierung der Ergebnisse. So bezieht sich die erwähnte lokale Orientierung der kalifornischen Befragten in der Rentnersiedlung Villages und in Willow Glen in geringerem Maße als in den anderen Untersuchungsschwerpunkten auf den Standort des Hauses, sondern bevorzugt auf das Wohnviertel. Im deutschen Untersuchungsgebiet läßt sich die überdurchschnittlich starke regionale Orientierung der Odenwälder Senioren mit der klaren Abgrenzbarkeit der naturräumlichen Einheit erklären. Ihr ausgesprochen geringer überregionaler Bezug und die Tatsache, daß die außerhalb von Kerngemeinden lebenden Befragten mehrheitlich nicht ihre Großgemeinde, sondern ihren Ortsteil namentlich anführen, spricht darüber hinaus dafür, daß hier stärker als im übrigen Untersuchungsgebiet traditionelle Orientierungsmuster gelten.

8.5 Die Identifikationsareale

Ist die Unterschiedlichkeit der artikulierten Abgrenzung gebietsbezogener Zugehörigkeit durch die Befragten beider Länder vor allem ein semantisches Problem, das sich u.a. daraus ergibt, daß sich den Amerikanern der Begriff "Heimat" nur umschrieben erschließt? Oder überträgt sich ihre vornehmlich auf den engeren, derzeitigen Lebensbereich bezogene Orientierung auch bei der zeichnerischen Fixierung ihrer "mental maps" der vertrauten Alltagswelt, in der sie sich "heimisch" fühlen? Ist demgegenüber die deutsche Zielgruppe auch diesbezüglich durch eine stärker regionale und überregionale Orientierung gekennzeichnet? In diese Thematik, die letztlich das Ausmaß der Übereinstimmung von Heimat/Home und Identifikationsarealen anspricht, führt bereits die nachfolgende erste Klassifizierung der Karteneinträge.

8.5.1 Reichweite

Die zunächst durchgeführte Auswertung der "mental maps" *sämtlicher* Probanden des deutschen und amerikanischen Erhebungsgebiets nach den Kriterien örtlicher, regionaler und überregionaler Bezug sowie Kombinationen davon in Tabelle 8.3. zeigt Übereinstimmungen mit und Abweichungen von dem zuvor durch Heimat/Home beschriebenen Konstrukt raumbezogener Zugehörigkeit. So überwiegt in beiden Ländern eine *regionale Abgrenzung* des Raumes, in dem sich die Befragten heimisch fühlen. Jedoch gilt dies hierzulande für gut drei Viertel (77%), im SCC lediglich für etwa die Hälfte (52%) von ihnen. Demgegenüber sind die ausschließlich auf den Wohnort und/oder auf überregionale Einheiten bezogenen älteren Menschen in Nordamerika etwa doppelt so häufig anzutreffen wie in Deutschland. Nicht gewillt oder in der Lage, ihre Identitätsbereiche abzugrenzen, sind etwa fünfmal soviel Amerikaner (ca. 10%) wie Deutsche.

Innerhalb beider Untersuchungsgebiete zeigt sich allerdings eine bemerkenswerte Variation dieses Grundmusters: Übereinstimmend finden sich in den ländlichen Kontexten des Odenwaldes (13%) und von Gilroy (36%) überdurchschnittlich viele ausschließlich ortsbezogene und nur wenige überregionale mental maps. Dagegen ist diese lokale Orientierung in den unlängst erschlossenen südhessischen Umlandgemeinden (7%) bzw. in

Tab. 8.3. Klassifikation der mental maps sämtlicher Befragten nach ihrer Reichweite*

| | Deutsches Untersuchungsgebiet | | | | Nordamerikanisches Untersuchungsgebiet | | | | |
	Darm-stadt	Um-land	Oden-wald	Ges.	Vil-lages	Will. Glen	Gil-roy	Übr. SCC	Ges.
Ortsbezug	9,1	7,0	12,8	9,5	8,0	15,4	35,8	9,1	13,9
Orts- und überreg. Bezug	0,8	0,0	2,1	0,9	2,0	6,4	0,0	4,5	3,9
Regionsbezug	75,5	79,0	78,1	77,1	50,0	47,4	38,7	57,6	52,3
Regions- und überreg. Bezug	7,7	5,0	4,3	6,1	12,0	7,7	7,5	8,0	8,3
überregionaler Bezug	4,7	6,0	2,7	4,5	16,0	10,3	9,0	12,1	11,8
keine Angabe/nicht zuzuordnen	2,2	3,0	0,0	1,9	12,0	12,8	9,0	8,7	9,8
Zahl gültiger Fälle	362	200	188	750	50	78	67	264	459

* Angaben in Prozent der Befragten
Quelle: Eigene Erhebung Deutschland: Frage 68; USA: Frage 69

Tab. 8.4. Zusammenhang der Reichweiten von Heimat/Home und mental maps

| | mental maps | | | | | | | | gültige Fälle | |
| | Ortsbezug | | enge Region | | weite Region | | überregional | | | |
	D UG	US UG	D UG	US UG	D UG	US UG	D UG	US UG	D UG	US UG*
Heimat/Home:										
Ortsbezug	11,2	15,4	45,9	28,6	35,4	29,9	7,5	26,1	294	325
regionaler Bezug	6,3	25,0	47,4	0,0	40,0	25,0	6,3	50,0	80	4
überregion. Bezug	7,8	18,1	35,2	27,3	40,2	27,3	16,8	27,3	321	22
Sonstiges	9,1	14,2	36,3	28,6	27,3	28,6	27,3	28,6	22	21

* D UG = deutsches Untersuchungsgebiet; US UG = amerikanisches Untersuchungsgebiet
Quelle: Eigene Erhebung Deutschland: Fragen 68, 69; USA: Fragen 67, 69

den Villages (8%) am geringsten ausgeprägt. Dementsprechend weisen dort die Vorstellungsbilder stärker überregionale Bezüge auf.

Die oben angesprochene Frage nach dem Ausmaß der *Übereinstimmung* der Reichweiten von Heimat und mental maps läßt sich durch Kreuztabellierung beider Variablen beantworten (Tab. 8.4): Im südhessischen Untersuchungsgebiet besteht ein deutlicher Zusammenhang zwischen ortsbezogenem Heimatbegriff und ortsbezogenem Identifikationsareal. Umgekehrt weisen Probanden mit überregional definiertem Heimatraum auch signifikant häufiger mental maps auf, die sich auf die weitere Region und überregionale Einheiten beziehen. Im Silicon Valley steht der überwältigende Ortsbezug der Heimatzuordnung einer derartigen Differenzierung entgegen.

Im folgenden stützt sich die Interpretation auf die 889 zeichnerisch fixierten *regionalen Vorstellungsbilder*. Diese Teilstichprobe ist bereinigt um diejenigen Befragten mit ausschließlich überregionalen oder wohnortsbezogenen Orientierungen. Die Reichweiten bzw. Größen dieser Regionsbilder lassen sich durch die jeweils ermittelten Flächenwerte genauer bestimmen (Tab. 8.5.) und auch graphisch als Reichweitendiagramme in der Form von Windrosen umsetzen (Abb. 8.3. bis 8.5). Es sei nochmals daran erinnert, daß die Identifikationsareale der Befragten beider Länder wegen des unterschiedlichen Maßstabs der ihnen vorgelegten Karten nicht direkt vergleichbar sind (vgl. Abschn. 8.2): Eine Längeneinheit im südhessischen Untersuchungsgebiet entspricht ca. 2,65 km, im kalifornischen Untersuchungsgebiet dagegen mit ca. 13,75 km etwa dem fünffachen

Wert. Somit repräsentiert beispielsweise der nominell um ca. 50% höhere mittlere Flächenwert hierzulande (75,5 FE) nur 200 qkm, derjenigen der kalifornischen Senioren (55,9 FE) hingegen 768 qkm. Direkt vergleichbar sind jedoch die dokumentierten Relationen zwischen den Untersuchungsschwerpunkten *innerhalb* der Untersuchungsgebiete. Auf sie allein, und nicht auf umgerechnete Flächenmaße, wird nachfolgend Bezug genommen.

Ähnlich wie bei der Gesamtstichprobe (vgl. Tab. 8.3.) sind auch die regionalen Identifikationsareale der Senioren aus den ländlichen Untersuchungsschwerpunkten Odenwald und Gilroy durch eine deutlich unterdurchschnittliche Ausdehnung gekennzeichnet: Ihre mental maps richten sich signifikant enger auf die Umgebung ihres Wohnortes aus als die der übrigen Probanden. Den stärksten Kontrast hierzu bilden innerhalb des SCC die weitreichenden Regionsbilder der Bewohner der Villages. Hierzulande erweist sich die Abnahme der Arealsgrößen vom städtischen über den suburbanen bis zum ländlichen Untersuchungsschwerpunkt auch im Rahmen von Varianzanalysen als signifikant.

8.5.2 Form

Ein erster Schritt zur Bestimmung der Struktur der Identifikationsareale erfolgt durch die Untersuchung ihrer geometrischen Form. Die Klärung, ob es sich dabei beispielsweise eher um Flächen oder um Netze handelt, kann bereits Hinweise auf die Art der Orientierung der befragten Senioren geben, die im nächsten Abschnitt vertieft behandelt wird. Weiterhin werden die Reichweitendiagramme (Abb. 8.3. bis 8.5.) sowie Achsenverhältnis und Exzentrizität der Ellipsen (Tab. 8.5.) als geeignete Bestimmungsgrößen dafür angesehen, ob die Areale eher als kreisförmige oder gestreckte Flächen vorliegen.

Tab. 8.5. Ellipsenparameter der regionsorientierten mental maps*

| | Deutsches Untersuchungsgebiet | | | | Nordamerikanisches Untersuchungsgebiet | | | | |
	Darm-stadt	Um-land	Oden-wald	Ges.	Vil-lages	Will. Glen	Gil-roy	Übr. SCC	Ges.
Bevorzugte Richtungen	SO/O	SO/S	W/NW	SO/S	N/NO	N/NW	NW/N	N/NW	N/NW
Rotationswinkel θ	- 12,2	- 8,3	+ 7,6	- 6,2	- 20,4	- 17,5	- 24,2	- 17,1	- 18,3
Fläche	83,9	76,7	58,0	75,5	110,2	51,9	33,9	50,9	55,9
Achsenverhältnis	0,66	0,73	0,76	0,70	0,66	0,68	0,67	0,69	0,68
Exzentrizität	0,71	0,64	0,61	0,66	0,72	0,71	0,70	0,69	0,70
Vektordistanz O/M	2,2	1,6	1,2	1,8	2,0	1,2	0,9	1,2	1,3
Zahl gültiger Fälle	297	164	155	616	31	41	30	171	273

* Die Werte sind in Längen- und Flächeneinheiten bzw. in Winkelgraden angegeben
Quelle: Eigene Erhebung Deutschland: Frage 68; USA: Frage 67

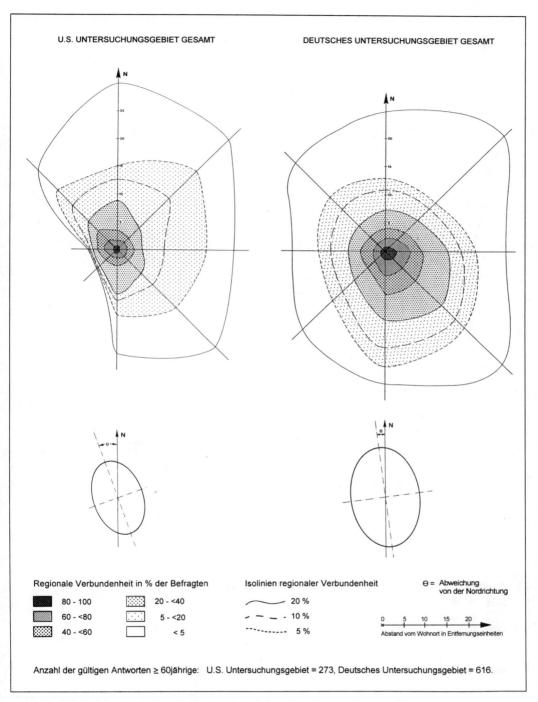

Abb. 8.3. Reichweite regionaler Verbundenheit in beiden Untersuchungsgebieten

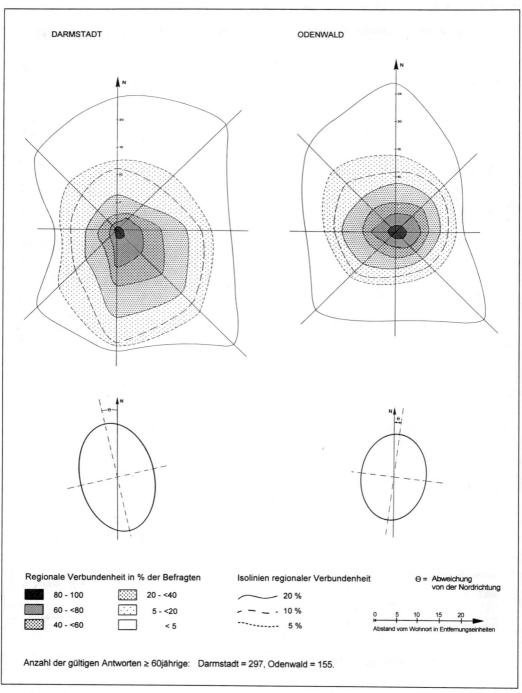

Abb. 8.4. Reichweite regionaler Verbundenheit in zwei hessischen Untersuchungsschwerpunkten

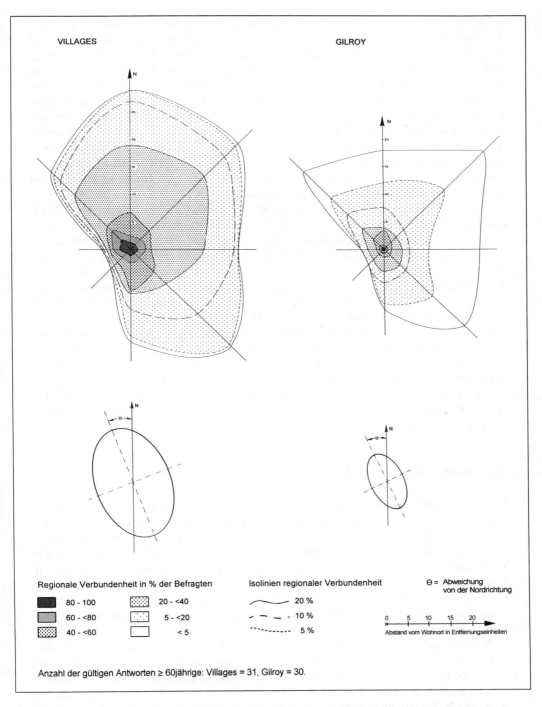

Abb. 8.5. Reichweite regionaler Verbundenheit in zwei kalifornischen Untersuchungsschwerpunkten

In den Sozialwissenschaften wird die These diskutiert, Sozialräume würden aufgrund der modernen Kommunikationsstrukturen eher als *Netze*, bestehend aus Wegen und Knotenpunkten, denn als Areale ausgeprägt sein (Porteous 1977, 29). Ihre Übertragbarkeit für die Fragestellung emotionaler Identifikation wird in der Form überprüft, daß alle eingezeichneten mental maps daraufhin in Augenschein genommen werden, ob sie auf der Karte als Areal oder als punktuelle Standorte von Tätigkeitsgelegenheiten kenntlich gemacht wurden, die im klassischen Fall durch Linien mit dem Wohnort verbunden sind. In Deutschland wurden 8% der 616, in den U.S.A. 18% der 273 mental maps entsprechend eingetragen. Deren Netzcharakter tritt demnach insgesamt zwar deutlich hinter den Arealsaspekt zurück, ist aber im SCC doppelt so häufig anzutreffen wie im südlichen Rhein-Main-Gebiet. Daraus ergeben sich erste Hinweise auf eine dort stärker ausgeprägte funktionsräumliche Orientierung.

Im Vergleich ihrer Ellipsenform zeigen die hochaggregierten mittleren Identifikationsareale des deutschen und amerikanischen Untersuchungsgebiets keine nennenswerten Unterschiede (Abb. 8.3). Dieser Befund bestätigt sich auch nach Hinzuziehung der Parameter Achsenverhältnis oder Exzentrizität: In beiden Fällen ergeben sich leicht gestreckte Ellipsen. Bei dieser ersten Interpretation ist allerdings zu beachten, daß im Fall des kalifornischen Untersuchungsgebiets die Pazifikküste eine Ausdehnung der Areale nach Westen verhindert und in Südhessen die Flüsse Rhein, Main und Neckar markante Grenzen darstellen. Die hier intendierte Aufschlüsselung nach Untersuchungsschwerpunkten jedoch ergibt Differenzierungen von interpretierbarer Größenordnung (Abb. 8.4. und 8.5). Im T-Test beispielsweise unterscheiden sich die ländlichen Regionen wie zuvor deutlich von den übrigen Teilgebieten. In Gilroy und vor allem im Odenwald sind die kognitiven Repräsentationen annähernd kreisförmig ausgebildet: Die eingetragenen Areale erstrecken sich bis zur 20% Isolinie nahezu *konzentrisch* um den Koordinatenursprung Wohnort. Demgegenüber sind die städtischen Raumtypen in ihrer Tendenz stärker durch eine *gerichtete* Version charakterisiert.

8.5.3 Ausrichtung und Art der Orientierung

Von entscheidender Bedeutung für das Verständnis der Konstitutionsbedingungen räumlicher Identifikation ist die Klärung, ob sich die ermittelten Areale mit Funktionsbereichen decken. Aus aktionsräumlicher Perspektive besteht nämlich ein enger Zusammenhang zwischen der Struktur des individuellen Aktionsfeldes und derjenigen des Wahrnehmungsraumes (Friedrichs 1990). Danach tragen persönliche Außenkontakte mit Funktionsstandorten (z.B. Arbeits-, Ausbildungs- und Einkaufsstätten) in Form von Lernprozessen zu deren sukzessiven Aufnahme in die mental maps bei. Im vorigen Abschnitt wurde dieser Aspekt unter dem Gesichtspunkt einer eher gerichteten Orientierung bzw. ihres Netzcharakters thematisiert.

Nachfolgend wird die bevorzugte *Ausrichtung* der Identifikationsareale nach dem Rotationswinkel θ zwischen der Ellipsenhauptachse und der Nordrichtung abgeleitet (vgl. Tab. 8.5). Bezüglich der mittleren Hauptachsenrichtungen ergibt sich übereinstimmend eine Nordwestabweichung, die im nordamerikanischen Untersuchungsraum mit θ = -18 Grad deutlicher ausfällt als im deutschen Vergleichsgebiet mit θ = -6 Grad. Während die Untersuchungsschwerpunkte innerhalb des SCC auch in dieser Beziehung erwartungsgemäß eine relativ große Homogenität aufweisen - indem sich die Hauptrichtung in allen Fällen entlang der Pazifikküste orientiert - sind die Unterschiede zwischen dem Odenwald und den anderen deutschen Teilgebieten wiederum hochsignifikant. Dabei zeigt sich unter den ländlichen Befragten im Mittel eine leichte NO/SW-Orientierung der Hauptachsenrichtung von $\theta = +8$ Grad, während die städtischen und suburbanen mental maps durch die vorherrschende NW/SO-Richtung charakterisiert sind. Allerdings kann der Aussagegehalt dieser Ergebnisse für sich allein noch nicht allzu stark bewertet werden. Unterstellt man die diskutierte Prämisse einer funktionellen Begründung von Identifikationsräumen, bedingt die Lage der Wohnstandorte der Befragten von vornherein die Wahrscheinlichkeit einer unterschiedlichen Ausrichtung ihrer räumlichen Zuordnung. Die Analyse kann sich somit nicht ausschließlich auf die Basis der hochaggregierten Untersuchungsräume und -schwerpunkte stützen.

Deshalb erfolgt die Kontrolle der *lokalen Effekte* auf zwei Arten:
➢ durch Ermittlung zentrenbezogener Richtungskoordinaten sowie
➢ durch Bestimmung örtlicher Lokalisations-/Kognitionsvektoren.

Zunächst wird für die Gesamtheit der Befragten jeder einzelnen Gemeinde überprüft, ob ihre ermittelten *Richtungskoordinaten* einen der nächstgelegenen Zentralen Orte einschließen und inwiefern die bevorzugten Hauptrichtungen auf Zentren orientiert sind. Dabei ist es allerdings nur sinnvoll, die nicht selbst im Zentralen Ort lebenden Probanden einzubeziehen. Deshalb wird dieses Vorgehen im südlichen Rhein-Main-Gebiet auf die Gemeinden des Odenwaldes und Umlandes, im SCC auf Gilroy beschränkt.

In den südhessischen *Umlandgemeinden* zeigt sich ein deutlicher Bezug auf das Oberzentrum Darmstadt, bei gleichzeitiger Präferenz der SW-Orientierung: Zwischen 70% und 91% der Identifikationsareale aus diesen Orten schließen Darmstadt mit ein. Im relativ peripher gelegenen Zwingenberg und Eppertshausen allerdings sind jeweils etwa ein Viertel nach Mannheim bzw. Frankfurt/Aschaffenburg orientiert. Insgesamt bleibt jedoch festzuhalten, daß Darmstadt nur in drei von sieben Fällen in einer der beiden bevorzugten Hauptrichtungen liegt. Hier wird deutlich der Naherholungsraum Odenwald präferiert.

In den Gemeinden des *Odenwaldes* sind demgegenüber zentralörtlich bestimmte Orientierungen nahezu völlig auszuschließen. Lediglich in Lindenfels, Michelstadt und Wald-Michelbach beziehen zwischen 17% und 29% der Identifikationsareale Oberzentren ein. Dies sind im Falle der beiden erstgenannten Gemeinden Darmstadt, für Wald-Michelbach jedoch Heidelberg und Mannheim. In Mossautal und Sensbachtal hat kein einziger Befragter eines der möglichen Oberzentren in sein Identifikationsareal integriert. Ähnlich gering ausgeprägt ist die zentralörtliche Orientierung der Regionsbilder im kalifornischen Gilroy. Lediglich 27% von ihnen beziehen San Jose und nur 20% Monterey mit ein.

Bestätigt werden diese Ergebnisse auch durch die Ermittlung und graphische Darstellung der gerichteten *Lokalisations-/Kognitionsvektoren* der Probanden jedes einzelnen Wohnortes. Der Summenvektor beinhaltet zum einen die Ausrichtung der großen Halbachse (ermittelt aus der Verbindung zwischen Wohnort und Endpunkt der großen Halbachse) und die Distanz zwischen Wohnort und Ellipsenmittelpunkt (abgetragen auf der Richtungsstrecke). Er gilt als Maß für die Abweichung zwischen tatsächlicher und kognitiver Orientierung der mental maps sowie deren Richtung. Je kleiner die Vektordistanz, desto stärker ist das Identifikationsareal kreisförmig um den Wohnort angelegt

199

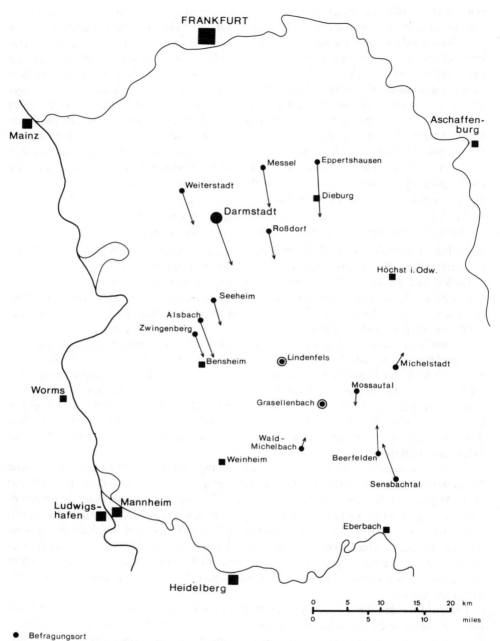

Abb. 8.6. Gebietsbezogene Identifikation älterer Menschen in südhessischen Wohnorten (dargestellt anhand von Lokalisations-/Kognitionsvektoren)

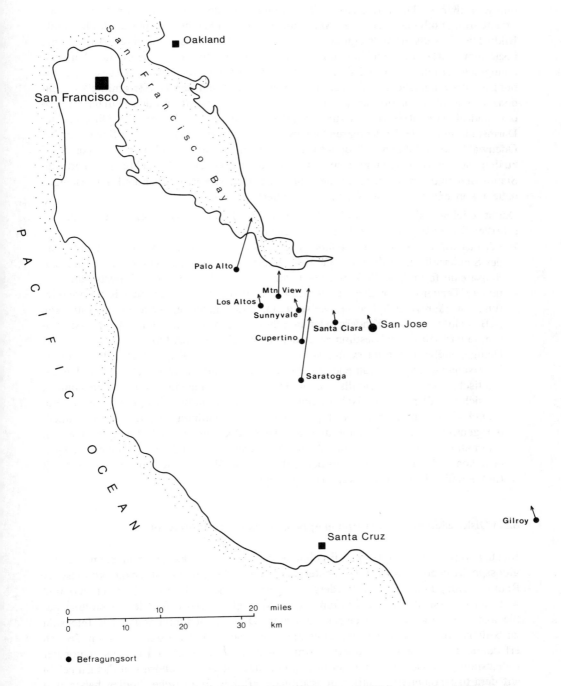

● Befragungsort

Abb. 8.7. Gebietsbezogene Identifikation älterer Menschen in Wohnorten des kalifornischen Santa Clara County
(dargestellt anhand von Lokalisations-/Kognitionsvektoren)

und je größer die Distanz, desto stärker ist eine gerichtete, vom Wohnort fortweisende Orientierung vorhanden. Aus den Abbildungen 8.6. und 8.7. erschließt sich das bekannte Bild: Die Lokalisations-/Kognitionsvektoren im SCC weisen in ihrer Ausrichtung insgesamt starke Übereinstimmungen mit den genannten Ergebnissen der Untersuchungsschwerpunkte auf und sind in sich recht homogen. Auch im südhessischen Erhebungsgebiet unterscheiden sie sich nicht grundlegend von den bereits ermittelten Tendenzen: Die Identifikationsareale der Senioren aus Darmstadt und den Umlandgemeinden sind als gerichtete Orientierung zu interpretieren, wobei letztere das Oberzentrum Darmstadt und Teile des Vorderen Odenwaldes integrieren. Auch für die Bewohner der Odenwaldorte bestätigen sich damit die bisherigen Aussagen, daß hier im Unterschied zu den anderen Untersuchungsschwerpunkten *keine* dominante Ausrichtung vorherrscht. Stattdessen sind ihre Identitätsareale - mit Ausnahme von Beerfelden und Sensbachtal - nahezu konzentrisch um die Wohnorte orientiert.

Damit zeichnen sich unter Berücksichtigung der Befunde aus nahezu allen Analyseschritten folgende generalisierbare Aussagen ab:

> Für das *kalifornische Untersuchungsgebiet* läßt sich - mit Ausnahme von Gilroy und des Sonderfalls der Villages - eine weitgehend homogene Ausrichtung der Identifikationsareale festhalten: Während der Feldarbeiten bestärkten viele Hinweise die vermutete Tendenz einer eher aus *funktionellen* Erwägungen geprägten Raumorientierung. Sie äußert sich beispielsweise darin, daß regelmäßig genutzte Wegstrecken (z.B. Fahrten zu den Kindern oder in Erholungsgebiete wie zum Lake Tahoe, Yosemite Park) das Areal bestimmen, in dem man sich heimisch fühlt.

> Demgegenüber treten im *südhessischen Untersuchungsgebiet* tiefgreifende *regionale* Unterschiede zutage: Während für das Zustandekommen zahlreicher mental maps städtischer Senioren ebenfalls funktionelle Maßstäbe angenommen werden können, die sich vor allem auf das Naherholungsgebiet Odenwald beziehen, liegen für die Befragten aus den übrigen Gebietstypen andersartige Zuordnungsmuster vor. So schließt die zentrenbezogene Orientierung der Umlandbewohner auch Landschaften mit "Anmutungseigenschaften" ein. Ältere Menschen des ländlichen Raumes dagegen beziehen sich in größerem Ausmaß auf "ihre" umliegende Region und sind damit funktionellen Erwägungen weniger zugeneigt.

8.5.4 Diskussion personaler und gruppengebundener Einflußgrößen

Bislang wurden die empirischen Ergebnisse vor allem unter kulturgebundenen oder regionsspezifischen Aspekten betrachtet und damit die Prägekraft sozialökologischer Rahmenbedingungen in den Vordergrund gestellt. Ebenso ist es nicht intendiert und wohl auch aussichtslos, den Einfluß anderer - möglicherweise für die Ausbildung gebietsbezogener Identifikation entscheidenderer - Dimensionen mit der gleichen Intensität zu berücksichtigen oder gar die räumliche Komponente herauslösen zu wollen. Jedoch erfordern die eingangs diskutierten Annahmen des spezifischen Erlebens regionaler Lebensräume je nach individueller oder gruppenbezogener Zugehörigkeit das Eingehen auf derartige potentiell identifikationsstiftende Effekte. Empirische Studien haben ihre wechselnde Bedeutung im Lebenszyklus belegt (Friedrich & Wartwig 1984; Meier-Dallach 1987). Daraus ergibt sich die Folgerung, daß es auch auf der Ebene des Individu-

Tab. 8.6. Zusammenhänge zwischen mental maps-Typen und ausgewählten Personen-/Umweltmerkmalen im deutschen Untersuchungsgebiet***

	Orts-bezug	mental maps-Typen Nahe Region	Ferne Region	Über-regional	Insge-samt**	Chi-SQ. Sign.*
Alle Befragten	9,6	40,8	37,8	11,8		
Mobilitätsindex						*
niedrig	31,4	13,6	11,0	8,0	13,7	
hoch	0,0	2,7	5,9	9,2	4,4	
Außerhauszeit (38)						*
kurz	39,4	37,0	26,6	19,5	31,3	
lang	5,6	11,0	13,3	12,6	11,5	
Örtl.Vertrautheit (67)						*
Viertel	39,4	25,1	19,9	16,3	23,6	
Gemeindegebiet	39,4	51,9	64,0	65,1	56,7	
Umweltanforderungsindex						*
niedrig	30,9	36,0	37,9	22,7	34,6	
hoch	32,7	29,6	25,4	22,7	27,4	
Herkunft (1)						*
zugezogen	81,7	86,7	84,5	94,3	86,3	
gebürtig	18,3	13,3	15,5	5,7	13,7	
Gesundheitszustand (70)						*
schlecht	20,6	17,8	12,8	12,8	15,6	
gut	35,3	41,8	53,6	36,0	44,8	
Einkommenshöhe (76)						*
niedrig	48,7	29,9	25,8	18,2	28,5	
hoch	25,6	36,8	45,1	50,9	40,6	
Pkw-Besitz (80)						*
nein	45,1	30,7	21,6	20,7	27,4	
ja	32,4	48,3	65,5	70,1	55,8	
Geschlecht (81)						*
weiblich	77,5	60,3	48,2	51,7	56,4	
männlich	22,5	39,7	51,8	48,3	43,6	
Alter (73)						*
unter 70	36,6	51,7	61,5	51,7	53,9	
über 80	26,8	12,3	11,9	10,3	13,3	

* dargestellt = signif. ≥ 95%
** Merkmalsbesetzung in Prozent der Antwortgebenden
*** in % der Angehörigen der jeweiligen mental maps-Typen (addieren sich i.d. Regel nicht auf 100%)
Quelle: Eigene Erhebung

ums *d a s* Regionsbild in der beschriebenen Einheitlichkeit nicht gibt sondern sich dieses je nach Lebensabschnitt aus einer Sequenz unterschiedlicher Vorstellungsbilder zusammenfügt. Deshalb erfolgt für das deutsche Untersuchungsgebiet die Aufschlüsselung der Identifikationsreichweiten der Befragten nach Merkmalen, von denen ein Einfluß auf ihre interpretative Aneignung räumlicher Umwelt zu erwarten ist.

Die in Tabelle 8.6. aufgeführten Kreuztabellierungen mit derartigen dichotom ausgeprägten Personen- und Umweltmerkmalen sind zeilenweise zu interpretieren. Es ergeben sich sowohl im Chi-Quadrat-Test als auch bei der Interpretation der Abweichung von der jeweiligen Merkmalsbesetzung in der Grundgesamtheit der Befragten ("insgesamt") deutliche Zusammenhänge zwischen den "klassischen" aktionsräumlichen constraints und der Reichweite von mental maps. Disproportional *stark ortsbezogen* sind demnach Senioren mit hohem Alter, schlechtem Gesundheitszustand, niedrigem Einkommen, fehlender Pkw-Verfügbarkeit sowie diejenigen die am Geburtsort leben, einen engen Radius örtlicher Vertrautheit aufweisen, hohem Umweltdruck ausgesetzt, immobil und weiblichen Geschlechts sind.

Weiterführende Tests auf korrelative Zusammenhänge zwischen insgesamt 21 Variablen (u.a. zu den Einstellungen, der Mobilität, den Wohnbedingungen, der Lebenssituation, den persönlichen Ressourcen) und Ellipsenflächenwerten der deutschen und nordamerikanischen Senioren ergeben lediglich in zwei Fällen signifikante Ergebnisse: Die Reichweite gebietsbezogener Identifikation vergrößert sich in beiden Untersuchungsgebieten mit zunehmender Mobilität und im SCC zudem mit wachsender Einkommenshöhe.

8.6 Schlußfolgerungen

Raumerfahrung und -interpretation gelten nach den vorliegenden theoretischen Ableitungen generationsübergreifend als konstitutive Voraussetzungen eigener Identitätsfindung. Vor allem im Alter kommt in diesem Zusammenhang der Stabilität der räumlichen Rahmenbedingungen ein besonderes Gewicht zu: Die symbolische Bedeutung vertrauter Gegenstände und Umwelten gilt als verläßliche Komponente in einer schnellebigen Zeit. Angesichts der immanenten Entwicklung postindustrieller Gesellschaften jedoch unterliegen auch diese Umweltkontexte in unterschiedlichem Ausmaß einem stetigen Wandel. Dies gab Anlaß, sich mit den Auswirkungen dieses Wandels auf die affektiven Raumbezüge älterer Menschen in ihren jeweiligen situativen Kontexten zu befassen.

Nach den vorliegenden Beobachtungen erfolgt die Wahrnehmung und Interpretation der eigenen Lebensumwelt durch die Probanden in hohem Maße unter Berücksichtigung ihrer Standortverbundenheit. Zwar variiert sie im Vergleich der Stichprobengruppen aus beiden Ländern hinsichtlich Intensität und regionaler Validität, dennoch ist die identifikatorische Aneignung insgesamt bedeutsam für die Lebensführung im Alter. Greifen wir nochmals die zentralen empirischen Ergebnisse auf: Während die überwiegende Mehrheit beider Vergleichsgruppen die Wichtigkeit raumbezogener Verbundenheit betont, unterscheidet sich die verbale Artikulation dessen, was sie unter Heimat verstehen bzw. wie sie Home lokalisieren, beträchtlich. Sind nahezu vier Fünftel der nordamerikanischen Senioren hierbei auf die unmittelbare Nachbarschaft oder auf Teile ihrer Wohngemeinde fokussiert, geben die älteren Südhessen mehrheitlich eine Definition ihres Geborgenheitsterritoriums, die weit über die Gemeindegrenzen reicht.

Diese unterschiedliche Reichweite gebietsbezogener Zugehörigkeit bestätigt sich auch in den mental maps der Befragten. Ihre zeichnerische Abgrenzung des Gebiets, in dem sie sich heimisch fühlen, und die Umsetzung dieser Informationen in Polarkoordinatendiagramme und Standardabweichungsellipsen ermöglicht die Analyse und Wiedergabe von Arealen räumlicher Identifikation.

Der Vergleich der regionsbezogenen Identifikationsmuster innerhalb und zwischen den Untersuchungsschwerpunkten ergibt, daß die Konfiguration der mental maps im deutschen Untersuchungsgebiet durch die Lage im Raumgefälle mitgeprägt wird. So zeigt sich eine signifikant unterschiedliche Reichweite der städtischen und ländlichen

Identifikationsareale, während die der Umlandbewohner eine mittlere Position einnehmen. Eine deutliche Südost-gerichtete Orientierung kennzeichnet neben der größeren Ausdehnung die Raumabstraktionen der Darmstädter Senioren. Demgegenüber sind die Identifikationsareale der Befragten aus dem Odenwald enger und konzentrisch um den Wohnort angelegt. Dies charakterisiert in der Tendenz ebenfalls das kalifornische Gilroy. Dagegen weisen die übrigen Untersuchungsschwerpunkte - mit Ausnahme des Sonderfalls der Rentnersiedlung Villages - recht homogene und deutlich gerichtete Identifikationsareale auf. In stärkerem Ausmaß als im hessischen Vergleichsgebiet treten im SCC Netze aus miteinander verbundenen Funktionsstandorten an die Stelle von Arealen. Diese Beobachtungen werden grundsätzlich bei der differenzierten Analyse der Parameter der Standardabweichungsellipsen bestätigt.

Welchen Stellenwert haben diese - auf den ersten Blick vermeintlich gegensätzlichen - räumlichen Dimensionen von Standortverbundenheit für die Aneignung räumlicher Umwelt im Alltagshandeln älterer Menschen? Und welches sind die Implikationen der erwähnten Dichotomie von lokaler und regionaler/überregionaler Orientierung zwischen beiden Ländern? In diesem groben Maßstabsraster ergeben sich daraus Hinweise auf kulturgebundene Besonderheiten raumbezogener Aneignung. Während die deutschen Senioren stark beeinflußt werden durch regionsgeprägte und symbolische Interpretationsmuster, sind die amerikanischen Befragten eher bestimmt durch instrumentelle, an Nützlichkeitserwägungen ausgerichtete Orientierungen. Bei der Differenzierung nach den regionalen Lebenswelten der Senioren setzen sich diese Abstufungen hierzulande fort: Identifikation mit ländlichen Lebensumwelten bezieht sich traditionell auf Bereiche um den Wohnort. Auch Pohl (1993) identifiziert bei seiner Analyse des alltagsweltlichen Regionalbewußtseins in Friaul unter alten Menschen ein ausgeprägtes Vertrauen in das regionale Milieu als Kristallisationspunkt für Sozialintegration. Diese werteorientierten Bezüge finden sich als manifeste Elemente innerhalb des peripheren Odenwaldes; im ländlichen Gilroy stellen sie eher latente Residuen ehemals vorhandener Standortverbundenheit dar. Im Unterschied dazu wird ein größerer Anteil der städtischen Senioren durch die oben beschriebenen funktionellen Orientierungen charakterisiert. Sie fühlen sich gewöhnlich in Landschaften heimisch, die sie als Aktionsraum kennen und wegen ihrer Freizeit- oder Erholungsattraktivität schätzen. Akzentuiert äußert sich diese Form der Orientierung bei der Vielzahl der Amerikaner, die ihren Satisfaktionsraum mit dem Standort ihres Hauses gleichsetzen. Ortsverbundenheit mündet bei ihnen nicht zwangsläufig in die unter der hiesigen Zielgruppe verbreitete Ortsbindung. Im Unterschied zu den verwurzelten deutschen Senioren erlaubt ihnen diese Unabhängigkeit beispielsweise die Verlagerung des Wohnsitzes und damit die Schaffung eines neuen - wiederum auf den Standort des Hauses bezogenen - Raumes, mit dem sie sich identifizieren, ohne daß damit notwendigerweise ein Bruch in der Kontinuität ihrer räumlichen Orientierung verbunden wäre.

Im Rahmen der hier durchgeführten Querschnittsanalyse sind Annahmen über Verlaufsformen von Identifikationsprozessen nur indirekt aus dem Vergleich unterschiedlich vom Wandel betroffener Gebietseinheiten möglich. Auf dieser Basis erscheint es plausibel, die Variabilität der deutschen und amerikanischen Geborgenheitsterritorien als Aufeinanderfolge unterschiedlicher raumzeitlicher Entwicklungsstufen innerhalb postindustrieller Gesellschaften zu interpretieren. Danach repräsentieren die befragten nordamerikanischen Senioren insgesamt und die städtischen Senioren beider Erhebungsgebiete im besonderen ein fortgeschrittenes, modernes Stadium räumlicher Kultur. Demgegenüber sind die standortverbundenen älteren Menschen aus den ländlichen "Reliktgebieten" im Sinn eines Zentrum-Peripherie-Modells eher der traditionellen Phase zuzurechnen. Folgen wir der verbreiteten Ansicht, daß sich aktives Raumbewußtsein vor allem in tatsächlichen oder befürchteten Verlusterfahrungen manifestiert, dann wären die instrumentellen Ausrichtungen der Älteren in modernen Lebenswelten als Beitrag zum Erhalt oder zur Rückgewinnung ihrer räumlichen Identität zu interpretieren.

Besteht anläßlich der damit formulierten "Modernitätsthese" Grund für die Vermutung, daß die unter den kalifornischen Befragten stärker ausgeprägten Muster *instrumenteller* Aneignung mit Zeitverzögerungen die hierzulande noch gültigen *raumbezogenen* Interpretationsformen ablösen werden? Treten dann regionsgebundene Interpretationsmuster zurück gegenüber der Prägekraft sozialer Positionen? Wenn auch der Vergleich zwischen den Teilräumen innerhalb beider Untersuchungsgebiete im vorigen Absatz konvergente Tendenzen ausgemacht hat, zeigen gerade die idiographischen Ansätze dieses Kapitels die Existenz kulturspezifischer Eigenheiten auf, die eine generelle oder weitgehende Übernahme derartiger Muster in der näheren Zukunft hierzulande *nicht* wahrscheinlich machen. Diese Einschätzung beruht u.a. auf der Reflexion der protokollierten Raumideen der befragten älteren Menschen. Sie sind trotz überwiegendem Bestreben zur Aufrechterhaltung des territorialen Status quo mehrheitlich durch Gegenwartsbezug gekennzeichnet. Deshalb schließe ich mich den verbreiteten Sichtweisen nicht an, wonach Standortverbundenheit ein Kennzeichen rückständiger und segmentärer Gesellschaften sei. Kulturanthropologische Untersuchungen in Verdichtungsräumen (Greverus & Haindl 1984) sowie soziologische Studien in Schweizer Regionstypen (Meier-Dallach u.a. 1987) konstatieren auch bei jüngeren Kohorten ein kommunal- oder regionalbezogenes Alltagsbewußtsein. Dennoch konstituieren sich deren Raumbezüge nicht aus verklärender Retrospektive sondern aus engagierten und z.T. kritischen Auseinandersetzungen bis hin zu Formen partieller Entfremdung. Unterstellen wir eine gewisse Langzeitwirkung derartiger Orientierungen, lassen sich daraus partizipatorisch ausgerichtete Entwicklungstendenzen interpretativer Raumaneignungsmuster der *dann* älteren Menschen erkennen.

9. INTERDEPENDENZEN

9.1 Vorüberlegungen

Im Blickpunkt der vorigen Kapitel stand bislang die vergleichende Analyse derzeitiger Muster des Alltagshandelns älterer Menschen. Dabei wurde ein besonderes Augenmerk auf die kultur-, regions- und standortgebundenen *Differenzierungen innerhalb* der einzelnen für die Umwelt-Interaktionen relevant erscheinenden Dimensionen gelegt. Im Rahmen dieses Kapitels soll demgegenüber stärker nach den gemeinsamen, verbindenden Elementen im Prozeß der Umweltaneignung gesucht werden. Aus einer derartigen Fokussierung der *Wechselwirkungen zwischen* den Dimensionen im Hinblick auf räumliche Teilhabe werden Hinweise auf handlungsleitende Prinzipien während dieser Phase des Lebenszyklus erwartet.

Die Durchführbarkeit des Anliegens, Einflußgrößen und Determinanten von Alltagsinteraktionen zu identifizieren, zu verstehen und zu erklären ist indes durch den Charakter des Forschungsgegenstandes von vornherein erschwert. Handlungsweisen und deren kognitiv/mentale Voraussetzungen unterliegen nach zunehmend an Bedeutung gewinnender wissenschaftstheoretischer Überzeugung, die das Verstehen in den Vordergrund stellt (z.B. Lamnek 1988, 6ff.), nur sehr bedingt streng deterministischen Ursache-Wirkungs-Zusammenhängen im Sinne des Kritischen Rationalismus. Auch in wahrscheinlichkeitstheoretischer Anschauung wird der Mensch weniger als homo oeconomicus, sein Handeln stattdessen eher *"als eine Mischung aus absichtsvoller Berechnung und unrationeller Zufälligkeit der Entscheidung"* (Bartels 1968, 31) aufgefaßt. Hinzu kommt, daß Individuen weder in der Lage sind, alle entscheidungsrelevanten Informationen zu erhalten und adäquat zu verarbeiten, noch es empirisch und theoretisch möglich ist, alle latenten und manifesten Einflußfaktoren zu erfassen. Sie entziehen sich damit z.T. den traditionellen Analysemethoden empirischer Sozialforschung.

Im Lichte dieser Ausgangslage ist der nachfolgende Versuch zu sehen, sich über die Klärung bestehender Interdependenzen zwischen den analysierten Dimensionen der Person-Umwelt-Interaktionen im Alter einer kausalen Deutung des lebensweltlichen Partialkomplexes zu nähern. Daraus ergeben sich zwei zentrale Forschungsfragen:

1. Bestehen zwischen den persönlichen Ressourcen der Akteure sowie der Organisation, Nutzung und Interpretation ihrer räumlichen Umwelt Zusammenhänge in interpretierbarer Größenordnung?
2. Welche Intentionen leiten derartige Person-Umwelt-Interaktionen?

Während die Bearbeitung der ersten Fragestellung auf der Basis statistischer Überprüfungen signifikanter Zusammenhänge innerhalb von Strukturgleichungsmodellen erfolgt, wird im zweiten Schritt der eher interpretativ ausgerichtete Versuch unternommen, die Vielfalt der gewonnenen empirischen Ergebnisse mit den konzeptionellen Grundlegungen zusammenzuführen.

9.2 Generierung und Überprüfung eines Strukturgleichungsmodells

Die Zusammenhänge innerhalb des beschriebenen lebensweltlichen Komplexes werden durch Aufstellung und Überprüfung eines linearen Strukturgleichungsmodells untersucht. Als Software hierfür eignet sich LISREL 7 (Analysis of Linear Structural Relationships) in der PC-Version (Jöreskog & Sörbom 1989; Pfeifer & Schmidt 1987). Wie häufig in den Sozialwissenschaften, entziehen sich die vier ausgewählten Dimensionen als theoretische Konstrukte einer direkten Beobachtung. Es müssen daher geeignete Indikatoren (beobachtete Variablen) gefunden werden, um sie zu erfassen. Diese sind in der Regel mehr oder weniger stark fehlerbehaftet. Bei der Aufstellung der Modelle werden die Meßfehler der beobachteten Variablen berücksichtigt. Dies ist zweifellos ein Vorteil gegenüber anderen Verfahren, wie beispielsweise der Pfadanalyse. Hinzu kommt, daß durch vielfältige Spezifikationsmöglichkeiten - Elemente der Matrizen und Vektoren können wahlweise frei geschätzt oder fixiert werden - ein größeres Spektrum von Verfahren zugänglich ist. So umfaßt LISREL 7 Elemente der Testtheorie, der Pfadanalyse und von Regressionsmodellen (Jagodzinski 1986, 78).

LISREL besteht in seiner allgemeinsten Form aus zwei Teilbereichen (vgl. zu den folgenden Definitionen im einzelnen Pfeifer & Schmidt 1987, 24ff.):

➢ dem *Meßmodell*; dieses beschreibt die Abhängigkeiten zwischen Indikatoren (beobachteten Variablen) und latenten Variablen. Es hat die Form:

$$x = Lambda(x) \cdot ksi + delta$$
$$y = Lambda(y) \cdot eta + epsilon$$

➢ dem *Strukturmodell*; dieses beschreibt die Zusammenhänge zwischen latenten (nicht direkt meßbaren) Variablen und hat die Form:

$$eta = Beta \cdot eta + Gamma \cdot ksi + zeta$$

Erläuterung der verschiedenen Variablenvektoren und Matrizen des LISREL Modells:

- eta: Vektor der latenten (theoretischen) abhängigen Variablen;
- ksi: Vektor der latenten (theoretischen) unabhängigen Variablen;
- y: Vektor der Indikatoren der latenten abhängigen Variablen;
- x: Vektor der Indikatoren der latenten unabhängigen Variablen;
- zeta: Vektor der Residuen der latenten abhängigen Variablen;
- epsilon: Vektor der Residuen der y-Variablen;
- delta: Vektor der Residuen der x-Variablen;
- Gamma: Matrix der Koeffizienten der latenten unabhängigen Variablen;
- Beta: Matrix der Koeffizienten der latenten abhängigen Variablen;
- Lambda(y): Matrix der Faktorenladungen der y-Variablen;
- Lambda(x): Matrix der Faktorenladungen der x-Variablen.

Damit ergibt sich ein System linearer Strukturgleichungen, deren Parameter geschätzt werden. Mit LISREL 7 lassen sich nicht nur gerichtete sondern auch korrelative Zusammenhänge testen. Als Voraussetzungen der Modellkonstruktion ergeben sich folgende Fragestellungen:

➢ Durch welche Indikatoren werden die Dimensionen am besten erfaßt?
➢ Welche Beziehungen bestehen zwischen den Indikatoren und den Dimensionen?
➢ Wie hängen die Dimensionen voneinander ab?

Wie bereits erwähnt, sind die vier für die Analyse ausgewählten Dimensionen (latente Variablen) der Person-Umwelt-Bezüge (im vorliegenden Fall: persönliche Ressourcen, Wohnqualität, Raumnutzung und interpretative Aneignung) in dieser Komplexität nicht direkt meßbar ("abfragbar"). Auch in der Befragung werden sie jeweils durch eine Reihe von Variablen repräsentiert. Aus den südhessischen und kalifornischen Interviewdaten wurden zunächst für die vier Dimensionen theoriegeleitet 33 geeignet erscheinende Variablen mit metrischem bzw. ordinalem Skalenniveau ausgewählt. Davon seien einige stellvertretend aufgeführt:

➢ persönliche Ressourcen: Gesundheitszustand, Status, Einkommen, Selbstbewußtsein, Einbindung in soziale Netzwerke;
➢ Wohnqualität: Gelegenheiten und Hindernisse im Wohnumfeld, Erreichbarkeit von Infrastruktur, Belastungen, Wohndauer, Segregations-/Integrationsneigung;
➢ Raumnutzung: Außerhausaktivitäten, Umzugshäufigkeit, Häuslichkeitsgrad;
➢ interpretative Aneignung: Einstellungstyp, Standortverbundenheit, Grad raumbezogener Identifikation, Reichweite der mental maps.

Auf dieser Grundlage wurde die Menge der Variablen anschließend - getrennt für beide Untersuchungsgebiete um deren Besonderheiten Rechnung zu tragen - im Rahmen einer apriorischen Auswahl weiter eingegrenzt. Die 15 schließlich berücksichtigten repräsentieren die latenten Variablen gut, d.h. weisen Werte in Lambda(x) auf, die signifikant von 0 verschieden sind.

Im folgenden Analyseschritt wurden die Meßmodelle zu Strukturmodellen verknüpft. Mit vier latenten Variablen ist das Modell als relativ komplex anzusehen. Es konnte nur eine verhältnismäßig geringe Anzahl von Fällen in die Analyse einbezogen werden, und zwar diejenigen, bei denen in allen betrachteten Variablen keine fehlenden Werte auftreten (deletion of missings: listwise). Der Schwerpunkt wird bei der Modellkonstruktion daher auf die komparative Schätzung der Parameter im deutschen und amerikanischen Untersuchungsgebiet und ihre Interpretierbarkeit, nicht aber auf eine Modelloptimierung im rein statistischen Sinne gelegt. Deshalb wurde ein Verfahren gewählt, das diesen konfirmatorischen Gesichtspunkten gerecht wird. Alle latenten Variablen werden in diesem Fall als abhängige (eta) Variablen angesehen, ihre jeweiligen Indikatoren als x-Variable. Die delta-Werte sind die Residuen der x-Variablen. Bei den nachfolgend beschriebenen Parameterschätzungen handelt es sich um vollstandardisierte Lösungen.

Im *deutschen Untersuchungsgebiet* bestätigen sich die postulierten Modellannahmen weitgehend. So liegen drei signifikante korrelative Beziehungen zwischen den latenten Variablen vor (Abb. 9.1). Ebenso beschreiben die ausgewählten Indikatoren diese Konstrukte statistisch angemessen und ermöglichen eine entsprechende Interpretation. Das Gesamtmodell weist darüber hinaus einen akzeptablen "goodness of fit" auf. Im einzelnen zeigen sich zwischen persönlichen Ressourcen einerseits sowie der Wohnqualität und der Raumnutzung andererseits signifikante positive Zusammenhänge: Mit zunehmenden persönlichen Ressourcen erfahren auch die Wohnqualität und die Intensität der Raumnutzung eine Steigerung. Derartige Effekte existieren nicht zwischen dem Grad der interpretativen Aneignung und den persönlichen Ressourcen oder der Wohnqualität, wohl aber zwischen interpretativer Aneignung und Raumnutzung: Je stärker sich die Akteure mit ihrer Lebenswelt identifizieren, desto intensiver nutzen sie diese.

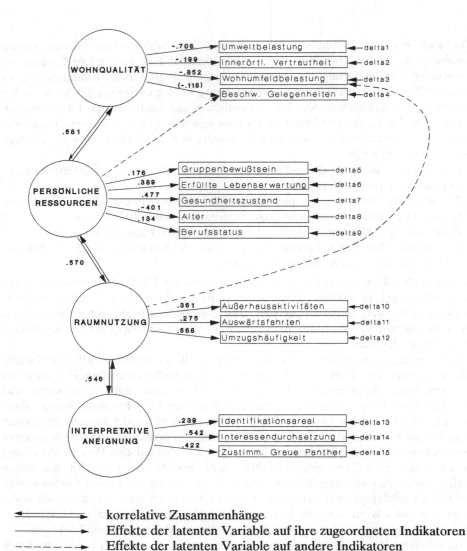

korrelative Zusammenhänge
Effekte der latenten Variable auf ihre zugeordneten Indikatoren
Effekte der latenten Variable auf andere Indikatoren

Abb. 9.1. Strukturgleichungsmodell der Mensch-Umwelt-Interaktionen im Alter (Deutsches Untersuchungsgebiet)

Im *amerikanischen Untersuchungsgebiet* ergibt sich eine Modellkonstruktion von einge-schränkterer Komplexität (Abb. 9.2). Im Gefüge mit drei latenten Variablen zeigen sich lediglich in der Beziehung zwischen persönlichen Ressourcen und der Intensität der ak-tionsräumlichen Nutzung statistisch signifikante positive Zusammenhänge. Die übrigen Effekte sind weder auf dem angestrebten Niveau signifikant noch von ihren Ladungen her interpretierbar. Auch Modellanpassungen nach Vorgabe der angeführten Modifikati-onsindizes brachten keine weitere Optimierung.

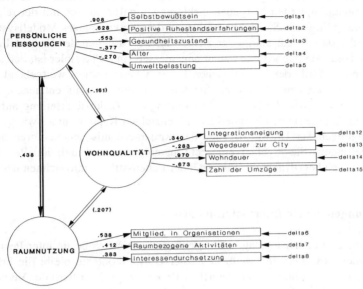

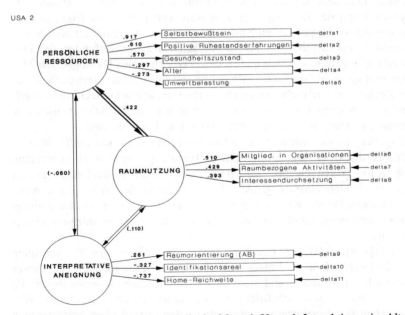

Abb. 9.2. Strukturgleichungsmodelle der Mensch-Umwelt-Interaktionen im Alter (Amerikanisches Untersuchungsgebiet)

211

Die Erweiterung der Komplexität durch Einbeziehung der anderen latenten Variablen scheiterte an den modellimpliziten Vorgaben. Erklärungen dafür können mit der relativ geringen Fallzahl der gültigen U.S.-Stichprobe für ein derartig komplexes Modellsystem gegeben werden oder damit, daß einige der ausgewählten Variablen der Fragestellung oder den zugrundeliegenden Algorithmen nicht angemessen sind. Plausibler ist, daß sich bestimmte Variablen im Falle des kalifornischen Untersuchungsgebiets weitgehend der Modellbildung im Rahmen eines *linearen* Strukturgleichungsmodells entziehen. Für diese letzte Annahme sprechen die bei der Überprüfung der Residualverteilung auftretenden nichtlinearen Anteile sowie die innerhalb der einzelnen Kapitel immer wieder erkennbaren Ausprägungen der Umwelt-Bezüge der nordamerikanischen Senioren nach Lebensstil-Orientierungen. Sie ergeben ein recht heterogenes und individuelles Beziehungsgefüge, das sich begrifflich als "Pluralität der Lebensstile" kennzeichnen läßt.

9.3. Schlußfolgerungen für ein Interaktionsmodell

Angesichts der skizzierten Ausgangslage eher nicht-deterministisch bestimmter Person-Umwelt-Interaktionen vor allem innerhalb moderner Umweltkontexte bleibt die Frage nach den handlungsleitenden Intentionen derartiger Raumbezüge. Hier wird der Versuch einer Antwortfindung auf der Grundlage der vorgelegten empirischen und theoretischen Befunde sowie der Reflexion der Beobachtungen und vieler Gespräche mit Betroffenen während und nach der Datenerhebung unternommen.

Danach erschließen ältere Menschen ihre Umwelten in der Regel differenzierter, als dies lineare Modellannahmene nachzuzeichnen imstande sind. Dabei ist keineswegs gleichsam automatisch mit der Zunahme beispielsweise von personalen Kompetenzen auch eine Steigerung der Wohnqualität, eine Intensivierung außenorientierter Aktivitäten oder eine Erweiterung des Identitätsraumes verbunden. Nach den Befunden der Differentiellen Gerontologie (Thomae 1983) und in der Perspektive des Ökologischen Modells von Lawton gibt es nicht "die" alten Menschen mit "den" charakteristischen Daseinsbewältigungstechniken. Vielmehr kennzeichnet ein vielfältiges Geflecht individueller und aufeinander abgestimmter Interpretations-, Handlungs- und Reaktionsweisen ihre alltägliche Auseinandersetzung mit den Anforderungen ihrer Lebensumwelt.

Trotz jener ausgeprägten Individualität ist es das Anliegen dieses Abschnitts, das Gemeinsame im Prozeß der Umweltaneignung älterer Handlungsträger herauszuarbeiten. Die Annäherung an die Prinzipien ihrer als sinnhaft postulierten Außenbezüge erfolgt hier in Form einer Modelldarstellung (vgl. Abb. 9.3). Als deren vier wichtigste Komponenten fließen Umweltkontext, Kompensationspotential, interaktive Teilhabemuster sowie die Handlungsintentionalität ein. Die nachfolgende Interpretationsskizze orientiert sich an dieser Gliederung.

Als Ausgangspunkt menschlichen Handelns wurde im Rahmen der theoretischen Fundierung die alltäglich erfahrene Lebenswelt identifiziert (Komponente I). Dieser Erfahrungs- und Bedeutungshintergrund wird in entscheidendem Ausmaß durch die Einbindung des Akteurs in gesellschaftliche Systemzusammenhänge bestimmt. Wesentliches Kennzeichen der Gegenwartsgesellschaft ist der Prozeß ihres hochgradigen Wandels. Ihn erfährt das Individuum in unterschiedlichem Ausmaß - je nach "Verortung" im räumlichen Kontext - als ständige Veränderung seiner Umwelten. Sie lassen

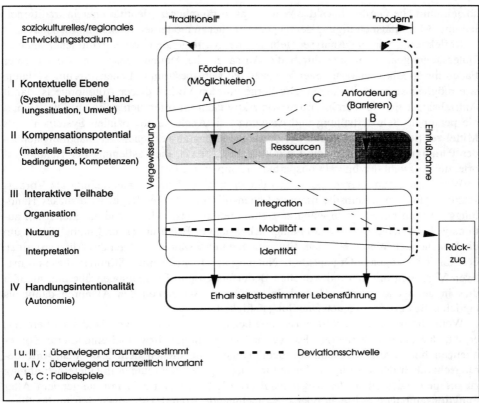

soziokulturelles/regionales
Entwicklungsstadium

"traditionell"   "modern"

I Kontextuelle Ebene

(System, lebensweltl. Hand-
lungssituation, Umwelt)

II Kompensationspotential

(materielle Existenz-
bedingungen, Kompetenzen)

III Interaktive Teilhabe

Organisation

Nutzung

Interpretation

IV Handlungsintentionalität

(Autonomie)

Vergewisserung

Einflußnahme

Förderung
(Möglichkeiten)

A   C   Anforderung
(Barrieren)

B

Ressourcen

Integration

Mobilität

Identität

Rück-
zug

Erhalt selbstbestimmter Lebensführung

I u. III : überwiegend raumzeitbestimmt
II u. IV : überwiegend raumzeitlich invariant
A, B, C : Fallbeispiele

- - - -   Deviationsschwelle

Abb. 9.3. Modellvorstellung der Voraussetzungen und Intentionalität von Person-Umwelt-Interaktionen im höheren Erwachsenenalter

sich nach dem Ausmaß der Tangierung durch diesen Wandel unterschiedlichen raumzeitlichen Stadien zuordnen: In eher traditionellen Gebietseinheiten konstituieren sich
die Rahmenbedingungen der Lebenslage analog einem regionalisierten Zentrum-Peri-
pherie-Modell, in modernen - mosaikartig segmentierten - Kontexten eher nach Lebens-
stilgesichtspunkten. Derartige Umwelten können ihren Charakter stärker in Form von
Anforderungen (Barrieren) oder Förderungen (Potentiale) ausbilden.

In bezug auf die Handlungsträger weisen gerontologische Befunde die intra- und in-
terindividuell unterschiedliche Verfügbarkeit persönlicher oder exogener Ressourcen
nach (Komponente II). Hierzu zählen neben materiellen Existenzbedingungen auch
Kompetenzen und soziale Vernetzungen im weitesten Sinne. Wesentliche Anstrengungen (Investments) werden unternommen, um dieses Humankapital zu mehren oder zu
sichern. Auf seine Aktivierung sind Ältere vor allem dann angewiesen, wenn es um die
Kompensation restriktiver Rahmenbedingungen geht.

Räumliche Teilhabe realisiert sich nach den hier zugrundegelegten Prämissen in ge-
lingender Umwelterschließung durch Organisations-, Nutzungs und Interpretationsprozesse (Komponente III). Die Muster jener objektiven Strukturen und subjektiven Orientierungen unterliegen nach den Befunden dieser Studie starker raumzeitlicher Prägung.
So lassen sich z.B. die angestrebte Integration der Betroffenen in das siedlungs- und

sozialräumliche Gefüge oder der Wunsch nach räumlicher Identität eher in traditionellen, ihre Mobilitätsbeteiligung demgegenüber eher in modernen Kontexten realisieren.

Reflektieren wir die Analyseergebnisse der vorliegenden sowie zahlreicher anderer Untersuchungen, zieht sich durch die Aussagen der älteren Menschen wie ein roter Faden ihr apodiktisch vertretener Wunsch, die selbstbestimmte Lebensführung so lange wie möglich aufrechtzuerhalten. Die Sorge um den Verlust dieser Autonomie ist damit Antriebskraft für die Durchführung von Aktivitäten im öffentlichen Raum. Dies sichert die personale Selbsterhaltung und ist damit - in Analogie zu sozialen Systemen - als Mittel zur Sozialintegration und Systemstabilisierung zu verstehen. Als handlungsleitendes Paradigma bestimmt es die Gestaltung des Alltags, die Festlegung der Handlungsorte, die Auswahl der Interaktionspartner (Komponente IV).

Wie gelingt nun älteren Individuen der Prozeß der Umwelterschließung als Voraussetzung zum Erhalt selbstbestimmter Lebensführung? In der Regel wird dieses Handlungsziel vom einzelnen in jedem soziokulturellen Entwicklungsstadium gleichsam automatisch erreicht. Auf der Grundlage lebenslanger Erfahrungen und dem Wissen um die bestehenden Werte, Normen, Erwartungen und Zwänge erfolgen die Alltagsroutinen der standortbezogenen Organisation, Nutzung und Interpretation. Stimmen diese normativen Vorgaben mit den individuellen Bedürfnissen und Einstellungen überein, mündet dies in gelingende Person-Umwelt-Interaktionen. Sie dienen den Akteuren damit als täglicher Beweis der eigenen Handlungsfähigkeit.

Wenn die permanente Vergewisserung bezüglich der interaktiven Teilhabe allerdings ergibt, daß sie ein befriedigendes Ausmaß unterschreitet bzw. nichtintendierte Konsequenzen hat, erfolgen Adaptationsbemühungen. Sie dienen dem Ziel, den Anforderungscharakter der jeweiligen Umwelt mit den eigenen Ressourcen in Übereinstimmung zu bringen. Dies ist in der Regel dann erforderlich, wenn z.B. mit steigendem Alter Funktionseinbußen auftreten oder die zunehmende Komplexität einer sich im hochgradigen Wandel befindlichen Welt der gewohnten Teilhabe Barrieren entgegensetzt.

An einem Beispiel soll die Vorgehensweise älterer Menschen bei der Lösung konkreter alltagsweltlicher Herausforderungen verdeutlicht werden: Bei klimatischen Extremsituationen, wie besonders heißen oder durch Schnee und Glatteis geprägten Tagen, die älteren Menschen oft das Verlassen des Hauses erschweren, ließ sich während der Feldphase sowohl in den U.S.A. als auch in Deutschland beobachten, daß externe Aktivitäten entweder auf das nötigste Maß beschränkt oder Hilfen aus dem sozialen Netzwerk, z.B. für Besorgungen, aktiviert wurden. Darüber hinaus paßten zahlreiche Probanden ihren Tagesrhythmus diesen klimatischen Bedingungen an und hielten ihre Wohnung durch Verdunkeln, Lüften und Vermeiden von Wärmequellen - oft auch ohne Ventilator oder Klimaanlage - angenehm temperiert. Derartige "angepaßte" Umwelt-Interaktionen sind weitgehend charakterisiert durch eine ausbalancierte Abstimmung in bezug auf den Anforderungscharakter der Alltagssituation.

Die Stabilisierung des personalen Systems erfolgt damit auf unterschiedliche Weise. Betrachten wir hierzu zum besseren Verständnis exemplarisch drei Fallvarianten (A, B, C). Im Falle A und B wird sowohl in traditionellen als auch in modernen Umweltkontexten durch gezielte Aktivierung von Ressourcen die Aufrechterhaltung der Daseinstechniken ermöglicht. Dies erfolgt - je nach Erfordernis - z.B. durch eine zum Prinzip erhobene Außenorientierung, durch den Versuch zur Aufrechterhaltung des vertrauten Wohnumfeldes oder des gewohnten Tätigkeitsrhythmus, durch Inanspruchnahme externer Hilfen, durch den Einzug in betreuende Wohnformen oder durch den Umzug in die Nähe von Angehörigen. Neben dieser Ressourcenaktivierung dienen auch Einflußnahmen auf planerische Entscheidungen oder kognitiv/mentale Komplexitätsreduktionen (in der Verwendung räumlicher Codes sowie durch interpretative Raumaneignung, Standortverbundenheit, räumliche Identifikation) dem Erhalt des Status quo.

Wenn indes derartige Lösungsmöglichkeiten nicht mehr greifen und selbst die Verringerung des ursprünglichen Anspruchsniveaus nicht mehr ausreicht, seinen Platz in der Welt zu halten, die einem ständigen Prozeß der Veränderung unterliegt, bleibt den Betroffenen häufig nur die Aufgabe des Paradigmas selbstbestimmter Lebensführung und der resignative Rückzug. Im Fallbeispiel C wird dies durch Erreichen der "Deviationsschwelle" dokumentiert.

Sinnfindung als originäres Anliegen menschlichen Seins - also das Bestreben, im Leben Sinn zu realisieren - wird in der gerontologischen Literatur häufig mit "erfolgreichem Altern" oder mit "Lebenszufriedenheit" beschrieben. Nach der hier skizzierten Perspektive indes wird eine gelingende Weise der Umwelterschließung als Komponente der Lebenszufriedenheit vom Ausmaß räumlicher Teilhabe bestimmt. Diese ist nach meiner Interpretation dann gegeben, wenn sie einen Beitrag darstellt, das tiefverwurzelte Paradigma selbstbestimmter Haushalts- und Lebensführung aufrecht zu erhalten. Die Forschung auf diesem Gebiet steht allerdings noch in den Anfängen.

10. ZUSAMMENFASSUNG UND AUSBLICK

Diese Untersuchung hatte sich zur Aufgabe gestellt, essentielle raumgebundene Muster und Prinzipien des demographischen Alterns in modernen Gegenwartsgesellschaften herauszuarbeiten. Bei der Entfaltung des theoretischen Bezugsrahmens wurden Organisations-, Nutzungs- und Interpretationsformen als relevante Dimensionen der Umwelt-Interaktionen älterer Menschen identifiziert. Ein zentrales Erkenntnisinteresse bestand in der Klärung der Frage, wie die Handlungsträger die gewachsenen Möglichkeiten persönlicher Selbstverwirklichung Ebenen angesichts der neuen Unübersichtlichkeiten ihrer im hochgradigen Wandel begriffenen Umwelten gegenwärtig und in Zukunft realisieren. Da derartige Einsichten in künftige Alternsverläufe normalerweise Längsschnittstudien vorbehalten sind, war dies im Rahmen der vorliegenden Querschnittsanalyse Anlaß für eine kultur- und regionsvergleichende Betrachtung. Unter konvergenztheoretischer Prämisse werden dabei aus dem Vergleich vom Wandel unterschiedlich betroffener Gebietseinheiten - die als raumzeitlich versetzte Stadien der Entwicklung moderner Gesellschaften aufzufassen sind - Informationen über künftige Veränderungen erwartet.

Die Studie stützt sich im empirischen Teil vor allem auf persönliche Interviews, die im südlichen Rhein-Main-Gebiet mit 750, im kalifornischen Silicon Valley mit 459 älteren Menschen geführt wurden, die selbständig im eigenen Haushalt leben. Beide Untersuchungsgebiete entsprechen als prosperierende Wachstumsräume und Hochtechnologiestandorte dem Bild postindustrieller Lebensräume. Dieses Kapitel folgt dem Aufbau der Arbeit insofern, als es zunächst die Befunde aus der Analyse standortbezogener Organisations-, Nutzungs- und Interpretationsprozesse zusammenführt, um anschließend in deren Licht die Frage nach den handlungsleitenden Prinzipien und Teilhabechancen der älteren Akteure im Prozeß ihrer Umwelterschließung aufzugreifen.

ORGANISATIONSFORMEN

Vor dem Hintergrund des angesprochenen demographischen und sozioökonomischen Wandels moderner Gegenwartsgesellschaften erfahren ältere Menschen auch die gravierenden sozialräumlichen Veränderungen ihrer Regionen und Quartiere. Kapitel 3 und 4 rücken die Muster und Prinzipien der Organisation ihrer elementaren Daseinsbereiche in den Mittelpunkt. Nach der Analyse der Rahmenbedingungen, räumlichen Konfigurationsmuster und planerischen Konsequenzen des Alterns auf allen Maßstabsebenen werden die häuslichen und außerhäuslichen Bedingungen des Wohnens in den Untersuchungsgebieten aus der Sicht der Befragten fokussiert.

Greifen wir zunächst die *Rahmenbedingungen* des Alterns auf, wie sie sich in der Öffentlichkeit sowohl der Bundesrepublik Deutschland als auch der U.S.A. derzeitig und für die nahe Zukunft darstellen. Nach der Jahrhundertwende werden sich die heute bereits vielbeachteten Verschiebungen im Altersgefüge erheblich verstärken und zu wachsenden Anteilen älterer Menschen führen. Dadurch unterliegen auch die Muster der räumlichen Verteilung der Älteren tiefgreifenden Umschichtungsprozessen. Altersspezifische Konzentrations- und Segregationstendenzen werden in entsprechenden Szenarien als denkbare Konsequenzen diskutiert. Sie betreffen beide Erhebungsgebiete insofern, als im Falle der U.S.A. vor allem das Altersgefüge des "sunbelt", in den alten Bundesländern vor allem dasjenige der am schnellsten alternden Umlandzonen der Städte und Verdichtungsräume verändert wird. Innerstädtisch erfahren hierzulande zunächst die in der Nachkriegszeit erstellten Wohnviertel, danach die Großwohngebiete und Einfamilienhausquartiere einen beschleunigten Generationenwechsel.

Zu den externen und teilweise systembestimmten Rahmenbedingungen zählen im Silicon Valley die Strukturen, die sich vor allem aus der ungebremsten wirtschaftsräumlichen Dynamik dieses kalifornischen Erhebungsgebietes ergeben. Ältere Menschen mit geringen persönlichen Ressourcen können sich den Anforderungen durch Flächenexpansion, ökologischen Druck, hohe Lebenshaltungs- und Wohnkosten sowie permanente sozialräumliche Veränderungen im unmittelbaren Wohnumfeld oft nur durch einen unfreiwilligen Umzug entziehen. Im südlichen Rhein-Main-Gebiet ergeben sich Problemlagen häufig aus der unzureichenden Anpassung des bereits seit langem genutzten Wohnungsbestandes an die Anforderungen im Alter, aber auch - vor allem an peripheren Standorten - aus der Abhängigkeit von schlecht erreichbarer oder gar mangelhaft angebotener Infrastruktur. Als Folge dieser Verbindung endogener und exogener Problemkonstellationen droht häufig die Aufgabe der eigenständigen Haushalts- und Lebensführung und damit der vertrauten Alltagswelt.

Die Analyse der Organisation und sozialpolitischen Leitbilder der *Altenhilfeplanung* auf Bundesebene unterstreicht den erfolgten Bewußtseinswandel, der zunehmend die Belange der Betroffenen berücksichtigt. Die Umsetzung vor Ort hängt hierzulande allerdings aufgrund der dezentralen Organisation auch vom jeweiligen Informationsstand und Problembewußtsein der zuständigen Planungsbehörden ab. Zudem behindert die häufig fehlende Verzahnung und Koordination mit der Regional- und Stadtentwicklungsplanung den effizienten Einsatz anerkannter Maßnahmen (z.B. ambulante Dienste, Förderung von Wohnungsanpassungsmaßnahmen, Angebot eingestreuter Altenwohnungen, Förderung alternativer Wohnformen). Hinzu kommt, daß die gebietsspezifisch unterschiedliche Nachfrage nach entsprechenden Angeboten nicht immer ausreichend berücksichtigt wird. Dies trägt dazu bei, daß in den Erhebungsgebieten dem überwiegenden Wunsch der älteren Menschen auf Selbständigkeit der Haushalts- und Lebensführung sowie auf Integration in das soziale und siedlungsräumliche Gefüge im planerischen Handeln nicht im möglichen Umfang Rechnung getragen wird.

Das Bild der **Wohnwirklichkeit**, das die älteren Menschen in den Erhebungsgebieten zeichnen, weist dementsprechend andere Akzentuierungen auf als dasjenige, das sich aus bereits vorliegenden Untersuchungen erschließt. So werden die Lebenssituation ebenso wie die materiellen Wohnbedingungen der Senioren im ersten Fall implizit oder explizit durch Marginalität und Hilfebedarf charakterisiert. Die Mehrheit der Befragten indes vermittelt ein Bild, das von Kompetenz und dem Streben nach Selbständigkeit gekennzeichnet ist: überdurchschnittlich hohe Wohneigentumsquoten und verfügbare Wohnflächen; Statusbedingungen, die nicht grundsätzlich von denen der übrigen Bevölkerung abweichen; Zufriedenheit mit der Wohnsituation, der Nutzungseignung sowie der soziodemographischen Zusammensetzung in der Nachbarschaft; ein guter Gesundheitszustand verbunden mit einem derzeit recht niedrigen Hilfebedarf; lange Wohndauer und geringe Wegzugsneigung. Institutionelle und alternative Wohnformen sowie altenspezifische Infrastrukturangebote werden von der Mehrheit abgelehnt.

Insgesamt belegt dies, daß die eigenständige Haushalts- und Lebensführung die am stärksten bevorzugte Organisationsform ist. Die Bestrebungen der Befragten sind in beiden Untersuchungsgebieten darauf gerichtet, ihre Autonomie im Alter aufrechtzuerhalten. Daher trifft eine prothetische, betreute und "altengerechte" Umwelt, wie sie oft als angemessen für diese Phase des Lebenszyklus angesehen wird, mehrheitlich auf Ablehnung. Entgegen einer allein von Nutzwertgesichtspunkten geprägten Sichtweise bedeutet Wohnen für Ältere mehr als die problemlose Ausübung standortgebundener Prozesse. Ihre Ausrichtung auf "das Zuhause" der Wohnung symbolisiert ebenso wie die Projektion positiver Gefühle auf den vertrauten Raumausschnitt des Wohnumfeldes das Bestreben, diese verläßlichen Stabilitätsfaktoren personaler Existenz möglichst beizubehalten. Deshalb gilt es, bedrohend empfundene äußere Einflüsse hiervon abzuhalten. Dies drückt sich auch in ihren Wünschen nach Wohngarantie, nach Schutz vor Kriminalität und ungewollten Veränderungen im Wohnquartier aus. Dabei wollen sie in einer Umwelt leben, deren Anforderungsstrukturen sich analog zu denen der übrigen Bevölkerungsgruppen abbilden.

Neben diesen, von der Mehrheit der Befragten zu Protokoll gegebenen Komponenten, zeigen sich auch Unterschiede zwischen den Untersuchungsgebieten. So kennzeichnet die Probanden aus dem SCC nach eigenen Angaben beispielsweise ein vergleichsweise höheres Gesundheits- und Ausbildungsniveau. Disparitäten in den Mustern der materiellen und kognitiven Wohnstandortorganisation treten auch bei der Unterscheidung nach Untersuchungsschwerpunkten zutage. So besteht hierzulande als typisch *regionale* Konstellation ein Kern-Rand-Gradient Darmstadt/Umland/Odenwald hinsichtlich vielfältiger Merkmale der Wohnwirklichkeit (z.B. Haushaltstyp, Wohnbedingungen, Statusmerkmale, Nachbarschaft, Infrastrukturnachfrage, Nutzungsmuster). Sie zeichnen sich in gewissem Rahmen auch im Wohnerlebnis ab. Danach werden "ländliche" Wohnumwelten eher nach qualitativ/emotional gestimmten, "städtische" dagegen häufiger nach instrumentellen Erwägungen bewertet. So betonen die in kumulativer Weise durch Ausstattungsdefizite ihrer Region benachteiligten Befragten im Odenwald vor allem die qualitativen Merkmale der Wohnumgebung sowie des familiären und sozialen Umfeldes. Die Darmstädter Vergleichsgruppe hebt dagegen eher die gute Infrastrukturausstattung oder deren leichte Erreichbarkeit als Standortvorteile hervor. Ebenso verringern sich konzentrisch mit der Entfernung von der Stadt die Anspruchshaltung und das Ausmaß der Kritik an den alltagsweltlichen Lebensbedingungen.

Auch im kalifornischen Erhebungsgebiet finden sich Elemente dieses Stadt-Land-Gegensatzes. Sie werden jedoch deutlich überlagert von Organisationsformen einer suburbanen "Mosaikkultur", die eher dem *kleinräumigen* Kontext der Untersuchungsschwerpunkte entsprechen: Die älteren Menschen aus dem ländlichen Gilroy zeigen relativ stabile raumbezogene Organisationsformen. Ihr Wohnverhalten besitzt die größte Ähnlichkeit mit demjenigen der Befragten in den neuen Wohnvierteln der Eastside, die aufgrund der ethnischen Zusammensetzung der zugezogenen Familien noch stark traditionelle Bezüge aufweisen. Die Senioren im zentrumsnahen, alten Wohnquartier Willow Glen kennzeichnen typische Merkmale einer eingesessenen städtischen Bevölkerung. Am stärksten privilegiert sind die Bewohner der Erwachsenengemeinde Villages, was sich in ihren selbstbewußten und modernen Lebensstilen dokumentiert.

NUTZUNGSFORMEN

Mit Wohnortswechseln und Alltagsaktivitäten werden in den Kapiteln 5 und 6 zwei interaktive Raumbezüge untersucht, denen in der Anthropogeographie traditionell ein besonderer Stellenwert zukommt. Obwohl es sich hierbei im Hinblick auf die Rolle des Wohnstandortes um gegenläufige Mobilitätsformen handelt (bei Migrationen wird er aufgegeben, Alltagsaktivitäten gehen von ihm aus und führen auf ihn zurück), gelten mobile Personengruppen gemeinhin als Träger von Innovationen. Auch aus Sicht der Altersforschung wird die Beteiligung an umweltbezogenen Interaktionen als Indikator der Fähigkeit zur alltagsweltlichen Aneignung und Teilhabe interpretiert. Sie gilt - analog der Einbindung in soziale Netzwerke - als wesentliche Voraussetzung für die Integration von Senioren in das soziale und siedlungsräumliche Gefüge.

Zunächst unterstreicht die Auswertung der zugänglichen Informationen über Strukturmuster, Beweggründe und räumliche Konsequenzen von **Wohnortswechseln** die Existenz von Übereinstimmungen und Unterschieden im Migrationsverhalten der nordamerikanischen und deutschen Senioren. Zu den Übereinstimmungen gehören eine im Vergleich zur Gesamtbevölkerung reduzierte, jedoch während der letzten Jahrzehnte stabile Wanderungsbeteiligung, eine ausgeprägte Distanzempfindlichkeit sowie eine deutliche Südorientierung der überregionalen Wohnsitzverlagerungen. Die Unterschiede bestehen in einem, gemessen an der deutschen Vergleichsgruppe, deutlich höheren Migrationsniveau der U.S.-Senioren, ihrer ausgeprägteren Standortflexibilität und größeren Bereitschaft, Mißständen in der räumlichen Lebensumwelt durch Abwanderungen zu begegnen.

Die Vielfalt und Uneinheitlichkeit der in der Literatur angeführten Umzugsgründe erschweren die Erarbeitung plausibler Erklärungen, weshalb ein Teil der Senioren Wohnortswechsel auf sich nehmen, obwohl sie aufgrund übereinstimmender Befragungsergebnisse mehrheitlich dazu neigen, ihr vertrautes Umfeld möglichst beizubehalten. Werden jedoch die Motive nach dem Alter zum Zeitpunkt der Migration, nach den Mitumzüglern, nach den Zielgebieten und nach dem Grad der Freiwilligkeit der Wohnsitzverlagerung aufgeschlüsselt und mit den Befunden der multiregionalen Wanderungsanalyse verknüpft, zeigen sich folgende Grundstrukturen:

1. Jüngere Senioren unternehmen häufiger solche Migrationen, die der Steigerung ihrer Wohnqualität dienen, die gemeinsam mit dem Partner erfolgen, die über weitere Distanzen reichen und die auf selbstbestimmte Beweggründe rückführbar sind. Solche *Ruhesitzwanderungen* sind in den U.S.A. weitaus stärker verbreitet als hierzulande.

2. Entsprechend überwiegt unter den Hochbetagten der Anteil derer, die im Rückblick als Auslöser für den Standortwechsel den Wunsch anführen, näher bei Angehörigen zu sein. Derartige Mobilität ist in den meisten Fällen unterstützungsorientiert und endogen, also in Einschränkungen der Gesundheit bzw. körperlichen Rüstigkeit oder dem Verlust einer Bezugsperson begründet. Unterstützung suchen die älteren Menschen bei oder in der Nähe ihrer Angehörigen, in Heimen oder in anderen altengerecht ausgestatteten "settings". Solche *netzwerkorientierten* Wanderungen sind meist selektiv auf Ziele gerichtet, die in der Nähe des bisherigen Wohnortes liegen. Dadurch wird die Aufgabe des vertrauten sozialen und physischen Umfeldes vermieden. Sie umfassen hierzulande einen Großteil der Wohnortswechsel älterer Menschen.

3. Während die vorgenannten Mobilitätsmuster grundsätzlich in beiden Erhebungsgebieten anzutreffen sind, führen *exogene* Belastungen durch wohnumweltbezogene Anforderungen vor allem im Silicon Valley zu einer größeren Bereitschaft, derartigen Verdrängungsmechanismen durch rechtzeitige Abwanderung zu begegnen. Diese Einflußgrößen unfreiwilliger Wohnstandortverlagerungen gewinnen vor allem dann an Gewicht, wenn der alltagsweltliche Druck auf die bestehende Situation aus Sicht der Betroffenen deren vorhandene Kompetenz übersteigt, in der Konkurrenz um bessere Standorte zu bestehen. Hierzulande sind derartige Fortzüge häufig durch einen nicht mehr altersgerechten Wohnungsbestand oder durch Aus- und Umsiedler bedingt.

Insgesamt relativieren diese Befunde die auch heute noch in der Literatur verbreitete Ansicht, Altenwanderungen würden - auch über große Entfernungen - primär unternommen, um in landschaftlich attraktiven Regionen einen angenehmen Ruhesitz zu finden. Stattdessen verdeutlichen die vorsorglich auf soziale Netzwerke gerichteten Wohnortswechsel der Älteren die Interdependenzen zwischen Systemvorgaben und lebensweltlichen Rahmenbedingungen: Die sozialpolitischen und raumordnerischen Implikationen jener Standortentscheidungen werden in den Vereinigten Staaten vornehmlich unter der Perspektive diskutiert, ob sich damit die Tendenz älterer Menschen zur räumlichen Segregation verstärkt. Hierzulande ist die planerische Abschätzung der künftigen Nachfrage nach altengerechten Infrastrukturangeboten geprägt durch die Ungewißheit, ob Rückwanderung oder "Altern am Ort" das künftige Wohnstandortverhalten der in den 60er Jahren in das Umland der großen Städte gezogenen Bewohner bestimmen wird.

Im Unterschied zu den im Alter relativ selten durchgeführten Wohnsitzverlagerungen stellen außerhäusliche Aktivitäten alltägliche Austauschbeziehungen mit der räumlichen Umwelt dar. Weithin dient die Intensität dieser *aktionsräumlichen* Umwelterschließung als Maßstab dafür, ob ältere Menschen als in die Gesellschaft integriert oder ausgegliedert gelten. Bei ihrer oft vorschnellen Zuordnung nach dem Aktivitäts- oder Disengagementkonzept wird allerdings häufig nicht berücksichtigt, daß ihre Wegedispositionen anderen zeitlichen und zweckbestimmten Randbedingungen unterliegen, als beispielsweise diejenigen berufstätiger Personengruppen.

Angaben der Befragten zu ihrer Alltagsorganisation und persönlichen Zeitverwendung im Rahmen außerhäuslicher Aktivitäten belegen in beiden Erhebungsgebieten übereinstimmend eine intensive Nutzung des siedlungsräumlichen Gefüges. Berücksichtigen wir die distanzielle Reichweite der Tätigkeiten als wesentliche Komponente der Konstitution von Aktionsräumen, so verliert die in der Erwerbsphase wichtige Achse Wohnort-Arbeitsstätte bei älteren Menschen ihre Bedeutung. Dagegen gewinnt der Stadtteil oder der unmittelbar an die Wohnung als Lebensmittelpunkt grenzende Nahbereich an Gewicht.

Der interkulturelle Vergleich verdeutlicht im Hinblick auf die Tätigkeitsroutinen, die älteren Menschen häufig zur zeitlichen und funktionellen Strukturierung des Alltags dienen, unterschiedliche räumliche, zeitliche und funktionelle Tätigkeitsschwerpunkte:

➢ so weisen die kalifornischen Probanden im Vergleich zu den südhessischen ein höheres und vielfältigeres Aktivitätsniveau auf;

➢ darüber hinaus ist das Alltagshandeln der älteren Bewohner im SCC durch ein klares Bedeutungsgefälle von reproduktiven (Arbeit) über kommunikative (Sozialkontakte) bis zu regenerativen (Hobby/Sport/Seniorenzentrum) Außerhaustätigkeiten gekenn-

zeichnet. Hierzulande besteht diese Abfolge nicht, zudem ist das Spektrum der Alltagsroutinen auf wenige charakteristische Tätigkeiten beschränkt;

➢ die Abtragung der Außerhaustätigkeiten auf der Zeitachse des Tagesverlaufs läßt bei
den deutschen Senioren eine klare Gliederung des Tages durch die Erledigung vor
allem reproduktiver "Pflichten" (Arbeit, Einkauf, Erledigungen, Arzt) am Vormittag
und der disponiblen kommunikativen und regenerativen Tätigkeiten am Nachmittag
erkennen. Eine derartige tageszeitliche Einteilung besteht im kalifornischen Untersuchungsgebiet nicht;

➢ während ältere Menschen hierzulande beispielsweise die Innenstädte intensiv als Zentren des kommunalen Lebens nutzen, bevorzugen die Befragten im SCC malls und
shopping centers als halböffentliche Treffpunkte;

➢ in Südhessen folgen die Aktivitätsmuster einem signifikanten Kern-Rand-Gradienten.

Vor allem hierzulande wird der Standortbezug des aktionsräumlichen Verhaltens ganz
offensichtlich durch die jeweils spezifischen Kontextbedingungen der Siedlungsstruktur,
der Raumausstattung und beispielsweise der Verfügbarkeit angemessener Transportmittel bestimmt. So finden die älteren Menschen im Oberzentrum Darmstadt eine stärkere Angebotsvielfalt und Konzentration der Funktionsstandorte vor, sodaß sie die meisten
Wege zu Fuß oder mit öffentlichen Verkehrsmitteln zurücklegen können. Damit
gewinnen hier auch solche Außerhausaktivitäten an Gewicht, die eher der Regeneration
dienen. Demgegenüber werden im weniger gut ausgestatteten Odenwald und im Umland
längere Wege mit größerem Zeitaufwand notwendig. Dies führt - vor allem im Falle
eingeschränkter Verfügbarkeit personeller Ressourcen und fehlender Substituierungsmöglichkeiten - zu einer Reduzierung entfernungsempfindlicher Außerhausaktivitäten
auf das notwendigste Ausmaß.

Im SCC fällt der aktivitätsrestringierende Effekt der Umweltvariablen kaum ins Gewicht. Zwar übertrifft hier der durchschnittliche Aktionsradius wegen der üblicherweise
größeren Distanzen zwischen den Tätigkeitsgelegenheiten denjenigen im deutschen Erhebungsgebiet um etwa ein Viertel. Dieser potentielle Nachteil kann indes durch die dort
überwiegende Pkw-Nutzung bis ins hohe Alter, den Einsatz sozioökonomischer Ressourcen und eine bewußt zum Prinzip erhobene Außenorientierung kompensiert werden.

Insgesamt dominieren damit im deutschen Untersuchungsgebiet als durchgängige Prinzipien der Umweltnutzung *raumbezogene*, im amerikanischen dagegen stärker *lebensstilbezogene* Verhaltensmuster. In diesem Dualismus drückt sich ein Grundsatz der Per-
son-Umwelt-Wechselwirkungen aus, der sich bereits in den Ergebnissen der vorigen
Kapitel andeutete. Es besteht ein mehrere Ebenen überlagerndes "Modernitätsgefälle":

➢ zwischen dem kalifornischen und südhessischen Erhebungsgebiet;

➢ innerhalb des SCC zwischen Untersuchungsschwerpunkten, deren Bewohnerschaft
sich durch die Verfügbarkeit sozioökonomischer und individueller Ressourcen sowie
Lebensstilorientierungen unterscheidet;

➢ und schließlich hierzulande zwischen städtischen und nichtstädtischen Umweltkontexten.

Mit zunehmender Modernität gewinnen die außenorientierten gegenüber den häuslich
zentrierten Lebensstilen an Gewicht und werden die räumlichen Rahmenbedingungen
zum "ubiquitären" Gut im Sinne der Standorttheorie und damit relativ unbedeutend für
die konkreten Raumnutzungsentscheidungen der älteren Menschen.

INTERPRETATIONSFORMEN

Das Ausmaß raumbezogener Teilhabe älterer Menschen wird nach den zugrundeliegenden theoretischen Ableitungen wesentlich davon mitbestimmt, wie sie ihre eigene Position in der Alltagswelt erfahren und interpretieren. Aus dieser Binnenperspektive richten die Kapitel 7 und 8 das Augenmerk auf zwei grundlegende Formen der mentalen Person-Umwelt-Relationen: Auf die Einstellungs- und Orientierungsmuster *gegenüber* den konkreten Rahmenbedingungen ihrer Wohnumwelt sowie auf die Identifikation und territoriale Verbundenheit *mit* den regionalen Lebensräumen. Ihre Analyse soll einen Beitrag dazu leisten, einerseits die Spielräume kognitiv/mentaler Umwelterschließung durch ältere Menschen und andererseits den Bedeutungswert räumlicher Umwelt für deren Lebensführung zu erfassen.

Orientierungen und Einstellungen beruhen nach sozialwissenschaftlicher Sichtweise auf situativer Erfahrung, welche übersituativ verarbeitet und generalisiert wird. Die Wahrnehmung und Bewertung der Wohnumwelten erfolgt durch ältere Menschen nach den hier zugrundegelegten Prämissen danach, ob sie mit ihren Identitätsansprüchen und ihrem Territorialprofil korrespondieren.

Identität konstituiert sich entscheidend durch das Vorhandensein individueller und kollektiver Bewußtseinsformen. Im einzelnen resultiert das stärkere Selbstbewußtsein der Senioren aus dem SCC u.a. daraus, daß sie ihrer eigenen Raumerfahrung rückblickend im Rahmen der Lebens- und Wohnbiographien einen positiveren Einfluß einräumen, ihre Altersentwicklung gegenwartsbezogener interpretieren und der Selbstverwirklichung als Daseinsprinzip in der Wertehierarchie einen höheren Rang einräumen als die Senioren hierzulande. Bei letzteren ist dagegen häufiger eine durch Genügsamkeit/Bescheidenheit gekennzeichnete Grundhaltung anzutreffen. Dementsprechend verstehen sich die Befragten aus dem kalifornischen Untersuchungsgebiet nachhaltiger als Angehörige einer durch gemeinsame Merkmale oder Erfahrungen geprägte Gruppe und weisen im höheren Ausmaß kollektive raumbezogene Deutungsmuster auf.

Das *Territorialprofil* älterer Menschen läßt sich als Grundrichtung ihres Anforderungsspektrums an eine lebenswerte Wohnumwelt verstehen. Diese wesentliche Voraussetzung des "Einrichtens in dieser Welt" wird empirisch an der Einschätzung bestehender Umweltanforderungen, den Formen ihrer Bewältigung sowie den bevorzugten räumlichen Organisationsmustern überprüft. Eine derartig bestimmte Umweltbeziehung erwächst im Silicon Valley stärker als hierzulande aus der Konfrontation der älteren Menschen mit belastenden Anforderungen ihres Wohnstandortes. Die bislang kontrovers diskutierte Frage, ob mit wachsendem Alter die raumbezogenen Dispositionen stärker dem Konzept der Integration oder dem der Segregation verpflichtet sind, beantworten die Probanden aus beiden Untersuchungsgebieten mehrheitlich mit dem Wunsch nach dem Zusammenleben der Generationen. Jedoch wird im südlichen Rhein-Main-Gebiet das Konzept der Generationsmischung, im Silicon Valley das der Segregation nachhaltiger befürwortet. Schließlich lassen die älteren Menschen des amerikanischen Untersuchungsgebietes deutlicher als hierzulande die Fähigkeit oder Bereitschaft erkennen, sich mit auftretenden Anforderungen im räumlichen Umfeld aktiv auseinanderzusetzen und eigene Interessen im Bedarfsfall auch konfliktorientiert zu vertreten.

Die Klassifizierung raumbezogener Einstellungsformen stützt sich auf die deutlich erkennbare Regelhaftigkeit, wonach das Ausmaß der Konfliktbereitschaft entscheidend vom Zusammenspiel kollektiver bzw. individueller Identität mit dem Anforderungscharakter der Lebensumwelt gesteuert wird. Danach lassen sich derartige Dispositionen auf sechs Grundmuster in der Spanne zwischen aktiver Auseinandersetzung und resignativem Rückzug zurückführen. Nach der fallweisen Zuordnung der Probanden zu diesen definierten Einstellungstypen gehören in beiden Untersuchungsgebieten die überwiegende Mehrheit von ihnen den beiden Gruppen an, deren Daseinstechniken durch Akzeptanz und dem Streben nach Bewahrung der Kontinuität geprägt sind. Des weiteren jedoch kennzeichnet hierzulande eher passive Konfliktvermeidung und Rückzug, im SCC dagegen aktive Auseinandersetzung und individuelles Engagement die mentale Einstellung älterer Menschen gegenüber den Anforderungen ihrer Wohnumwelt.

Es würde indes diese empirischen Ergebnisse fehldeuten, sie als primär statische, konservative, rückwärtsgewandte Prädispositionen zu sehen. Die Vielfalt der Deutungs- und Handlungskonzepte belegt vielmehr, daß Adaptation, wie sie vor allem in der angelsächsischen gerontoökologischen Diskussion als Grundprinzip der Raumbezüge älterer Menschen formuliert wird, nicht generell, sondern nur für eine bestimmte Teilgruppe in Anpassung, für andere jedoch in Gestaltung und Kontrolle besteht.

In dieser Untersuchung tritt durchgängig ein Phänomen zutage, das als Verwurzelung mit dem vertrauten Wohnstandort beschrieben werden kann. Auch für die älteren Bewohner bestimmter ländlicher Regionen der U.S.A. werden derartige Raumbezüge beobachtet, die sich nicht allein mit zweckrationalen und funktionsräumlichen Erwägungen erklären lassen. Diese *Identifikation* mit vertrauten räumlichen Einheiten stellt aus humanökologischer Sicht eine wesentliche Dimension territorialer Bindungen dar. In Kapitel 8 wird thematisiert, in welchem Ausmaß raumbezogene Zugehörigkeit charakteristisch für die älteren Menschen in beiden Untersuchungsgebieten ist, wie sie diesen Identifikationsraum definieren und abgrenzen sowie schließlich, ob und inwieweit derartige Standortbezüge aus Sicht der Zielgruppe als sinnhafte Kalküle raumbezogener Alltagshandlungen interpretiert werden können.

Im Rahmen einer zunächst allgemeinen Beschreibung des Satisfaktionsraumes, in dem man sich zu Hause und geborgen fühlt, betont die überwiegende Mehrheit beider Vergleichsgruppen übereinstimmend die Wichtigkeit raumbezogener Verbundenheit. Jedoch differiert die Zuordnung von *Heimat/Home* - unabhängig von ihrem unterschiedlichen semantischen Gehalt - beträchtlich. So gibt die Mehrheit der älteren Menschen im südlichen Rhein-Main-Gebiet eine Definition von Heimat, die sich räumlich zuordnen läßt, weit über die Gemeindegrenzen reicht und oft die Dichotomie zwischen Geburts- und derzeitigem Wohnort thematisiert. Im Santa Clara County dagegen sind derartige Bezüge oft überlagert von aktuellen und z.T. als vorläufig deklarierten Standortbeschreibungen, welche die vertraute Alltagswelt häufig ausschließlich auf die Wohnung und das Haus oder die unmittelbare Nachbarschaft bzw. Teile ihrer Wohngemeinde beziehen. Diese dominant *lokale* Zuordnung ignoriert die "spaces beyond" weitgehend.

Diese unterschiedliche Reichweite gebietsbezogener Identifikation bestätigt sich weitgehend auch durch die Ermittlung räumlicher Vorstellungsbilder oder mental maps der Befragten. Hierbei weisen sie die Gebiete in einer vorgelegten Karte aus, in denen sie sich heimisch fühlen. In beiden Erhebungsräumen - deutlicher jedoch hierzulande - überwiegt eine auf die regionale Maßstabsebene fokussierte Abgrenzung der *Identifikationsareale*. Allerdings sind die ausschließlich auf den Wohnort und/oder auf überregionale Einheiten orientierten älteren Menschen im amerikanischen Erhebungsgebiet etwa doppelt so häufig vertreten wie im deutschen Vergleichsraum. Übereinstimmend sind in den "ländlichen" Untersuchungsschwerpunkten Odenwald und Gilroy überdurchschnittlich viele ausschließlich auf den Wohnort, in den südhessischen Umlandgemeinden bzw. in den Villages dagegen auf überregionale Einheiten bezogene Senioren anzutreffen. Danach scheinen sich "traditionelle" Gebietseinheiten von "modernen" auch durch die Dichotomie von lokaler und überregionaler Orientierung zu unterscheiden. Deuten sich hierin Hinweise für eine stärkere "Entwurzelung" mobiler Menschen an?

Um sich den *Bestimmungsgrößen* raumbezogener Identifikation im höheren Erwachsenenalter zu nähern, wurden zunächst die Reichweiten von regionalen mental maps, also solchen die nicht ausschließlich örtlich oder überregional orientiert sind, auf Interdependenzen mit ausgewählten Personen- und Umweltmerkmalen überprüft. Zwar bestätigen sich dabei einige statistische Zusammenhänge mit "klassischen" aktionsräumlichen constraints. Jedoch sind diese Ergebnisse z.T. widersprüchlich und erklären die Unterschiedlichkeit der Identifikationsareale nicht befriedigend. Dagegen wird deren Konfiguration vor allem im deutschen Untersuchungsgebiet offensichtlich durch die Lage im Raumgefälle mitgeprägt. Dies zeigt sich z.B. in einer signifikanten Abnahme der Reichweiten der Identifikationsareale vom städtischen über den suburbanen bis zum ländlichen Untersuchungsschwerpunkt. Im Unterschied zu den ausgedehnteren und deutlich gerichteten Orientierungen der Darmstädter Senioren, sind diejenigen der Befragten aus dem Odenwald enger und konzentrisch um den Wohnort angelegt. Hier beziehen sich die Älteren in größerem Ausmaß auf "ihre" umliegende Region. Dies gilt in der Tendenz ebenfalls für das ländliche Gilroy. Dagegen weisen die übrigen kalifornischen Untersuchungsschwerpunkte - mit Ausnahme des Sonderfalls der Rentnersiedlung, deren Bewohner überdurchschnittlich ausgreifende Regionsbilder kennzeichnet - deutlich gerichtete Identifikationsareale auf.

In meiner Interpretation kommt dieser unterschiedlichen Ausrichtung, dem häufiger verbreiteten Netzcharakter der Karteneinträge im SCC sowie den Gegensätzen zwischen lokaler/überregionaler und regionaler Orientierung von Standortverbundenheit eine Schlüsselposition für das Verständnis der kulturspezifischen Muster raumbezogener Aneignung im Alter zu: Die eher instrumentelle, an Nützlichkeitserwägungen gebundene Orientierung unter kalifornischen Senioren wird besonders deutlich bei der Vielzahl derjenigen, die ihren Satisfaktionsraum mit dem Standort ihres Hauses gleichsetzen. Ortsverbundenheit führt hier nicht automatisch zu einer Ortsbindung. Vielmehr spiegelt die kleinräumige, zuvor als mosaikartig beschriebene, Orientierung die realen Bedingungen des amerikanischen Alltags wider: Eigene, "gute" Wohngebiete wechseln oft von Straße zu Straße mit solchen, die verwahrlost bzw. unsicher sind und die man möglichst meidet. Dies erschwert die Identifizierung mit einer ganzen Stadt oder gar Region. Die beschriebene kleinräumige Identifikation jedoch erlaubt ihnen die Verlagerung des Wohnsitzes und damit die Schaffung eines neuen Raumes, mit dem sie sich identifizieren, ohne daß damit ein Bruch in der Kontinuität ihrer räumlichen Orientierung verbunden wäre. Diese scheint dort bereits erfüllt zu sein, wenn man in eine vergleichbare Raumkategorie - unabhängig von deren tatsächlicher Lokalisation - wechselt. Bei den weniger funktionell ausgerichteten und traditionell stärker werteorientierten deutschen Senioren dagegen bedeutet der Fortzug über die Grenzen ihres Identifikationsareals den Verlust ihrer tiefverwurzelten regionalen Zugehörigkeit und führt zu erkennbaren Trauerreaktionen.

Greifen wir die Fragestellung wieder auf, inwieweit die mehrfach apostrophierte sied-
lungs- und wirtschaftsräumliche Dynamik moderner Gegenwartsgesellschaften und die
darin angelegte Tendenz zur Konvergenz von traditionellen zu modernen Einstellungen
zur Rückwärtsorientierung bzw.zum Verlust raumbezogener Orientierung älterer Menschen beiträgt. Im Lichte der vorliegenden Befunde läßt sich eher ein Zukunftsbezug
und das Bestreben konstatieren, in der Welt Ordnung zu finden. Der vielfach beklagte
oder postulierte Verlust des Symbolwertes identitätsstiftender räumlicher Artefakte trifft
zumindest auf die Gesamtheit oder Mehrheit der Zielgruppe älterer Menschen hierzulande nicht zu. Raum ist für sie nicht "gestaltlos" geworden oder ein beliebig ersetz-
bares Residuum, sondern konstitutiver Bestandteil eigener Identität!

INTERDEPENDENZEN

Es ist sowohl im Sinne eines analytischen als auch eines interpretativen Wissenschafts-
verständnisses, Bestimmungsfaktoren interaktiver Raumbezüge zu identifizieren, zu
verstehen und zu erklären. Jedoch unterliegt menschliches Handeln nach zunehmend an
Bedeutung gewinnender wissenschaftstheoretischer Überzeugung nur in beschränktem
Maße streng deterministischen Ursache-Wirkungs-Zusammenhängen. Dies gilt nach den
vorliegenden Befunden der Differentiellen Gerontologie insbesondere für ältere Menschen, deren Individualität sich im Lebensverlauf stärker ausgebildet hat als bei jüngeren
Personengruppen. Unter Berücksichtigung dieser Vorbehalte wurde in Kapitel 9 der lebensweltliche Partialkomplex der Umwelt-Interaktionen älterer Handlungsträger in zwei
unterschiedlichen, aber aufeinander bezogenen, methodischen Schritten auf bestehende
Interdependenzen und Gemeinsamkeiten überprüft.

Die Analyse statistischer Zusammenhänge zwischen den Dimensionen persönliche
Ressourcen sowie der Interpretation, Nutzung und Organisation räumlicher Umwelt mit
Hilfe linearer Strukturgleichungsmodelle bestätigt im deutschen Untersuchungsgebiet
weitgehend die postulierten Anahmen: Mit zunehmenden Ressourcen steigt die Wohnqualität und gewinnen raumbezogene Aktivitäten an Bedeutung. Darüber hinaus wächst
deren Intensität, je stärker sich die Akteure mit ihrer Lebenswelt identifizieren. Im kalifornischen Untersuchungsgebiet hingegen bestehen derartige Effekte lediglich in der
Beziehung zwischen persönlichen Ressourcen und dem Ausmaß der aktionsräumlichen
Nutzung. Offensichtlich erschließen die älteren Bewohner des Silicon Valley ihre modernen Umwelten damit in differenzierterer Weise, als es die linear vorausgesetzten Modellannahmen nachzuzeichnen vermögen.

Die anschließende Annäherung an die Basiskriterien raumbezogenen Handelns und
die Spielräume der Umwelterschließung älterer Menschen erfolgte durch Generierung
eines Interaktionsmodells auf Grundlage der theoretischen und empirischen Befunde
dieser Studie. Als dessen wichtigste Komponenten fließen der Umweltkontext, das individuelle Kompensationspotential, die interaktiven Teilhabemuster sowie die Handlungsintentionalität ein. Im Rahmen situativ aufeinander abgestimmter Organisations-,
Nutzungs- sowie Interpretationsprozesse suchen die Akteure den Anforderungen ihrer
im hochgradigen Wandel begriffenen Lebensumwelten gerecht zu werden. So passen sie
beispielsweise ihre Tagesrhythmen den klimatischen Bedingungen an, üben bestimmte
Aktivitäten in "sicheren" Funktionsräumen aus oder kompensieren Einschränkungen in

der Beweglichkeit durch Nachbarschaftshilfe. Insgesamt lassen sich hierdurch die - im Sinne ihres leibzentrierten Referenzsystems mit den gelebten Jahren gewachsenen - Bindungen an die angestammte Wohnung und deren Umfeld aufrechterhalten.

Die gelingende Umwelterschließung im Rahmen von Organisations-, Nutzungs- und Interpretationsprozessen dient den älteren Akteuren als tägliche Bestätigung ihrer Fähigkeit zur *selbstbestimmten Lebensführung.* Die Sorge um die Aufrechterhaltung dieser Autonomie wird damit zur primären Intention und Antriebskraft für die Durchführung außenorientierter Aktivitäten. Sie dienen ebenso der Sicherung der eigenen Biographie und Identität wie sie Ausdruck des dezidierten Wunsches nach sozialer und räumlicher Integration sind. Erscheint allerdings das tiefverwurzelte Paradigma selbstbestimmter Lebensführung im Rahmen der permanenten Vergewisserung eines befriedigenden Ausmaßes raumbestimmter Teilhabe als gefährdet, erfolgen Adaptationsbemühungen (Aktivierung des Ressourcenpotentials), die bis hin zur direkten territorialen Selbstbehauptung gegen das Vordringen anderer Gruppen oder Nutzungen reichen. Falls jedoch die ergriffenen Maßnahmen zur Stabilisierung des personalen Systems ebensowenig erfolgreich sind wie diejenigen zum Erhalt der vertrauten Wohnumwelt als verläßlicher Faktor gegen destabilisierende Wandlungsprozesse, bleibt den Betroffenen häufig nur der resignative Rückzug in die Privatsphäre.

Damit werden die Chancen älterer Menschen zur Umwelterschließung - außer durch systembestimmte Vorgaben und raumzeitlich geprägte objektive Strukturen ihrer Lebenswelt - auch durch die zugeschriebene Bedeutung vertrauter Räume bestimmt. Unter handlungstheoretischen Gesichtspunkten gewinnt Umwelt somit aus der interaktiven Beziehung mit den Akteuren ihren Stellenwert für den Alternsprozeß.

ABLEITUNGEN

Es liegt nahe, im Rahmen einer derartigen Schlußbetrachtung auch zu solchen Fragen Stellung zu nehmen, die abschließend erst nach ihrer Verifikation durch weitere Studien beantwortet werden können. Im Lichte der vorliegenden Ergebnisse handelt es sich dabei um die folgenden vier Komplexe: Die Übertragbarkeit der primär in den U.S.A. gewonnenen gerontoökologischen Forschungsansätze und -ergebnisse auf Deutschland; die Erschließung des derzeitigen und künftigen Ausmaßes raumbezogener Teilhabe aus der vorliegenden vergleichenden Querschnittstudie sowie methodologische und planerische Ableitungen.

Forschungsergebnisse und -ansätze, die sich den räumlichen Bezügen des Alterns zuwenden, stammen bislang überwiegend aus den U.S.A. und stützen sich großenteils auf die Untersuchung älterer Menschen, die in Institutionen leben oder als Randgruppe durch einen besonderen Hilfebedarf gekennzeichnet sind. Aus Sicht dieser Studie bestehen vor allem aus zwei Gründen Vorbehalte gegen ihre ungeprüfte *Übertragung* auf die Situation der hierzulande und im eigenen Haushalt lebenden Senioren: Zum einen würden dadurch Marginalität und eine am Defizitbild orientierte Sichtweise als allgemeines Kennzeichen der Raumbezüge älterer Menschen in den Vordergrund gerückt werden; dies widerspräche nicht nur zeitgemäßen gerontologischen Forschungsergebnissen, sondern würde zu neuen Aporien unserer Beziehungen zum Alter führen. Zum anderen weist die Untersuchung unabhängig lebender älterer Menschen beider Gesellschaften

Übereinstimmungen und Unterschiede auf. Während hierzulande als durchgängiges Prinzip der Person-Umwelt-Interaktionen in allen betrachteten Dimensionen relativ stabile raumbezogene und regionsgebundene Orientierungen vorherrschen, sind sie im amerikanischen Untersuchungsgebiet überlagert von kleinräumig differenzierten, lebensstilbezogenen Mustern. In den räumlichen Kontexten der Untersuchungsschwerpunkte konkretisieren sich die system- und lebensweltgeprägten Rahmenbedingungen als Möglichkeiten und Restriktionen der Partizipation und beeinflussen die Chancen und Spielräume der älteren Menschen im Prozeß der raumbezogenen Teilhabe. Dies unterstreicht die Berechtigung, vor jeder Generalisierung den jeweiligen Umweltkontext einzubeziehen und die Notwendigkeit geographischer Forschungsbeiträge!

Angesichts derart unterschiedlicher Rahmenbedingungen stellt sich die Frage der Übertragbarkeit auch für den hier durchgeführten interkulturellen Vergleich: Ist es möglich, aus der Analyse von Alternszuständen und -prozessen in den U.S.A. Ansätze einer zukünftigen Entwicklung hierzulande zu erkennen? Diese Möglichkeit wird grundsätzlich bejaht unter der Prämisse, daß nicht nur Trendverlängerungen vorgenommen werden, sondern bei den einzelnen Gegenstandsbereichen jeweils geprüft wird, ob es sich dabei um kulturelle, regionale oder altersbedingte Effekte handelt. Im hier untersuchten Falle repräsentieren die befragten nordamerikanischen Senioren ein vergleichsweise fortgeschrittenes Stadium im anhaltenden Prozeß der Entwicklung räumlicher Kultur innerhalb postindustrieller Gesellschaften. Modernisierungsprozesse äußern sich - vor allem in den U.S.A. - nicht nur in einer stärkeren Ausdifferenzierung der Lebensstile, sondern auch in der Bedrohung raumbezogener Identität. Zwar hat die vergleichende Betrachtung auf der Ebene der Untersuchungsschwerpunkte gewisse konvergente Tendenzen dieser Orientierungsmuster aufgezeigt, die sich vor allem in den "modernen" Umweltkontexten realisiert. Jedoch macht die Existenz kulturspezifischer Eigenheiten eine generelle oder weitgehende Übernahme dieser Orientierungen in der näheren Zukunft hierzulande nicht wahrscheinlich. Wenn derartige gesellschaftliche Transformationsprozesse allerdings hier in dem Maße wie in den Vereinigten Staaten stattfinden, ohne daß sozialpolitische Gegensteuerungen damit Schritt halten, wächst die Wahrscheinlichkeit der Übernahme dortiger Muster interaktiver Umwelt-Bezüge.

Als zentrale Antriebskraft für Austauschbezüge älterer Menschen mit ihrer räumlichen Umwelt ergibt sich aus den Befunden dieser Arbeit immer wieder die Sorge um den Erhalt selbstbestimmter Lebensführung. Legen wir diese Sachverhalte zugrunde, erscheinen Dispositionen zur stärkeren Standortflexibilität oder Standortverbundenheit nicht als Resultat eines größeren oder geringeren *Ausmaßes raumbezogener Teilhabe.* Unter Berücksichtigung der kulturspezifischen und im räumlichen Kontext wirksamen Handlungsvoraussetzungen sind sie stattdessen als adäquate Weisen der jeweiligen Situationsbewältigung zu interpretieren. Je nach Anforderungsgrad der Umweltbedingungen erfordert dies bei gleichem Anspruchsniveau unterschiedliche Anstrengungen und Kompetenzen. Im Sinne der ökologischen Alternstheorie stimuliert die permanente Spannung zwischen optimalem und erreichbarem Wohlbefinden die Kompetenzbemühungen älterer Menschen in ihrem Bestreben, die Anpassung zwischen Über- und Unterforderung zu erzielen. Die weitere Beobachtung in dieser Untersuchung, daß aktive Bewältigungsmuster vor allem mit durchschnittlichen oder unterdurchschnittlichen Belastungssituationen verbunden sind, wenn gleichzeitig die personale Kompetenz positiv ausgeprägt ist, bestätigt ebenfalls wichtige Elemente dieses Ansatzes. Wenn jedoch der ältere Mensch glaubt, seine Situation durch eigenes Handeln nicht mehr verändern zu können, verringert sich für ihn die Spanne verfügbarer Bewältigungsmuster um die Formen aktiver Auseinandersetzung. In diesem Fall wird das Ziel einer Beeinflussung oder Gestaltung hintangestellt, der Rückzug aus siedlungs- und sozialräumlichen Interaktionen ist vollzogen.

Zur Zeit erscheint es verfrüht, abschließend bewerten zu wollen, in welchen Erhebungsgebieten sich räumlicher Teilhabe im Hinblick auf erfolgreiches Altern adäquater realisieren läßt. Denn der Nutzung der gewachsenen Möglichkeiten persönlicher Selbstverwirklichung sowie der "besseren" organisatorischen, handlungsbezogenen und interpretativen Aneignungsmuster stehen hierzulande vor allem noch endogene, im SCC stärker exogene Vorbehalte entgegen. Genereller Rückzug und Tatenlosigkeit jedoch sind - auch im Falle verminderter Verfügbarkeit personeller Ressourcen - aus den Untersuchungsergebnissen nicht abzulesen.

In *methodologischer* Hinsicht weist die Reflexion der vorliegenden Arbeit vor allem auf drei wünschenswerte Konsequenzen für künftige Projekte: die stärkere Berücksichtigung qualitativer Perspektiven und Ansätze, die Durchführung von Längsschnittstudien und die interdisziplinäre Einbindung raumbezogener Fragestellungen in die Forschung. Für die erste Forderung sprechen methodenkritische, eigene Erfahrungen, vor allem bei der Analyse der mentalen Umwelt-Interaktionsformen der Zielgruppe. Im Bemühen, Chancen und Hindernisse räumlicher Aneignung kontext- und damit situationsbezogen zu erfassen, würde der Einsatz derartiger theoretisch und methodologisch angepaßter Zugänge stärker der Binnenperspektive der Betroffenen gerecht. Der Wunsch, künftig vermehrt Längsschnittstudien durchzuführen, stützt sich auf positive Erfahrungen, die damit in der Gerontologie bei der Analyse von Alternsverläufen sowie der Identifizierung von Generations-, Kohorten-, und Alterseffekten gemacht wurden. Schließlich machen es die raumbezogenen Forschungsdesiderata unumgänglich, den multidimensionalen Alternsvorgang mit interdisziplinären Ansätzen und Projekten vertieft zu analysieren.

Als *planerische* Implikation dieses Ausblickes leitet sich das Plädoyer für eine an den Bedürfnissen der Betroffenen orientierte und - wegen der starken regionalen Variabilität in den Anspruchsniveaus - eng mit der Stadtentwicklungs- und Regionalplanung verzahnte Altenhilfeplanung ab. Ebenso sind die Umsetzung der beiden sozialräumlichen Paradigmen von Kontinuität und Integration das Gebot sozialer Verantwortung. Dies trifft auf unterschiedliche Adressaten: So lassen die stärker durch Aktivität gekennzeichneten älteren Menschen im kalifornischen Untersuchungsgebiet die erforderliche Flexibilität erkennen, räumlichen Mißständen beispielsweise durch einen Umzug auszuweichen, oder ihre Interessen im Extremfall auch gegen andere Generationen zu verfolgen. Dagegen reagieren die eher durch traditionelle Handlungsmuster charakterisierten deutschen Senioren auf tatsächliche oder drohende Veränderungen im räumlichen Umfeld soweit wie möglich durch präventive Abwehrstrategien oder den akzeptierenden Rückzug. Insgesamt jedoch überwiegt hierzulande und in den Vereinigten Staaten das Bestreben, gemeinsam mit anderen Generationen zu leben und zu wohnen. Dieser Wunsch auf Integration stellt damit die derzeit in der Öffentlichkeit diskutierte Prämisse in Frage, wonach die Interessendivergenz der Altersgruppen unweigerlich zu Generationskonflikten führe. Die empirischen Ergebnisse dieses Kapitels zumindest unterstreichen, daß dieses Szenario nicht von den älteren Menschen gewollt wird oder von ihnen ausgeht.

Es wäre m.E. allerdings ein Fehlschluß, aus dem Kontinuitätsbestreben älterer Menschen abzuleiten, Bemühungen um wohnungs- und wohnumfeldbezogene Verbesserungen oder die Sorge um die Sicherung guter und ausreichender Heimplätze seien künftig überflüssig. Vielmehr ist das planerische Leitbild zur Förderung der eigenständigen Haushalts- und Lebensführung nur tragfähig, wenn standortnah stützende Maßnahmen und - flankierend für den Bedarfsfall - ausreichende stationäre oder teilstationäre Angebote vorgesehen sind. Angemessenheit des Wohnens beinhaltet aber auch die Förderung alternativer Wohnformen, soweit diese gewünscht werden.

Aussagen über das zukünftige Ausmaß räumlicher Teilhabe älterer Menschen lassen sich abschließend nur mit Vorbehalten treffen. Die Befunde der Untersuchung stoßen in allen Bereichen immer wieder auf das Grundprinzip differenzierter Formen der Umwelt-Interaktionen der Zielgruppe. Dies läßt erwarten, daß erst über den Prozeß ihrer Individuation als Voraussetzung ihrer Sozialisation Kompetenz räumlicher Teilhabe erworben wird. In jedem Fall aber werden regionale und vom Lebensstil her begründete spezifische Ausprägungen *räumlicher Kultur* als konstitutive Bestandteile ihrer Lebensführung zu respektieren sein!

SUMMARY AND CONCLUSIONS

Modern societies are facing dramatic processes of demographic aging. Corresponding to these upheavals, the regional living conditions of the elderly are experiencing very rapid change. The aim of this research is to study significant implications of these changes for the environmental interactions of older persons. In developing the theoretical framework, the three dimensions of spatial organization, utilization and interpretation were identified as essential for the study of their experiences with the outside world. A primary focus of this comparative study is: how are increased opportunities for social and spatial participation and self-fulfillment used by the elderly as a function of their recent and prospective environmental interactions? Age-specific developments of individuals are usually analyzed by longitudinal studies. Here, however, cross-sectional surveys were conducted, focusing on elderly in cultural and regional settings representing different intensities of sociodemographic and environmental change. Under convergence-theoretical assumptions this comparison permits insights into successive spatial-temporal stages of transitions within post-industrial societies.

The empirical part of this analysis is based on personal interviews with 750 older residents of the German Rhein-Main area and with 459 senior citizens of the Silicon Valley (Santa Clara County, California). All respondents were living independently at the time of the interview. Both study areas represent typical contexts of the postindustrial milieu. They have experienced considerable growth in recent years and generally offer a relatively high quality of life. This summary first presents the principal results of our analysis of the patterns of spatial organization, action and perception. In light of these results, we proceed to the evaluation of the rationality of their environmental behavior and their opportunities for participation. Finally, the summary outlines methodological considerations and implications for the planning process.

PATTERNS OF SPATIAL ORGANIZATION

The socio-demographic upheaval of contemporary societies also influences the routine experiences of the elderly. Chapters 3 and 4 outline how they organize their basic activities in the context of an ever-changing environment, in other words, a consideration of the structure of their way of life both within and outside the home.

First, we focus on the **conditional frameworks** of population aging, on the process of spatial configuration and on the consequences of these for social planning in Germany and the United States. After the turn of the present century, significant changes in the age structure of both nations will occur, leading to a rise in the proportion of older persons among the total population. Patterns of spatial distribution will also be subject to these fundamental processes of social change. The tendency for spatial concentration and segregation among the elderly at all regional levels are considered as possible consequences in various scenarios. Such tendencies exist in each study area: in the case of the U.S.A. there has been considerable change in the age structure of the "Sunbelt"; in the western part of Germany, the aging process will have its main impact on suburban fringes; in the eastern part of Germany, however, the effect will be mainly in urban cores.

There are also fundamental differences in the environmental demands facing the elderly in the two areas. Rapid economic growth in the Silicon Valley can create problems for those with modest incomes. Often their only response to external pressure caused by commercial land expansion, higher costs of living and housing or permanent social changes within their living quarters would be an involuntary move. In the southern Rhein-Main area, problems arise mainly from the unsuitable available housing, which is both rather old and has not been adapted to the needs of the elderly. Especially in peripheral areas inadequate and inconveniently located infrastructure often restrict or limit use, even of the most necessary services. Here independent living is often endangered as a result of the interplay between endogenous and exogenous problems.

Planning concepts and guidelines for the older generation at the federal and state levels have adapted to the different needs and interests of the elderly. In the study areas, however, there is often a lack of coordination in development planning activities at the regional and municipal levels, as well as a lack of considering measures adapted to the different necessities of the location. Obviously, the effective use of existing programs ultimately depends on the knowledge and concern for these problems by the local planning authorities. There is no assurance that the well-documented desire of the elderly for self-sufficient life that is fully integrated into the community structure will always be given sufficient attention in the planning process.

The actual **housing** conditions described by the majority of the elderly in both study areas are at some variance with those suggested by other researchers. In much of the previous work, the social and economic living standards of the elderly are characterized implicitly or explicitly by marginality and the need for support. However, the majority of our sample demonstrates competence and a high desire for independence. Their housing is basically no different from that of the remainder of the population; they are satisfied with their housing situation, in terms both of physical suitability and the socio-demographic structure of their immediate neighborhood. They are in good health and presently have a remarkably low need for assistance. Most have been long-term residents of the community. Only a few display any interest in institutional arrangements or senior housing cooperatives, or in using services and infrastructure designed specifically for the elderly.

The findings confirm that the independent household is the preferred living arrangement at this stage of the life cycle. The respondents in both study areas strongly desire to maintain their autonomy. Therefore, a protected environment deemed suitable for the elderly by others is of no interest to the majority of our sample. They prefer to remain in their own home and in an environment where the needs of the general population are satisfied. This underlines that housing is much more than the realization of mere locational necessities. Their association with "home" as well as the projection of positive attitudes towards familiar environments symbolizes the desire to sustain stability in their personal life. Consequently, the elderly are interested in assuring protection against crime and undesired changes in their housing situation.

While the foregoing conclusions apply to the majority of the survey population, there are also differences between the two national samples. Based on their responses, the residents from Silicon Valley have a higher level of education and health consciousness. Disparities in the patterns of physical and cognitive organization of place of residence also exist among *regional* subdivisions within the survey areas. In Hesse, a core-periphery gradient (urban/suburb/rural) is a typical distinction of many of the relevant living conditions (type of household, housing conditions, socioeconomic resources, neighborhood, demand for and use of infrastructure). To a certain degree, the perception of housing is conditioned by such characteristics: rural living environments are usually considered under qualitative/emotional aspects whereas urban living environments are subject to instrumental considerations. Due to long-standing deficiencies in the infrastructure in their region, the comparatively disadvantaged interviewees from the Odenwald emphasize the non-material advantages of their social and physical environment. On the contrary, those from Darmstadt make special reference to the good and conveniently accessible infrastructure of the city. In general, the greater the distance of the respondent from the city the lower the level of criticism and aspiration regarding everyday living conditions.

Even within the California sample some elements of this city-country contrast are found. However, they are considerably overshadowed by the suburban mosaic which is more consistent with the *small-area context* of the subareas within the survey: The elderly from rural Gilroy show relatively stable patterns of environmental relations, similar to that of the interviewees from the Eastside, who, based on the ethnic structure of immigrant families, still maintain strong traditional connections. The elderly from Willow Glen show characteristics typical of an old-established urban population. The best off are residents of the adult-community; this is probably a result of their self-sufficient and modern life style.

PATTERNS OF SPATIAL UTILIZATION

Migration and everyday activities are two forms of locational behavior which traditionally receive much attention in the study of human geography. Although the interrelationships between the elderly and their physical environment have counterparts concerning the role of residence, mobile persons usually are regarded as being innovative. From the viewpoint of gerontology, one can interpret the active use of opportunities within the residential environment to be indicative of the ability to participate fully in one's environment and to be integrated into the community.

Empirical observations providing information about the spatial patterns, motivations and regional consequences of elderly **migration** behavior in Germany and the U.S.A. reveal similarities and differences. In both countries the rate of elderly migration is only about one-third that of the entire population, a differential which has been stable over decades. Further similarities are the considerable distance-friction as well as the clear preferences for southern destinations. But in contrast to older Germans, American seniors display a much higher participation in the migration process, somewhat lower sensitivity to distance and a greater locational flexibility in migrating to more suitable residential environments.

The variety and variability of the reasons for moving as cited in previous literature do not give sufficient insight as to why a fraction of the elderly do move, contrary to their preference to remain within familiar surroundings. By classifying motivations by age and timing, by studying the characteristics of movers, co-migrants and destinationhouseholds by linking this information to multiregional results, the following basic relationships emerge:

1. Younger elderly change their residence to improve their housing conditions. Such *retirement migration* to attractive destinations is usually carried out with the partner, spans large distances and can be classified as self-determined. Those moves are more widespread in the U.S.A. than in Germany.

2. Among the older seniors, the percentage who wish to be closer to their relatives is significantly higher than among the general population. In most cases such mobility is orientated toward the need for support and is endogenous in nature, that is, it stems from health problems or the loss of a spouse or other close person. These elderly seek support by being with or near relatives, or in settings especially equipped for the elderly. Such *network-oriented migration* is frequently selective and directed to destinations close to their former place of residence, thus avoiding the need to abandon existing social and physical ties. In Germany, such moves account for a large fraction of the changes of residence among the elderly.

3. While endogenous causes have an impact in both study areas, *exogenous* reasons for *migration* affect a greater proportion of the elderly in the Silicon Valley. They have to cope with and react to pressures induced by extreme urban sprawl. Such partially involuntary changes of residence will occur if the environmental demands become excessive for the individual. In the German study area external reasons are mainly related to housing that is inadequate for the aged or to the redistribution of ethnic Germans arriving from eastern Europe.

These results do not support the prevailing perspective that the principal types for elderly migration are either amenity-seeking long distance moves of active and affluent seniors or compensative reactions to unsufficiently housing and living conditions by finding a more attractive residential location in a less congested region. Instead of these the precautionary measure of moving closer to social networks emphasis the interdependencies between system-conditions and lifeworld context. In the U.S.A., the social, political and spatial implications of such locational decisions are usually discussed under the rubric of whether they increase the residential segregation of the elderly. In Germany, however, the planning process concerning the prospective assessment of age-related infrastructure demand is characterized by the uncertainty of whether return migration or "aging in place" will be decisive for the future behavior of those who moved during the 1960s into the suburban fringes of metropolitan areas.

Unlike migrations which are relatively infrequent in old age, **activities** outside the home account for the daily relationships of elderly with their living environment. The intensity of this "spatial circulation" is, in the mind of the public, an indicator of the extent to which activity or disengagement characterizes seniors' behavior. The direct comparison between the mobility patterns of younger and older population segments does not always take into consideration the fact that the time and purpose of activities of the elderly might differ from those who are still working. Obviously, the axis "place of residence - place of work" (during one's work life) loses its importance. The focal point of activity spaces moves to the home.

According to our survey, respondents in both study areas showed intensive patterns of participation in instrumental activities of daily living (IADL). However, there are clear cultural and regional differences in emphasis of activity with respect to place, time and function:

➤ respondents from California exhibit a higher level of activity, not only in terms of participation and duration, but also in their variety;

➤ the outdoor activities of the older inhabitants of Santa Clara County are characterized by a clear hierarchy of importance from reproductive and communicative to regenerative purposes;

➤ the daily routine of the German elderly is characterized by a clear division lacking in the American sample - typically, basic chores are done in the morning while recreational or social activities are carried out in the afternoon;

➤ within the southern Rhein-Main area the downtown is preferred as a focal point of everyday life; however, among the respondents from California this need is met by malls and shopping centers;

➤ the activity-patterns in the German subareas follow a significant core-periphery gradient.

The locational influence on spatial behavior within the southern Rhein-Main area is determined by the specific context of the settlement structure, the provision of accommodation and the availability of transportation. The urban elderly usually find a larger range of opportunities and concentration of functional areas where most services or activities can be reached by public transportation or foot. Therefore, leisure activities gain more importance. On the other hand, within suburban and rural communities more time is needed and longer distances must be covered to reach facilities. Consequently, we can observe a reduction of those outdoor activities sensitive to distance to the absolute minimum because of limited personal resources and the absence of suitable substitutes.

Within Santa Clara County, limiting ecological factors do not reach comparable critical thresholds. Hence, the effect of distance as an environmental variable which could impede the level of activities (especially in the adult communities) is minimal. In the German research area patterns of behavior are more closely *related to location* as constant principles of the use of environment; due to the small scale mosaic of residential environments within the Silicon Valley, seniors' patterns of behavior are more *related to lifestyle*. With this dualism a principle of person-environmental interactions is introduced which is partially suggested by and consistent with the results summarized in the preceding chapters. There exists a *"gradient of modernity"* overlaying several levels:

➤ between the study areas of both countries;

➤ among the locational contexts within Santa Clara County for which residents are to different extents influenced by the availability of socioeconomic and individual resources as well as by an their own particular lifestyle;

➤ among the urban and nonurban environmental contexts of the Rhein-Main area.

With increasing modernization, the more outside orientated lifestyles gain in importance relative to those oriented inside. The basic locational conditions become a ubiquitous property in the sense of locational theory and therefore are relatively unimportant to the decision by the elderly on how to use their environment.

From these basic theoretical propositions, seniors' opportunities for spatial participation are substantially determined by their own view of their position in the daily world. Based on this internal perspective, Chapters 7 and 8 focus on two basic forms of cognitive human-environment-relations: the patterns of orientation and attitude concerning the basic conditions of the environment as well as the locational identification as a dimension of territorial attachment to place. This analysis is intended to enhance our understanding of the process of cognitive/mental acquisition of space by the elderly as well as of the meaning of the residential environment for their way of life.

According to social theory, **orientations and attitudes** are based on the experience of a situation which is processed and generalized after the experience has occurred. With regard to the target group, identity and territorial profile make up the two essential components within which the residential environments are perceived and evaluated.

Identity is decisively constituted by the presence of self- and collective-orientation. The greater degree of positive self-identity among the elderly Silicon Valley residents stems from the fact that in retrospect they appreciate their locational experience and they currently interpret their own aging process in a topical manner. While the Americans rank self-actualization higher within the hierarchy of values, the attitudes of German elderly are more often characterized by contentedness. Accordingly, those from California exhibit a larger degree of collective experience and orientation which corresponds with the patterns of their spatial interpretations.

The *territorial profile* of the elderly reflects their basic need to maintain and improve the quality of their environment. This "finding one's place in the world" is empirically examined by estimating the perceived environmental constraints, by evaluating the manner in which they are met and by controlling the preferred spatial patterns of organization. Due to the intense socio-spatial dynamic within the Silicon Valley, older residents are affected by greater external constraints in maintaining independent living. Possibly as a result of different cultural socialization, they are considerably more able to deal effectively with such requirements than are the German elderly, even supporting their own interests through conflict, if necessary. In the controversial discussion of whether elderly tend to more age-integrated or age-segregated environments, the overwhelming majority of respondents prefer to live together with persons of every age. However, in the southern Rhein-Main area there was somewhat greater support for the concept of this generational mix.

The classification of the respondents according to their environmental attitudes is primarily based upon the observed degree of willingness to face conflict as determined by the coincidence between individual and/or collective identity and the character of environmental demand. Cluster analyses identify six basic patterns within the range of active task performance and resigned withdrawal. The typology of respondents shows that for both survey areas the majority of elderly belong to groups which are marked by acceptance and the desire to assure stability. Furthermore withdrawal and passive avoidance of conflict are evident in the Rhein-Main area, but in Santa Clara County active dealing with and individual commitment to environmental demands are typical of the elderly. However, it would be a misinterpretation of the empirical results if they were understood primarily as static, conservative and backward oriented predispositions. The variety of the cognitive concepts actually shows that acceptance of spatial conditions characterizes the attitudes of a small fraction of the elderly, while others seek participation and control.

In this research a phenomenon emerged which may be defined as attachment to the place of residence. Among the elderly of certain rural areas in the U.S.A., some spatial relationships are observed which cannot be solely explained by instrumental rationality. From the human ecological perspective, this **identification** with familiar locations constitutes a substantial dimension of territorial commitments. This survey focuses on the extent to which the locational affiliation of the elderly is characteristic of both research areas, how they define and configure this territory of identification and finally, whether and how far such regional attachment can be interpreted as a meaningful assessment of their daily spatial behavior.

In describing the area in which they feel at home, the majority of both German and American respondents emphasize the importance of such emotional attachments. However, the locational assignment of *"Heimat/home"* varies apart from semantics significantly between the two samples. The majority of the elderly in the Rhein-Main area give a definition which is associated with a location which exceeds the boundaries of the community and often articulates the dichotomy between the place of birth and the place of residence. In Santa Clara County, however, the descriptions are often characterized by personal or instrumental orientations relating nearly exclusively to the immediate sites or neighborhoods of their homes or parts of the community.

This different spatial dimension of local versus regional identification could also be demonstrated by the analysis of the *mental maps* of the respondents. They were asked to draw on a map the borders of the territory where they feel at home. In both samples, but especially in Hesse, this area tends to be restricted to a regional scale. This is especially true in the rural environments such as Odenwald and Gilroy. The small share of elderly who relate exclusively to places outside the immediate region is twice as large in the American sample. Such seniors are over represented in both Hessian suburban communities and in the California retirement village. It seems that "traditional" areas of location vary from "modern" in terms of the dichotomy of location and supra-regional orientation. Is this indicative of a greater sense of rootlessness among the more mobile elderly?

The task to identify parameters of regional identity requires the analysis of interrelationships between mental maps and selected characteristics of persons and environmental features. Although some statistical relationships between the "classic" activity constraints and the range of these mental maps were confirmed, these results do not sufficiently explain the different patterns of spatial identity found in California and in Hesse. Obviously, the configuration of the mental maps in the German survey is influenced by the location of the place of residence within the hierarchy of central places. This is suggested by the significant decrease in the range of the areas of identification from urban to suburban and then to the rural areas. Contrary to the more far ranging and externally directed cognitive representations of the elderly from Darmstadt and of the most senior citizens living in the Silicon Valley the mental maps of respondents from the Odenwald are portrayed by smaller and concentric arrangements of identification around the place of residence.

According to our interpretation, this polarity between the traditional and the modern (as well as between regional versus local/supraregional) forms of cognitive spatial adoption in old age is a key determinant for understanding how attachment to place varies among cultures. Instrumental orientations closely involving considerations of efficiency are particularly evident among the numerous Californian seniors who equate their area of satisfaction to the location of their home. This need not necessarily result in bonds to the location. Such a microcosmic orientation mirrors the conditions of the American reality: "good" residential quarters frequently vary from one side of the street to the other and may lie in close proximity to some which look neglected and unsafe, and are to be avoided. This impedes identification with an entire city or even a region. However, the pattern of orientation toward a small area which we find allows the elderly to relocate and thereby establish a sense of well-being anywhere without causing a break in the continuity of their locational orientation. It seems that continuity already exists by changing to a comparable type of region. For the German elderly, the cognitive/interpretative human-environment interactions are traditionally oriented towards the region around the residential location. If a move beyond this familiar limit is necessary, reactions similar to grief may be observed.

Finally we return to the question whether the dynamic of socio-spatial change within contemporary living patterns contributes to retrospective loss of spatial orientation among the elderly. In the light of the results other tendencies may also be observed. The locational attitudes of our population show only rare retrogressive perspectives instead of establishing stable relationships to the future across all generations. The postulated loss of spatial roots is not applicable to the majority of the German elderly included in our study. Their environment has not been "shapeless" or easily replaceable but rather forms a fundamental part of their own identity.

INTERDEPENDENCIES

It is both in the sense of an analytical and interpretative approach to science that we seek to identify, understand and explain parameters which are derived from person-environment interactions. However, human behavior is determined only to a certain extent by a strictly defined set of cause-effect relationships. This is especially true in the case of the elderly. According to the gerontological literature, their individuality has became more distinguished over the life-course than is true of younger persons. In consideration of these differences, Chapter 9 reviews the entire complex of environmental interactions among the survey groups.

In the German study area the hypothesized associations between personal resources and the dimensions of spatial organization, behavior and interpretation are largely confirmed by the analysis of linear structural relationships. There is a positive and significant association between the availability of personal resources and the quality of housing on the one hand and the intensity of spatial behavior on the other. In addition, intensity increases with the amount of identification with their own environment by the respondents. Among the California elderly, such statistically significant effects could only be found for the positive relationship between resources and the amount of spatial activities. Obviously, the senior citizens in the Silicon Valley exploit their surroundings in a manner more differentiated than the assumptions of a linear model are able to capture.

The analysis of rationality and scope of environmental interactions by the elderly occurred by generating a model of interaction, based on the theoretical and empirical findings of this survey. Integrated are four significant components: environmental context, individual potential for compensation, pattern of interaction and intentional behavior. As a general principle of their interaction with the environment, the elderly try to adjust their pattern of spatial organization, behavior and interpretation to the requirements of their own living situation. The adjustment is done in line with individual opportunities. For example, the elderly plan their daily routine in accordance with their particular setting, accomplish certain activities only in secure areas or compensate for limited mobility by asking their neighbours for assistance. This behavior is observed in both survey areas and allows the continuity of bonds to the home and environment.

The performance of the instrumental activities of daily living is indicative of the ability to sustain *independence*. This desire for autonomy within a familiar environment is the overriding basic intention and stimulus among the elderly for such interactions. This is essential in maintaining their own identity and for their need to be socially and spatially integrated. If the elderly fear that an acceptable level of environmental participation might not be reached, endangering independent living, they would employ their resources in order to re-stabilize conditions. The adaptive strategies towards environmental demands may range as far as territoriality with respect to others and their spatial use. Otherwise, they will withdraw into their private sphere when they feel less able to maintain independent living within their familiar environment.

These results underline that cultural (mainly system-induced) and contextual (mainly life world induced) outlines as well as the meaning of familiar environments determine the opportunities of the elderly to participate in the processes of spatial organization, use and interpretation. According to theoretical perspectives, the environment gains considerable importance during the aging process from interactive relationships of the elderly.

FURTHER CONSIDERATIONS

It makes sense to offer suggestions on questions stemming from this research which will require additional work before authoritative answers can be given. Based on the results presented here, preliminary attention should be paid particularly to the following four topics: the transferability of U.S.A.-developed geronto-ecological research to Germany; the derivation of actual and future potential of spatial participation from such local area analyses; methodological considerations; and implications for planning.

Research results which concern the locational aspects of aging primarily come from the United States and are largely based on examinations of elderly living in institutions or who are characterized by special support structures. Our findings suggest that there are at least two reasons not to *transfer these results* to individuals maintaining their own household in Germany without further consideration. Marginality is too often part of the image of the elderly and could be assumed to be commonplace in their locational relations; this is not only contrary to our results but it would also lead to further misconceptions of aging. In the second place, this study of elderly in both societies liv-

ing independently shows similarities and differences. While the environmental interactions of German seniors are characterized by relatively constant regional orientations,
they are quite different from the high variability of life style patterns in the North American research area. Before any generalization, this underscores the need to encompass all
aspects of the particular environmental context and the necessity for a geographical
component in such comparative work.

In consideration of such different underlying conditions, the issue of transferability
also needs to be raised for the cross-cultural comparison done in this survey. Is it possible to derive conclusions on future developments in Germany from conditions and
processes of aging in the U.S.A.? This suggestion is acceptable on the premise that more
than simple trend extrapolation is pursued. Rather, one must consider for each phenomenon whether it is a function of cultural, regional or aging effects. In our case, the American respondents seem to be at a relatively advanced stage in the process of developing
spatial culture within contemporary societies. Such processes of modernization lead to a
greater differentiation in lifestyles as well as to a greater disintegration of spatial identity. This comparative perspective has established certain tendencies for convergence
within "modern" environmental contexts. But the existence of culturally specific conditions makes unlikely a general or widespread acceptance of such orientations in Germany in the near future. However, if such processes of transformation would take place
in the same way as they happened in the U.S. without the adaption of socio-political
countermeasures, the probability will increase that American patterns of person-environmental interaction in old age will be replicated in Germany.

In gerontological research the goal of human existence in this stage of life cycle has
been generally described as "successful aging". According to the findings of this survey,
the concern of the elderly for sustaining independent living is the primary motivation for
interactive exchanges with the spatial environment. The desire to maintain and control
familiar conditions explains their sensitivity to environmental changes. Considering
these facts, tendencies toward greater locational flexibility or more attachment to place
seem not to be results of a larger or smaller *extent of spatial participation*. If we take the
specific cultural and contextual provisions of behavior into account, these patterns
should instead be interpreted as appropriate means for the management of the situation.
In accordance with the degree of specific requirements, this necessitates different efforts
and treatment at a given level of demand. In the sense of an ecologic theory of aging, the
permanent tension between the optimum and achievable well-being compels the elderly
to reach a balance. However, when older persons believe that their situation can no longer be changed by their own efforts, the variety of means for accomplishment is reduced.
In this case, the goal of influencing or organizing the environmental conditions gets a
lower priority; the process of disengagement becomes reality.

At present, it seems premature to make a final evaluation as to which survey area allows a better realization of spatial participation with regard to successful aging. While
exogenous problems impede the adequate use of increasing opportunities for personal
self-realization within the Silicon Valley, endogenous problems hinder the senior citizens of the Rhein-Main area. But a general pattern of withdrawal and inactivity is not
found in either area, even among those with relatively low levels of personal resources.

From a *methodological* point of view, the experience of the present study show three
desirable consequences for future research: a more detailed consideration of qualitative

perspectives and approaches; the accomplishment of longitudinal studies; and the introduction of a greater interdisciplinary focus into geronto-ecological research. The first of these is substantiated by the necessity of a larger consideration of the ideographic elements facing mental and cognitive interactions. This would improve our knowledge about the internal perspective of the respondents. The desire to conduct longitudinal studies in the future is based upon the successful identification of age-, period- and cohort-effects which have been shown elsewhere in the gerontological literature. Finally, it is obvious from the complex research agenda that it is essential to analyze the multi-dimensional process of aging and environment from an interdisciplinary perspective.

Although this survey is directed to basic research, some implications concerning *planning for the elderly* should be mentioned. The results underline the large diversity of goals for and needs of the elderly; all assistance programs should meet specific requirements and avoid appearing to offer universal solutions. Due to the regional variability of environmental demands, social planning should closely be linked with city development and regional planning activities and regionally oriented target systems. Also, the support of spatial paradigms to maintain continuity and integration is a requirement of social responsibility. This applies in different ways to different groups the elderly from California show the flexibility necessary to handle locational problems by moving or, in more severe cases, by pressuring for a solution to their needs even against the objections of other generations. On the other hand, the traditional response of German elderly to changing environmental demands is adopting preventive or withdrawal strategies. In both countries, however, the desire of the majority is to live together with all generations. This calls into question the current suggestion that differences in the interests of age groups should automatically result in intergenerational conflict. The empirical results presented here emphasize that such conflict is neither wanted nor initiated by the elderly.

In my opinion, however, it would be false to conclude from the desire of the elderly to maintain the status quo that continuing efforts to improve housing standards and living environments or that assurance of good and adequate housing for the aged will not be necessary in the future. To the contrary, the ideal of maintenance of an independent household can only be realized when institutional support and social services near the homes of older persons are established and augmented as needed. A policy response to aging and its spatial aspects should also include the support of innovative housing projects.

Prognoses about future locational behaviors of the elderly can ultimately be made only with some qualifications. The results of our research have supported the basic principle of different forms of person-environment interactions for the elderly in all areas. They might achieve an acceptable level of locational flexibility through the process of individuation and socialization. In any case, however, regional and more localized characteristics of *spatial culture* need to be respected as constitutive parts of their life management!

LITERATUR

AKADEMIE FÜR RAUMFORSCHUNG UND LANDESPLANUNG (Hrsg.)(1980). Aktions-räumliche Forschung. Ergebnisse und Planungsrelevanz. Arbeitsmaterial der ARL 45. Hannover: Schroedel.

ALBRECHT, G. (1982). Theorien der Raumbezogenheit sozialer Probleme. In: Vaskovics, L.A. (Hrsg.) Raumbezogenheit sozialer Probleme. (S. 19-57). Opladen: Westdeutscher Verlag.

ARNOLD, H. (1988). Soziologische Theorien und ihre Anwendung in der Sozialgeographie. Kassel: Urbs et Regio 49.

ASSOCIATION OF BAY AREA GOVERNMENTS (Hrsg.)(1981). Silicon Valley and Beyond. High Technology for the San Francisco Bay Area. Working Papers 2. Berkeley.

ASSOCIATION OF BAY AREA GOVERNMENTS (Hrsg.)(1984). Santa Clara County Social Area Analysis. Santa Clara: United Way.

ASSOCIATION OF BAY AREA GOVERNMENTS (Hrsg.)(1985). The San Francisco Bay Area: The Next Twenty Years. A Symposium. Projections 85. Summary. Oakland, Ca.

BÄCKER, G. u.a. (1989). Sozialpolitik und soziale Lage in der Bundesrepublik Deutschland. Bd. 2. Gesundheit, Familie, Alter, Soziale Dienste. Köln: Bund.

BÄHR, J. (1993). Bevölkerungsgeographie. 2. Auflage. Stuttgart: Ulmer.

BÄHR, J. (Hrsg.)(1993). Untersuchungen zum räumlichen Verhalten alter Menschen. Kieler Arbeitspapiere zur Landeskunde und Raumordnung 28. Kiel: Geographisches Institut.

BÄHR, J., C. JENTSCH & W. KULS (Hrsg.)(1992). Bevölkerungsgeographie. Lehrbuch der Allgemeinen Geographie 9. Berlin, New York: De Gruyter.

BAHRENBERG, G. (1987a). Emerging Changes in Western Societies and Their Spatial Impacts - the Case of the FRG. In: Windhorst, H.-W. (Hrsg.) The Role of Geography in a Post-Industrial Society. Vechtaer Arbeiten zur Geographie und Regionalwissenschaft 5. (S. 37-42). Vechta: Vechtaer Druckerei und Verlag.

BAHRENBERG, G. (1987b). Einleitung Kapitel Raum und Geographie. In: Bahrenberg, G. u.a. (Hrsg.). Geographie des Menschen. Dietrich Bartels zum Gedenken. Bremer Beiträge zur Geographie und Raumplanung 11, 141-145.

BAHRENBERG, G. (1987c). Unsinn und Sinn des Regionalismus in der Geographie. In: Geographische Zeitschrift 75, 149-160.

BAHRENBERG, G. u.a. (Hrsg.)(1987). Geographie des Menschen. Dietrich Bartels zum Gedenken. Bremer Beiträge zur Geographie und Raumplanung 11.

BALDERMANN u.a. (1976). Wanderungsmotive und Stadtstruktur. Schriftenreihe des Städtebaulichen Instituts der Univerität 6. Stuttgart.

BALTES, M.M. (1989). Forschung und Lehre in Psychologie und Sozialwissenschaften. Psychologie In: Stand und Zukunftsperspektiven der Gerontologie in der Bundesrepublik Deutschland. (S. 61-74). Lübeck: Deutsche Gesellschaft für Gerontologie.

BALTES, P.B. & J. MITTELSTRASS (Hrsg.)(1992). Zukunft des Alterns und gesellschaftliche Entwicklung. Akademie der Wissenschaften zu Berlin, Forschungsbericht 5. Berlin, New York: De Gruyter.

BARKER, R.G. (1968). Ecological Psychology. Stanford: Stanford University Press.

BARTELS. D. (1968). Zur wissenschaftstheoretischen Grundlegung einer Geographie des Menschen. Wiesbaden: Steiner.

BARTELS, D. (1970). Einleitung. In: Bartels, D. (Hrsg.). Wirtschafts- und Sozialgeographie. (S. 13-45). Köln, Berlin: Kiepenheuer & Witsch.

BARTELS, D. (1981). Menschliche Territorialität und Aufgabe der Heimatkunde. In: Riedel, W. (Hrsg.). Heimatbewußtsein. Erfahrungen und Gedanken. Beiträge zur Theoriebildung. (S. 7-13). Husum: SH-Buchkontor.

BARTELS, D. (1984). Lebensraum Norddeutschland? Eine engagierte Geographie. Kieler Geographische Schriften 61. Kiel: Geographisches Institut.

BARTIAUX, F. (1986). A Household Dynamics Approach to the Analysis of Elderly Migration in the United States. Paper presented at the annual meeting of the Population Association of America. San Francisco.

BAUMGARDT, K. & H. NUHN (1989). Sozialräumliche und ökologische Probleme des Technologiebooms im Silicon Valley. Geographische Rundschau 41, 298-305.

BECK, G. (1981). Zur Theorie der Verhaltensgeographie. Geographica Helvetica 36, 155-162.

BECK, G. (1982). Der verhaltens- und entscheidungstheoretische Ansatz. Zur Kritik eines modernen Paradigmas in der Geographie. In: Sedlacek, P. (Hrsg.). Kultur/Sozialgeographie (S. 55-89). Paderborn: Schöningh.

BECKER, H. (1977). Tagesläufe und Tätigkeitsfelder von Bewohnern. In: Becker, H. & K.D. Keim (Hrsg.) Gropiusstadt. Soziale Verhältnisse am Stadtrand. Stuttgart: Kohlhammer

BERNARD, R.M. & R. RICE (Hrsg.)(1983). Sunbelt Cities. Austin: University of Texas Press.

BERTELS, L. & U. HERLYN (Hrsg.)(1990). Lebenslauf und Raumerfahrung. Biographie und Gesellschaft 9. Opladen: Leske u. Budrich.

BICKEL, H. & J. JAEGER (1986). Die Inanspruchnahme von Heimen im Alter. Zeitschrift für Gerontologie 19, 30-39.

BIRG, H. (1989). Die demographische Zeitenwende. Spektrum der Wissenschaft, S.40-49.

BIRREN, J.E. & V.L. BENGTSON (Hrsg.)(1988). Emergent Theories of Aging. New York: Springer.

BLASCHKE, D. & J. FRANKE (Hrsg.)(1982). Freizeitverhalten älterer Menschen. Stuttgart: Enke.

BLOSSER-REISEN, L. (1990). Selbständige Lebens- und Haushaltsführung bei Behinderungen im Alter mit Hilfe neuer Technologien. Zeitschrift für Gerontologie 23, 3-11.

BLOTEVOGEL, H.H.; G. HEINRITZ & H. POPP. (1986). Regionalbewußtsein. Bemerkungen zum Leitbegriff einer Tagung. Berichte zur deutschen Landeskunde 60, 103-114.

BLOTEVOGEL, H.H.; G. HEINRITZ & H. POPP. (1989). Regionalbewußtsein. Zum Stand der Diskussion um einen Stein des Anstosses. Geographische Zeitschrift 77, 65-88.

BLOTEVOGEL, H.H. & H. POPP (1988). Regionalbewußtsein und Regionalismus in Mitteleuropa. Fachsitzung a.d. 46. Deutschen Geographentag München 1987. In: Tagungsbericht und wissenschaftliche Abhandlungen. (195-218). Wiesbaden: Steiner.

BLÜM, A; FRENZEL, U. & U. WEILER (1976). Vom Schülerberg zum Rentnerberg - Die programmierte Dauerkrise? Battelle Information 24. Frankfurt: Battelle-Institut.

BLUME, H. (1979). USA. Eine geographische Landeskunde II. Die Regionen der USA. Darmstadt: Wissenschaftliche Buchgesellschaft.

BÖHM, H.; KEMPER, F.-J. & W. KULS (1975). Studien über Wanderungsvorgänge im innerstädtischen Bereich am Beispiel von Bonn. Arbeiten zur Rheinischen Landeskunde 39. Bonn.

BOESCH, E.E. (1984). Eine Symboltheorie des Handelns. Unveröff. Manuskript.

BOSTON, H.S. (1985). Housing and Living Arrangements for the Elderly. A Selected Bibliography. Washington D.C.: The National Council on the Aging.

BOTWINICK, J. (1973). Aging and Behavior. New York: Springer.

BOURDIEU, P. (1991). Physischer, sozialer und angeeigneter physischer Raum. In: Wentz, M. (Hrsg.). Stadt-Räume. (S. 25-34). Frankfurt.

BOUVIER, L.F. & P. MARTIN (1985). Population Change and California's Future. Washington D.C.: Population Reference Bureau.

BOYER, R. & D. SAVAGEAU (1983). Places Rated Retirement Guide. Finding the Best Places in America for Retirement Living. Chicago, New York u. San Francisco: Rand Mc. Nally.

BREUER, H.W. (1986). "Sunbelt - Frostbelt" und was man unter industriellen Standortkriterien davon halten soll. In: Vechtaer Arbeiten zur Geographie und Regionalwissenschaft 2, 35-42.

BRÖSCHEN, E. (1983). Die Lebenslage älterer Menschen im ländlichen Raum. Schriftenreihe des Bundesministers für Jugend, Familie und Gesundheit 137. Bonn.

BUCHER, H. (1986). Bevölkerungsentwicklung in der Bundesrepublik Deutschland. Geographische Rundschau 38, 448-454.

BUCHER, H. & M. KOCKS (1988). Regionale Entwicklungen der Bevölkerung als Ursachen gewandelter Erfordernisse des Wohnens alter Menschen. Informationen zur Raumentwicklung 1/2, 5-11.

BUCHER, H. & M. KOCKS (1991). Aus- und Übersiedler und alternde Bevölkerung. Wird die "ergraute Gesellschaft" nicht kommen? In: Informationen zur Raumentwicklung 3/4, 111-122.

BUNDESFORSCHUNGSANSTALT FÜR LANDESKUNDE UND RAUMORDNUNG (Hrsg.) (1986). Aktuelle Daten und Prognosen zur räumlichen Entwicklung. Informationen zur Raumentwicklung 11/12. Bonn.

BUNDESFORSCHUNGSANSTALT FÜR LANDESKUNDE UND RAUMORDNUNG (Hrsg.) (1987a). Aktuelle Daten zur Entwicklung der Städte, Kreise und Gemeinden 1986. Seminare-Symposien - Arbeitspapiere 28. Bonn.

BUNDESFORSCHUNGSANSTALT FÜR LANDESKUNDE UND RAUMORDNUNG (Hrsg.) (1987b). Lokale Identität und lokale Identifikation. Informationen zur Raumentwicklung 3. Bonn.

BUNDESFORSCHUNGSANSTALT FÜR LANDESKUNDE UND RAUMORDNUNG (Hrsg.) (1987c). Regionalbewußtsein und Regionalentwicklung. Informationen zur Raumentwicklung 7/8. Bonn.

BUNDESFORSCHUNGSANSTALT FÜR LANDESKUNDE UND RAUMORDNUNG (Hrsg.) (1988a). Aktuelle Daten und Prognosen zur räumlichen Entwicklung. Informationen zur Raumentwicklung 11/12. Bonn.

BUNDESFORSCHUNGSANSTALT FÜR LANDESKUNDE UND RAUMORDNUNG (Hrsg.) (1988b). Alte Menschen und ihre räumliche Umwelt. Informationen zur Raumentwicklung 1/2. Bonn.

BUNDESFORSCHUNGSANSTALT FÜR LANDESKUNDE UND RAUMORDNUNG (Hrsg.) (1989). Ältere Menschen und ihr Wohnquartier. Informationen zum Forschungsfeld im Rahmen des Experimentellen Wohnungs- und Städtebaus 2. Bonn.

BUNDESFORSCHUNGSANSTALT FÜR LANDESKUNDE UND RAUMORDNUNG (Hrsg.) (1991). Ältere Menschen und räumliche Forschung. Informationen z. Raumentwicklung 3/4. Bonn.

BUNDESFORSCHUNGSANSTALT FÜR LANDESKUNDE UND RAUMORDNUNG (Hrsg.) (1992a). Perspektiven der künftigen Bevölkerungsentwicklung in Deutschland. Teile 1 und 2. Informationen zur Raumentwicklung 9/10, 11/12. Bonn.

BUNDESFORSCHUNGSANSTALT FÜR LANDESKUNDE UND RAUMORDNUNG (Hrsg.) (1992b). Quartierbezogene Freizeitbedürfnisse älterer Menschen. Materialien zur Raumentwicklung 46. Bonn.

BUNDESFORSCHUNGSANSTALT FÜR LANDESKUNDE UND RAUMORDNUNG (Hrsg.) (1994). Raumordnungsprognose 2010. Informationen zur Raumentwicklung 12. Bonn.

BUNDESMINISTER FÜR FAMILIE UND SENIOREN (Hrsg.) (1993a). Erster Altenbericht. Die Lebenssituation älterer Menschen in Deutschland. Bonn.

BUNDESMINISTER FÜR FAMILIE UND SENIOREN (Hrsg.) (1993b). Richtlinien für den Bundesaltenplan. Bonn.

BUNDESMINISTER FÜR FAMILIE UND SENIOREN (Hrsg.) (1994). Die Alten der Zukunft. Bevölkerungsstatistische Datenanalyse. Schriftenreihe 32. Bonn.

BUNDESMINISTER FÜR JUGEND, FAMILIE, FRAUEN UND GESUNDHEIT (Hrsg.) (1986). Vierter Familienbericht. Die Situation der älteren Menschen in der Familie. Bonn.

BUNDESMINISTER FÜR JUGEND, FAMILIE, FRAUEN UND GESUNDHEIT (Hrsg.) (1990). Erster Teilbericht der Sachverständigenkommission zur Erstellung des 1. Altenberichts der Bundesregierung. Unveröff. Exemplar. Bonn.

BUNDESMINISTER FÜR RAUMORDNUNG, BAUWESEN UND STÄDTEBAU (Hrsg.) (1989). Informationen Forschungsfeld: Ältere Menschen und ihr Wohnquartier 3. Bonn.

BUNDESMINISTER FÜR RAUMORDNUNG, BAUWESEN UND STÄDTEBAU (Hrsg.) (1986, 1990, 1991, 1994). Raumordnungsbericht. Bonn.

BUTTIMER, A. (1984). Ideal und Wirklichkeit in der Angewandten Geographie. Münchener Geographische Hefte 51. Kallmünz/Regensburg: Lassleben.

CALIFORNIA DEPARTMENT OF AGING (Hrsg.)(1985). Annual Report to the Legislature 1983-1984. Sacramento, Ca.

CANTER, D.V. & CRAIK, K.H. (1981). Environmental Psychology. Journal of Environmental Psychology, 1, 1-11.

CANTILLI, E.J. & J.L. SHMELZER (Hrsg.)(1971). Transportation and Aging: Selected Issues. Washington D.C.: U.S. Government Printing Office.

CARP, F.M. (1976). Urban Life Style and Life-Cycle Factors. In: Lawton, M.P., R.J. Newman & T.O. Byerts (Hrsg.). Community Planning for an Aging Society. (S. 19-40). Stroudsburg: Dowden, Hutchinson & Ross.

CARP, F.M. (1980). Environmental Effects Upon the Mobility of Older People. In: Environment and Behavior 12, 139-156.

CARP, F.M. (1987). Environment and Aging. In: Stokols, D. & I. Altman (Eds.). Handbook of Environmental Psychology. (S. 329-360). New York: Wiley.

CARP, F.M. & A. CARP (1984). A Complementary/Congruence Model of Well-Being or Mental Health for the Community Elderly. In: Altman, I. u.a. (Hrsg.) Elderly People and the Environment. (S. 279-336). New York/London: Plenum Press.

CAVAN, R.S. u.a. (1949). Personal Adjustment in Old Age. Chicago: Science Research Associates.

CHAPIN. F.S. (1974). Human Activity Patterns in the City: What People do in Time and Space. New York: Wiley.

CHAPIN, F.S. & R.K. BRAIL. (1969). Human Activity Systems in the Metropolitan United States. Environment and Behavior 1, 107-130.

CHOMBART DE LAUWE, M.-J. (1977). Kinder-Welt und Umwelt-Stadt. Arch plus 34, 24-29.

CITY OF SAN JOSE (Hrsg.)(1984). Horizon 2000. General Plan. San Jose, Ca.

COMMITTEE ON AGING OF THE SOCIAL PLANNING COUNCIL OF SANTA CLARA COUNTY (Hrsg.)(1973). The Aging Population of Santa Clara County. Studie im Auftrag der California Commission on Aging. San Jose, Ca.

CONRAD, C. (1988). Gierige Grufties. Bereichern sich die Alten auf Kosten der Jungen? In: Die Zeit vom 23.9., S. 23.

COOMBS FICKE, S. (Hrsg.)(1985). An Orientation to the Older Americans Act. Washington, D.C.: National Association of State Units on Aging.

COUNCIL ON AGING OF SANTA CLARA COUNTY (Hrsg.)(1985a). Annual Report 1984/1985. San Jose, Ca.

COUNCIL ON AGING OF SANTA CLARA COUNTY (Hrsg.)(1985b). Application for Multipurpose Senior Services Program. San Jose, Ca.

COUNCIL ON AGING OF SANTA CLARA COUNTY (Hrsg.)(1989). Coming of Age. A Profile of the Older Population of Santa Clara County. San Jose, Ca.

COUNCIL ON AGING OF SANTA CLARA COUNTY (Hrsg.)(1991). Understanding the Needs of Asian Elders in Santa Clara County. San Jose, Ca.

COUNTY OF SANTA CLARA (Hrsg.)(1967). Environmental Attitudes Study: Summary of Findings. Santa Clara County Transportation Planning Study. San Jose, Ca.

COWGILL, D.O. (1978). Residential Segregation by Age in American Metropolitan Areas. Journal of Gerontology 33, 446-453.

COWGILL, D.O. (1986). Aging Around the World. Belmont: Wadsworth.

COX, K.R. (1981). Bourgeois Thought and the Behavioural Geography Debate. In: Cox, K.R. & R.G. Golledge (Hrsg.). Behavioral Problems in Geography Revisted. (S. 256-279). London: Methuen.

CRIBIER, F. (1978). Die Wanderung der pensionierten Pariser Beamten. In: Kuls, W. (Hrsg.). Probleme der Bevölkerungsgeographie. (S. 239-249). Darmstadt: Wissenschaftliche Buchgesellschaft.

CRIBIER, F. (1980). A European Assessment of Aged Migration. Research on Aging 2, 255-270.

CUMMING, E. & W.E. HENRY (Hrsg.)(1961). Growing old: The Process of Disengagement. New York: Basic Books.

DANGSCHAT, J. u.a. (1982). Aktionsräume von Stadtbewohnern. Opladen: Westdeutscher Verlag.

DE GRAZIA, S. (1961). The Uses of Time. In: Kleemeier, R.W. (Hrsg.).Aging and Leisure. (S. 113-153). New York: Oxford University Press.

DEPARTMENT OF FINANCE (1983). Population Projections for California Counties 1980-2020. Sacramento, Ca.

DEUSINGER I.M. (1987). Selbstkonzept und Selbstwertgefühl bei psychischen Störungen. In: Frey, H.-P. & K. Hausser (Hrsg.). Identität. Entwicklungen psychologischer und soziologischer Forschung. = Der Mensch als soziales und personales Wesen 7. (S. 258-271). Stuttgart: Enke.

DEUTSCHE GESELLSCHAFT FÜR GERONTOLOGIE (Hrsg.)(1989). Stand und Zukunftsperspektiven der Gerontologie in der Bundesrepublik Deutschland: Forschung und Lehre. Lübeck.

DEUTSCHER BUNDESTAG (Hrsg.)(1989). Wohnen im Alter. Öffentl. Anhörung des Ausschusses für Raumordnung, Bauwesen und Städtebau. Zur Sache 1/89. Bonn.

DEUTSCHER BUNDESTAG (Hrsg.)(1994). Zwischenbericht der Enquete-Kommission Demographischer Wandel. Herausforderungen unserer älter werdenden Gesellschaft an den einzelnen und die Politik. Drucksache 12/7876. Bonn.

DEUTSCHES ZENTRUM FÜR ALTERSFRAGEN (Hrsg.)(1982). Altwerden in der Bundesrepublik Deutschland: Geschichte-Situationen-Perspektiven Bd.1. Berlin: DZA.

DICKINSON, P.A. (1986). Sunbelt Retirement. The Complete State-by-State Guide to Retiring in the South and West of the United States. Washington: AARP.

DIECK, M. (1979). Wohnen und Wohnumfeld älterer Menschen in der Bundesrepublik. Alternsforschung für die Praxis Bd. 2. Quelle & Meyer: Heidelberg.

DIECK, M. (1984). Altenpolitik. In: Oswald, W.D. u.a. (Hrsg.). Gerontologie. (S. 19-30). Stuttgart, Berlin: Kohlhammer.

DIECK, M. (1988). Gegenwärtige Wohnverhältnisse alter Menschen. Eine empirische Bestandsaufnahme. Informationen zur Raumentwicklung 1/2, 75-83.

DIECK, M. & G. NAEGELE (1989). Die neuen Alten. Soziale Ungleichheiten vertiefen sich. In: F. Karl & W. Tokarski (Hrsg.). Die neuen Alten. Beiträge zur XVII. Jahrestagung der Deutschen Gesellschaft für Gerontologie 1988. Kasseler Gerontologische Schriften 6, 167-181. Kassel.

DITTRICH, G.G. (Hrsg.)(1972). Wohnen alter Menschen. SIN Städtebauinstitut. Stuttgart: Deutsche Verlags-Anstalt.

DONICHT-FLUCK, B. (1984). Runzlige Radikale. Graue Panther in den USA und in der Bundesrepublik Deutschland. Praxisbezogene Alternsforschung 4. Hannover: Vincentz.

DONICHT-FLUCK, B. (1989). Neue Alte in den USA. Konsequenzen und Probleme einer Ausdifferenzierung des Altersbildes. In: F. Karl & W. Tokarski (Hrsg.). Die neuen Alten. Beiträge
zur XVII. Jahrestagung der Deutschen Gesellschaft für Gerontologie 1988. Kasseler Gerontologische Schriften 6, 282-283. Kassel.

DOWNS, R.M. & D. STEA (1982). Kognitive Karten: Die Welt in unseren Köpfen. New York:
Harper & Row.

DRINGENBERG, R. (1977). Zur Situation des Alters in der Gesellschaft. Die Altersmarginalität
aus soziologischer und wohnwissenschaftlicher Sicht. Ökologische Forschungen 3. Bochum:
AG für Wohnungswesen, Städteplanung und Raumordnung.

DURTH, W. Die Inszenierung der Alltagswelt. (1988). Zur Kritik der Stadtgestaltung. Bauwelt
Fundamente 47. Braunschweig, Wiesbaden: Vieweg.

EBDON, D. (1985). Statistics in Geography. 2. Auflage. Oxford: Basil Blackwell.

ESTES, C.L., J.J. SWAN & L.E. GERARD (1982). Dominant and Competing Paradigms in Gerontology: Toward a Political Economy of Ageing. Ageing and Society 2, 151-164.

EIBL-EIBESFELDT, I. (1978). Grundriß der vergleichenden Verhaltensforschung. Ethologie. 5.
Auflage. München: Piper.

EUROPÄISCHES PARLAMENT (1985). Ausschuß für Regionalpolitik und Raumordnung. Entwurf eines Berichts über die Möglichkeiten, zur Entwicklung der benachteiligten Regionen
der Europäischen Gemeinschaft dadurch beizutragen, daß neue Einwohner, insbesondere ältere Menschen und Dauerkurgäste, dazu angeregt werden, sich dort niederzulassen.

FICHTNER, U. (1988). Regionale Identität am Südlichen Oberrhein - zur Leistungsfähigkeit eines verhaltenstheoretischen Ansatzes. Berichte zur deutschen Landeskunde 62, 109-139.

FLADE, A. (1984). Die Wohnumwelt als Erfahrungs- und Handlungsraum des Menschen. Manuskript des IWU (S. 1-26). Darmstadt: Institut Wohnen und Umwelt.

FLADE, A. (1990). Wohnen und Wohnzufriedenheit. In: Kruse, L.; C.-F. Graumann & E.-D.
Lantermann (Hrsg.). Ökologische Psychologie. Ein Handbuch in Schlüsselbegriffen. (S. 484-
492). München: Psychologie Verlags Union.

FLYNN, C.B. u.a. (1985). The Redistribution of America's Older Population: Major National Migration Patterns for Three Census Decades, 1960-1980. The Gerontologist 25, 292-296.

FOOKEN, I. (1984). Kritische Lebensereignisse. In: Oswald, W.D. u.a. (Hrsg.). Gerontologie. (S.
243-254). Stuttgart, Berlin: Kohlhammer.

FRANZ, P. & W. UELTZEN (1984). Umweltfaktoren in alterssoziologischen Theorien: ein empirischer Test der Umwelttheorie des Alterns von J.F. Gubrium. Zeitschrift für Gerontologie
17, 328-335.

FREY, D. (1984). Die Theorie der kognitiven Dissonanz. In: Frey, D. & M. Irle (Hrsg.). Theorien
der Sozialpsychologie I: Kognitive Theorien. (S. 243-292). Bern: Huber.

FREY, D. & M. IRLE (Hrsg.)(1984). Theorien der Sozialpsychologie I: Kognitive Theorien.
Bern: Huber.

FREY, D. & M. IRLE (Hrsg.)(1985). Theorien der Sozialpsychologie III: Motivations- und Informationsverarbeitungstheorien. Bern: Huber.

FREY, H.-P. & K. HAUSSER (1987a). Entwicklungslinien sozialwissenschaftlicher Identitätsforschung. In: Frey, H.-P. & K. Hausser (Hrsg.). Identität. Entwicklungen psychologischer und
soziologischer Forschung. Der Mensch als soziales und personales Wesen 7. (S. 3-26). Stuttgart: Enke.

FREY, H.-P. & K. HAUSSER (Hrsg.)(1987b). Identität. Entwicklungen psychologischer und soziologischer Forschung. Der Mensch als soziales und personales Wesen 7. Stuttgart: Enke.

FREY, H.W. (1986). Lifecourse Migration and Redistribution of the Elderly Across U.S. Regions
and Metropolitan Areas. Economic Outlook USA 13, 10-16.

FRIEDRICH, K. (1978). Funktionseignung und räumliche Bewertung neuer Wohnquartiere. Untersucht am Beispiel der Darmstädter Wohnquartiere Eberstadt-NW und Neu-Kranichstein. Darmstädter Geographische Studien 1. Darmstadt: Geographisches Institut.

FRIEDRICH, K. (1981). Erwachsenengemeinden in Kalifornien. Zeitschrift für Wirtschaftsgeographie 25, 65-71.

FRIEDRICH, K. (1988a). Das Wohnumfeld älterer Menschen. Sein Nutzungs- und Bedeutungswert. In: Kruse, A., U. Lehr u.a. (Hrsg.). Gerontologie - Wissenschaftliche Erkenntnisse und Folgerungen für die Praxis. (S. 224-245). Heidelberg: Peutinger Institut.

FRIEDRICH, K. (1988b). Die Wohnung wird zum Mittelpunkt. Wohnverhalten und altersgerechte Wohnformen. In: Scheidgen, H. (Hrsg.) Die allerbesten Jahre. Psychologie heute. (S. 121-134). Beltz: Weinheim.

FRIEDRICH, K. (1990). Federal Republic of Germany. In: Nam, W.J. u.a. (Hrsg.). International Handbook on Internal Migration. (S.145-161). New York, Westport, London: Greenwood Press.

FRIEDRICH, K. (1991). Räumliche Muster und regionalplanerische Konsequenzen des demographischen Alternsprozesses. Zeitschrift für Gerontologie 24, 257-265.

FRIEDRICH, K. (1992). Alltagshandeln älterer Menschen in ihrer räumlichen Umwelt. In: Niederfranke, A., U. Lehr u.a. (Hrsg.). Altern in unserer Zeit. (S. 115-126). Heidelberg, Wiesbaden: Quelle & Meyer.

FRIEDRICH, K. (1993). Raumbezogene Muster und Prinzipien des demographischen Alterns moderner Gesellschaften. Konvergenztheoretische Gesichtspunkte im Vergleich Deutschland - USA. In: Kieler Arbeitspapiere zur Landeskunde und Raumordnung 28. (S. 5-25). Kiel.

FRIEDRICH, K. (1994a). Intraregionale und interregionale Muster und Prinzipien der Mobilität älterer Menschen. Expertise für die Enquete-Kommission Demographischer Wandel des Deutschen Bundestags. Kommissionsdrucksache 12/0201. Bonn.

FRIEDRICH, K. (1994b). Person-Umwelt-Interaktionen als Gegenstand geographischer Alternsforschung. Geographische Zeitschrift 82, 239-256.

FRIEDRICH, K. (1994c). Wohnortswechsel im Alter. Aktuelle Ergebnisse geographischer Mobilitätsforschung im vereinten Deutschland. Zeitschrift für Gerontologie 27, 410-418.

FRIEDRICH, K. u.a. (1987). Die älteren Menschen Darmstadts in Privathaushalten 1986. In: Magistrat der Stadt Darmstadt (Hrsg.). Die Lebensverhältnisse der älteren Menschen in Darmstadt. (S. 61-236). Darmstadt.

FRIEDRICH, K. & R. KOCH (1988). Migration of the Elderly in the Federal Republic of Germany. In: Rogers, A. & W.J. Serow (Hrsg.). Elderly Migration: An International Comparative Study. Ch. 10, (S. 1-23). Boulder.

FRIEDRICH, K. & H. WARTWIG (1984). Räumliche Identifikation-Paradigma eines regionsorientierten Raumordnungskonzeptes. In: May. H.-D. u.a. Beiträge zum Konzept einer regionalisierten Raumordnungspolitik. Darmstädter Geographische Studien 5. (S. 73-126). Darmstadt: Geographisches Institut.

FRIEDRICHS, J. (1977). Stadtanalyse. Soziale und räumliche Organisation der Gesellschaft. Reinbek: Rowohlt.

FRIEDRICHS, J. (1990). Aktionsräume von Stadtbewohnern verschiedener Lebensphasen. In: Bertels, L. & U. Herlyn (Hrsg.). Lebenslauf und Raumerfahrung. (S. 161-178). Opladen: Leske u. Budrich.

GANS, P. (1978). Raumzeitliche Eigenschaften und Verflechtungen innerstädtischer Wanderungen in Ludwigshafen/Rhein zwischen 1971 und 1978. Kieler Geographische Schriften 59. Kiel: Geographisches Institut.

GATZWEILER, H.P. (1975). Zur Selektivität interregionaler Wanderungen. Forschungen zur Raumentwicklung 1. Bonn.

GAUBE, A. (1991). Wohnbedingungen älterer Bürger in der ehemaligen DDR. In: Informationen zur Raumentwicklung 3/4, 161-168.

GEIPEL, R. (1961). Die Regionale Ausbreitung der Sozialschichten im Rhein-Main-Gebiet. Forschungen zur deutschen Landeskunde 125. Bad Godesberg: Bundesanstalt für Landeskunde und Raumforschung.

GEIPEL, R. (1977). Friaul. Sozialgeographische Aspekte einer Erdbebenkatastrophe. Münchener Geographische Hefte 40. Kallmünz, Regensburg: Laßleben.

GEIPEL, R. (1984). Regionale Fremdbestimmtheit als Auslöser territorialer Bewußtwerdungsprozesse. In: Berichte zur deutschen Landeskunde 58, 37-46.

GEIPEL, R. (1989). Territorialität auf dem Mikromaßstab. In: Münchener Geographische Hefte 62, 111-135. Kallmünz, Regensburg: Laßleben.

GIDDENS, A. (1988). Die Konstitution der Gesellschaft. Grundzüge einer Theorie der Strukturierung. Frankfurt/New York. (Theorie und Gesellschaft 1).

GLASSER, G.J. &. G.D. METZGER (1972). Random-Digit Dialing as a Method of Telephone Sampling. Journal of Marketing Research 9, 59-64.

GOBER, P. (1985). The Retirement Community as a Geographical Phenomenon: the Case of Sun City, Arizona. Journal of Geography 84, 189-198.

GOBER, P. & L.E. ZONN (1983). Kin and Elderly Amenity Migration. The Gerontologist 23, 288-294.

GOLANT, S.M. (1972). The Residential Location and Spatial Behavior of the Elderly: A Canadian Example. Deptm. of Geography Research Paper 143. Chicago: University of Chicago.

GOLANT, S.M. (1976). Intraurban Transportation Needs and Problems of the Elderly. In: Lawton, M.P. u.a. (Hrsg.). Community Planning for an Aging Society. (S. 282-308). Stroudsburg: Dowden, Hutchinson & Ross.

GOLANT, S.M. (1984a). A Place to Grow Old: The Meaning of Environment in Old Age. New York: Columbia University Press.

GOLANT, S.M. (1984b). The Effects of Residential and Activity Behaviors on Old People's Environmental Experiences. In: Altman, I. u.a. (Hrsg.). Elderly People and the Environment. (S. 239-278). New York/London: Plenum Press.

GOLD, J.R. (1980). An Introduction to Behavioural Geography. Oxford, New York: Oxford University Press.

GOLLEDGE, R.G. & R.J. STIMSON (1987). Analytical Behavioural Geography. New York: Croom Helm.

GOULD, P. & R. WHITE (1974). Mental Maps. London: Penguin.

GRAFF, T.O. & R.F. WISEMAN (1978). Changing Concentrations of Older Americans. The Geographical Review 68, 379-393.

GRAUMANN, C.-F. (1990). Aneignung. In: Kruse, L.; C.-F. Graumann & E.-D. Lantermann (Hrsg.). Ökologische Psychologie. Ein Handbuch in Schlüsselbegriffen. (S. 124-130). München: Psychologie Verlags Union.

GREVERUS, I.M. (1979). Auf der Suche nach Heimat. München: Beck.

GREVERUS, I.M. & E. HAINDL (Hrsg.)(1984). Ökologie, Provinz, Regionalismus. Frankfurt: Institut für Kulturanthropologie und Europäische Ethnologie.

GRONEMEYER, R. (1989). Die Entfernung vom Wolfsrudel. Über den drohenden Krieg der Jungen gegen die Alten. Düsseldorf.

GROSSHANS, H. (1987). Wohnen im Alter. Materialien des Gesamtverbandes Gemeinnütziger Wohnungsunternehmen 19. Köln.

GUBRIUM, J.F. (1973). The Myth of the Golden Years: A Socio-Environmental Theory of Aging. Springfield: Thomas.

GUILLEMARD, A.M. (1973). La retraite, une mort sociale. Paris: Mouton.

GUILLEMARD, A.M. (1977). A Critical Analysis of Governmental Policies on Aging from a Marxist Sociological Perspective. Paris: Center for the Study of Social Movements.

GUILLEMARD, A.M. (Hrsg.)(1983). Old Age and the Welfare State. London: Sage.

GWOSDZ, J. (1983). Sun City, Arizona - Lebensstil und Lebenszufriedenheit in einer Rentnersiedlung. Dissertation. München.

HABERMAS, J. (1981). Theorie des kommunikativen Handelns. 2 Bd. Frankfurt: Suhrkamp.

HÄGERSTRAND, T. (1970). What About People in Regional Science?. Regional Science Association Papers 24, 7-21.

HAINDL, E. (1988). Die Lebenssituation alter Menschen im ländlichen Raum. Informationen zur Raumentwicklung 1/2, 37-47.

HAINES (Hrsg.) (1984). San Jose City & Suburban Criss-Cross Directory 1984. Hayward: Haines.

HALBWACHS, M. (1967). Das kollektive Gedächtnis. Stuttgart.

HALFAR, B. (1985). Kommunale Altenpläne in der Bundesrepublik Deutschland. Bestandsaufnahme, Analyse und Kritik. In: Arch.f. Wiss. und Praxis der sozialen Arbeit 1, 32-47. Frankfurt/M.: Eigenverlag des DV.

HALL, P. & A. MARKUSEN (Hrsg.)(1985). Silicon Landscapes. Boston: Allen & Unwin.

HARD, G. (1983). Einige Bemerkungen zum Perzeptionsansatz anhand einer Studie über Umweltqualität im Münchener Norden. Geographische Zeitschrift 71, 106-110.

HARD, G. (1987). "Bewußtseinsräume". Interpretationen zu geographischen Versuchen, regionales Bewußtsein zu erforschen. Geographische Zeitschrift 75, 127-148.

HARTKE, W. (1959). Gedanken über die Bestimmung von Räumen gleichen sozialgeographischen Verhaltens. Erdkunde, 13, 426-436.

HARVEY, D. (1973). Social Justice and the City. London: Arnold.

HAUS, U. (1989). Zur Entwicklung lokaler Identität nach der Gemeindegebietsreform in Bayern. Passauer Schriften zur Geographie 6. Passau: Passavia Universitätsverlag.

HAUTZINGER, H. & P. KESSEL (1977). Mobilität im Personenverkehr. Forschung Straßenbau und Straßenverkehrstechnik 231. Bonn.

HAVINGHURST, R.J. & R. ALBRECHT (1953). Older People. New York: Longmans.

HAVINGHURST, R.J., NEUGARTEN, B.L. & TOBIN, S. (1968). Disengagement and Patterns of Aging. In: Neugarten, B.L. (Hrsg.). Middle Age and Aging. (S. 161-172). Chicago: University of Chicago Press.

HEIL, K. u.a. (1988). Altenhilfe als Konzept der Stadterneuerung. Probleme alter Menschen im Prozeß der Sanierung und Modernisierung. Arbeitshilfen 38. Frankfurt: Deutscher Verein für öffentliche und private Fürsorge.

HEINRITZ, G. (1992). Regionsbewußtsein in der Hallertau. Berichte zur deutschen Landeskunde 66, 303-333.

HELLPACH, W. (1924). Psychologie der Umwelt. In: Aberhalden, E. (Hrsg.). Handbuch der biologischen Arbeitsmethoden. Wien: Urban u. Schwarzenberg.

HEMMER, Ch. (1983). Wohnen im Alter. In: Sozialkorrespondenz NF 9, 84-103.

HERZ, R. (1981). Zur Frage der räumlichen Übertragbarkeit von Alltagsverhalten. Karlsruhe.

HERLYN, U. (1990). Zur Aneignung von Raum im Lebensverlauf. In: Bertels, L. & U. Herlyn (Hrsg.). Lebenslauf und Raumerfahrung. (S. 7-34). Opladen: Leske u. Budrich.

HESSISCHER SOZIALMINISTER (Hrsg.)(1989). Zukunftsprogramm für Hessens ältere Mitbürgerinnen und Mitbürger. Wiesbaden.

HESSISCHES STATISTISCHES LANDESAMT (Hrsg.)(1988). Statistische Berichte AO/VZ 1987-1 und S-1. Wiesbaden.

HEUMANN, L. & D. BOLDY (1982). Housing for the Elderly. Planning and Policy Formulation in Western Europe and North America. London, Canberra: Croom Helm.

HEUWINKEL, D. (1981). Aktionsräumliche Analysen und Bewertung von Wohngebieten. Beiträge zur Stadtforschung 5. Hamburg: Christians.

251

HILTNER, J. & B.W. SMITH (1974). Location Patterns of the Urban Elderly: Are They Segregated? Great Plains-Rocky Mtn. Geographical Journal 3, 43-48.

HINZ, H.-M. & R. VOLLMAR (1993). Sun City West: Seniorensiedlung im Südwesten der USA. Die Erde 124, 209-224.

HOFMEISTER, B. (1971). Stadt und Kulturraum Angloamerika. Braunschweig.

HOFMEISTER, B. (1988). Nordamerika. Fischer Länderkunde 6. Frankfurt: Fischer.

HOGLUND, J.D. (1985). Housing for the Elderly: Privacy and Interdependence in Environments for the Aging. New York: Van Nostrand.

HOLZNER, L. (1985). Stadtland USA - Zur Auflösung und Neuordnung der US-Amerikanischen Stadt. Geographische Zeitschrift 73, 191-205.

HOLZNER, L. (1990). Stadtland USA. Die Kulturlandschaft des American Way of Life. Geographische Rundschau 42, 468-475.

HOLZNER, L. (1993). I was Born Under a Wandering Star. Wanderlust und Veränderungssucht der Amerikaner als geographische Kräfte der Kulturraumgestaltung. Die Erde 124, 169-181.

HORN, M. (1981). Der Forschungsschwerpunkt Altersforschung im Zeitraum 1973-1979. In. Stiftung Volkswagenwerk (Hrsg.). Altersforschung. Berichte zu einem Forschungsschwerpunkt. (S. 31-88). Göttingen.

HOWELL, S.C. (1983). The Meaning of Place in Old Age. In: Rowles, G.D. & R.J. Ohta (Hrsg.). Aging and Milieu. Environmental Perspectives on Growing Old. (S. 97-107). New York, London: Academic Press.

HUNT, M.E. u.a. (1984). Retirement Communities. An American Original. New York: Haworth Press.

IMHOF, A.E. (1981). Die gewonnenen Jahre - von der Zunahme unserer Lebensspanne seit dreihundert Jahren. München: Beck.

ITTELSON, W.H. u.a. (1977). Einführung in die Umweltpsychologie. Stuttgart: Klett-Cotta.

JAGODZINSKI, W. (1986). Pfadmodelle mit latenten Variablen: Eine Einführung in das allgemeine lineare Modell Lisrel. In: Techniken der empirischen Sozialforschung 8. Kausalanalyse. (S.77-121). München: Oldenbourg.

JANICH, H. (1991). Die regionale Mobilität älterer Menschen. Neuere Ergebnisse der Wanderungsforschung In: Informationen zur Raumentwicklung 3/4, 137-148.

JANICH, H. & B. KIRSCHNER (1988). Regionale Verteilung alter Menschen und deren Anforderungen an die von ihnen beanspruchte Infrastruktur. Studie im Auftrag des Bundesinstituts für Bevölkerungsforschung. Bonn: BFLR.

JÖRESKOG, K.G. & D. SÖRBOM (1989). Lisrel 7 User's Reference Guide. Mooresville, Ind.: Scientific Software.

JURCZEK, P. & F. SCHYMIK (1978). Raumbeanspruchung und -disparitäten alter Menschen, dargestellt am Beispiel von Frankfurt am Main. In: Socio-geographical Problems of Suburban and Frontier Zones. Geographica Slovenia 8, 93-110.

KAHANA, E. (1975). A Congruence Model of Person-Environment Interaction. In: Windley, G. u.a. (Hrsg.). Theory Development in Environment and Aging. (S. 181-214). Washington: Gerontological Society.

KAHANA, E. (1982). A Congruence Model of Person-Environment Interaction. In: Lawton, M.P., P.G. Windley & T.O. Byerts (Hrsg.). Aging and the Environment: Theoretical Approaches. (S. 97-121). New York: Springer.

KAISER, H.J. (1989). Handlungs- und Lebensorientierungen alter Menschen. Entwurf einer interpretativen Gerontopsychologie. Bern, Stuttgart, Toronto: Huber.

KARL, F. (1989). Alte Menschen im Stadtteil. Kasseler Gerontologische Schriften 8. Kassel: Gesamthochschule.

252

KARL, F.D. (Hrsg.)(1991). Die Älteren. Zur Lebenssituation der 55- bis 70jährigen. Eine Studie der Institute Infratest, Sinus und Becker. Reihe Praktische Demokratie, Friedrich-Ebert-Stiftung. Bonn: Dietz.

KARL, F. & W. TOKARSKI (Hrsg.)(1989). Die neuen Alten. Beiträge zur 17. Jahrestagung der Deutschen Gesellschaft für Gerontologie. Kasseler Gerontologische Schriften 6. Kassel: Gesamthochschule.

KARN, V.A. (1977). Retiring to the Seaside. London: Routledge & Kegan Paul.

KEMPER, F.-J. (1986). Neuere Verfahren der diskreten Datenanalyse. Geographische Rundschau 38, 182-187.

KEMPER, F.-J. & W. KULS (1986). Wanderungen älterer Menschen im ländlichen Raum am Beispiel der nördlichen Landesteile von Rheinland-Pfalz. Arbeiten zur Rheinischen Landeskunde 54. Bonn: Dümmlers.

KENNEDY, J.M. & G.F. DE JONG (1977). Aged in Cities: Residential Segregation in 10 U.S.A. Central Cities. Journal of Gerontology 32, 97-102.

KERSCHER, U. (1992). Raumabstraktion und regionale Identität. Münchener Geographische Hefte 68. Kallmünz, Regensburg: Laßleben.

KEUCHEL, I. (1984). Psychologische Alternstheorien. In: Oswald, W.D. u.a. (Hrsg.). Gerontologie. (S. 350-354). Stuttgart/ Berlin: Kohlhammer.

KIYAK, H.A. (1978). A Multidimensional Perspective on Privacy Preferences of Institutionalized Elderly. In: Rogers, W.E. & W.H. Ittelson (Hrsg.). New Directions in Environmental Design Research. Tucson: University Press.

KLAGES, H. (1988). Wertedynamik. Über die Wandelbarkeit des Selbstverständlichen. Zürich: Interfrom.

KLINGBEIL, D. (1978). Aktionsräume im Verdichtungsraum: Zeitpotentiale und ihre räumliche Nutzung. Münchener Geographische Hefte 41. Kallmünz: Lassleben.

KLINGBEIL, D. (1979). Mikrogeographie. In: Der Erdkundeunterricht 31, 51-80.

KLINGBEIL, D. (1980). Aktionsräume von Hausfrauen im Verdichtungsraum. In: ARL (Hrsg.). Aktionsräumliche Forschung. Arbeitsmaterialien 45. (S. 74-84). Hannover.

KLÜTER, H. (1986). Raum als Element sozialer Kommunikation. Giessener Geographische Schriften 60. Giessen: Geographisches Institut.

KOCH, J. (1975). Rentnerstädte in Kalifornien. Eine bevölkerungs- und sozialgeographische Untersuchung. Tübinger Geographische Studien 59. Tübingen.

KOCH, R. (1976). Altenwanderung und räumliche Konzentration alter Menschen. Forschungen zur Raumentwicklung 4. Bonn: Bundesforschungsanstalt für Landeskunde und Raumordnung.

KÖHLER, C. (1981). Stadterleben. Kritische Bemerkungen zu wahrnehmungs- und verhaltenstheoretischen Ansätzen und zur Praxis der gegenwärtigen Stadtgestaltung. Frankfurt: Fischer.

KÖSTER, G. (1994). Zur Dynamik der Wohnorte älterer Menschen in der Stadt. Geographische Zeitschrift 82, 91-102.

KOHLI, M. (1978). Soziologie des Lebenslaufes. Darmstadt: Luchterhand.

KONTULY, T. (1991). The Deconcentration Theoretical Perspective as an Explanation for Recent Changes in the West German Migration System. Geoforum 22, 299-317.

KREIS BERGSTRASSE (Hrsg.)(1988). Altenhilfe im Kreis Bergstraße. Bestandsaufnahme, Ziele, Maßnahmen. Heppenheim.

KRENZLIN, A. (1961). Werden und Gefüge des rhein-mainischen Verstädterungsgebietes. Ein Versuch landeskundlicher Darstellung. In: Frankfurter Geographische Hefte 37, 311-387. Frankfurt.

KROUT, J.A. (1983). Seasonal Migration of the Elderly. The Gerontologist 23, 295-299.

KRÜGER, R. (1987). Wie räumlich ist die Heimat - Oder: Findet sich in Raumstrukturen Lebensqualität? Geographische Zeitschrift 75, 160-177.

KRÜGER, R., A. PIEPER & B. SCHÄFER (1989). Oldenburg-"Lüttes Nest" oder "Beliebteste Großstadt"? Eine wahrnehmungsgeographische Untersuchung zur offiziellen Imagedarstellung und den Vorstellungsbildern der Bevölkerung. Berichte zur dt. Landeskunde 63, 563-585.

KRUSE, A. (1989). Wohnen im Alter - Beiträge aus der Gerontologie. In: Rott & Oswald (Hrsg.) Kompetenz im Alter. (S. 286-315). Heidelberg: Peutinger Institut.

KRUSE, A. (1992). Altersfreundliche Umwelten: Der Beitrag der Technik. In: In: Baltes, P.B. & J. Mittelstraß (Hrsg.). Zukunft des Alterns und gesellschaftliche Entwicklung. Akademie der Wissenschaften zu Berlin, Forschungsbericht 5. (S. 668-694). Berlin, New York: De Gruyter.

KRUSE, L. (1974). Räumliche Umwelt. Die Phänomenologie des räumlichen Verhaltens als Beitrag zu einer psychologischen Umwelttheorie. Phänomenologisch-psychologische Forschungen 15. Berlin/New York: De Gruyter.

KRUSE, L. (1990). Raum und Bewegung. In: Kruse, L.; C.-F. Graumann & E.-D. Lantermann (Hrsg.). Ökologische Psychologie. Ein Handbuch in Schlüsselbegriffen. (S. 313-324). München: Psychologie Verlags Union.

KRUSE, L. & C.-F. GRAUMANN (1978). Sozialpsychologie des Raumes und der Bewegung. In: Hammerich, K. & M. Klein (Hrsg.). Materialien zur Soziologie des Alltags. Kölner Zeitschrift für Soziologie und Sozialpsychologie, Sonderheft 20, 177-219.

KRUSE, L. & C.-F. GRAUMANN (1987). Environmental Psychology in Germany. In: Stokols, D. & I. Altman (Hrsg.) Handbook of Environmental Psychology. Vol.2. (S. 1195-1225). New York: Wiley.

KRUSE, L.; C.-F. GRAUMANN & E.-D. LANTERMANN (Hrsg.)(1990). Ökologische Psychologie. Ein Handbuch in Schlüsselbegriffen. München: Psychologie Verlags Union.

KURATORIUM DEUTSCHE ALTERSHILFE (Hrsg.)(1992). Immer weniger Pflegepersonen für immer mehr alte Männer. In: Presse- und Informationsdienst 5, 4-9.

KUTTER, E. (1972). Demographische Determinanten städtischen Personenverkehrs. Veröff. des Instituts für Stadtbauwesen der TU 9. Braunschweig.

KUTTER, E. (1973). Aktionsbereiche des Stadtbewohners. Archiv für Kommunalwissenschaften 12, 69-85.

LALLI, M. (1988). Eine Skala zur Erfassung der Identifikation mit der Stadt. Information zum Beitrag für den 36. Kongreß der Deutschen Gesellschaft für Psychologie, 10/1988.

LALLI, M. (1989). Stadtbezogene Identität. Theoretische Präzisierung und empirische Operationalisierung. Bericht 89-1. Darmstadt: Institut für Psychologie.

LAMNEK, S. (1988). Qualitative Sozialforschung. Bd. 1 Methodologie. München, Weinheim: Psychologische Verlagsunion.

LANDKREIS DARMSTADT-DIEBURG (Hrsg.)(1987). Altenplan. Situationsbericht zur Lage älterer Menschen im Landkreis Darmstadt-Dieburg. Darmstadt.

LANTERMANN, E.D. (1976). Eine Theorie der Umwelt-Kompetenz: Architektonische und soziale Implikationen für eine Altenheim-Planung. Zeitschrift für Gerontologie 9, 433-443.

LAW, C.M. & A.M. WARNES (1980). The Characteristics of Retired Migrants. In: Herbert, D.T. & R.J. Johnston (Hrsg.). Geography and the Urban Environment Vol. III. (S. 175-222). Chichester: Wiley & Sons.

LAWTON, M.P. (1982). Competence, Environmental Press, and the Adaption of Older People. In: Lawton, M.P., P.G. Windley & T.O. Byerts (Hrsg.). Aging and the Environment: Theoretical Approaches. (S. 33-59). New York: Springer.

LAWTON, M.P. (1983). Time, Space, and Activity. In: Rowles, G.D. & R.J. Ohta (Hrsg.). Aging and Milieu. Environmental Perspectives on Growing Old. (S. 41-61). New York, London: Academic Press.

LAWTON, M.P. (1985). Housing and Living Environments of Older People. In: Binstock, R.H. & E. Shanas (Hrsg.). Handbook of Aging and the Social Sciences. (S. 450-478). New York: Van Nostrand

LAWTON, M.P. (1986). Environment and Aging. Classics in Aging Reprinted 1. 2. Auflage. Albany: Center for the Study of Aging.

LAWTON, M.P. & L. NAHEMOW (1973). Ecology and the Aging Process. In: Eisdorfer, C. & M.P. Lawton (Hrsg.). Psychology of Adult Development and Aging (S. 619-674). Washington: American Psychological Society.

LAWTON, M.P. & B. SIMON (1968). The Ecology of Social Relationships in Housing for the Elderly. The Gerontologist 8, 108-115.

LAWTON, M.P., P.G. WINDLEY & T.O. BYERTS (Hrsg.)(1982). Aging and the Environment: Theoretical Approaches. New York: Springer.

LEHMANN, A. (1983). Erzählstruktur und Lebenslauf. Autobiographische Untersuchungen. Frankfurt: Campus.

LEHR, U. (Hrsg.)(1984a). Altern - Tatsachen und Perspektiven. Bonn: Bouvier.

LEHR, U. (1984b). Psychologie des Alterns (1991: 7. Aufl.). Heidelberg: Quelle & Meyer.

LEHR, U. (1987). Von der neuen Kunst des Älterwerdens. In: Aktion Gemeinsinn (Hrsg.). Wie wollen wir morgen älter werden? (S. 9-33). Bonn.

LEHR, U. (1988a). 30 Jahre Gerontologie - Rückblick und Ausblick. In: Kruse, A., L. Lehr u.a. (Hrsg.). Gerontologie - Wissenschaftliche Erkenntnisse und Folgerungen für die Praxis. (S. 1-22). Heidelberg: Peutinger Institut.

LEHR, U. (1988b). Interdisziplinarität - Wunsch oder Wirklichkeit? In: Universitas 1-2, 25-31. Stuttgart: Wiss. Verlagsgesellschaft.

LEHR, U. & E. MINNEMANN (1987). Veränderung von Quantität und Qualität sozialer Kontakte vom 7. bis 9. Lebensjahrzehnt. In: Lehr, U. & H. Thomae (Hrsg.). Formen seelischen Alterns. Ergebnisse der Bonner Gerontologischen Längsschnittstudie (BOLSA). (S. 80-91). Stuttgart: Enke.

LEHR, U. & H. THOMAE (Hrsg.)(1987). Formen seelischen Alterns. Ergebnisse der Bonner Gerontologischen Längsschnittstudie (BOLSA). Stuttgart: Enke.

LEIB, J. & G. MERTINS (1983). Bevölkerungsgeographie. Braunschweig: Westermann.

LEMON, B.W.; V.L. BENGTSON & J.A. PETERSON (1972). An Exploration of the Activity Theory of Aging: Activity Types and Life Satisfaction Among Inmovers to a Retirement Community. Journal of Gerontology 27, 511-523.

LEWIN, K. (1926). Vorsatz, Wille und Bedürfnis. In: Psychologische Forschung 7, 294-385.

LEWIN, K. (1935). A Dynamic Theory of Personality. New York: Mc Graw Hill.

LEWIN, K. (1951). Field Theory in Social Science. New York: Harper & Row.

LICHTENBERGER, E. (1990). Die Auswirkungen der Ära Reagan auf Obdachlosigkeit und soziale Probleme in den USA. Geographische Rundschau 42, 476-481.

LIPP, W. (Hrsg.)(1984). Industriegesellschaft und Regionalkultur. Köln, Berlin, Bonn, München.

LONGINO, C.F. (1994). From Sunbelt to Sunspots. American Demographics, 22-31.

LONGINO, C.F. u.a. (1984). Aged Metropolitan-Nonmetropolitan Migration Streams over three Census Decades. Journal of Gerontology 39, 721-729.

LUHMANN. N. (1989). Vertrauen. Ein Mechanismus zur Reduktion sozialer Komplexität. Stuttgart.

LYNCH, K. (1960). The Image of the City. Cambridge, Mass.: MIT Press. Dt. (1968). Das Bild der Stadt. Gütersloh, Berlin, München: Bertelsmann.

MADDOX, G. (1968). Persistence of Life Style Among the Elderly: A Longitudinal Study of Patterns of Social Activity in Relation to Life Satisfaction. In: Neugarten, B.L. (Hrsg.). Middle Age and Aging. (S. 181-183). Chicago: University of Chicago Press.

255

MAGISTRAT DER STADT DARMSTADT (Hrsg.)(1987). Die Lebensverhältnisse der älteren Menschen in Darmstadt. Darmstadt.

MAGISTRAT DER STADT DARMSTADT (Hrsg.)(1989). Altenplan der Stadt Darmstadt. Darmstadt.

MAI, U. (1989). Gedanken über räumliche Identität. Zeitschrift für Wirtschaftsgeographie 33, 12-19.

MALMBERG, T. (1980). Human Territoriality: Survey of Behavioral Territories in Man with Preliminary Analysis and Discussion of Meaning. The Hague: Mouton.

MANGUM, W.P. (1982). Housing for the Elderly in the United States. In: Warnes, A.M. (Hrsg.) (1982). Geographical Perspectives on the Elderly. (S. 191-221). Chichester: Wiley & Sons.

MARX, W. (1983). Bindungen an ländliche Wohnstandorte dargestellt am Beispiel ausgewählter Gemeinden in Hessen und Rheinland-Pfalz. Beiträge der ARL 72. Hannover: Vincentz.

MASLOW, A.H. (1954). Motivation and Personality. New York: Harper.

MATHEY, J. (1991). Verkehrsteilnahme. In: OSWALD, W.D. u.a. (Hrsg.). Gerontologie. (S. 606-620). Stuttgart, Berlin: Kohlhammer.

MAY, H.-D., K. FRIEDRICH & H. WARTWIG (1984). Beiträge zum Konzept einer regionalisierten Raumordnungspolitik. Darmstädter Geographische Studien 5. Darmstadt: Geographisches Institut.

MEAD, G.H. (1934). Mind, Self and Society. From the Standpoint of a Social Behaviorist. Chicago: University of Chicago Press.

MEIER-DALLACH, H.-P. (1980). Räumliche Identität - Regionalistische Bewegung und Politik. Informationen zur Raumentwicklung 5, 301-313.

MEIER-DALLACH, H.-P. (1987). Regionalbewußtsein und Empirie. Der quantitative, qualitative und typologische Weg. Berichte zur deutschen Landeskunde 61, 5-29.

MEIER-DALLACH, H.-P., S. HOHERMUTH & R. NEF (1987). Regionalbewußtsein, soziale Schichtung und politische Kultur. Informationen zur Raumentwicklung 7/8, 377-393.

MEINEFELD, W. (1977). Einstellung und soziales Handeln. Reinbek: Rowohlt.

METROPOLITAN TRANSPORTATION COMMISSION (1979). Regional Elderly and Handicapped Plan. Berkeley, Ca.

MICHELSON, W. (1970). Man and his Urban Environment: A Sociological Approach. Reading: Addison-Wesley.

MILLER, R. (1990). Territorialität. In: Kruse, L.; C.-F. Graumann & E.-D. Lantermann (Hrsg.). Ökologische Psychologie. Ein Handbuch in Schlüsselbegriffen. (S. 333-338). München: Psychologie Verlags Union.

MINCER, J. (1981). Fortschritte in Analysen der Verteilung des Arbeitseinkommens nach dem Humankapitalansatz. In: Klanberg, F. & H.-J. Krupp (Hrsg.). Einkommensverteilung. (S. 136ff.). Königstein.

MINISTER FÜR ARBEIT, GESUNDHEIT UND SOZIALES DES LANDES NORDRHEIN-WESTFALEN (Hrsg.)(1989). Ältere Menschen in Nordrhein-Westfalen. Gutachten zur Lage der älteren Menschen und zur Altenpolitik in NRW. Düsseldorf.

MINISTERIUM FÜR ARBEIT, GESUNDHEIT, FAMILIE UND SOZIALORDNUNG BADEN-WÜRTTEMBERG (Hrsg.)(1983). Die Lebenssituation älterer Menschen in Baden-Württemberg. Stuttgart.

MINISTERIUM FÜR ARBEIT, GESUNDHEIT, FAMILIE UND SOZIALORDNUNG BADEN-WÜRTTEMBERG (Hrsg.)(1986). Ältere Menschen in Großstädten. Ergebnisse einer Repräsentativerhebung in Baden-Württemberg. Stuttgart.

MITTELSTRASS, J. u.a. (1992). Wissenschaft und Altern. In: Baltes, P.B. & J. Mittelstraß (Hrsg.)(1992). Zukunft des Alterns und gesellschaftliche Entwicklung. Akademie der Wissenschaften zu Berlin, Forschungsbericht 5. (S. 695-720). Berlin, New York: De Gruyter.

MONHEIM, H. (1972). Zur Attraktivität deutscher Städte. WGI-Bericht zur Regionalforschung 8. München.

MOHR, W. (1979). Aktivitätsmuster alter Menschen. In: Aktivitätsmuster für die Stadtplanung. (S. 299-335). Karlsruhe: Institut für Städtebau und Landesplanung.

MOOS, R.H. & S. LEMKE (1980). The Multiphasic Environmental Assessment Procedure. In: Jegar, A. & B. Slotnick (Hrsg.). Community Mental Health. New York: Plenum.

MORILL, R.L. (1987). Post-Industrial and De-Industrial Polarization in a Plural Society (The United States). In: Windhorst, H.-W. (Hrsg.) The Role of Geography in a Post-Industrial Society. Vechtaer Arbeiten zur Geographie und Regionalwissenschaft 5. (S. 43-48). Vechta.

MORROW-JONES, H.A. (1986). The Living Arrangements of the Elderly and Migration. Paper presented at the Workshop on Elderly Migration, Nijmegen, the Netherlands.

MOSS, M.S. & M.P. LAWTON (1982). Time Budgets of Older People: A Window of Four Lifestyles. Journal of Gerontology 37, 115-123.

MURRAY, H.A. (1938). Explorations in Personality. New York: Oxford University Press.

MUSIL, J. (1988). Der Status der Sozialökologie. In: Soziologische Stadtforschung. Kölner Zeitschrift für Soziologie und Sozialpsychologie. Sonderheft 29, 18-34.

MYLES, J. (1984). Old Age in the Welfare State: The Political Economy of Public Pensions. Boston: Little u. Brown.

NARTEN, R. (1991). Wohnbiographien als Grundlagen einer bedürfnisgerechten Wohnraumplanung. Kritik des "altengerechten" Wohnungsbaus am Beispiel der Wohnsituation alter, alleinstehender Frauen im sozialen Wohnungsbau der 60er Jahre. KDA-Forum 15. Köln: Kuratorium Deutsche Altershilfe.

NEHRKE, M.F. u.a. (1981). Toward a Model of Person-Environment Congruence. Experimental Aging Research 7, 363-379.

NESTMANN, E. (1989). Bedeutung der Infrastruktur für die Ruhestandswanderung. Schriftenreihe des Instituts für Städtebau und Landesplanung der Universität Karlsruhe 22. Karlsruhe.

NEUMEYER, M. (1992). Heimat. Zu Geschichte und Begriff eines Phänomens. Kieler Geographische Schriften 84. Kiel: Geographisches Institut.

NEWCOMER, R.J. (1976). An Evaluation of Neighborhood Service Convenience for Elderly Housing Project Residents. In: Suedfeld, P. & J.A. Russell (hrsg.). The Behavioral Basis of Design 1. (S. 301-307). Stroudsburg: Dowden, Hutchinson & Ross.

NIPPER, J. (1978). Zum intraurbanen Umzugsverhalten älterer Menschen. Geographische Zeitschrift 66, 289-311.

NÖLDNER, W. (1990). Umwelt und Persönlichkeit. In: Kruse, L.; C.-F. Graumann & E.-D. Lantermann (Hrsg.). Ökologische Psychologie. Ein Handbuch in Schlüsselbegriffen. (S. 160-165). München: Psychologie Verlags Union.

NUHN, H. (1989). Technologische Innovation und industrielle Entwicklung. Silicon Valley - Modell zukünftiger Regionalentwicklung? Geographische Rundschau 41, 258-265.

OECD (Hrsg.)(1988). Ageing Populations. The Social Policy Imlications. Paris.

OLSON, L.K. (1982). The Political Economy of Aging. New York: Columbia University Press.

OPASCHOWSKI, H.W. (1989). Wie leben und arbeiten wir nach dem Jahr 2000? Vortragsmanuskript bei der HEAG Darmstadt 29.11.89

OSWALD, F. (1994). Zur Bedeutung des Wohnens im Alter bei gesunden und gehbeeinträchtigten Personen. Zeitschrift für Gerontologie 27, 355-365.

OSWALD, F. & H. THOMAE (1989). Reaktionsformen auf erlebte Belastung durch die Wohnsituation. In: Rott, Ch. & F. Oswald (Hrsg.)Kompetenz im Alter. (S. 316-330). Heidelberg: Peutinger Institut.

OSWALD, W.D. u.a. (Hrsg.)(1984). Gerontologie. Medizinische, psychologische und sozialwissenschaftliche Grundbegriffe. Stuttgart, Berlin: Kohlhammer.

PACKARD, V. (1973). Die ruhelose Gesellschaft. Ursachen und Folgen der heutigen Mobilität. Düsseldorf u. Wien: Econ.

PARSONS, T. (1937). Structure of Social Action. Glencoe.

PARSONS, T. (1976). Zur Theorie sozialer Systeme. Opladen: Westdeutscher Verlag.

PASSUTH, P.M. & V.L. BENGTSON (1988). Sociological Theories of Aging: Current Perspectives and Future Directions. In: Birren, J.E. & V.L. Bengtson (Hrsg.). Emergent Theories of Aging. (S. 333-355). New York: Springer.

PFEIFER, A. & P. SCHMIDT (1987). Lisrel. Die Analyse komplexer Strukturgleichungsmodelle. Stuttgart, New York: Fischer.

PFEIFER, G. (1969). Probleme der Stadtentwicklung in Kalifornien. Tagungsbericht und wiss. Abhandlungen Deutscher Geographentag Bad Godesberg, 86-104. Wiesbaden: Steiner.

PHILLIPSON, C. (1982). Capitalism and the Construction of Old Age. London: Macmillan.

PICKENHAIN, L. & W. RIES (Hrsg.)(1988). Das Alter. Leipzig: Bibliographisches Institut.

PIEPER, R. (1987). Region und Regionalismus. Zur Wiederentdeckung einer räumlichen Kategorie in der soziologischen Theorie. Geographische Rundschau 39, 534-539.

PÖTKE, P.M. (1973). Retirement und Tourismus an der Westküste Floridas. Materialien zur Raumordnung 13. Bochum: Geographisches Institut der Ruhr-Universität.

POHL, J. (1986). Geographie als hermeneutische Wissenschaft. Ein Rekonstruktionsversuch. Münchener Geographische Hefte 52. Kallmünz, Regensburg: Laßleben.

POHL, J. (1993). Regionalbewußtsein als Thema der Sozialgeographie. Münchener Geographische Hefte 70. Kallmünz, Regensburg: Laßleben.

POHL, J. & R. GEIPEL. (1983). Umweltqualität im Münchener Norden. Münchener Geographische Hefte 49. Kallmünz, Regensburg: Laßleben.

POPP, K. (1987). Silicon Valley - Zentrum der Mikroelektronischen Industrie. In: Geographie und Schule 49, 22-29.

POPPER, K.R. (1973). Objektive Erkenntnis. Hamburg: Hoffmann und Campe.

POPPER, K. (1989). Logik der Forschung. 9. Aufl. Tübingen: Mohr.

PORTEOUS, J.D. (1977). Environment and Behavior. Planning and Everyday Urban Life. Reading, Mass.: Addison-Wesley.

PRED, A. (1981). Of Paths and Projects: Individual Behavior and its Societal Context. In: Cox, K.R. & R.G. Golledge (Hrsg.). Behavioral Problems in Geography Revisted. (S. 231-255). London: Methuen.

PROSHANSKY, H.M.; A.K. FABIAN & R. KAMINOFF (1983). Place-Identity: Physical World Socialization of the Self. Journal of Environmental Psychology 3, 57-83.

RAEITHEL, G. (1981). Go West. Ein psychohistorischer Versuch über die Amerikaner. Frankfurt: Syndikat.

REGNIER, V. (1974) Matching Older Persons Cognition with Their Use of Neighborhood Areas. In: Carsons, D.H. (Hrsg.). Man-Environment Interactions 3. (S. 19-40). Stroudsburg: Dowden, Hutchinson & Ross.

REGNIER, V. & J. PYNOOS (Hrsg.)(1987). Housing the Aged. Design Directives and Policy Considerations. New York, Amsterdam: Elsevier.

ROGERS, A. (Hrsg.)(1984). Multiregional Demography: Four Essays. IIASA. Laxenburg.

ROGERS, A. & L. CASTRO (1981). Model Migration Schedules. IIASA Research Report. Laxenburg.

ROGERS, A. & F. PLANCK (1984). Parametrized Multistate Population Projections. Working Paper Institute of Behavioral Science Univ. of Colorado Boulder. Boulder.

ROGERS, A. & W.J. SEROW (Hrsg.)(1988). Elderly Migration: An International Comparative Study. A Final Report to the National Institute on Aging. Boulder.

ROGERS, A. & J. WATKINS (1986). General Versus Elderly Interstate Migration and Population Redistribution in the United States. Paper presented at the Colorado Internat. Conference on Elderly Migration, Aspen Lodge Col.

ROGERS, A. & J. WATKINS (1988). Migration of the Elderly in the United States. In: Rogers, A. & W.J. Serow (Hrsg.). Elderly Migration: An International Comparative Study. Ch. 17, S. 1-50. Boulder.

ROHR-ZÄNKER, R. (1989). A Review of the Literature on Elderly Migration in the Federal Republic of Germany. Progress in Human Geography 13, 209-221.

ROMPEL, H.-K. (1995). Persönliche Zeitverwendung in Hessen 1991/92. Staat und Wirtschaft in Hessen 1/2, 9-14.

ROMSA, G. (1986). Geographische Aspekte der Altersforschung in Kanada und in der Bundesrepublik Deutschland. Geographische Zeitschrift 74, 207-224.

ROSENBERG, M.J. & C.I. HOVLAND (1960). Cognitive, Affective and Behavioral Components of Attitudes. In: Rosenberg, M.J. u.a. (Hrsg.). Attitude Organization and Change. (S. 1-14). New Haven: Yale Univ. Press.

ROSENMAYR, L. (1984). Gerosoziologie. In: Oswald, W.D. u.a. (Hrsg.). Gerontologie. (S. 176-183). Stuttgart, Berlin: Kohlhammer.

ROSENMAYR, L. (1988). Besser wohnen - besser leben. Die Wohnung im Erlebnis und Selbstverständnis alter Menschen. Informationen zur Raumentwicklung 1/2, 23-36.

ROWLES, G.D. (1978). Prisoners of Space? Exploring the Geographical Experience of Older People. Boulder: Westview Press.

ROWLES, G.D. (1981). The Surveillance Zone as Meaningful Space for the Aged. The Gerontologist 21, 304-311.

ROWLES, G.D. (1983a). Between Worlds: A Relocation Dilemma for the Appalachian Elderly. Intern. Journal of Aging and Human Development 17, 301-314.

ROWLES, G.D. (1983b). Place and Personal Identity in Old Age: Observations from Appalachia. Journal of Environmental Psychology 3, 299-313.

ROWLES, G.D. (1986). The Geography of Ageing and the Aged: Toward an integrated Perspective. Progress in Human Geography 10, 511-539.

ROWLES, G.D. (1987). A Place to Call Home. In: Carstensen, L.L. & B.A. Edelstein (Hrsg.). Handbook of Clinical Gerontology. (S. 335-353). New York: Pergamon.

ROWLES, G.D. & R.J. OHTA (Hrsg.)(1983). Aging and Milieu. Environmental Perspectives on Growing Old. New York, London: Academic Press.

RUDZITIS, G. (1982). Residential Location Determinants of the Older Population. Deptm. of Geography Research Paper 202. Chicago: University of Chicago.

RUDZITIS, G. (1984). Geographical Research and Gerontology: An Overview. The Gerontologist 24, 536-542.

RÜCKERT, W. (1984). Versorgungssysteme. In: Oswald, W.D. u.a. (Hrsg.). Gerontologie. (S. 520-529). Stuttgart/Berlin: Kohlhammer.

SACK, R.D. (1986). Human Territoriality: Its Theory and History. Cambridge: Cambridge University Press

SAUBERER, M. (1981). Migration and Settlement: 10. Austria. IIASA Research Report. Laxenburg.

SAUP, W. (1984). Übersiedlung ins Altenheim. Weinheim: Beltz.

SAUP, W. (1985). Zur Verbesserung der Wohnqualität in Altenheimen. Ein psychologischer Beitrag. In: Archiv für Wissenschaft und Praxis der sozialen Arbeit 16, 264-277.

SAUP, W. (1986). Wohnen im Alter - psychologische Aspekte. Zeitschrift für Gerontologie 19, 342-347.

SAUP, W. (1989). Altern und Umwelt. Kurseinheit 1 der Fernuniversität Hagen. Hagen: Fachbereich Erziehungs-, Sozial- und Geisteswissenschaften.

SAUP, W. (1990). Übersiedlung und Aufenthalt im Alten- und Pflegeheim. Augsburger Berichte zur Entwicklungspsychologie und Pädagogischen Psychologie 46. Augsburg.

SAUP, W. (1993). Alter und Umwelt. Eine Einführung in die Ökologische Gerontologie. Kohlhammer: Stuttgart.

SAXENIAN, A. (1981). Silicon Chips and Spatial Structure. The Industrial Basis of Urbanization in Santa Clara County. Institute of Urban and Regional Development, Working Paper 345. Berkeley.

SAXENIAN, A. (1985). The Genesis of Silicon Valley. In: Hall, P. & A. Markusen (Hrsg.). Silicon Landscapes. S. 20-34. Boston: Allen & Unwin.

SCHACHTNER, C. (1990). Neue Wohn- und Lebensformen im Alter. Alt werden in einer Wohngemeinschaft. In: Zeitschrift für Gerontologie 23, 34-38.

SCHAFFER, F. (1968). Untersuchungen zur sozialgeographischen Situation und regionalen Mobilität in neuen Großwohngebieten am Beispiel Ulm-Eselsberg. Münchner Geographische Hefte 32. Kallmünz/Regensburg: Laßleben.

SCHENK, H. (1975). Die Kontinuität der Lebenssituation als Determinante erfolgreichen Alterns. Köln: Hanstein.

SCHEUER, M. (1987). Zur Leistungsfähigkeit neoklassischer Arbeitsmarkttheorien. In: Wirtschaft und Beschäftigung 5. Bonn: Verlag Neue Gesellschaft.

SCHMIED, W. (1987). Ortsverbundenheit - eine Triebkraft für die Entwicklung ländlicher Räume? In: Informationen zur Raumentwicklung 3, 131-139.

SCHMITZ-SCHERZER, R. & W. TOKARSKI (1982). Der ältere Mensch in der Familie. Eine Materialsammlung. Kassel.

SCHNEIDER, H. (1985). Kreispolitik im ländlichen Raum. Beiträge zur Kommunalwissenschaft 20. München: Minerva.

SCHÖPS, H.J. (1989). Es wird erbarmungslose Kämpfe geben. In: Der Spiegel 31, 44-58.

SCHÖLLER, P. (1984). Traditionsbezogene räumliche Verbundenheit als Problem der Landeskunde. Berichte zur deutschen Landeskunde 58, 31-36.

SCHOOLER, K.K. (1970). The Relationship Between Social Interaction and Morale of the Elderly as a Function of Environmental Characteristics. Gerontologist 10, 25-29.

SCHOOLER, K.K. (1982). Response of the Elderly to Environment: A Stress-Theoretical Perspective. In: Lawton, M.P., P.G. Windley & T.O. Byerts (Hrsg.). Aging and the Environment: Theoretical Approaches. (S. 80-96). New York: Springer.

SCHRAMM, W. (1987). Wohnen im Alter. In: Materialien zum Vierten Familienbericht Bd. 1, 221-317. München: Deutsches Jugendinstitut.

SCHUBERT, H.J. (1990). Wohnsituation und Hilfenetze im Alter. Zeitschrift für Gerontologie 23, 12-22.

SCHUBERT, H.J. (1994). Hilfenetze älterer Menschen. Zur Bedeutung von räumlichen Entfernungen und sozialen Beziehungen für Hilfe im Alter. Geographische Zeitschrift 82, 226-238.

SCHUBÖ, W. & H.-M. UEHLINGER (1984). SPSS X Handbuch der Programmversion 2. Stuttgart, New York: Fischer.

SCHÜTZ, A. & Th. LUCKMANN (1988/1984). Strukturen der Lebenswelt. Bd. 1 und 2. (3. und 1. Auflage). Frankfurt: Suhrkamp.

SCHÜTZ, M.W. (1985). Die Trennung von Jung und Alt in der Stadt. Beiträge zur Stadtforschung 9. Hamburg: Christians.

SEDLACEK, P. (1982). Kultur-/Sozialgeographie: Eine einführende Problemskizze. In: Sedlacek, P. (Hrsg.) Kultur-/Sozialgeographie (S. 9-22). Paderborn: Schöningh.

SEDLACEK, P. (Hrsg.)(1989). Programm und Praxis qualitativer Sozialgeographie. Wahrnehmungsgeographische Studien zur Regionalentwicklung 6. Oldenburg: Universität.

SEROW, W.J. (1987). Determinants of Interstate Migration: Differences Between Elderly and Nonelderly Movers. Journal of Gerontology 42, 95-100.

SEROW, W.J., K. FRIEDRICH & W.H. HAAS (1995). Residential Relocation and Regional Redistribution of the Elderly in the United States and Germany. Paper presented at the meeting of the European Ass. for Population Studies. Mailand.

SIEVERTS, T. (1983). Die Stadt als Erlebnisraum. In: Albers, G. u.a. (Hrsg.). Grundriß der Stadtplanung. (S. 119-134). Hannover.

SIMON, K.-H. (1988). Probleme vergleichender Stadtforschung. In: Soziologische Stadtforschung. Kölner Zeitschrift für Soziologie und Sozialpsychologie. Sonderheft 29, 381-409.

SOCIALDATA (Hrsg.)(1984). Kontinuierliche Erhebung zum Verkehrsverhalten 1982 (KONTIV 82). Unveröffentlichter Forschungsbericht im Auftrag des Bundesministers für Verkehr. Bonn: Eigenverlag

SOMMER, B. (1992). Entwicklung der Bevölkerung bis 2030. Ergebnis der siebten koordinierten Bevölkerungsvorausberechnung. Wirtschaft und Statistik 4, 217-222.

SPADA, H. (1990). Umweltbewußtsein: Einstellung und Verhalten. In: Kruse, L.; C.-F. Graumann & E.-D. Lantermann (Hrsg.). Ökologische Psychologie. Ein Handbuch in Schlüsselbegriffen. (S. 623-631). München: Psychologie Verlags Union.

SPÄTH, H. (Hrsg.)(1977). Fallstudien Cluster-Analyse. München, Wien: Oldenbourg.

STAHLBERG, D., G. OSNABRÜGGE & D. FREY (1985). Die Theorie des Selbstwertschutzes und der Selbstwerterhöhung. In: Frey, D. & M. Irle (Hrsg.). Theorien der Sozialpsychologie III: Motivations- und Informationsverarbeitungstheorien. (S. 79-124). Bern: Huber.

STANFORD ENVIRONMENTAL LAW SOCIETY (Hrsg.)(1971). San Jose: Sprawling City. Stanford: University.

STATISTISCHES BUNDESAMT (Hrsg.)(1981). Wohnungsstichprobe 1978. Fachserie 5. Wiesbaden.

STATISTISCHES BUNDESAMT (Hrsg.)(1986, 1989). Statistisches Jahrbuch für die Bundesrepublik Deutschland. Stuttgart: Metzler-Poeschel.

STATISTISCHES BUNDESAMT (Hrsg.)(1990). Fachserie 1. Bevölkerung und Erwerbstätigkeit 3, VZ 1987. Demographische Struktur der Bevölkerung. Teil 1: Altersaufbau nach ausgewählten Merkmalen. Stuttgart: Metzler-Poeschel.

STATISTISCHES BUNDESAMT (Hrsg.)(1991). Im Blickpunkt: Ältere Menschen. Stuttgart: Metzler-Poeschel.

STATISTISCHES BUNDESAMT (Hrsg.)(1994). Im Blickpunkt: Ältere Menschen in der Europäischen Gemeinschaft. Stuttgart: Metzler-Poeschel.

STOKOLS, D. (Hrsg.)(1977). Perspectives on Environment and Behavior. New York, London: Plenum Press.

STOKOLS, D. & I. ALTMAN (Hrsg.)(1987). Handbook of Environmental Psychology. Vol. 1 u.2. New York: Wiley.

STOLARZ, H. (1986). Wohnungsanpassung - Maßnahmen zur Erhaltung der Selbständigkeit älterer Menschen. KDA-Schriftenreihe Forum Bd. 5. Köln.

STOLARZ, H. (1990). Wohnen und Wohnumfeld im Alter. Zeitschrift für Gerontologie 23, 1-2.

STOLARZ, H., K. FRIEDRICH & R. WINKEL (1993). Wohnen und Wohnumfeld im Alter. Expertise zum ersten Altenbericht der Bundesregierung. II. Schriftenreihe des Deutschen Zentrums für Altersfragen. (S. 241-403). Berlin.

STREIB, G.F. (1987). Old Age in Sociocultural Context: China and the United States. Journal of Aging Studies 1, 95-112.

STREIB, G.F. (1989). The South and Its Older People: Structural and Change Perspectives. In: The South Moves Onto Its Future. Korrekturabzug. (S. 30-42). University of Alabama Press.

STREIB, G.F. & R.H. BINSTOCK (1990). Aging and the Social Sciences: Changes in the Field. In: Binstock, R.H. & L.K. George (Hrsg.). Handbook of Aging and the Social Sciences. 3. Auflage. Korrekturabzug. (S. 1-16). Academic Press.

STREIB, G.F. & C.J. BOURG (1984). Age Stratification Theory, Inequality, and Social Change. Comparative Social Research 7, 63-77.

STREIB, G.F., W.E. FOLTS & A.J. LA GRECA (1985). Autonomy, Power and Decision-Making in Thirty-Six Retirement Communities. In: The Gerontologist 25, 403-409.

STRÜDER, I. (1993). Die Wohnumwelt alleinlebender Frauen über 60 Jahre. In: Kieler Arbeits-papiere zur Landeskunde und Raumordnung 28. (S. 61-84). Kiel.

STRUYK, R.J. & B.J. SOLDO (1980). Improving the Elderly`s Housing. Cambridge, Mass.: Ballinger.

SUMICHRAST, M. u.a. (1984). Planning Your Retirement Housing. Washington: AARP.

SZALAI, A. u.a. (1972). The Use of Time: Daily Activities of Urban and Suburban Populations in Twelve Countries. The Hague: Mouton.

TARTLER, R. (1961). Das Alter in der modernen Gesellschaft. Stuttgart: Enke.

TEWS, H.P. (1979). Soziologie des Alterns. 3. Aufl. Heidelberg: Quelle & Meyer.

TEWS, H.P. (1989). Altern auf dem Lande: Strukturwandel des Alters - Veränderung des Landes. Referat a.d. Tagung Altern und Altenhilfe auf dem Lande - Zukunftsperspektiven, Sept. 1989 Marburg.

THIEMANN, H.J. (1985). Mobilität alter Menschen im Wohnumfeld. Dargestellt an Beispielen aus der Stadt Köln. Unveröff. Diplomarbeit. Bonn: Geographisches Institut.

THOMAE, H. (1970). Theory of Aging and Cognitive Theory of Personality. Human Develop-ment 13, 1-16.

THOMAE, H. (1971). Die Bedeutung einer kognitiven Persönlichkeitstheorie für die Theorie des Alterns. Zeitschrift für Gerontologie 4, 8-18.

THOMAE, H. (1976). Ökologische Aspekte der Gerontologie. Zeitschrift für Gerontologie 9, 407-410.

THOMAE, H. (1983). Alternsstile und Altersschicksale. Ein Beitrag zur Differentiellen Geronto-logie. Bern: Huber.

THOMAE, H. (1984). Gerontopsychologie. In: Oswald, W.D. u.a. (Hrsg.). Gerontologie. (S. 169-175). Stuttgart, Berlin: Kohlhammer.

THOMAE, H. (1987). Alltagsbelastungen im Alter und Versuche ihrer Bewältigung. In: Lehr, U. & H. Thomae. (Hrsg.). Formen seelischen Altern. S. 92-114. Stuttgart: Enke.

THOMAE, H. (1988a). Das Individuum und seine Welt. 2. Auflage. Göttingen: Hogrefe.

THOMAE, H. (1988b). Lebenszufriedenheit im Alter: Geschichte und Gegenwart eines geronto-logischen Grundbegriffes. In: Kruse, A., L. Lehr u.a. (Hrsg.). Gerontologie - Wissenschaftli-che Erkenntnisse und Folgerungen für die Praxis. (S. 210-223). Heidelberg: Peutinger Institut.

THOMALE, E. (1972). Sozialgeographie. Eine disziplingeschichtliche Untersuchung zur Ent-wicklung der Anthropogeographie. Marburger Geographische Schriften 53. Marburg: Geo-graphisches Institut.

THOMALE, E. (1974). Geographische Verhaltensforschung. In: Studenten in Marburg. Marbur-ger Geographische Schriften 61. (S. 9-30). Marburg: Geographisches Institut.

THOMI, W. (1985). Zur räumlichen Segregation und Mobilität alter Menschen in Kernstädten von Verdichtungsräumen: Das Beispiel Frankfurt a.M. In: Frankfurter Wirtschafts- und Sozi-algeographische Schriften 47. (S.15-58). Frankfurt: Wirtschafts- und Sozialgeograph. Institut.

TOGNIOLI, J. (1987). Residential Environments. In: Stokols, D. & I. Altman (Hrsg.). Handbook of Environmental Psychology. Vol. 1 (S. 655-690). New York: Wiley.

TOKARSKI, W. (1989a). Altern zwischen Veränderung und Bewältigung: Soziologische Aspekte. Vortragsmanuskript Tagung Sektion III der Deutschen Gesellschaft für Gerontologie in Nürnberg.

TOKARSKI, W. (1989b). Freizeit- und Lebensstile älterer Menschen. Kasseler Gerontologische Schriften 10. Kassel: Gesamthochschule.

TOKARSKI, W. & R. SCHMITZ-SCHERZER (1985). Freizeit. Stuttgart: Teubner.

TOKARSKI, W. & R. SCHMITZ-SCHERZER (1990). Lebenswelten im Wandel - der Beitrag der gerontologischen Longitudinalforschung für das Verständnis der Veränderungen von Lebenswelten. In: Petzold, H. u.a. (Hrsg.). Lebenswelten des älteren Menschen. Manuskript. Paderborn: Jungfermann.

TOLMAN, E.C. (1948). Cognitive Maps in Rats and Men. Psychological Rev. 55, 189-208. Nachdruck in: Downs, R.M. & D. Stea (Hrsg.) (1973). Image and Environment. Cognitive Mapping and Spatial Behavior. (S.234-259). Chicago: Aldine.

TREINEN, H. (1974). Symbolische Ortsbezogenheit. In: Materialien zur Siedlungssoziologie (S. 234-259). Köln: Kiepenheuer & Witsch.

TRIANDIS, H.D. (1975). Einstellungen und Einstellungsänderungen. Weinheim: Beltz.

TZSCHASCHEL, S. (1986). Geographische Forschung auf der Individualebene. Darstellung und Kritik der Mikrogeographie. Münchener Geographische Hefte 53. Kallmünz/Regensburg: Lassleben.

UNITED NATIONS, Department of International Economic and Social Affairs (Hrsg.)(1988). World Population Trends and Policies. 1987 Monitoring Report. Population Studies 103. New York.

UNITED NATIONS, Department of International Economic and Social Affairs (Hrsg.)(1989). World Population Prospects 1988. Population Studies 106. New York.

UNITED STATES CONFERENCE OF MAYORS (Hrsg.)(1985). Assessing Elderly Housing. Washington, D.C.

URBAN, C.E. (1984). A Place to Call Home: The Housing Needs of the Elderly in Santa Clara County. Report to the Council on Aging of Santa Clara County. San Jose.

U.S. DEPARTMENT OF COMMERCE, Bureau of the Census (Hrsg.)(1983a). Census of Population and Housing. Census Tracts San Jose. Washington, D.C.

U.S. DEPARTMENT OF COMMERCE, Bureau of the Census (Hrsg.)(1983b). America in Transition: An Aging Society. Current Population Rep. Special Studies P-23/128. Washington, D.C.

U.S. DEPARTMENT OF COMMERCE, Bureau of the Census (Hrsg.)(1984). Demographic and Socioeconomic Aspects of Aging in the United States. Current Population Rep. Special Studies P-23/138. Washington, D.C.

U.S. DEPARTMENT OF COMMERCE, Bureau of the Census (Hrsg.)(1987, 1991c). Statistical Abstract of the United States. Washington, D.C.

U.S. DEPARTMENT OF COMMERCE, Bureau of the Census (Hrsg.)(1989, 1991b). Geographical Mobility. Current Population Report. Series P-20. Washington, D.C.

U.S. DEPARTMENT OF COMMERCE, Bureau of the Census (Hrsg.)(1991a). Census Bureau Releases Additional 1990 Census Population and Housing Information (Alabama - Wyoming) CB 91. Washington, D.C.

U.S. DEPARTMENT OF HEALTH AND HUMAN SERVICES (Hrsg.)(1991). Aging America. Trends and Projections. Washington, D.C.

U.S. DEPARTMENT OF LABOR u.a. (Hrsg.)(1982). Social Indicators for Planning and Evaluation 1980 Census of Population. Report 3 Santa Clara County. San Francisco, Ca.

U.S. SENATE. Special Committee on Aging.(Hrsg.)(1983). Developments in Aging 1982, Vol. 1. Washington, D.C.: U.S. Gov. Printing Office.

U.S. SENATE. Special Committee on Aging.(Hrsg.)(1985). Developments in Aging 1984, Vol. 1. Washington, D.C.: U.S. Gov. Printing Office.

VANBERG, M. (1975). Ansätze zur Wanderungsforschung. Folgerungen für ein Modell der Wanderungsentscheidungen. In: Forschungs- und Sitzungsberichte der Akademie für Raumforschung und Landesplanung 95, 3-20.

VANCE, J.E. (1964). Geography and Urban Evolution in the San Francisco Bay Area. Berkeley: Institute of Governmental Studies.

VASKOVICS, L.A. (Hrsg.)(1982). Raumbezogenheit sozialer Probleme. Beiträge zur sozialwissenschaftlichen Forschung 35. Opladen: Westdeutscher Verlag.

VASKOVICS, L.A. (1990). Soziale Folgen der Segregation alter Menschen in der Stadt. In: Bertels, L. & U. Herlyn. Lebenslauf und Raumerfahrung. (S. 59-79). Opladen: Leske u. Budrich.

VASKOVICS, L.A., P. FRANZ & W. UELTZEN (1983). Ursachen der räumlichen Segregation alter Menschen in bundesdeutschen Städten. Forschungsbericht 12 der sozialwissenschaftlichen Forschungsstelle Bamberg: Universität.

VEITH, K. & H.J. BUCHER (1994). Demographische Alterung und Pflegebedürftigkeit in privaten Haushalten Deutschlands im regionalen Vergleich. Geographische Zeitschrift 82, 214-225.

VERGOOSSEN, T.W.M. (1983). Pensioenmigratie in Nederland. Nijmegen.

VOLLMAR, R. (1986). Kulturregionen der USA und der neue Nord-Süd-Regionalismus. In: Vechtaer Arbeiten zur Geographie und Regionalwissenschaft 2, 23-34.

WAGNER, M. (1987). Räumliche Mobilität im Lebensverlauf. Unveröff. Dissertation. FU Berlin. Berlin.

WAHL, H.-W. (1990). Auf dem Weg zu einer alltagsbezogenen Gerontopsychologie. Teil I und II. Zeitschrift für Gerontopsychologie und -psychiatrie 3, 13-23 und 1, 191-200.

WAHL, H.-W. & W. SAUP (1994). Ökologische Gerontologie: mehr als die Docility-Hypothese? Zeitschrift für Gerontologie 27, 342-354.

WAHL, H.-W. & U. SCHMID-FURSTOSS (1988). Alltagsaktivitäten und Kontrolle im Alter. Eine Tageslaufstudie. In: Report Psychologie 13, 24-30.

WALKER, A. (1981). Towards a Political Economy of Old Age. Ageing and Society 1, 73-94.

WARNES, A.M. (Hrsg.) (1982). Geographical Perspectives on the Elderly. Chichester: Wiley.

WARNES, A.M. (1987). Geographical Locations and Social Relationships Among the Elderly in Developing and Developed Nations. In: Pacione, M. (Hrsg.). Social Geography: Progress and Prospects. (S. 252-294) London: Croom Helm.

WARNES, A.M. (1990). Geographical Questions in Gerontology: Needed Directions for Research. Progress in Human Geography 14, 24-56.

WATKINS, J. (1986). Multiregional Demographic Models and the Analysis of Elderly Migration. Paper presented at the Workshop on Elderly Migration, Nijmegen, the Netherlands.

WEICHHART, P. (1986). Das Erkenntnisobjekt der Sozialgeographie aus handlungstheoretischer Sicht. Geographica Helvetica 2, 84-90.

WEICHHART, P. (1989). "Regionalbewußtseinsforschung" - Regionale Identität als Teilaspekt raumbezogener Identität. Überlegungen zum Stand der Diskussion. Unveröff. Referat Arbeitskreissitzung "Regionalbewußtsein" in Darmstadt.

WEICHHART, P. (1990). Raumbezogene Identität. Bausteine zu einer Theorie räumlich-sozialer Kognition und Identifikation. Erdkundliches Wissen 102. Wiesbaden/Stuttgart: Steiner.

WEICHHART, P. (1993). Mikroanalytische Ansätze der Sozialgeographie - Leitlinien und Perspektiven der Entwicklung. In: Innsbrucker Geographische Studien 20, 101-115. Innsbruck: Geographisches Institut.

WEICHHART, P. & N. WEIXLBAUMER (1988). Lebensqualität und Stadtteilsbewußtsein in Lehen - ein stigmatisiertes Salzburger Stadtviertel im Urteil seiner Bewohner. In: Salzburger Geographische Arbeiten 17, 271-310. Salzburg: Geographisches Institut.

WERLEN, B. (1986). Thesen zur handlungstheoretischen Neuorientierung sozialgeographischer Forschung. Geographica Helvetica 2, 67-76.

WERLEN, B. (1987a). Gesellschaft, Handlung und Raum. Grundlagen handlungstheoretischer Sozialgeographie. Erdkundliches Wissen 89. Wiesbaden/Stuttgart: Steiner.

WERLEN, B. (1987b). Zwischen Metatheorie, Fachtheorie und Alltagswelt. Eine Auseinandersetzung mit Bartels' Stufenmodell anwachsender Rationalität wissenschaftlichen Handelns. In: Bahrenberg, G. u.a. (Hrsg.). Geographie des Menschen. Dietrich Bartels zum Gedenken. Bremer Beiträge zur Geographie und Raumplanung 11, 11-25.

WERLEN, B. (1988). Von der Raum- zur Situationswissenschaft. Geographische Zeitschrift 76, 193-208.

WHITE, C.B. (1981). Energy and the Elderly: Developing a Telephone Survey for Quick Assessment. In: Streib, G.F. (Hrsg.). Programs for Older Americans. Research Series Center for Gerontological Studies Vol. 1, 141-157. University Press: Gainesville.

WIESSNER, R. (1978). Verhaltensorientierte Geographie. Die angelsächsische behavioral geography und ihre sozialgeographischen Ansätze. Geographische Rundschau 30, 420-426.

WILBERS, J. (1989). Singularisierung - eine Entwicklung in der Zukunft? In: Rott, Ch. & F. Oswald (Hrsg.). Kompetenz im Alter. (S. 331-342). Heidelberg: Peutinger Institut.

WINDHORST, H.-W. (Hrsg.)(1987). The Role of Geography in a Post-Industrial Society. Vechtaer Arbeiten zur Geographie und Regionalwissenschaft 5. Vechta: Vechtaer Druckerei und Verlag.

WINDLEY, P.G. & R.J. SCHEIDT (1982). An Ecological Model of Mental Health Among Small-Town Rural Elderly. Journal of Gerontology 37, 235-242.

WIRTH, E. (1977). Die deutsche Sozialgeographie in ihrer theoretischen Konzeption und ihrem Verhältnis zur Soziologie und Geographie des Menschen. Geographische Zeitschr. 65, 161-187.

WIRTH, E. (1979). Theoretische Geographie. Stuttgart: Teubner.

WIRTH, E. (1981). Kritische Anmerkungen zu den wahrnehmungszentrierten Forschungsansätzen in der Geographie. Geographische Zeitschrift 69, 161-198.

WIRTH, E. (1987). Franken gegen Bayern - ein nur vom Bildungsbürgertum geschürter Konflikt? Aspekte regionalen Zugehörigkeitsbewußtseins auf der Mesoebene. Berichte zur dt. Landeskunde 61, 271-297.

WISCHER, R. & CH. KLIMKE (1988). Zur Situation der alten Menschen in ihrem räumlichen Umfeld. Planerische Probleme und konzeptionelle Ansätze. Informationen zur Raumentwicklung 1/2, 57-73.

WISEMAN, R.F. (1978). Spatial Aspects of Aging. Resource Papers 4. Washington: Ass. of American Geographers.

WISEMAN, R.F. & C.C. ROSEMAN (1979). A Typology of Elderly Migration Based on the Decision Making Process. Economic Geography 55, 324-337.

WITTENBERG, R. (1978). Zur Ausgliederung älterer Menschen aus dem Straßenverkehrssystem. In: Hohmeier, J. & H.-J. Pohl (Hrsg.). Alter als Stigma. Oder: Wie man alt gemacht wird. (S. 124-137). Frankfurt.

WITZEL, A. (1982). Verfahren der qualitativen Sozialforschung. Überblick und Alternativen. Frankfurt, New York: Campus.

WOHLFAHRT, S. (1983). Wohnumfeldstruktur und Aktivitäten älterer Menschen . Zeitschrift für Bevölkerungswissenschaft 9, 93-107.

WOLF, K. (1981). Agglomerationsraum Rhein-Main. Entwicklungstendenzen von Bevölkerung, Wohn- und Arbeitsstätten. Geographische Rundschau 33, 400-406.

WOLF, K. & G. OTTO (1989). Das Hessische Ried. Name und Abgrenzung einer hessischen Landschaft im Regionalbewußtsein ihrer Bevölkerung. Berichte zur dt. Landesk. 63, 587-623.

WOLPERT, J. (1965). Behavioral Aspects of the Decision to Migrate. Regional Science Association Papers 15, 159-169.

WIRTH, R. (1956): Thesen zur humanen Elektroakustic /Psychoakustic sozialpsychologischer Forschung. Geographica Helvetica 2, 67.

WIRTH, [..] & [..]: Die Gestalt. Bewertung von Rammverdichtungen bei offenen großflächigen Sortieranlage bei Baustellen. Wasser 86. Wirtschaftlicher und lieferbar.

WIRTH, N. E. (1975): Zusammenfassende Beobachtung und die Verständ... Organisationsstruktur und Funktion Spielpsychologie der Verhaltensforschung in Randgebieten der Handlung. In: Baugebiet, C. (ed.) [HRSG.] Biologie des Verhaltens. Reihen Ludwig von Oelhafen, pro Teil. Erziehungsforschung und Berufslehre [..].

WILLEN, B. (1956): Von der Raum- und Gemeinschaftsbildung. Geographische Zeitschrift 56, 101-114.

WILLE, B. (1981): Design and the Effect. Developing in Corporate Strategic... For Good Management. In: Pratt, D. E. & [..], Ideas for Organizations. Research Series Contributions. Co-ordination of Ideas Vol. I, 101-175, Meiryuteikaya, Gabun, Tilburg.

WITTISNER, K. (1974): Sinne zwischenmenschlichen. Die Regulation der behavioral category und [..] und Raum analysiert in der Anthropogeographie. Zeitschrift Natur pol. Th., 476-504.

WIERSMA, (1986): Sozialwissenschaftlich, eine Untersuchung in der Biologie und der Zukunft in der Stadt, Ch. 81-98, Wiley, New York & [..], in: Lisch, Gn. 451-454, Handbuch der Angewandten Forschung.

WIDNOHSET, H. W. (1932): [..] Der Beitrag zur Gründung der Unterrichtliche Sinnpro-zesse. Arbeiten zur Geologischen und Vegetationsvergleich in der [..] Aufbau, Funktion und Verlauf.

WHDUKSPE, W. & A. SCHUBERT (1948): Analyse und Kritik bei der Offentlichkeit Health/Annäherungen. Journal of Social Psychology 1, 211-244.

YAHTH, R. (1961): Die allgemeine Naturbeschreibung eine Anregung beim Rammgebiet bei Stadt. Vorläufig zur Sozialgeographie und einer zwischenmenschlichen Geographie. Rehberg, P. [..] GB, [..].

WIRTH, K. E. & [..], Teilverweis. Geographica Helvetica 5, [..].

WIRTH, L. (1951): Sozio- & Kulturdynamik [..] zur Anwendung. Verbreitung Biologien in der [..] und der Umwelt. Geographische Zeitschrift, [..].

WIRTH, L. & WIRTH, Projekte. Eine System- und autonome Bildung [..] im gesellschaftlichen Leben. Aktuelle a. Methode. Zugel bieten der Schwerpunkt und der Wirtschaft. Beiträge zur Soziologie der Arbeit 5, 177-201.

WIRKHOF, R. K. & [..], KLINK, Sh. (1946): Zahlenraum der Fläche. Methode der Sozialforschung in Feld. Phenologische Probleme und Organisationsstruktur in der Organisationsgenese. Sozialwissenschaft 52, 51-70.

WISSMANN, K. R. (1965): Struktur-Analyse und Angewandte Forschung der Kommunikation. American Geographer [..].

FRIEDRICH, W. & [..], C. G. GOSMAN (1976): Developing Block [..] Planning School der die Geographie und geographischen Forschung. Geographica, [..], 18-[..].

WITTENBERGER, R. (1936): Von Angebot und einer Methode. [..] Studien Theorie von einem 1. In: Hohnester, L. & H. Frank (eds.) Studien zur eigenen Untersuchung. Erscheinung und [..], 151-176, Frankfurt.

WITZEL, A. (1982): Verfahren der qualitativen Sozialforschung. Überblick und Alternativen. Frankfurt, New York, Campus.

WÖRTH, PARK, S. (1961): Wildnis in der Lebensentfaltung der Gleicheit. Struktur, Funktion und Entwicklungsmöglichkeiten 9, 93-107.

WOLK, Karl T.: Angewandte Raumgeographie und Umweltfragen, herausgegeben von Bernd Schramm. Beitrag und Anwendungen. Oberamteilung, geographisch, 301-304.

WOLFOX, & G. OTTO (1980): Das Geschlecht und Plan- und Ausprägung einer Perspektiven in sozialisation und regional allgemeinen Zusammensetzung. Die Zeitschrift ö.J. Jahrbuch 65, 63-637.

WOLFERT, J. (1960): Wahrscheinlich in Raum der Erkenntnis im Magicle. Bericht und Sinna-systeme. Peace [..] 5, 193-204.

Geographisches Institut
Dr. Klaus Friedrich (Akad. Oberrat)

6100 Darmstadt, Schnittspahnstr. 9
Telefon (06151) 16 36 19

Technische Hochschule
Darmstadt

F R A G E B O G E N

RAUMWISSENSCHAFTLICHE ASPEKTE DES ALTERNS

Sehr geehrte Damen und Herren,

das Geographische Institut der Technischen Hochschule Darmstadt untersucht in einer vergleichenden Studie die Auswirkungen, welche der
wachsende Anteil älterer Menschen auf die räumlichen Gegebenheiten
in Deutschland und Nordamerika haben wird. Als Leiter dieses Forschungsvorhabens erwarte ich von den Ergebnissen auch positive Auswirkungen auf Planungsentscheidungen für Ihre Generation.

Sie sind für diese Erhebung wissenschaftlich ausgewählt worden. Ihre
Mitarbeit würde für das Forschungsanliegen sehr von Nutzen sein.
Dennoch ist Ihre Teilnahme selbstverständlich völlig freiwillig. Der
Interviewer ist über die Ziele dieses Forschungsvorhabens informiert
und kann sich Ihnen gegenüber durch einen gültigen Interviewerpaß
ausweisen. Wenn Sie zusätzliche Informationen wünschen, wenden Sie
sich bitte über die oben angegebene Telefonnummer an mich. Ich kann
Ihnen versichern, daß Ihre Angaben ausschließlich dem oben genannten
wissenschaftlichen Zweck dienen, anonym ausgewertet und absolut
vertraulich behandelt werden.

Ich danke Ihnen im voraus für Ihre Mithilfe und die Zeit, die Sie
uns zur Verfügung stellen!

(Dr. Klaus Friedrich, Akademischer Oberrat)

1) Seit wann bewohnen Sie hier in (Ort eintragen) .... diese Wohnung/dieses Haus?

- ○ seit Geburt (Intervieweranweisung: weiter mit Frage 9)
- ○ seit 19...........

wenn 1965 oder danach umgezogen

2) Wo haben Sie zuletzt gewohnt?

- ○ hier im selben Viertel
- ○ in einem anderen Stadt-/Ortsteil
- ○ außerhalb des heutigen Wohnortes in: .... /Kreis: ....

3) Aus welchen Gründen sind Sie aus Ihrer vorigen Wohnung fortgezogen?
(max. 2 Antworten; bitte Karte 1 vorlegen)

- ○ wegen der Wohnung und zwar ....
- ○ wegen der Wohnumgebung und zwar ....
- ○ wegen des Freizeit-/Versorgungsangebots und zwar ....
- ○ aus finanziellen Gründen und zwar..
- ○ aus berufsbedingten Gründen und zwar...
- ○ aus persönlichen/familiären Gründen und zwar ....
- ○ aus sonstigen Gründen und zwar..

4) Waren Veränderungen der persönlichen/familiären Situation ebenfalls wichtig für Ihre Umzugsentscheidung? Wenn ja, welche?
(max. 2 Antworten)

- ○ nein
- ○ Verlust des Ehepartners/Partners
- ○ Auszug des/der Kindes/r
- ○ Auflösung des Bekanntenkreises
- ○ Anschluß an den Haushalt von Angehörigen/Freunden
- ○ gesundheitliche Gründe
- ○ Ausscheiden aus dem Erwerbsleben (selbst oder Partner)
- ○ Sonstiges..

5) Wer ist damals mit Ihnen zusammen umgezogen?

- ○ Ehepartner/Partner
- ○ Kind/er
- ○ Angehörige
- ○ Freunde/Bekannte
- ○ andere Personen
- ○ allein umgezogen

6) Wenn Sie Ihre heutigen Wohnverhältnisse mit denen vor Ihrem Umzug vergleichen, welche Bedingungen haben sich seitdem verschlechtert, welche verbessert und welche sind gleich geblieben?

	verschlechtert	gleich geblieben	verbessert
Wohnumgebung (z. B. Landschaft, Umwelt)	○	○	○
Erreichbarkeit der Innenstadt	○	○	○
Freizeitangebot	○	○	○
Wohnkosten/Miete (höher/niedr.)	○	○	○
Nachbarschaftsverhältnis	○	○	○
Wohnungsausstattung (Komfort)	○	○	○

7) Wie oft sind Sie seit 1950 umgezogen (ohne innerörtliche Umzüge)?
.... mal

8) Welche Umzüge über die Grenzen Ihrer jeweiligen Wohngemeinde haben Sie unternommen, nachdem Sie oder Ihr Ehepartner das 50. Lebensjahr erreicht haben?

1. von .... nach .... im Jahr 19...........
   zusammen mit .... Hauptgrund ....
2. von .... nach .... im Jahr 19...........
   zusammen mit .... Hauptgrund ....
3. von .... nach .... im Jahr 19...........
   zusammen mit .... Hauptgrund ....
4. von .... nach .... im Jahr 19...........
   zusammen mit .... Hauptgrund ....
5. von .... nach .... im Jahr 19...........
   zusammen mit .... Hauptgrund ....
6. von .... nach .... im Jahr 19...........
   zusammen mit .... Hauptgrund ....

9) **Wieviel Personen — Sie eingeschlossen — leben ständig in Ihrem Haushalt?**
.... Personen

10) **Wieviel Wohn- und Schlafräume hat Ihre Wohnung?**
.... Räume

11) **Wohnen Sie in einem/r . . .**
○ Eigenheim
○ Eigentumswohnung
○ gemieteten Einfamilienhaus
○ Mietwohnung im Mehrfamilienhaus
○ Mietwohnung im Hochhaus (über 5 Stockwerke)
○ zur Untermiete?

12) **Mit wem wohnen Sie zusammen?**
○ Ehepartner/Partner
○ Kind(ern)
○ Angehörigen
○ Freunden/Bekannten
○ Sonstigen...
○ allein

Nun einige Fragen zu Ihrem Wohngebiet.

13) **Wohnen Sie gern hier? Urteilen Sie bitte wie in der Schule mit Noten von 1—5.**
(1 = sehr gern; 5 = sehr ungern; 2, 3, 4 = Zwischenwertungen)

1	2	3	4	5
○	○	○	○	○

14) **Was gefällt Ihnen besonders an Ihrem Wohngebiet?**
....

15) **Was gefällt Ihnen weniger, bzw. was vermissen Sie hier?**
....

16) **Wieviel Zeit benötigen Sie, um die folgenden Einrichtungen zu erreichen? Geben Sie bitte auch an, ob Ihnen dies zu beschwerlich ist oder nicht.**

	Minuten	zu beschwerlich	nicht zu beschwerlich
Lebensmittelgeschäfte	....	○	○
Apotheke/Drogerie	....	○	○
ärztliche Versorgung	....	○	○
öffentliche Verkehrsverbindungen (Haltestellen)	....	○	○
Postamt	....	○	○
Parks/Grünanlagen	....	○	○
Theater/Konzert/Kino	....	○	○
Restaurants/Cafés	....	○	○
Kirche/kirchl. Veranstaltungen	....	○	○

17) **Leben in Ihrer Wohngegend nach Ihrer Einschätzung . . .**
○ mehr ältere Menschen
○ mehr jüngere Menschen
○ altersmäßig gemischte Bewohner?

18) **Sollte die Alterszusammensetzung in Ihrer Nachbarschaft so bleiben wie jetzt oder hätten Sie darunter lieber . . .**
○ mehr jüngere Menschen
○ mehr Menschen mittleren Alters
○ mehr ältere Menschen
○ es sollte so bleiben wie jetzt
○ unentschieden?

19) Wie beurteilen Sie die neueren Bestrebungen, vermehrt altengerechte Wohnungen in solchen Häusern bereit-
zustellen, in denen junge und alte Familien wohnen?

○ begrüße ich, weil ....
....

○ lehne ich ab, weil ....
....

○ unentschieden

20) In Amerika gibt es Rentnersiedlungen, die allen Annehmlichkeiten für den Ruhestand aufweisen. Können Sie
sich vorstellen, in einer solchen Rentnersiedlung zu leben?

○ nein, weil ....
....

○ ja, weil ....
....

○ unentschieden

21) Was fällt Ihnen zum Begriff „Altersheim" ein?
....

22) Welche Voraussetzungen müßte ein Altersheim erfüllen, in das Sie selbst gern ziehen würden?
....

23) Können Sie sich vorstellen, mit nichtverwandten älteren Personen eine gemeinsame Wohnung/Haus zu teilen
und einen gemeinsamen Haushalt zu führen (Wohngemeinschaft)?

○ nein
○ ja
○ unentschieden

24) Es wird viel unternommen, damit ältere Mitbürger in ihrem eigenen Haushalt bleiben können. Welche der folgenden Dienste würden Ihnen persönlich zum heutigen Zeitpunkt die selbständige Haushaltsführung besonders erleichtern?
(max. 3 Nennungen; bitte Karte 2 vorlegen)

○ Altentelefon/Hausnotruf
○ Essen auf Rädern/Mittagstisch
○ Häusliche Krankenpflege
○ Besuchsdienste/Nachbarschaftshilfe
○ Einkaufsdienste
○ Hilfe zur Körperpflege
○ Haushaltshilfe
○ Wohnungsinstandhaltung (Kleinreparaturen)
○ Fahrdienste
○ Hilfe im Umgang mit Behörden
○ Sonstiges ....

25) Würden Sie persönlich gern von hier fortziehen?

○ nein
○ ja
○ unentschieden

26) Wenn Sie umziehen müßten, wohin würden Sie dann lieber gehen?

aufs Land und zwar in
○ eine kleine dörfliche Gemeinde
○ eine kleinere Stadt
in die Nähe einer Großstadt und zwar in
○ eine kleinere Gemeinde
○ eine kleinere oder mittlere Stadt
in eine Großstadt und zwar mit
○ über 100 000 Einwohnern
○ über 500 000 Einwohnern

27) Haben Sie in nächster Zeit die Absicht, die Wohnung zu wechseln?

○ ja, werde umziehen
○ nein, werde hierbleiben
○ unentschieden

28) Weshalb haben Sie die Absicht, umzuziehen?

....

29) Wohin werden Sie voraussichtlich ziehen?

○ Umzug im gleichen Gebäude
○ in die unmittelbare Nachbarschaft
○ ein paar Straßen weiter
○ in einen anderen Stadt-/Ortsteil. Welchen? ....
○ aus meiner jetzigen Wohngemeinde nach .... /Kreis: ....

30) In welche der folgenden Wohnformen werden Sie voraussichtlich einziehen?

○ Mietwohnung
○ Eigentumswohnung
○ Eigenheim
○ Altersheim/Altenwohnheim
○ in den Haushalt der Kinder/Angehörigen o. ä.
○ Sonstiges ....

31) Was bindet Sie an Ihre Wohnung?

....

32) Welche Umstände könnten Sie vielleicht doch einmal zum Auszug bewegen?

○ finanzielle Probleme
○ wenn ich mich nicht mehr selbst versorgen kann
○ Aufgabe der Erwerbstätigkeit
○ Verlust/Krankheit des Ehepartners
○ zunehmende Umweltbelastung
○ wenn die Wohnung zu groß wird
○ wenn sich die Nachbarschaft verändert
○ Kündigung
○ Sonstiges ....

33) Wenn Sie in Betracht ziehen, wie oft Sie daheim oder außer Haus sind, wie würden Sie sich dann selbst einschätzen?

○ bin häuslich
○ bin gern draußen
○ wäre lieber öfter draußen
○ unentschieden

34) Wie oft haben Sie in den letzten 7 Tagen außerhalb Ihrer Wohnung folgende Betätigungen unternommen?

Spaziergänge/Bummel .... mal
Besuche/Geselligkeit .... mal
Erledigungen/Einkäufe .... mal
Arztbesuche .... mal
Kino-, Theater-, Konzertbesuche .... mal
Sonstiges .... mal

35) Wie lange brauchen Sie, um von Ihrer Wohnung in die Innenstadt/Stadtmitte (bzw. nächste Stadt) zu kommen?

(bitte bevorzugtes Verkehrsmittel unterstreichen)

○ mit öffentlichen Verkehrsmitteln oder dem Auto   etwa .... Minuten
○ zu Fuß   etwa .... Minuten

36) Wie oft etwa suchen Sie in der Woche die Innenstadt (bzw. nächste Stadt) auf?

etwa .... mal

37) Was tun Sie dort überwiegend? (max. 2 Antworten)

○ Einkaufen
○ Erledigungen (z. B. bei Behörden, Banken)
○ Bummeln
○ Besuch von Restaurants/Cafés
○ Teilnahme an kulturellen Veranstaltungen (z. B. Kino, Theater, Konzert)
○ Treffen mit anderen Menschen
○ Sonstiges ....

38) Würden Sie bitte angeben, was Sie gestern (wenn dies am Wochenende war, berichten Sie bitte von Freitag) über den Tag verteilt <u>außerhalb</u> der Wohnung getan haben?
(Interviewer bitte in Zeitbudgetbogen eintragen)

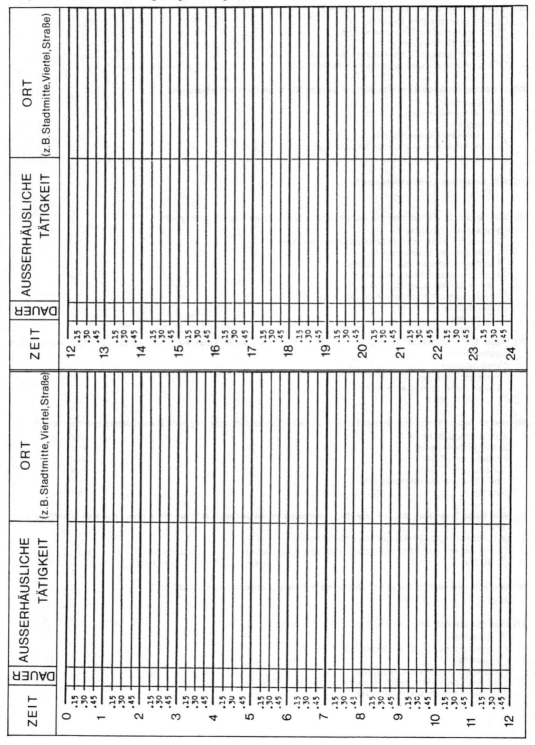

39) Haben Sie im letzten Monat Fahrten über die Grenzen Ihrer Wohngemeinde hinaus unternommen? Wenn ja, wie oft war dies etwa der Fall?

○ nein
○ ja, ca. .... mal

40) Wieviele dieser Fahrten gingen ...

bis   10 km   .... mal
bis   50 km   .... mal
bis 100 km   .... mal
über 100 km?   .... mal

41) Und was war der häufigste und zweithäufigste Zweck dieser Fahrten?
(1 = am häufigsten, 2 = am zweithäufigsten)

☐ Erholung/Freizeit
☐ Besuche
☐ Erledigungen/Einkäufe
☐ Arztbesuche
☐ Sonstiges ....

42) Was machen Sie am liebsten in Ihrer freien Zeit?
(max. 3 Antworten; bitte Karte 3 vorlegen)

○ Besuche machen oder bekommen
○ Gartenpflege
○ Sport/Gymnastik/Tanz
○ Hobbys/Handarbeiten
○ Weiterbildung
○ Vereinsleben
○ Kirchenbesuch
○ Kino-/Theater-/Konzertbesuch
○ Fernsehen
○ Lesen/Musik hören
○ Spazierengehen/Bummeln/Reisen
○ Beschäftigung mit meinem Haustier
○ Sonstiges ....

43) An welchen der folgenden geselligen und unterhaltenden Veranstaltungen für ältere Menschen, die von Ihrer Gemeinde oder anderen Organisationen durchgeführt werden, haben Sie teilgenommen?

	oft	gelegentlich	nie
Bunte Abende	○	○	○
Musik- und Tanzveranstaltungen	○	○	○
Kaffeenachmittage	○	○	○
Ausflugsfahrten	○	○	○
Hobbyveranstaltungen	○	○	○

44) Was hindert Sie daran, diese Angebote regelmäßig zu nutzen?

○ sind für mich schwer erreichbar
○ bin nicht darüber informiert
○ mein Wunschangebot fehlt
○ kein Interesse an organisierten Veranstaltungen
○ der Veranstalter spricht mich nicht an (z. B. Partei, Kirche, Verband)
○ will nicht nur mit alten Menschen zusammen sein
○ Sonstiges ....

45) Es gibt immer mehr ältere Menschen, die gern reisen. Haben Sie ebenfalls in den vergangenen 2 Jahren Reisen von über 5 Tagen Dauer unternommen?

○ nein
○ ja .... mal

46) Was waren die Hinderungsgründe?

○ hatte jemanden zu versorgen
○ hatte niemanden, der auf die Wohnung aufpaßt
○ finanzielle Gründe
○ wollte nicht allein reisen
○ gesundheitliche Gründe
○ kein Interesse
○ Sonstiges ....

47) Führten Sie diese Reisen in den vergangenen 2 Jahren auch ins Ausland? Wenn ja, wohin?

○ nein
○ ja, nach (Land angeben) ....

48) Wie lange dauerte/n diese/r Auslandsaufenthalt/e insgesamt?

.... Tage

49) Können Sie sich vorstellen, in einem anderen Land, z. B. in Spanien, zu „überwintern"?

○ nein
○ ja
○ unentschlossen

Nun einige Fragen zu Ihnen selbst, zu Ihren Meinungen und Einstellungen

50) Werden Sie Ihrer Meinung nach als älterer Mitbürger ausreichend in der Gesellschaft respektiert?

○ nein
○ ja
○ teils teils

51) Welcher der folgenden Einstellungen würden Sie sich persönlich eher anschließen?

○ ältere Menschen sollten mit dem zufrieden sein, was ihnen das Leben bietet
○ ältere Menschen sollten selbst dazu beitragen, ihre Situation zu verbessern
○ wir haben genug für die jüngere Generation getan, nun sollte sie mehr für uns tun

52) Wenn Sie zu bestimmen hätten, was in Ihrer Gegend vor allem verbessert werden müßte, welche Maßnahme wäre Ihnen am wichtigsten, welche am zweitwichtigsten?
(1 = am wichtigsten, 2 = am zweitwichtigsten; bitte Karte 4 vorlegen)

☐ Verbesserung der Verkehrssicherheit im Wohngebiet
☐ besserer Schutz vor Kriminalität
☐ Bau von wohnungsnahen Seniorentreffs
☐ Errichtung von Altersheimen, in die man gern einzieht
☐ Verhinderung von störenden Veränderungen in Ihrem Wohngebiet (z. B. Diskotheken, Durchgangsstraßen)
☐ Garantie, daß ältere Menschen in ihrer Wohnung bleiben können

53) Wären Sie bereit, eine Partei, die diese Ziele verfolgt, an Stelle Ihrer bisher bevorzugten Partei zu wählen?

○ nein
○ ja
○ unentschieden

54) Halten Sie es für erforderlich, daß sich Ihre Generation selbst daran beteiligt, diese Ziele zu verwirklichen? Wenn ja, in welcher Form sollte dies geschehen?
(bitte Karte 5 vorlegen)

○ nein, sehe keine Notwendigkeit (z. B. ist Sache der Fachleute)
○ nein, glaube wir können doch nichts erreichen
○ durch Selbsthilfe- oder Interessengruppen
○ durch Vertreter im Senioren(bei)rat
○ durch persönliche Einflußnahme
○ durch Eingaben bei den zuständigen Stellen
○ durch mehr Information seitens der Verwaltung
○ unser Rat sollte gehört werden

55) Wird Ihre Generation gegenüber anderen Altersgruppen Ihrer Ansicht nach in der Gesellschaft ...

○ eher benachteiligt
○ eher bevorzugt
○ wie die anderen behandelt?

56) Haben Sie schon einmal etwas von den „Grauen Panthern" gehört? Diese verstehen sich als Interessenvertretung der älteren Generation und sind der Meinung, daß man diese Interessen notfalls durch spektakuläre Aktionen in die Öffentlichkeit bringen soll. Stimmen Sie dem zu?
(1 = stimme voll zu; 5 = stimme überhaupt nicht zu; 2, 3 und 4 = Zwischenwertungen)

1	2	3	4	5
○	○	○	○	○

57) Sind Sie selbst Mitglied ...

	ja	nein
eines Vereins/Klubs	○	○
einer Partei	○	○
einer Gewerkschaft	○	○
einer Organisation/Initiative/Selbsthilfegruppe?	○	○

58) Wenn Sie Ihren jetzigen Lebensabschnitt mit der Zeit vergleichen, als Sie noch erwerbstätig waren (bei Hausfrauen: als Ihr Mann noch erwerbstätig war), wie schätzen Sie dann Ihre heutige Situation ein?

	verbessert	gleich geblieben	verschlechtert
Ansehen in der Gesellschaft	○	○	○
Gesundheitszustand	○	○	○
finanzielle Möglichkeiten	○	○	○
Kontakte mit anderen Menschen	○	○	○

59) Haben sich — rückblickend — einschneidende Ereignisse abgespielt, die Ihrem Leben eine andere Richtung gegeben haben als geplant? Welche waren das?
zum Guten ....
zum Schlechten ....

60) Wenn Sie auf Ihr bisheriges Leben zurückblicken, haben sich da — alles in allem — Ihre Erwartungen erfüllt?
(1 = voll erfüllt; 5 = in keiner Weise erfüllt; 2, 3 und 4 = Zwischenwertungen)

1	2	3	4	5
○	○	○	○	○

61) Welche der folgenden Eigenschaften entspricht eher Ihrer gegenwärtigen Situation? Empfinden Sie ...
(bitte in jeder Zeile nur einmal ankreuzen)

	mehr ←	teils teils	mehr →	
Zufriedenheit	○	○	○	Unzufriedenheit
Gesundheit	○	○	○	Krankheit
Freude	○	○	○	Leid
Geselligkeit	○	○	○	Einsamkeit
Anerkennung	○	○	○	Ablehnung
Hoffnung	○	○	○	Verzweiflung
Selbständigkeit	○	○	○	Abhängigkeit
Aktivität	○	○	○	Passivität/Rückzug
Erfolg	○	○	○	Mißerfolg

62) Was bedeuten Ihnen persönlich folgende Dinge?

	sehr wichtig	weniger wichtig	unwichtig
Religion	○	○	○
Bescheidenheit	○	○	○
Tradition	○	○	○
Heimatverbundenheit	○	○	○
Selbstverwirklichung	○	○	○
Eigenständigkeit	○	○	○
Weltoffenheit	○	○	○

63) Mit wem haben Sie regelmäßig einen engen persönlichen Kontakt?
(max. 3 Nennungen)

○ Partner
○ Kind/er
○ Angehörige
○ Freunde/Bekannte
○ Nachbarn
○ Sozialarbeiter/Betreuer
○ Pfarrer/Ärzte
○ Sonstige ....

64) Wenn Sie Denk- und Verhaltensweisen heutiger Jugendlicher mit Ihren eigenen vergleichen, empfinden Sie diesen gegenüber ...

○ Verständnis/Toleranz
○ Übereinstimmung
○ Ablehnung?

65) Fühlen Sie sich in Ihrem Wohngebiet sicher vor Kriminalität?

○ nein
○ ja
○ unentschieden

66) Es heißt, die Umweltbelastung habe allgemein zugenommen. Wie stark sehen Sie persönlich Ihre eigene Umwelt belastet?
(Bitte jede Antwortvorgabe bewerten. 1 = überhaupt nicht belastet; 5 = sehr stark belastet; 2, 3 und 4 = Zwischenwertungen)

	1	2	3	4	5
durch Lärm	○	○	○	○	○
durch Luftverschmutzung	○	○	○	○	○
durch Straßenverkehr	○	○	○	○	○
durch Verunreinigung von Gewässern, Böden, Nahrung	○	○	○	○	○

67) Nennen Sie mir bitte den Bereich innerhalb Ihrer Wohngemeinde, in dem Sie sich gut auskennen und der Ihnen vertraut ist.

○ die nächste Umgebung der Wohnung
○ das Stadt- bzw. Gemeindeviertel, in dem meine Wohnung liegt
○ außer meinem Wohnviertel noch andere Stadt-/Gemeindeteile
○ die ganze Stadt/Gemeinde
○ Sonstiges ....

68) Wie weit reicht die Gegend um Ihre Wohngemeinde, in der Sie sich heimisch fühlen?
   (bitte in die Karte eintragen)

weitreichendere Abgrenzung ....

69) Wenn man Sie fragt, was Ihre Heimat ist, was würden Sie da antworten?

....

70) Wie beurteilen Sie derzeit Ihren allgemeinen Gesundheitszustand?
(1 = sehr gut; 5 = sehr schlecht; 2, 3 und 4 = Zwischenwertungen)

1	2	3	4	5
○	○	○	○	○

71) Wie steht es mit Ihrer Beweglichkeit? Können Sie ...

	ja	nein
sich ohne Hilfe waschen und anziehen	○	○
alleine baden	○	○
sich selbst das Essen machen	○	○
die Wohnung saubermachen	○	○
einkaufen gehen	○	○
zwei Stockwerke hinauf- und hinuntergehen	○	○
eine Viertelstunde spazierengehen?	○	○

72) Unterstützt Sie jemand bei der Haushaltsführung?
- ○ nein, ich brauche keine Hilfe
- ○ nein, würde aber Hilfe brauchen
- ○ ja, habe Hilfe durch ....

Zum Abschluß bitten wir Sie um einige statistische Angaben, die selbstverständlich ebenfalls vertraulich behandelt werden

73) Wie alt sind Sie?
.... Jahre

74) Sind Sie ...
- ○ ledig
- ○ verheiratet seit .... Jahren
- ○ verwitwet seit .... Jahren
- ○ geschieden seit .... Jahren
- ○ getrennt lebend seit .... Jahren

75) Wieviel Kinder haben Sie?
.... Kinder

76) Wie hoch sind etwa die Einkünfte, die Ihrem Haushalt monatlich nach Abzug der Miet-, Heizungs- und Wohnungsnebenkosten zur Verfügung stehen?
(bitte Karte 6 vorlegen)
- ○ unter   250 DM
- ○   251 –   500 DM
- ○   501 –   750 DM
- ○   751 – 1000 DM
- ○ 1001 – 1250 DM
- ○ 1251 – 1500 DM
- ○ 1501 – 1750 DM
- ○ über   1750 DM

77) Sind Sie selbst erwerbstätig?
- ○ ja, voll erwerbstätig
- ○ ja, teilzeitbeschäftigt
- ○ nein, Renter seit .... Jahren
- ○ arbeitslos
- ○ Hausfrau

78) Welchen Beruf übt der Hauptverdiener aus bzw. hat er/sie zuletzt ausgeübt?
(bitte genaue Angabe!)

....

79) Welchen Schulabschluß hat der Hauptverdiener?
- ○ Volks-/Grundschulabschluß
- ○ Mittlere Reife
- ○ Abitur
- ○ Fachschul-/Fachhochschulabschluß
- ○ Hochschulabschluß

80) Verfügt Ihr Haushalt über einen PKW?
- ○ ja
- ○ nein, werde aber bei Bedarf mitgenommen
- ○ nein

Ich bedanke mich sehr herzlich für Ihre Hilfe!

Interviewer am Ende des Interviews ausfüllen

BESUCHSPROTOKOLL		
Datum	Uhrzeit	Bemerkungen
1. ..../........	......../........	
2. ..../........	......../........	
3. ..../........	......../........	

AUSFALLGRÜNDE
○ Zielperson verzogen
○ Zielperson nach 1926 geboren
○ Zielwohnung nicht identifizierbar
○ Zielperson nicht als Auskunftsperson geeignet
○ Bei Ausländerhaushalt keine Verständigung möglich
○ Auch nach 3. Besuch niemand angetroffen
○ Interview verweigert
○ Interview abgebrochen

ALLGEMEINE ANGABEN	
Straße... Stat. Bez.	
Geschlecht ○ weiblich ○ männlich	

Interviewer-Bemerkungen:

Interviewer-Unterschrift: ....